大 学 数 学

 工科数学分析

（第六版） 上 册

哈尔滨工业大学数学学院

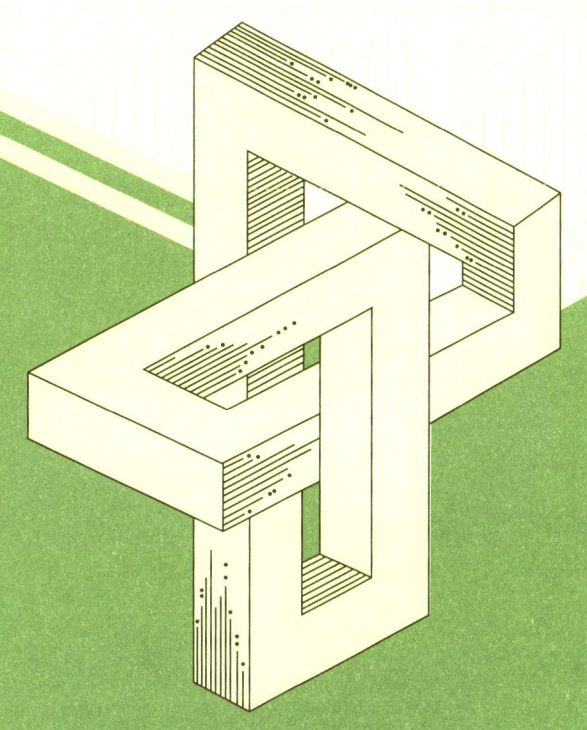

高等教育出版社·北京

内容提要

本书是哈尔滨工业大学编写的大学数学系列教材中的一本，系列教材包括《工科数学分析（第六版）(上、下册)》《线性代数与空间解析几何（第五版)》《概率论与数理统计（第三版)》，共4本。

《工科数学分析（第六版)》是在第五版的基础上修订而成的，分上、下两册。上册共七章，包括函数，极限与连续，导数与微分，微分中值定理与导数的应用，不定积分，定积分，微分方程。下册共四章，包括多元函数微分学，多元函数积分学，第二型曲线积分与第二型曲面积分、向量场，无穷级数。每章后有供自学的综合性例题，并以附录形式开辟了一些新知识的窗口。

本书可作为工科大学本科一年级新生数学课教材，也可作为准备报考工科硕士研究生的人员和工程技术人员的参考书。

图书在版编目（CIP）数据

大学数学：工科数学分析. 上册/哈尔滨工业大学数学学院编. --6 版. --北京：高等教育出版社，2020.6（2023.8重印）

ISBN 978-7-04-053669-0

Ⅰ.①大… Ⅱ.①哈… Ⅲ.①高等数学-高等学校-教材 Ⅳ.①O13

中国版本图书馆 CIP 数据核字（2020）第 029286 号

Gongke Shuxue Fenxi

策划编辑	张晓丽	责任编辑	张晓丽	封面设计	王 洋	版式设计	王艳红
插图绘制	于 博	责任校对	刘娟娟	责任印制	高 峰		

出版发行	高等教育出版社		网 址	http://www.hep.edu.cn
社 址	北京市西城区德外大街4号			http://www.hep.com.cn
邮政编码	100120		网上订购	http://www.hepmall.com.cn
印 刷	固安县铭成印刷有限公司			http://www.hepmall.com
开 本	787mm×1092mm 1/16			http://www.hepmall.cn
印 张	21.25		版 次	2001年7月第1版
字 数	370千字			2020年6月第6版
购书热线	010-58581118		印 次	2023年8月第6次印刷
咨询电话	400-810-0598		定 价	46.20元

本书如有缺页、倒页、脱页等质量问题，请到所购图书销售部门联系调换
版权所有 侵权必究
物 料 号 53669-00

工科数学分析
（第六版）

哈尔滨工业大学
数学学院

1. 计算机访问 http://abook.hep.com.cn/1259522，或手机扫描二维码、下载并安装 Abook 应用。
2. 注册并登录，进入"我的课程"。
3. 输入封底数字课程账号（20位密码，刮开涂层可见），或通过 Abook 应用扫描封底数字课程账号二维码，完成课程绑定。
4. 单击"进入课程"按钮，开始本数字课程的学习。

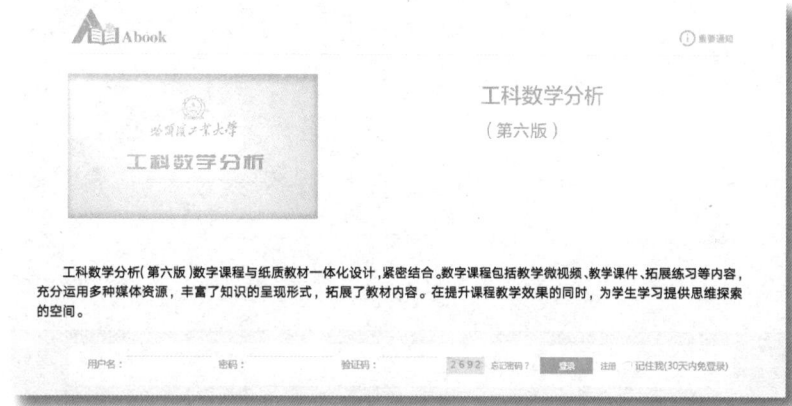

课程绑定后一年为数字课程使用有效期。受硬件限制，部分内容无法在手机端显示，请按提示通过计算机访问学习。

如有使用问题，请发邮件至 abook@hep.com.cn。

扫描二维码
下载 Abook 应用

http://abook.hep.com.cn/1259522

第六版前言

本书是在第五版教材基础上修订而成的。第五版教材内容与尹逊波教授主持录制的《工科数学分析》MOOC 相结合,实现纸质教材与数字化资源的一体化设计,极大地拓宽了读者的学习维度,自 2015 年出版以来受到了广大读者的好评,同时也收到了很多相关高校教师和学生的来信,对本书资源的配置给出了更多的建议。正是这些宝贵的意见和建议,为本次修订提供了更多的思路、更大的帮助。借再版之际,特别向多年来支持我们工作的广大读者表示感谢!

本次修订除了对第五版教材中的疏漏之处做了修正外,更重要的是增加了更多的学习资源。1. 为了方便读者的拓展学习,将教学微视频、教学 PPT 全部移植于 Abook 课程平台;2. 结合高等教育出版社的爱习题平台,增加可直接手机扫描二维码进行练习的自测题,方便读者检验其对基本知识的掌握程度;3. 部分章节增加了拓展练习题,供学有余力的读者学习使用;4. 感兴趣的读者仍可登录"中国大学 MOOC"网站选学相应的课程。

本次修订得到了哈尔滨工业大学数学学院数学教学研究中心各位老师的大力支持,在此表示感谢!本次修订工作主要由尹逊波、尤超、张夏完成。由于编者水平有限,教材中难免有疏漏之处,恳请各位专家、同仁和读者不吝赐教,批评指正。

编 者
2019 年 9 月

第五版前言

互联网时代的到来,在线教育的全面发展,使一场利用信息技术全面提升高校教育教学质量的浪潮迅速席卷全国各大高校。尤其是大规模在线开放课程(MOOC)的兴起,更是直接对高校传统教学提出了挑战。在这样的大环境下,哈尔滨工业大学也努力紧跟时代发展步伐,主动探索在线课程的教育模式。由哈尔滨工业大学数学系尹逊波老师主持录制的MOOC(慕课)课程《工科数学分析(一)》已于2014年11月上线,《工科数学分析(二)》已于2015年3月上线,课程三及课程四也将陆续上线。为了适应信息化教学的需求,更好地为学生提供多元化的学习方式,结合MOOC课程,编者对教材做了本次修订。

本教材在第四版的基础之上,与MOOC课程有机结合,对内容和形式进行了创新设计。通过设置旁白的方式,将MOOC视频资源及测验与正文内容结合,作为知识的补充和拓展,方便学生学习和使用。形成了以纸质教材为核心,数字化资源为辅助的新型教材形式。

为了方便学生随时随地学习,可下载"中国大学MOOC"的手机客户端,注册之后可以随时观看课程的视频。教材中会在有配套视频的地方也做出标注,如"MOOC微视频1.2.1数列极限的概念"。视频的章节序号可参见MOOC课程的授课大纲。同时,利用教材中提供课程测验的二维码,学生可即时检测学习效果(首次扫描,需先登录再重新扫描)。

在教材形式变化同时,教材内容也做了一些调整,删减了附录部分过于深奥难懂的后续课程知识,对课程内容做了简单拓展。另外,对于上册导数与定积分的应用也分别做了处理,导数应用提到不定积分之前,而定积分应用则仍放在积分后面。另外对微分方程一章也做了较大调整,将微分方程与微分方程组两部分内容分开讲解。下册也对部分讲解内容及习题做了微调。

我们真诚地感谢哈尔滨工业大学数学系已经退休的张宗达教授、刘锐教授等为哈工大工科数学分析教学及教材编写的辛勤付出,正是哈工大一辈又一辈的工科数学分析教研室老师们的辛勤努力才有今天这本第五版的出版。本次修订得到了哈尔滨工业大学数学系分析教研室各位老师的大力支持,也收到了哈尔滨工业大学威海分校数学系、东北林业大学数学系、哈尔滨理工大学数学系等学校的老师提出的各种宝贵意见和建议,在此一并表示感谢。本次修订工作主要由尹逊波、杨国俅、张夏完成。由于编者水平有限,教材中缺点和错误在所难免,恳请各位专家同仁和读者不吝赐教,批评指正。

编　者
2015年5月

第四版前言

本书是在第三版的基础上进行修订的。此次修订，首先根据这几年的教学改革实践，按照打造精品教材的要求，在保持原书优点特色的基础上反复锤炼、推敲；其次，我们也借鉴了国内外高等数学课程改革的最新成果，力求做到在继承传统优秀教材的基础上，更适应时代需求，更利于培养学生的数学素养及能力。

本次修订中，为了更好地和中学数学教学内容相衔接，上册增加了极坐标内容的介绍；为了便于学生学习多元微分学与积分学，下册附录中增加了向量与空间解析几何及行列式知识的介绍；同时为了适应不同专业的需求，还在上册微分方程一章的附录中增加了差分方程的内容；另外，为适应教学改革的需求，还对上、下册的一些内容进行了精简，部分章节内容的顺序也进行了调整。

本次修订中，哈尔滨工业大学数学系的广大教师及东北林业大学的部分教师提出了许多宝贵的意见和建议，在此我们表示诚挚的谢意。本次修订工作主要由尹逊波完成。新版中存在的问题，恳请各位专家、同行及读者批评指正。

编　者
2013 年 3 月

第三版前言

培养基础扎实、勇于创新型人才,历来是大学教育的一个重要目标。随着知识经济时代的到来,这一目标显得更加突出。在工科大学教育中,数学课既是基础理论课程,又在培养学生抽象思维能力、逻辑推理能力、空间想象能力和科学计算能力诸方面起着特殊重要的作用。为适应 21 世纪高等学校学生和广大工程技术人员对数学的需求,我校作为国家工科数学教学基地之一,多年来在数学教学改革方面进行了一定的探索,已经初见成效。结合这些教学改革成果,我校编写了大学数学系列教材,本书就是其中的一本。

本教材的编写力求具有以下特色:

1. 重视对学生能力的培养,注意提高学生基本素质。对基本概念、理论、思想方法的阐述准确、简洁、透彻、深入。取材上精选内容,突出重点,强调应用,注意为学生创新能力的培养奠定基础。

2. 例题和习题丰富,特别是综合性和实际应用性的题目较多,有利于学生掌握所学知识,提高分析问题和解决问题的能力。

3. 为了拓宽知识面,培养复合型人才,增加了复变函数简介,微分几何基础知识,微分方程组与稳定性概念,以简介和附录的形式为进一步学习现代数学知识留下接口。

4. 在内容编排上,统一处理了多元函数积分学的概念,以利于提高学生抽象思维能力,将第二型线、面积分与场论结合起来,突出了理论的物理背景。

5. 在微分方程和多元函数微分学中加强了代数知识的运用。

6. 由于计算机技术的发展,数学软件包已得到广泛的使用,因而全书适度淡化了一些计算技巧的训练。

此外,考虑到后续课程的需要,调整了部分内容的顺序,如将微分方程主要内容放在上册,而将无穷级数放在第二型线、面积分之后。

哈尔滨工业大学富景隆、杨克劭、金永洙、万大成教授和南京师范大学宣立新教授、东北林业大学张春蕊教授等对本书的编写工作给予了热情的支持,提出了许多改进意见和建议。作为教材,本书曾在哈尔滨工业大学、东北电力学院和东北林业大学等院校试用多年,任课的老师也提出了不少宝贵意见。在此一并表示衷心的感谢。本次修订主要调整了一小部分内容的顺序,增补少量习题,修改已发现的错误。

由于编者水平有限,书中错误、缺点和疏漏在所难免,恳请读者批评指正。

编 者

2007 年 10 月

目 录

第一章　函数 …………………………… 1
 1.1　函数的概念 ………………………… 1
 1.2　几个常用的概念 …………………… 8
 1.3　初等函数 …………………………… 12
 1.4　极坐标 ……………………………… 18
 1.5　例题 ………………………………… 20
 习题一 …………………………………… 23

第二章　极限与连续 …………………… 26
 2.1　数列的极限 ………………………… 26
 2.2　函数的极限 ………………………… 31
 2.3　极限的性质,无穷小与无穷大 …… 36
 2.4　极限的运算法则 …………………… 42
 2.5　极限存在准则,两个重要极限 …… 47
 2.6　无穷小的比较 ……………………… 53
 2.7　函数的连续性 ……………………… 55
 2.8　例题 ………………………………… 63
 习题二 …………………………………… 66
 附录Ⅰ　几个基本定理 ………………… 70

第三章　导数与微分 …………………… 76
 3.1　导数的概念 ………………………… 76
 3.2　导数的基本公式与四则运算求导法则 … 82
 3.3　其他求导法则 ……………………… 87
 3.4　高阶导数 …………………………… 95
 3.5　微分 ………………………………… 99

 3.6　例题 ………………………………… 107
 习题三 …………………………………… 110
 附录Ⅱ　广义导数 ……………………… 115

第四章　微分中值定理与导数的应用 … 117
 4.1　微分中值定理 ……………………… 117
 4.2　洛必达法则 ………………………… 124
 4.3　泰勒公式 …………………………… 128
 4.4　极值与最大(小)值的求法 ………… 134
 4.5　函数的分析作图法 ………………… 139
 4.6　曲率 ………………………………… 144
 4.7　例题 ………………………………… 148
 习题四 …………………………………… 153
 附录Ⅲ　数学分析中的论证方法 ……… 158

第五章　不定积分 ……………………… 165
 5.1　原函数与不定积分 ………………… 165
 5.2　换元积分法 ………………………… 169
 5.3　分部积分法 ………………………… 175
 5.4　几类函数的积分 …………………… 179
 5.5　例题 ………………………………… 184
 习题五 …………………………………… 187

第六章　定积分 ………………………… 192
 6.1　定积分的概念与性质 ……………… 192
 6.2　微积分学基本定理 ………………… 198

6.3 定积分的计算 …… 201
6.4 反常积分 …… 205
*6.5 反常积分敛散性判别法，Γ函数 …… 210
6.6 定积分的应用举例 …… 214
*6.7 微积分学在经济学中的应用 …… 227
6.8 例题 …… 236
习题六 …… 244
附录Ⅳ 达布和与可积函数类 …… 251

第七章 微分方程 …… 259

7.1 微分方程的基本概念 …… 259
7.2 一阶微分方程 …… 262
7.3 几种可积的高阶微分方程 …… 272
7.4 线性微分方程及其通解的结构 …… 278
7.5 常系数线性微分方程 …… 283
7.6 线性微分方程组 …… 289
7.7 例题 …… 299
习题七 …… 303
附录Ⅴ 差分方程 …… 308

附图 …… 318
符号和索引 …… 321
希腊字母表 …… 325
学习参考书 …… 326

第一章 函数

在中学的数学课里,对函数的一些基本概念已经作了介绍.由于函数是大学数学分析的研究对象,所以有必要对有关的知识进行简要的复习和进一步的讨论.

1.1 函数的概念

1.1.1 实数与数轴

实数包括有理数和无理数(无限不循环小数),有理数又分为整数和分数.

取定了原点、长度单位和方向的直线叫做**数轴**(图1.1).实数与数轴上的点是一一对应的,有理数对应的点叫**有理点**,无理数对应的点叫**无理点**.

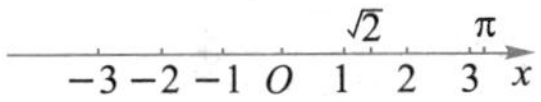

图 1.1

实数具有如下两个性质:

(1) **有序性** 任意两个互异的实数 a,b 都可比较大小,或者 $a<b$,或者 $a>b$. 实数按照由小到大的顺序排列在数轴上.

(2) **完备性** 因为任何两个有理点 a,b 之间都有一个有理点 $\dfrac{a+b}{2}$,从而它们之间有无穷多个有理点,我们说有理点处处稠密.但是有理点并未充满整个数轴,比如还有 $\sqrt{2}$,π 这样一些无理点.因为有理数与无理数之和为无理数,所以无理点也处处稠密.实际上,无理数远比有理数多得多.实数充满整个数轴,没有空隙,这就是实数的完

微视频
1.1.1 实数与实数集

备性(或连续性).

1.1.2 数集与界

以数为元素的集合叫做**数集**. 如自然数集 **N**、整数集 **Z**、有理数集 **Q** 等. 所有实数构成的数集叫做**实数集**, 习惯以 **R** 表示. 今后常常用到区间这一概念, 它是 **R** 的一类子集.

设 $a,b \in \mathbf{R}$, 且 $a<b$, 以 a,b 为端点的**有限区间**包括:

开区间: $(a,b) = \{x \mid a<x<b, x \in \mathbf{R}\}$;

闭区间: $[a,b] = \{x \mid a \leqslant x \leqslant b, x \in \mathbf{R}\}$;

半开区间: $(a,b] = \{x \mid a<x \leqslant b, x \in \mathbf{R}\}$, $[a,b) = \{x \mid a \leqslant x<b, x \in \mathbf{R}\}$.

在数轴上它们是介于点 a 与点 b 之间的线段, 但开区间 (a,b) 不包含 a,b 两点, 闭区间 $[a,b]$ 包含 a,b 两点, 半开区间 $(a,b]$ 不包含 a 点, $[a,b)$ 不包含 b 点. 称 $b-a$ 为上述有限区间的**长度**.

此外, 还有五种无穷区间:

$$(a,+\infty) = \{x \mid x>a, x \in \mathbf{R}\},$$
$$[a,+\infty) = \{x \mid x \geqslant a, x \in \mathbf{R}\},$$
$$(-\infty,b) = \{x \mid x<b, x \in \mathbf{R}\},$$
$$(-\infty,b] = \{x \mid x \leqslant b, x \in \mathbf{R}\},$$
$$(-\infty,+\infty) = \mathbf{R}.$$

上述各种区间统称为**区间**, 有时也用相应的不等式表示区间, 在没有必要指明哪种区间时, 常常用一个大写的字母表示, 如区间 I.

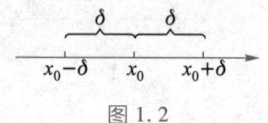

图 1.2

设 $\delta>0$, 称开区间 $(x_0-\delta, x_0+\delta) = \{x \mid |x-x_0|<\delta, x \in \mathbf{R}\}$ 为点 x_0 的 **δ 邻域**, 记为 $U_\delta(x_0)$. 它是以 x_0 为中心, 长为 2δ 的开区间(图 1.2). 有时我们不关心 δ 的大小, 常用"邻域"或"x_0 附近"代替 x_0 的 δ 邻域.

称集合 $(x_0-\delta, x_0) \cup (x_0, x_0+\delta) = \{x \mid 0<|x-x_0|<\delta, x \in \mathbf{R}\}$ 为 x_0 的**去心 δ 邻域**, 即 x_0 的 δ 邻域去掉中心 x_0, 记为 $\mathring{U}_\delta(x_0)$.

定义 1.1 对数集 X, 若有常数 $M(m)$, 使得

$$x \leqslant M \quad (x \geqslant m), \quad \forall x \in X,$$

则说数集 X **有上(下)界**, 并称 $M(m)$ 为数集 X 的一个**上(下)界**.

既有上界又有下界的数集叫做**有界数集**, 否则称为**无界数集**.

对有界数集 Z, 必存在常数 $M>0$, 使得

$$|x| \leqslant M, \quad \forall x \in Z.$$

对无界数集 Z, 给定任意的常数 $M>0$, 必存在 $x \in Z$, 使得

微视频
1.1.2 有界集与上下确界

$|x|>M.$

显然,如果某数集有上(下)界,就有无穷多个上(下)界.比如数集 $X=\{x\mid x<1,x\in\mathbf{R}\}$,1 是它的上界,任何大于 1 的数都是它的上界.有最大(小)值的数集(指数集中的数有最大(小)的),必有上(下)界,但有上(下)界的数集,未必有最大(小)值.

公理 凡非空有上界的数集 X 一定有最小上界 μ,称为数集 X 的**上确界**,记为

$$\mu = \sup X.$$

显然,μ 是集合 X 的上确界等价于如下两条:

(1) $\forall x \in X$,必满足 $x \leqslant \mu$;

(2) $\forall \varepsilon > 0$, $\exists x \in X$,使得 $x > \mu - \varepsilon$.

命题 非空有下界的数集 X 一定有最大下界 γ,称为数集 X 的**下确界**,记为 $\gamma = \inf X$.

***证明** 设 A 为 X 的所有下界构成的集合,则 $\forall x \in X$ 都是 A 的一个上界,所以 A 非空有上界.由公理知 A 有上确界(最小上界),记为 γ.显然,$\forall x \in X$,都有 $x \geqslant \gamma$,即 γ 是 X 的下界.由上确界的性质(1),$\forall a \in A$ 都有 $a \leqslant \gamma$,即 γ 是 X 的最大下界. □

> 下确界也有类似上确界的等价定义,请读者叙述它.

数集 X 的上(下)确界可能属于 X,也可能不属于 X.例如,数值 1 是集合 $\{x\mid x<1\}$ 和 $\{x\mid x\leqslant 1\}$ 的上确界,但

$$1 \overline{\in} \{x \mid x < 1\}, \quad 1 \in \{x \mid x \leqslant 1\}.$$

1.1.3 绝对值

实数 x 的绝对值

$$|x| = \begin{cases} x, & x \geqslant 0, \\ -x, & x < 0. \end{cases}$$

就是说,$|x|$ 表示点 x 到原点 O 的距离,是非负实数.

绝对值有如下性质:

(1) $|x| = \sqrt{x^2}$;   (2) $|x| \geqslant 0$;

(3) $|-x| = |x|$;   (4) $-|x| \leqslant x \leqslant |x|$;

(5) $|x+y| \leqslant |x| + |y|$;   (6) $|x-y| \geqslant ||x| - |y||$;

(7) $|xy| = |x||y|$;   (8) $\left|\dfrac{x}{y}\right| = \dfrac{|x|}{|y|}$;

(9) 当 $a > 0$ 时,$|x| < a \Leftrightarrow -a < x < a$.

> 要注意性质(4),(5),(6)在什么情况下才取等号.

（10） 当 $b>0$ 时，$|x|>b \Leftrightarrow x<-b$ 或 $x>b$.

1.1.4 函数的概念

在一个过程中，保持数值不变的量叫做**常量**，习惯用英文字母表的前几个字母 a, b, c 等表示. 在一个过程中，数值有变化的量叫做**变量**，习惯用英文字母表的后几个字母 x, y, z 等表示.

如一架飞机在飞行过程中，乘客人数、货物载重量都是常量，而燃料存余量、到目的地的距离都是变量. 不难理解"变量是物质运动、变化的数量表现"，所以要想掌握客观事物的运动、变化规律，从量的角度来说就必须研究变量. 变量的变化不是孤立的，它与同一过程中的其他变量之间有确定的相依关系，研究变量就是要掌握这个相依关系.

例 1 在自由落体降落过程中，降落时间 t 和落下的距离 s 是两个变量，由物理的自由落体实验知，它们有如下依赖关系：

$$s = \frac{1}{2} g t^2, \quad 当 0 \leq t \leq T 时,$$

其中 g 为重力加速度，T 是落地时间.

例 2 金属杆受热时，杆长 l 和温度 τ 都是变量，有如下依赖关系：

$$l = l_0 (1 + \alpha_l \tau) \quad （在常温 20\ ℃ 左右）,$$

其中 l_0 为 $0\ ℃$ 时的杆长，α_l 是线膨胀系数.

例 3 某地某日的气温 T 和时间 t 两个变量已由气象台用气温自动记录仪描成一条曲线（图 1.3）. 这个图形表示出了它们的对应关系. 时间范围是区间 $[0,24]$（时间从 0 时开始计算）.

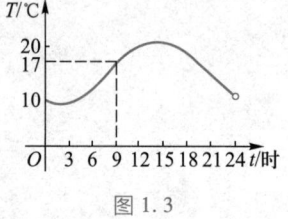

图 1.3

例 4 某公司第四季度各月计算机销售量（单位：台）如表 1.1. 月份 t 和销售量 S 两个变量有表 1.1 中所示的依赖关系.

表 1.1 第四季度计算机销售量

月份 t	10	11	12
销售量 S	58	47	36

这些例子所表达的客观事物的实际意义及变量间的依赖关系虽然不同，但有一个共性：一个过程中的两个变量不能互不相干地任意取值，它们之间有确定的依赖关系，即数值上有确定的对应规律，使

得其中一个变量在取值范围内每取得一个值时,另一个变量的值就按着这个规律确定了其对应值,于是把变量间的这种依赖关系叫做**函数关系**.

定义 1.2 如果两个变量 x 和 y 之间有一个数值对应规律,使变量 x 在其可取值的数集 X 内每取得一个值时,变量 y 就依照这个规律确定对应值,则说 **y 是 x 的函数**. 记作

$$y=f(x), \quad x \in X,$$

其中 x 叫做**自变量**, y 叫做**因变量**.

自变量 x 可取值的数集 X 称为函数的**定义域**. 所有函数值构成的集合 Y 称为函数的**值域**. 显然,函数 $y=f(x)$ 就是从定义域 X 到值域 Y 的**映射**,所以,有时把函数记为

$$f: \quad X \to Y.$$

函数概念中有两个要素:其一是对应规律,即函数关系;其二是定义域. 所以说函数 $y=\lg x^2$ 与 $y=2\lg x$ 是两个不同的函数.

(1) 函数关系的表示方法

函数关系的表示方法是多种多样的,主要有:公式法(也叫解析法),如例1,例2中的函数;图形法,如例3;表格法,如例4.

各种表示函数的方法,都有它的优点和不足. 公式法给出的函数便于进行理论分析和计算. 图形法给出的函数形象直观,富有启发性,便于记忆. 表格法给出的函数便于查找函数值,但它常常是不完全的. 今后我们以公式法为主,配合使用图形法和表格法.

公式法给出的函数,有时在定义域内由一个公式表示出函数关系,有时无法或很难用一个公式表示出函数关系. 而在定义域的不同部分用不同的公式来表示一个函数关系,这样的函数称为**分段函数**.

例 5 考虑将 1 kg 的 -10 ℃ 的冰在 101 325 Pa 下加热成 10 ℃ 的水的过程中,温度 t(单位:℃)和所需要的热量 Q(单位:J)之间的函数关系. 因冰的比热容为 2 302 J·kg^{-1}·℃$^{-1}$,冰的熔解热为 335 000 J·kg^{-1},而水的比热容是 4 186 J·kg^{-1}·℃$^{-1}$,因此函数关系是(图 1.4)

$$Q = \begin{cases} 2\,302t+23\,020, & -10 \leqslant t < 0, \\ 4\,186t+358\,020, & 0 < t \leqslant 10. \end{cases}$$

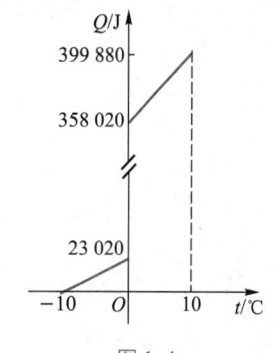

图 1.4

例 6 根据 2019 年国家个人所得税规定:个人月收入少于 5 000 元的部分不纳税,超过 5 000 元而少于 8 000 元的部分按

3%纳税,而超过 8 000 元少于 17 000 元的部分按 10%纳税. 所以个人月收入 x 与应纳税 y 之间的函数关系是(图 1.5)

$$y = \begin{cases} 0, & x \leqslant 5\,000, \\ (x-5\,000)\cdot 3\%, & 5\,000 < x \leqslant 8\,000, \\ 90+(x-8\,000)\cdot 10\%, & 8\,000 < x \leqslant 17\,000. \end{cases}$$

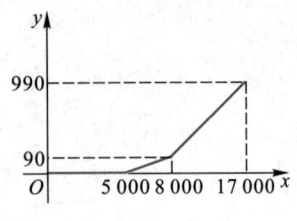

图 1.5

例 7 符号函数(克罗内克①函数)(图 1.6)

$$y = \operatorname{sgn} x = \begin{cases} -1, & x<0, \\ 0, & x=0, \\ 1, & x>0. \end{cases}$$

例 5,例 6,例 7 皆为分段函数.

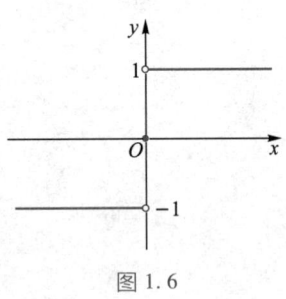

图 1.6

(2) 定义域

函数的定义域是自变量的取值范围,也是函数关系的存在范围.在研究每个函数时,都应知道它的定义域.那么如何确定定义域呢?对于具有实际意义的具体函数,需由它的实际意义来确定;在纯数学的研究中,定义域是在实数范围内能合理地确定出函数值的自变量的所有值构成的集合.所以注意负数不能开偶次方,零不能作分母,负数与零不能取对数等是有意义的.若函数表达式中含有若干项,则定义域应是各项中的自变量取值范围的交集.

例 8 函数

$$S = \pi r^2.$$

如果这是圆面积 S 和半径 r 之间的函数关系,则定义域应为 $(0, +\infty)$.

如果这是半径为 1 的铜盘受热膨胀过程中面积与半径的关系,则定义域应为 $(1, 1+\delta)$,其中 δ 是一个较小的正数.

如果自变量 r 和因变量 S 都没有具体含义,那么这个函数的定义域为 $(-\infty, +\infty)$.

例 9 确定 $y = \sqrt{4x^2-1} + \arcsin x$ 的定义域.

解 因负数不能开平方,所以有

$$4x^2 - 1 \geqslant 0,$$

它等价于 $|x| \geqslant \dfrac{1}{2}$,又因 $\arcsin x$ 的定义域是 $|x| \leqslant 1$,故所求的定义域是

$$\left[-1, -\dfrac{1}{2}\right] \cup \left[\dfrac{1}{2}, 1\right].$$

---
① 克罗内克(Kronecker L,1823—1891),德国数学家.

例 10 确定 $y=1/\lg(3x-2)+\tan x$ 的定义域.

解 由负数和零不能取对数,零不能作分母,及正切函数的定义知

$$3x-2>0, \quad 3x-2\neq 1, \quad x\neq k\pi+\frac{\pi}{2} \quad (k=0,\pm 1,\pm 2,\cdots).$$

故定义域为

$$X=\left\{x \mid x>\frac{2}{3},\text{且 } x\neq 1, x\neq k\pi+\frac{\pi}{2}(k=0,1,2,\cdots), x\in \mathbf{R}\right\}.$$

(3) 函数值的记号

如果 a 是函数 $f(x)$ 的定义域内的一点,则说函数 $f(x)$ 在点 a 处有定义. 当 $x=a$ 时,对应的 y 值记为 $f(a)$ 或 $y\mid_{x=a}$.

例 11 函数 $y=f(x)=\pi x^2$,则

$$y\mid_{x=2}=f(2)=\pi \cdot 2^2=4\pi,$$
$$y\mid_{x=\frac{1}{3}}=f\left(\frac{1}{3}\right)=\pi\left(\frac{1}{3}\right)^2=\frac{\pi}{9},$$
$$y\mid_{x=a}=f(a)=\pi a^2,$$
$$y\mid_{x=a+b}=f(a+b)=\pi(a+b)^2,$$
$$y\mid_{x=\ln a}=f(\ln a)=\pi(\ln a)^2,$$
$$f(-a)=\pi(-a)^2=\pi a^2=f(a).$$

(4) 函数的图形

给定函数 $y=f(x), x\in X$,将每一个 $x\in X$ 和它对应的 $y(y=f(x))$ 作一个有序数组 (x,y),在坐标平面 xOy 上找对应点 $M(x,y)$,则点集 $G=\{M(x,y)\mid x\in X,\text{且 }y=f(x)\}$ 称为**函数的图像**或**图形**,通常为一条曲线. 由平面解析几何知,作函数图形的基本方法就是描点法. 另外,还有一些作图的技巧需要知道.

1° 平移作图

已知 $y=f(x)$ 的图形,求作 $y=f(x)+b$ (b 为常数) 的图形. 当 $b>0$ 时,将 $y=f(x)$ 的图形向上平移 b 个单位即可,或者将坐标系向下平移 b 个单位. 当 $b<0$ 时,图形向下平移 $|b|$ 个单位即可.

要作 $y=f(x+a)$ (a 为常数) 的图形. 当 $a>0$ 时,将 $y=f(x)$ 的图形向左平移 a 个单位,或者将坐标系向右平移 a 个单位都可. 当 $a<0$ 时,移动方向相反.

2° 放大、压缩作图

已知 $y=f(x)$ 的图形,求作 $y=af(x)$ 的图形. 当 $a>1$ 时,把 $y=f(x)$ 的图形的纵坐标放大 a 倍,即得 $y=af(x)$ 的图形. 求作 $y=f(ax)$ 的图形,当 $a>1$ 时,把 $y=f(x)$ 的图形的横坐标压缩 a 倍即可. 对 $0<a<1$ 和 $a<0$ 情形,请读者自己考虑.

3° 叠加作图

已知 $y=f(x)$ 和 $y=g(x)$ 的图形,求作 $y=f(x)+g(x)$ 的图形. 将 $y=f(x)$ 和 $y=g(x)$ 的纵坐标相加即可.

例 12 作函数 $y=\sin x+2\cos x$ 的图形.

此题可以利用 $y=\sin x$ 和 $y=2\cos x$ 的图形叠加作图,但这比较麻烦. 我们先将函数作恒等变形.

$$y = \sin x + 2\cos x$$
$$= \sqrt{5}\left(\frac{1}{\sqrt{5}}\sin x + \frac{2}{\sqrt{5}}\cos x\right)$$
$$= \sqrt{5}\sin(x+x_0) \quad (x_0 = \arctan 2).$$

因此,先将 $y=\sin x$ 的图形的纵坐标放大 $\sqrt{5}$ 倍,得到 $y=\sqrt{5}\sin x$,然后将 $y=\sqrt{5}\sin x$ 的图形向左平移 $\arctan 2$ 个弧度,就得到 $y=\sin x+2\cos x$ 的图形(图 1.7).

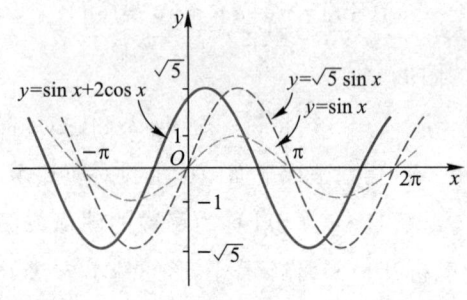

图 1.7

1.2 几个常用的概念

1.2.1 函数的几种特性

在研究函数时,注意到每个函数的特性,将带来许多便利.

(1) 函数的奇偶性

设函数 $y=f(x)$ 的定义域 X 关于原点对称,即当 $x \in X$ 时,必有 $-x \in X$,若对任何 $x \in X$,都有
$$f(-x)=-f(x),$$
则称 $y=f(x)$ 为**奇函数**;若对任何 $x \in X$,都有
$$f(-x)=f(x),$$
则称 $y=f(x)$ 为**偶函数**.

奇函数的图形关于原点对称,偶函数的图形关于 y 轴对称.

由定义不难证明:$y=x$,$y=x^3$,$y=1/x$,$y=\sin x$ 都是奇函数;$y=x^2$,$y=x^4$,$y=1/x^2$,$y=\cos x$ 都是偶函数. 还可以证明:

奇函数的和仍为奇函数,偶函数的和仍为偶函数;两个奇函数的积或两个偶函数的积都是偶函数,一个奇函数与一个偶函数的积是奇函数. 定义域 X 关于原点对称的任何函数 $y=f(x)$ 均可表示为一个奇函数和一个偶函数之和,因为
$$f(x)=\frac{f(x)-f(-x)}{2}+\frac{f(x)+f(-x)}{2},$$
右边的第一项是奇函数,第二项是偶函数.

(2) 函数的周期性

设函数 $f(x)$ 的定义域为 X,若有常数 $T \neq 0$,使得当 $x \in X$ 时,必有 $x \pm T \in X$,且
$$f(x+T)=f(x),$$
则称 $y=f(x)$ 是**周期函数**,并称常数 T 为它的一个**周期**.

一个周期函数的周期有无穷多个,例如,常数 $2k\pi$ ($k \in \mathbf{Z}$, $k \neq 0$) 都是 $y=\sin x$ 的周期,2π 是它的最小正周期. 一个周期函数,若有最小正周期 T_0,则称 T_0 为函数的**基本周期**. 习惯上,说"这个函数的周期是 T_0". 虽然 $2T_0$ 也是它的一个周期,但不能说"它的周期是 $2T_0$". 在中学里已经知道 $y=\sin x$ 和 $y=\cos x$ 的周期为 2π,$y=\tan x$ 和 $y=\cot x$ 的周期为 π. 此外,并不是每个周期函数都有基本周期.

例1 狄利克雷[1]函数:
$$D(x)=\begin{cases} 1, & x \text{ 为有理数}, \\ 0, & x \text{ 为无理数}, \end{cases}$$
它是一个周期函数. 因为任何非零有理数都是它的周期,所以它无基本周期. 它是偶函数,它的图形是容易想象的,但实际上画不出来.

[1] 狄利克雷(Dirichlet P G L, 1805—1859),德国数学家,是高斯的学生,解析数论的创始人之一,最卓越的工作是对傅里叶级数收敛性的研究.

具有基本周期的周期函数的图形,可以由其一个基本周期上的图形沿 x 轴平移基本周期的整数倍距离得到,所以图形具有重复性.

(3) 函数的单调性

设 $x_1<x_2$ 是区间 I 上任意两点,若恒有
$$f(x_1)<f(x_2) \quad (f(x_1)>f(x_2)),$$
则称 $f(x)$ 在区间 I 上**单调增加(单调减少)**,简称**单增(单减)**,或者称 $f(x)$ 在 I 上**单调上升(单调下降)**,简记为 ↑(↓).若上述不等式中出现等号,则称 $f(x)$ 在区间 I 上**单调不减(单调不增)**.

在定义域上,单调增加或单调减少的函数统称为**单调函数**①.

单调增加函数的图形,随着 x 增大图形的纵坐标也增大;单调减少函数的图形,随着 x 增大图形的纵坐标减小.

例如,在 $[0,+\infty)$ 上,$y=\sqrt{x}$ ↑;又例如,在 $(-\infty,0]$ 上,$y=x^2$ ↓;在 $[0,+\infty)$ 上,$y=x^2$ ↑,所以 $y=x^2$ 不是单调函数,但它有单调区间.而函数 $y=x^3$ 是单调增加的函数.

(4) 函数的有界性

设函数 $y=f(x)$ 在数集 X 上有定义,若存在常数 $A(B)$,使得对所有 $x\in X$,都有
$$f(x)\leq A \quad (f(x)\geq B),$$
则称函数 $f(x)$ 在数集 X 上**有上(下)界**.若存在常数 $M>0$,使得对所有 $x\in X$,都有
$$|f(x)|\leq M,$$
则称 $f(x)$ 在 X 上**有界**.否则称 $f(x)$ 在 X 上**无界**.

显然,有界等同于既有上界又有下界.在定义域上有界的函数叫做**有界函数**.

例如,$y=\sin x$ 是有界函数;$y=1/x$ 是无界函数,但它在区间 $(0,+\infty)$ 上有下界,在区间 $(1,+\infty)$ 上有界.

1.2.2 隐函数和参数方程表示的函数

若变量 x,y 之间的函数关系是由一个含 x,y 的方程
$$F(x,y)=0$$
给定,则称 y 是 x 的**隐函数**.相应地,把由自变量的算式表示出因变量的函数叫做**显函数**.

例如,由方程 $3x-2y+6=0$,$x^2+y^2-1=0$,$xy=e^x-e^y$ 表示的函数都

---

① 按新的国标规定:单调函数就是以往说的严格单调函数,现在省去"严格"二字.

是隐函数;而 $y=\sin x, y=\ln(x+\sqrt{1-x^2})$ 都是显函数.

如果能从隐函数中将 y 解出来,就得到它的显函数形式. 例如, $3x-2y+6=0$ 的显函数形式为 $y=1.5x+3$;$x^2+y^2=1$ 的显函数形式为 $y=\pm\sqrt{1-x^2}$. 但不要以为隐函数都能表示成显函数,如开普勒①方程
$$y-x-\varepsilon\sin y=0,$$
其中 ε 为常数,$0<\varepsilon<1$,就不能将 y 表示成 x 的显函数. 更不要以为随便写一个含有 x,y 的式子就是一个隐函数,如 $x^2+y^2+1=0$ 就不是隐函数. 什么条件下 $F(x,y)=0$ 确定一个隐函数,将在本书第八章定理8.5 中给出.

① 开普勒(Kepler J,1571—1630),德国天文学家、数学家. 他的不可分量的思想,即用无数个同维无穷小元素之和来确定面积和体积、无穷远点的设想,以及类比方法的影响都是深远的.

两个变量 x,y 之间的函数关系,有时是通过参数方程
$$\begin{cases}x=\varphi(t),\\ y=\psi(t),\end{cases} t\in T$$
给出的,这样的函数叫做**参数式的函数**,t 叫做**参数**,也叫做**参变量**.

例如,隐函数 $x^2+y^2-a^2=0$(圆),既可表示为显函数 $y=\pm\sqrt{a^2-x^2}$,又可以用参数方程
$$\begin{cases}x=a\cos t,\\ y=a\sin t,\end{cases} 0\le t<2\pi$$
来表示. 又如 $\dfrac{x^2}{a^2}+\dfrac{y^2}{b^2}=1$(椭圆)可用参数方程
$$\begin{cases}x=a\cos t,\\ y=b\sin t,\end{cases} 0\le t<2\pi$$
表示. 摆线(图1.8)的参数方程是
$$\begin{cases}x=a(t-\sin t),\\ y=a(1-\cos t),\end{cases} t\in\mathbf{R}.$$

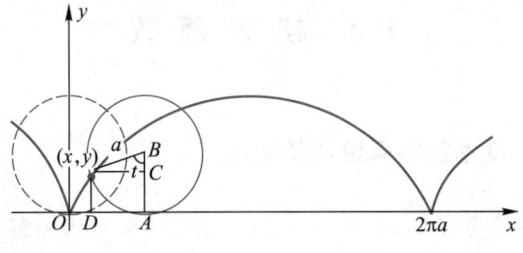

图 1.8

如果能消去参数 t,就得到 x,y 的直接函数关系,这对有些函数是容易的,对有些函数是麻烦的,甚至是不可能的.

1.2.3 反函数

一般地说,对函数 $y=f(x)$,如果将 y 当作自变量,x 作为因变量,则由 $y=f(x)$ 确定的函数 $x=\varphi(y)$ 称为 $y=f(x)$ 的**反函数**. 显然它们的图形是同一条曲线.

例 2 单摆的周期 T 是摆长 l 的函数

$$T=2\pi\sqrt{\frac{l}{g}},$$

反之,摆长 l 也是周期 T 的函数

$$l=\left(\frac{T}{2\pi}\right)^2 g.$$

这两个函数都表示了 T 与 l 的对应规律,只不过是自变量与因变量的取法不同. 从其中一个函数可以推出另一个函数. 上述两个函数不但自变量与因变量对换了,而且涉及的运算和运算顺序都是相反的,所以它们互称**反函数**.

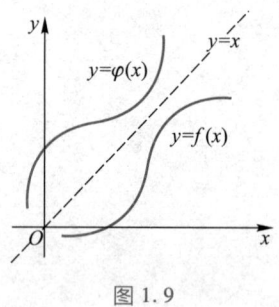

图 1.9

在纯数学研究中,大家关心的是变量间的相依关系,而不考虑变量的具体实际意义,因此习惯用 x 表示自变量,用 y 表示因变量,所以把 $y=f(x)$ 的反函数 $x=\varphi(y)$ 改记为 $y=\varphi(x)$. 这样,$y=\varphi(x)$ 与 $y=f(x)$ 互为反函数,中学已证明过,它们的图形关于直线 $y=x$ 对称(图 1.9).

对于单调函数,因为不同的 x 值对应不同的 y 值,所以有如下结论:

单值单调的函数有反函数,其反函数也是单值单调的函数.

例如,$y=\sqrt{x}$ 是单增函数,其反函数 $y=x^2$ 在定义域 $(0,+\infty)$ 上也是单增函数.

1.3 初等函数

1.3.1 基本初等函数及其图形

微视频
1.3.1 函数及常用函数

幂函数、指数函数、对数函数、三角函数、反三角函数这五类函数及常数(常函数)统称为**基本初等函数**. 由它们"组成"的函数是常见的,在大学数学课程中占有重要的地位,所以需要熟悉这些函数的基本性质,并牢记它们的图形.

(1) 幂函数

形如
$$y = x^\mu,$$
底为自变量 x,指数 μ 为常数的函数叫做**幂函数**.其定义域与 μ 的取值有关.例如,μ 为正整数时,定义域为 $(-\infty,+\infty)$;μ 为负整数时,定义域为 $(-\infty,0)\cup(0,+\infty)$;$\mu=1/3$ 时,定义域为 $(-\infty,+\infty)$;$\mu=1/2$ 时,定义域为 $[0,+\infty)$;μ 为无理数时,规定定义域为 $(0,+\infty)$.

所有的幂函数都在 $(0,+\infty)$ 上有定义.它们的图形都通过点 $(1,1)$.在 $(0,+\infty)$ 上,$\mu>0$ 的幂函数都是单增的;$\mu<0$ 的幂函数都是单减的.图 1.10 给出一些幂函数的图形,应熟悉它们.

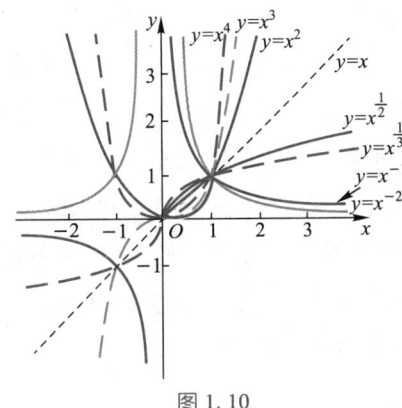

图 1.10

(2) 指数函数

形如
$$y = a^x \quad (a>0, a\neq 1),$$
底为常数 a,指数为自变量 x 的函数叫做**指数函数**.其定义域为 $(-\infty,+\infty)$,值域为 $(0,+\infty)$.当 $a>1$ 时,它是单增函数;当 $0<a<1$ 时,它是单减函数.它们的图形都通过点 $(0,1)$,且以 x 轴为渐近线,见图 1.11.函数 $y=a^x$ 与 $y=(1/a)^x$ 的图形关于 y 轴对称.

以无理数 $e=2.718\,281\,828\,459\,045\cdots$ 为底的指数函数 $y=e^x$ 是最常见的指数函数.

(3) 对数函数

形如
$$y = \log_a x \quad (a>0, a\neq 1)$$
的函数称为**对数函数**,其定义域为 $(0,+\infty)$,值域为 $(-\infty,+\infty)$.它是指数函数的反函数.当 $a>1$ 时它是单增函数,当 $0<a<1$ 时它是单减

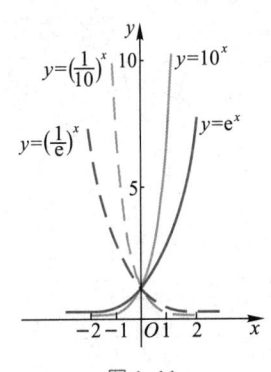

图 1.11

函数.图形都经过点$(1,0)$(图1.12).

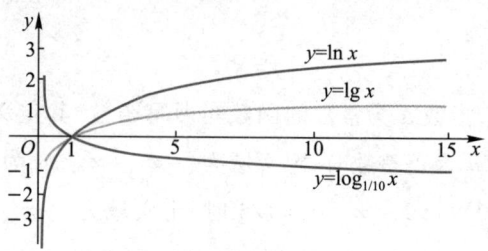

图 1.12

以 10 为底的对数叫**常用对数**,简记为 $\lg x$. 以 e 为底的对数叫**自然对数**,简记为 $\ln x$.

(4) 三角函数

三角函数包括:正弦函数 $y=\sin x$,余弦函数 $y=\cos x$,正切函数 $y=\tan x$[①],余切函数 $y=\cot x$,正割函数 $y=\sec x$ 和余割函数 $y=\csc x$. 在 1.2.1 中已经指出它们都是周期函数,正弦函数和余弦函数的周期是 2π,正切函数和余切函数的周期是 π,正割函数和余割函数的周期也是 2π. 正弦函数和余弦函数是有界函数,其他三角函数是无界函数. 三角函数间的关系是十分重要的,它们涉及的公式也较多,这里只列出和差化积及积化和差公式作为参考,其他公式读者可以自行查看中学教科书或数学手册.

和差化积公式

$$\sin\alpha+\sin\beta=2\sin\frac{\alpha+\beta}{2}\cos\frac{\alpha-\beta}{2},$$

$$\sin\alpha-\sin\beta=2\cos\frac{\alpha+\beta}{2}\sin\frac{\alpha-\beta}{2},$$

$$\cos\alpha+\cos\beta=2\cos\frac{\alpha+\beta}{2}\cos\frac{\alpha-\beta}{2},$$

$$\cos\alpha-\cos\beta=-2\sin\frac{\alpha+\beta}{2}\sin\frac{\alpha-\beta}{2}.$$

积化和差公式

$$\sin\alpha\cos\beta=\frac{1}{2}[\sin(\alpha+\beta)+\sin(\alpha-\beta)],$$

$$\cos\alpha\sin\beta=\frac{1}{2}[\sin(\alpha+\beta)-\sin(\alpha-\beta)],$$

$$\cos\alpha\cos\beta=\frac{1}{2}[\cos(\alpha+\beta)+\cos(\alpha-\beta)],$$

$$\sin\alpha\sin\beta=-\frac{1}{2}[\cos(\alpha+\beta)-\cos(\alpha-\beta)].$$

---

① 根据国标规定,正切函数记为 $\tan x$,余切函数记为 $\cot x$,反正切函数记为 $\arctan x$,反余切函数记为 $\mathrm{arccot}\, x$.

三角函数的图形如图 1.13、图 1.14 及图 1.15.

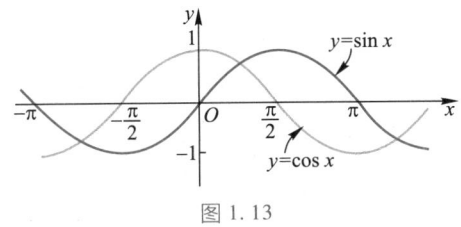

图 1.13

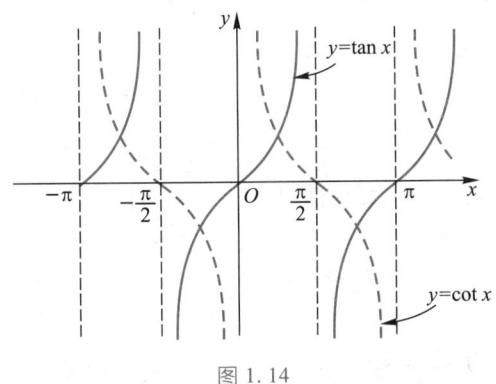

图 1.14

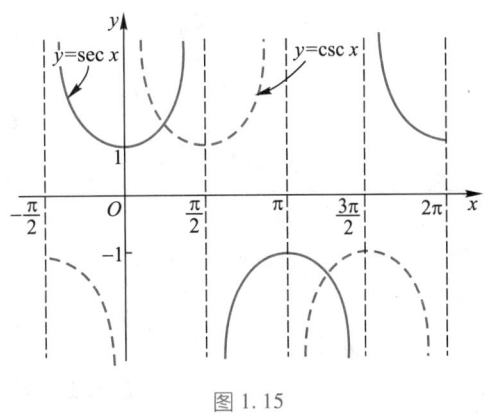

图 1.15

必须指出,在数学分析中,三角函数的自变量 x 作为角必须采用**弧度制**.

(5) 反三角函数

三角函数的反函数叫做**反三角函数**. 由于三角函数都是周期函数,所以其反函数都是多值函数,显然只需讨论它的一个单值分支——即主值范围内的反三角函数:

$$y = \arcsin x, \quad -1 \leqslant x \leqslant 1, \quad -\frac{\pi}{2} \leqslant y \leqslant \frac{\pi}{2};$$

$$y = \arccos x, \quad -1 \leqslant x \leqslant 1, \quad 0 \leqslant y \leqslant \pi;$$

$$y = \arctan x, \quad -\infty < x < +\infty, \quad -\frac{\pi}{2} < y < \frac{\pi}{2};$$

$$y = \operatorname{arccot} x, \quad -\infty < x < +\infty, \quad 0 < y < \pi.$$

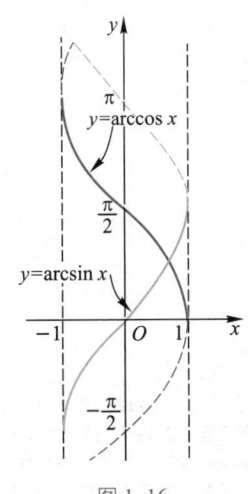

图 1.16

它们的图形是图 1.16 和图 1.17 中的实线. 另外两个反三角函数使用得较少,这里就不讨论它们了.

$y = \arcsin x$ 和 $y = \arctan x$ 是单增的;$y = \arccos x$ 和 $y = \operatorname{arccot} x$ 是单减的. 它们都是有界函数.

例 1 求函数 $y = \sin x \left(\dfrac{\pi}{2} \leqslant x \leqslant \dfrac{3\pi}{2} \right)$ 的反函数.

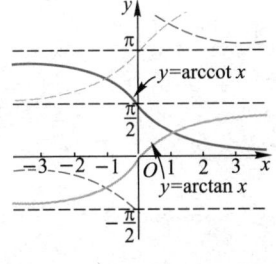

图 1.17

解 为了使所给函数的自变量在 $\left[-\dfrac{\pi}{2},\dfrac{\pi}{2}\right]$ 上取值,作变换,令 $x=\pi-t$,则

$$y=\sin x=\sin(\pi-t)=\sin t,\quad -\dfrac{\pi}{2}\leqslant t\leqslant\dfrac{\pi}{2}.$$

故

$$t=\arcsin y.$$

由于 $x=\pi-t$,所以 $x=\pi-\arcsin y$,从而所求的反函数是

$$y=\pi-\arcsin x.$$

(6) 常函数

形如

$$y=C\quad(C\text{ 为某常数})$$

的函数叫做**常函数**,其定义域为 $(-\infty,+\infty)$,图形是与 x 轴平行且纵截距为 C 的直线,如图 1.18.

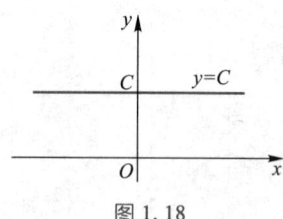

图 1.18

1.3.2 复合函数与初等函数

如果 y 是 u 的函数 $y=f(u)$,$u\in U$,而 u 又是 x 的函数 $u=\varphi(x)$,$x\in X$,且 $D=\{x\mid x\in X,\text{且 }\varphi(x)\in U\}\neq\varnothing$,则函数

$$y=f[\varphi(x)],\quad x\in D$$

称为由函数 $y=f(u)$ 和 $u=\varphi(x)$ 构成的**复合函数**,u 叫做中间变量.

如单摆的周期 T 是摆长 l 的函数 $T=2\pi\sqrt{l/g}$,而摆长 l 又是温度 τ 的函数 $l=l_0(1+\alpha\tau)$,所以周期 T 是温度 τ 的复合函数,$T=2\pi\sqrt{l_0(1+\alpha\tau)/g}$.

又如,物体运动的动能 $E=\dfrac{1}{2}mv^2$,而自由落体的速度 $v=gt$,所以自由落体的动能是时间 t 的复合函数,$E=\dfrac{1}{2}mg^2t^2$.

函数 $y=\sin u$ 及 $u=\sqrt{x}$ 复合成 $y=\sin\sqrt{x}$,$x\in[0,+\infty)$.

能够熟练地分析复杂函数的构造是非常重要的,也就是说,必须能一眼看出一个复杂函数是由哪些简单函数如何构成的.

例 2 分解复合函数 $y=a^{x^2}$ 及 $y=\sin^2(\omega t+\varphi)$ 为简单函数.

解 $y=a^{x^2}$ 是由 $y=a^u$,$u=x^2$ 复合成的.

$y=\sin^2(\omega t+\varphi)$ 是由 $y=u^2$,$u=\sin v$,$v=\omega t+\varphi$ 复合成的.

复合函数的分解,形象地说是剥皮法——由函数的最外层运算

"复合"是构成函数的重要形式,但不是任何两个函数都可以复合,例如 $y=\arcsin u$ 和 $u=x^2+2$ 就不能复合,因为后者的值域与前者的定义域的交集是空集,即 $D=\varnothing$.

一层层剥到最里边.

求复合函数的定义域时,要注意保证套在里边的函数的值要落在外边函数的定义域内.

例3 已知函数 $y=f(x)$ 的定义域为 $(0,+\infty)$,求复合函数 $y=f(\sin x)$ 的定义域.

解 由于 $y=f(x)$ 的定义域为 $(0,+\infty)$,所以要使 $f(\sin x)$ 有意义必须且只需

$$0<\sin x<+\infty.$$

因此

$$2k\pi<x<(2k+1)\pi, k\in \mathbf{Z}.$$

故函数 $y=f(\sin x)$ 的定义域为 $\{x\mid 2k\pi<x<(2k+1)\pi,k\in \mathbf{Z}\}$.

由基本初等函数经有限次四则运算和有限次复合所得到的,并能用一个式子表示的函数叫做**初等函数**. 例如,

$$y=\ln x+x^2 e^{\sin\sqrt{x}}-1$$

就是一个初等函数. 初等函数是常见的函数,但它只是一小类函数,像狄利克雷函数和某些分段函数就不是初等函数. 待学过积分、级数和微分方程后便可知道,还有大量的非初等函数存在.

* 下面介绍工程技术上常遇到的**双曲函数**,它也是初等函数,它是由 e^x 和 e^{-x} 构成的①.

双曲正弦 $\sinh x=\dfrac{1}{2}(e^x-e^{-x})$,$x\in(-\infty,+\infty)$,是单增的奇函数(图 1.19).

双曲余弦 $\cosh x=\dfrac{1}{2}(e^x+e^{-x})$,$x\in(-\infty,+\infty)$,是偶函数(图 1.19).

双曲正切 $\tanh x=\dfrac{\sinh x}{\cosh x}=\dfrac{e^x-e^{-x}}{e^x+e^{-x}}$,$x\in(-\infty,+\infty)$,是单增有界的奇函数(图 1.20).

双曲余切 $\coth x=\dfrac{\cosh x}{\sinh x}=\dfrac{e^x+e^{-x}}{e^x-e^{-x}}$,$x\neq 0$,是分别在 $(-\infty,0)$ 和 $(0,+\infty)$ 上单调下降的奇函数(图 1.20).

根据双曲函数的定义,不难验证双曲函数有类似于三角函数的下列公式:

① 本书带 * 号的内容可依据具体情况确定讲或不讲.

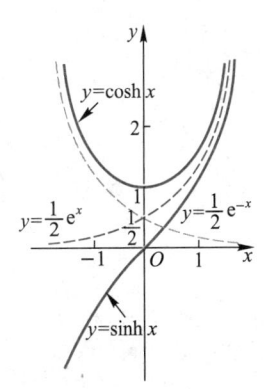

图 1.19

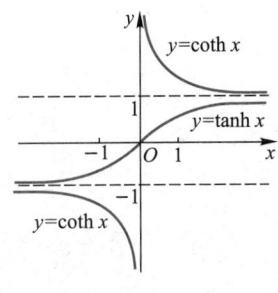

图 1.20

$$\cosh^2 x - \sinh^2 x = 1,$$
$$\cosh 2x = \cosh^2 x + \sinh^2 x,$$
$$\sinh 2x = 2\sinh x \cosh x,$$
$$\cosh(x \pm y) = \cosh x \cosh y \pm \sinh x \sinh y,$$
$$\sinh(x \pm y) = \sinh x \cosh y \pm \cosh x \sinh y.$$

由 $y = \sinh x = \dfrac{e^x - e^{-x}}{2}$，得到 $2y = e^x - \dfrac{1}{e^x}$，从而 $(e^x)^2 - 2ye^x - 1 = 0$，解出 $e^x = y + \sqrt{y^2 + 1}$，故 $x = \ln(y + \sqrt{y^2 + 1})$，即
$$y = \ln(x + \sqrt{x^2 + 1}), \quad -\infty < x < +\infty$$
是双曲正弦函数 $y = \sinh x$ 的反函数，记为 arsinh x.

同样，双曲余弦 $y = \cosh x$ 在 $[0, +\infty)$ 上的反函数是
$$y = \operatorname{arcosh} x = \ln(x + \sqrt{x^2 - 1}), \quad 1 \leqslant x < +\infty.$$
双曲正切 $y = \tanh x$ 的反函数是
$$y = \operatorname{artanh} x = \frac{1}{2}\ln\frac{1+x}{1-x}, \quad -1 < x < 1.$$

1.4 极 坐 标

1.4.1 极坐标的概念

用两个数确定平面上一点位置的方法，除了直角坐标以外，常用的还有极坐标法. 在某些场合，使用极坐标能使问题便于研究.

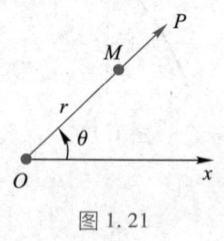

图 1.21

在平面上取定一点 O，称为**极点**，并自 O 引一射线 Ox，称为**极轴**（图 1.21）. 于是平面上任意一点 M（不在极点）的位置，可以由两个数 r 及 θ 来决定，其中 θ 就是射线 OP 绕 O 点由 Ox 位置按逆时针方向旋转，第一次转到 OM 位置时所转过的角度；r 是射线 OP 上由 O 到 M 的距离（图 1.21）. 这样两个数 r, θ 称为点 M 的**极坐标**，且以记号 $M(r, \theta)$ 来表示点 M，r 称为**极径**，θ 称为**极角**.

根据上述定义，点 M 的极坐标 r、θ 的数值满足：
$$r > 0, \quad 0 \leqslant \theta < 2\pi.$$

在这样的限制下，任意给定一对数 r, θ，平面上就对应着唯一的一点 M；反之，平面上除极点 O 以外任意一点 M，必有一对数 r, θ 与它对应. 当点 M 为极点时，$r = 0$，而 θ 的值可任意.

在极坐标实际应用中,为了方便起见,我们往往取消上述对 r 和 θ 的限制,而规定它们可取任何实数值. 现设有任意实数 r、θ. 先作射线 OP,使以 Ox 为始线,OP 为终线的角 θ(图 1.22). 其次,如果 r 是正的,在 OP 上作一点 M,使 $|OM|=r$;如果 r 是负的,在 P 向 O 的延长线上作一点 M,使 $|OM|=r$. 这样,对于任意的一对实数 r 和 θ,总可以在平面上确定唯一的一点 M. 但是反过来,对平面上的同一点却对应着无限多对的数值,因为如果 $r=r_1$, $\theta=\theta_1$ 是平面上某一点 M 的极坐标,则 $r=r_1$, $\theta=\theta_1+2k\pi$ 也是点 M 的极坐标;此外,$r=-r_1$, $\theta=\theta_1+\pi+2k\pi$ 也是点 M 的极坐标(k 是任何整数).

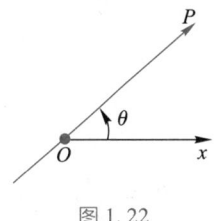

图 1.22

1.4.2 极坐标与直角坐标的关系

有时为了研究问题方便,需要将两种坐标相互转化,因此需要研究两种坐标之间的关系.

设平面上有一直角坐标系和极坐标系,它们是这样取定的:极点与坐标原点重合,极轴与 x 轴的正半轴重合. 设平面上任意一点 M 在直角坐标系下的坐标为 x、y,在极坐标系中的坐标为 r、θ,如图 1.23,若 r、θ 已知,则

$$x = r\cos\theta, \quad y = r\sin\theta. \tag{1}$$

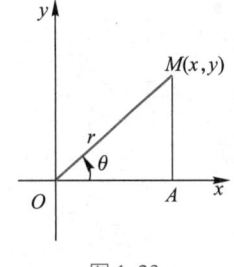

图 1.23

关于公式(1)的成立,我们讨论如下:

(1) 若 $r=0$,则公式(1)显然成立;

(2) 若 $r>0$,由三角学中正弦和余弦的定义知公式(1)是成立的;

(3) 若 $r<0$. 因 (r,θ) 和 $(-r,\theta+\pi)$ 表示同一点,故可用 $(-r,\theta+\pi)$ 代替 (r,θ) 来求 (x,y). 由于 $-r>0$,因此对 $(-r,\theta+\pi)$,可引用公式(1). 用 $-r$ 和 $\theta+\pi$ 分别代替公式(1)中的 r 和 θ 得

$$x = -r\cos(\theta+\pi) = -r \cdot (-\cos\theta) = r\cos\theta,$$
$$y = -r\sin(\theta+\pi) = -r \cdot (-\sin\theta) = r\sin\theta,$$

由此看到该点的直角坐标仍可由公式(1)得到.

若点 M 的直角坐标 x、y 已知,求点 M 的极坐标 r、θ. 由 1.4.1 节知,点 M 对应着无限多对的数值,其中任一对数值都可作为点 M 的极坐标,且知道了其中某一对数值后,其他无限多对的数值也很容易写出来. 因此我们求出其中一对数值就够了. 为此,我们仅求 $r \geq 0$,$0 \leq \theta < 2\pi$ 的一对数值.

把公式(1)中两个式子分别平方再相加得
$$x^2+y^2=r^2\cos^2\theta+r^2\sin^2\theta=r^2,$$
因此
$$r=\sqrt{x^2+y^2}.$$
把公式(1)中两个式子(设 $x\neq 0$)相除得
$$\tan\theta=\frac{y}{x},$$
由 $\tan\theta$ 来决定 θ 时,应根据点 $M(x,y)$ 在第几象限. 若 $x=0$ 时,点 M 在 y 轴上,因此 $\theta=\frac{\pi}{2}$ 或 $\frac{3}{2}\pi$.

1.5 例 题

微视频
1.5.1 复合函数举例

本节通过一些例题,帮助读者深入理解本章的一些基本内容,并得到处理问题的一些方法和技巧.

例1 设 $f(x)$ 的定义域是 $x\neq 0$,$g(x)=\ln x$,求函数 $f(g(x))+\arcsin x$ 的定义域.

解 由于 $g(x)=\ln x$ 的定义域是区间 $(0,+\infty)$,值域为 $(-\infty,+\infty)$,为使复合函数 $f(g(x))$ 有意义,又需 $g(x)\neq 0$,即 $x\neq 1$,所以 $f(g(x))$ 的定义域是 $(0,1)\cup(1,+\infty)$.

因为 $\arcsin x$ 的定义域是 $[-1,1]$,所以 $f(g(x))+\arcsin x$ 的定义域是区间 $(0,1)$.

例2 设函数 $f(x)$ 满足关系
$$af(x)+bf\left(\frac{1}{x}\right)=\frac{c}{x},$$
其中 a,b,c 为常数,$|a|\neq|b|$,求函数 $f(x)$.

解 由所给关系式知,若 $f(x)$ 在点 x 处有定义,则在点 $\frac{1}{x}$ 处亦有定义. 由所给关系式得
$$af\left(\frac{1}{x}\right)+bf(x)=cx,$$
两式联立,解代数方程组得
$$f(x)=\frac{c}{b^2-a^2}\left(bx-\frac{a}{x}\right).$$

例3 已知 $f\left(x+\dfrac{1}{x}\right)=x^2+\dfrac{1}{x^2}$，求函数 $f(x)$.

这里相当于已知 $y=f(u)$ 和 $u=x+\dfrac{1}{x}$ 复合成的函数是 $y=x^2+\dfrac{1}{x^2}$，求 $f(u)$.

解法1 设 $u=x+\dfrac{1}{x}$，由于 $u^2=\left(x+\dfrac{1}{x}\right)^2=x^2+\dfrac{1}{x^2}+2$，所以 $u^2-2=x^2+\dfrac{1}{x^2}$，故 $f(u)=u^2-2$，因此
$$f(x)=x^2-2 \quad (x\geqslant 2 \text{ 或 } x\leqslant -2).$$

解法2 将 $x^2+\dfrac{1}{x^2}$ 表示为 $x+\dfrac{1}{x}$ 的函数，再确定 $f(x)$. 由
$$f\left(x+\frac{1}{x}\right)=x^2+\frac{1}{x^2}=x^2+\frac{1}{x^2}+2-2=\left(x+\frac{1}{x}\right)^2-2$$
得到
$$f(x)=x^2-2 \quad (x\geqslant 2 \text{ 或 } x\leqslant -2).$$

例4 设
$$\varphi(x)=\begin{cases} x^2, & x<0, \\ 1, & x\geqslant 0, \end{cases} \qquad \psi(x)=\begin{cases} \sin x, & x\geqslant 1, \\ 0, & x<1, \end{cases}$$
求复合函数 $\psi(\varphi(x))$.

解 由于
$$\psi(x)=\begin{cases} \sin x, & x\geqslant 1, \\ 0, & x<1, \end{cases}$$
所以
$$\psi(\varphi(x))=\begin{cases} \sin \varphi(x), & \varphi(x)\geqslant 1, \\ 0, & \varphi(x)<1. \end{cases}$$
根据 $\varphi(x)$ 的表达式知：当 $x\leqslant -1$ 时，$\varphi(x)=x^2\geqslant 1$；当 $x\geqslant 0$ 时，$\varphi(x)=1$；而当 $-1<x<0$ 时，$\varphi(x)=x^2<1$. 从而
$$\psi(\varphi(x))=\begin{cases} \sin x^2, & x\leqslant -1, \\ 0, & -1<x<0, \\ \sin 1, & x\geqslant 0. \end{cases}$$

例5 $y=\arctan(\tan x)$ 是否为周期函数？画出它的图形.

解 因为 $\tan x$ 以 π 为周期，所以 $y=\arctan(\tan x)$ 也以 π 为周

期,且当 $x=k\pi+\dfrac{\pi}{2}$ ($k=0,\pm 1,\pm 2,\cdots$) 时,函数无定义.当 $x\in\left(k\pi-\dfrac{\pi}{2},k\pi+\dfrac{\pi}{2}\right)$ 时,令 $t=x-k\pi$,则 $t\in\left(-\dfrac{\pi}{2},\dfrac{\pi}{2}\right)$,所以

$$y=\arctan(\tan x)=\arctan[\tan(t+k\pi)]$$
$$=\arctan(\tan t)=t=x-k\pi,$$

故

$$y=x-k\pi,\quad \text{当} x\in\left(k\pi-\dfrac{\pi}{2},k\pi+\dfrac{\pi}{2}\right),\quad k=0,\pm 1,\pm 2,\cdots,$$

其图形见图 1.24.

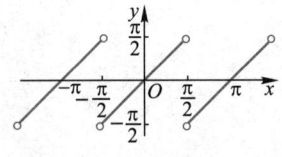

图 1.24

例 6 作 $y=x\cos x$ 的图形.

解 因为 $y=x\cos x$ 是奇函数,图形关于原点对称.下面先讨论 $x\geqslant 0$ 的情形,由于 $x\geqslant 0$ 时,有

$$-x\leqslant x\cos x\leqslant x,$$

所以图形夹在直线 $y=-x$ 和 $y=x$ 之间.当 $x=n\pi+\dfrac{\pi}{2}$ ($n=0,1,2,\cdots$) 时,$y=0$;当 $x=(2k+1)\pi$ ($k=0,1,2,\cdots$) 时,因 $\cos((2k+1)\pi)=-1$,所以曲线上对应点落在直线 $y=-x$ 上;当 $x=2k\pi$ ($k=0,1,2,\cdots$) 时,因 $\cos 2k\pi=1$,所以曲线上对应点落在直线 $y=x$ 上.总之,曲线在 $y=-x$ 与 $y=x$ 之间的角形域内上下摆动,摆动的幅度随 x 增大而增大.

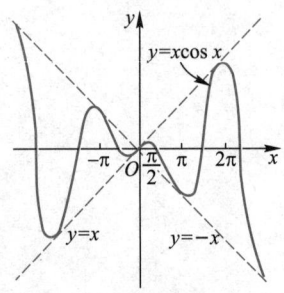

图 1.25

利用对称性,就可作出 $y=x\cos x$ 的图形(图 1.25).

例 7 在极坐标系下,作心形线 $r=a(1+\cos\theta)$ 的图形.

解 因为 r 是 θ 的偶函数,图形关于极轴对称,r 又是以 2π 为周期的函数.当 $0\leqslant\theta\leqslant\pi$ 时,由于 $\cos\theta$ 单调下降,所以极半径 r 单调下降.图形通过点 $(2a,0)$,$\left(\dfrac{3}{2}a,\dfrac{\pi}{3}\right)$,$\left(a,\dfrac{\pi}{2}\right)$,$\left(\dfrac{a}{2},\dfrac{2}{3}\pi\right)$ 及点 $(0,\pi)$,在极坐标系下,用描点法画出图 1.26.

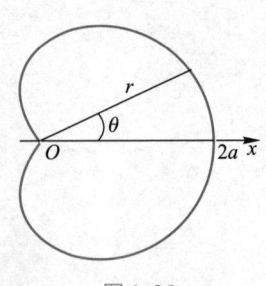

图 1.26

例 8 在极坐标系下,作三叶玫瑰线 $r=a\cos 3\theta$ ($a>0$) 的图形.

解 图形通过点 $(a,0)$,$\left(\dfrac{\sqrt{2}}{2}a,\dfrac{\pi}{12}\right)$,$\left(0,\dfrac{\pi}{6}\right)$,$\left(-\dfrac{\sqrt{2}}{2}a,\dfrac{\pi}{4}\right)$,$\left(-a,\dfrac{\pi}{3}\right)$,$\left(-\dfrac{\sqrt{2}}{2}a,\dfrac{5}{12}\pi\right)$,$\left(0,\dfrac{\pi}{2}\right)$,$\left(\dfrac{\sqrt{2}}{2}a,\dfrac{7}{12}\pi\right)$,$\left(a,\dfrac{2}{3}\pi\right)$,$\left(\dfrac{\sqrt{2}}{2}a,\dfrac{3}{4}\pi\right)$,$\left(0,\dfrac{5}{6}\pi\right)$,$\left(-\dfrac{\sqrt{2}}{2}a,\dfrac{11}{12}\pi\right)$ 及点 $(-a,\pi)$.θ 每增加或减少 π 时,曲线按正方向或负方向重复一次,在极坐标下,用描点法画出图 1.27.

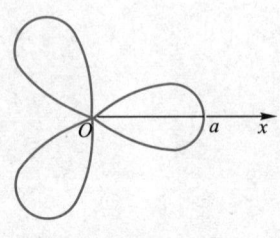

图 1.27

习题一

1.1

1. 用区间表示下列不等式中的 x 的取值范围：
   (1) $|x-2|<0.1$；   (2) $0<|x-1|<0.01$；
   (3) $|x|\geq 100$.

2. 求下列函数的定义域：
   (1) $y=\dfrac{1}{|x|-x}$；   (2) $y=\sqrt{\sin x}+\sqrt{16-x^2}$；
   (3) $y=\sqrt{x^2-x}\arcsin x$；   (4) $y=\dfrac{\lg(3-x)}{\sqrt{|x|-1}}$.

3. 求函数值.
   (1) 设 $f(x)=\dfrac{|x-2|}{x+1}$，求 $f(2),f(-2),f(0)$，$f(a+b)(a+b\neq -1)$；
   (2) 设 $f(x)=\begin{cases}|\sin x|,&|x|<1,\\0,&|x|\geq 1,\end{cases}$ 求 $f(1)$，$f\left(\dfrac{\pi}{4}\right),f(-2),f\left(-\dfrac{\pi}{4}\right)$；
   (3) 设 $f(x)=2x-3$，求 $f(a^2),[f(a)]^2$.

4. 下述函数 $f(x),g(x)$ 是否相等？为什么？
   (1) $f(x)=x,g(x)=(\sqrt{x})^2$；
   (2) $f(x)=\sin(\arcsin x),g(x)=\arcsin(\sin x)$.

5. 已知 $f(x)$ 是线性函数，即 $f(x)=ax+b$，且 $f(-1)=2,f(2)=-3$，求 $f(x),f(5)$.

6. 作下列函数的图形：
   (1) $y=x\sin\dfrac{1}{x}$；
   (2) $y=\begin{cases}2-x^2,&|x|\leq 1,\\x^{-1},&|x|>1;\end{cases}$
   (3) $(x^2+y^2)^2=x^2-y^2$；
   (4) $|\lg x|+|\lg y|=1$.

7. 建立函数关系.
   (1) 在一个半径为 r 的球内，嵌入一内接圆柱，试求圆柱体的体积 V 与圆柱高 h 的函数关系，并求出此函数的定义域；

   (2) 底 $AC=b$，高 $BD=h$ 的三角形 ABC 中（图 1.28）内接矩形 $KLMN$，其高记为 x，将矩形周长 P 和面积 S 表示为 x 的函数；

   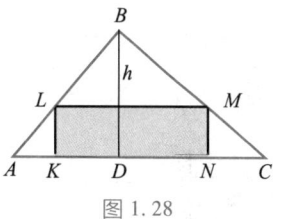

   图 1.28

   (3) 有三个矩形，其高分别等于 3 m，2 m，1 m，而底皆为 1 m，彼此相距 1 m 放着（图 1.29）；假定 $x\in(-\infty,+\infty)$ 连续变动（即直线 AB 连续地平行移动），试将阴影部分的面积 S 表示为 x 的函数；

   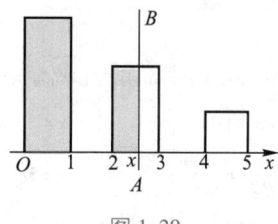

   图 1.29

   (4) 长为 l 的弦两端固定，在 c 点处将弦提高 h 后呈图 1.30 中形状，设提高时弦上各点仅沿着垂直于两端点连接线方向移动，以 x 表示弦上点的位置，y 表示 x 点处升高的高度，试建立 x 与 y 间的函数关系；

   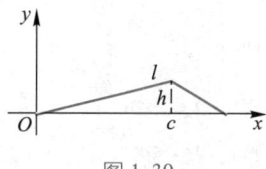

   图 1.30

   (5) 图 1.31 是机械中常用的一种既可改变运动方向又可调整运动速度的滑块机构，现设滑块

A,B 与点 O 的距离分别为 x 与 y,OA 与 OB 的夹角为 α(定值),连接滑块 A 与 B 之间的杆长为 l(定值),试建立 x 与 y 之间的函数关系;

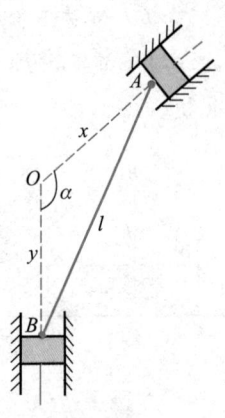

图 1.31

(6) 某运输公司规定货物的吨千米运价为:在 a 千米以内每千米 k 元;超过 a 千米时,超过部分每千米为 $0.8k$ 元,求运价 m 和里程 x 的函数关系.

1.2

1. 指出下列函数中的奇偶函数和周期函数:
   (1) $y=|\sin x|$;
   (2) $y=2+\tan \pi x$;
   (3) $y=\log_a(x+\sqrt{x^2+1})$;
   (4) $y=3^{-x}(1+3^x)^2$.

2. 指出下列函数的单调区间及有界性:
   (1) $y=\dfrac{1}{x}$;
   (2) $y=\arctan x$;
   (3) $y=|x|-x$;
   (4) $y=\sqrt{a^2-x^2}$ ($a>0$).

3. 求下列函数的反函数及其定义域:
   (1) $y=\dfrac{2^x}{1+2^x}$;
   (2) $y=\log_x 2$ ($x>0,x\neq 1$);
   (3) $y=\arccos\dfrac{1-x^2}{1+x^2}$;
   (4) $y=\begin{cases}-x, & -1\leqslant x\leqslant 0,\\ 1+x, & 0<x\leqslant 1.\end{cases}$

4. 设 $y=f(x)$ 是以 2π 为周期的函数,当 $-\pi\leqslant x<\pi$ 时,$f(x)=x$,试求函数 $f(x)$.

5. 若 $f(x)$ 对一切 x 都满足:(1) $f(a-x)=f(x)$,及 $f(b-x)=f(x)$,$a\neq b$,试证 $f(x)$ 是周期函数;
   (2) $f(x)=f(x+1)+f(x-1)$,试证 $f(x)$ 是周期为 6 的周期函数.

6. 将一物体以初速 v_0 与水平方向成 α 角向上斜抛出,试将它的运动轨迹表示为时间 t 的参数式函数(不计空气阻力).

7. 设 $f(x)$ 是奇函数,当 $x>0$ 时,$f(x)=x-x^2$,求当 $x<0$ 时,$f(x)$ 的表达式.

1.3

1. 下列函数是由哪些基本初等函数复合的?
   (1) $y=\sin^3\dfrac{1}{x}$;
   (2) $y=2^{\arcsin x^2}$;
   (3) $y=\lg\lg\lg\sqrt{x}$;
   (4) $y=\arctan e^{\cos x}$.

2. 设 $f(x)=x^3-x$,$\varphi(x)=\sin 2x$,求 $f(\varphi(x))$ 和 $\varphi(f(1))$.

3. 设 $f(x)=\sin x$,$f(\varphi(x))=1-x^2$,且 $|\varphi(x)|\leqslant\dfrac{\pi}{2}$,求 $\varphi(x)$ 及其定义域.

4. 设 $f\left(x+\dfrac{1}{x}\right)=\dfrac{x^2}{x^4+1}$,求 $f(x)$.

5. 设 $f(x)=\begin{cases}x^2, & x\leqslant 4,\\ e^x, & x>4,\end{cases}$ $\varphi(x)=\begin{cases}1+x, & x\leqslant 0,\\ \ln x, & x>0,\end{cases}$ 求 $f(\varphi(x))$ 和 $\varphi(f(x))$.

6. 若函数 $f(x)$ 的定义域为 $[0,1]$,分别求 $f(\lg x)$ 和 $f(x+a)+f(x-a)$ ($a>0$) 的定义域.

7. 求下列函数的定义域.
   (1) $y=\arccos\sqrt{\lg(x^2-1)}$;(2) $y=\sqrt{\cos x-1}$.

8. 设 $f(x)$,$\varphi(x)$ 互为反函数,求下列函数的反函数.
   (1) $f\left(1-\dfrac{1}{x}\right)$;
   (2) $f(2^x)$.

1.4

1. 说明下列极坐标方程表示什么曲线,并画图:
   (1) $r=2$;
   (2) $\theta=\dfrac{2}{3}\pi$;
   (3) $r=2\sin\theta$.

2. 把下列直角坐标方程化为极坐标方程:
   (1) $x=3$;
   (2) $y-1=0$;

(3) $3x+2y+1=0$；　　(4) $x^2-y^2=9$.

3. 把下列极坐标方程化为直角坐标方程：

(1) $r\sin\theta=1$；　　(2) $r(2\cos\theta+3\sin\theta)-4=0$；

(3) $r=-10\cos\theta$；　　(4) $r=2\cos\theta-\sin\theta$.

1.5

1. 在极坐标系下，作双纽线 $r^2=\cos2\theta$ 的图形.

2. 已知 $f(x)=\dfrac{1}{1+x}$，求 $f(f(x))$ 的定义域.

3. 已知 $f(x)$ 是以 1 为周期的函数，当 $0\leq x<1$ 时，$f(x)=x^2$，试写出 $f(x)$ 在 $(-\infty,+\infty)$ 上的表达式.

4. 延拓函数 $f(x)=x+1(x>0)$ 到整个数轴上去，使它分别为偶函数和奇函数.

5. 若 $f(x)$ 满足关系 $f(x+y)=f(x)+f(y)$，试证：

(1) $f(0)=0$；　　(2) $f(nx)=nf(x)$，

其中 n 为自然数.

6. 设 $f(x)=\sqrt{x^2-1}$，$g(x)=\dfrac{1}{x-1}$，$h(x)=\lg x$，求 $f(g(h(x)))$ 的定义域.

7. 设 $\varphi(x),\psi(x),f(x)$ 均为单调上升函数，且 $\varphi(x)\leq\psi(x)\leq f(x)$，若三个函数之间的复合都有意义，证明：

$\varphi(\varphi(x))\leq\psi(\psi(x))\leq f(f(x))$.

8. 设函数 $y=f(g(x))$ 由 $y=f(u),u=g(x)$ 复合而成，试证：

(1) 若 $g(x)$ 为偶函数，则 $f(g(x))$ 也是偶函数；

(2) 若 $g(x)$ 为奇函数，则当 $f(u)$ 是奇函数时，$f(g(x))$ 为奇函数；当 $f(u)$ 为偶函数时，$f(g(x))$ 为偶函数；

(3) 若 $g(x)$ 为周期函数，则 $f(g(x))$ 也是周期函数；

(4) 若 $f(u),g(x)$ 同是单调增加或减少的，则 $f(g(x))$ 是单调增加的；

(5) 若 $f(u),g(x)$ 一个单调增加，一个单调减少，则 $f(g(x))$ 是单调减少的；

(6) 若 $f(u)$ 是有界函数，则 $f(g(x))$ 也是有界函数.

9. 设 $f(x)$ 在 $(-\infty,+\infty)$ 上有定义，且有常数 T，$B>0$，满足 $f(x+T)=Bf(x)$，证明 $f(x)$ 可表示为一个指数函数 a^x 和一个以 T 为周期的函数 $\varphi(x)$ 之积，即 $f(x)=a^x\varphi(x)$.

网上更多……　　教学PPT

自测题

第二章
极限与连续

很早以前,人们就产生了极限思想,比如,3世纪中国数学家刘徽的割圆术,就是用圆内接正多边形的周长的极限定义圆周长的.但是一直到17世纪牛顿(Newton I(英),1642—1727)[①]和莱布尼茨(Leibniz G W(德),1646—1716)在前人工作的基础上建立微积分之时,由于极限思想尚未成熟,微积分建立在当时还含糊不清的无穷小基础上,在逻辑上引起了不少的争论和怀疑.到19世纪后期柯西(Cauchy A L(法),1789—1857)和魏尔斯特拉斯(Weierstrass K(德),1815—1897)[②]等人才给出了极限的定义,并给出了连续函数的概念,把微积分建立在严密的理论基础上.所以,极限方法经历了许多世纪的锤炼,是人类智慧的精华.极限方法不但是大学数学的基础,自然科学和社会科学中的许多基本概念都离不开它.因此,深入地理解和掌握这一辩证方法,对今后的学习和工作都是必要的.

2.1 数列的极限

例1 求由抛物线 $y=x^2$,直线 $x=1$ 及 x 轴围成的曲边三角形的面积 S.

解 如图2.1所示,将区间 $[0,1]$ 分割为 n 等份,分点为

微视频
2.1.1 数列极限的概念

[①] 牛顿说:"我的成功当归功于精力的思索."又说:"没有大胆的猜想就做不出伟大的发现."
[②] 魏尔斯特拉斯是将分析学置于严密的逻辑基础之上的一位大师,被后人誉为"现代分析之父".他举出一个处处不可微的连续函数,使数学家们再也不敢直观地或想当然地对待某些问题了.

$$0, \frac{1}{n}, \frac{2}{n}, \cdots, \frac{i}{n}, \cdots, \frac{n}{n}=1,$$

并作直线 $x=\frac{i}{n}(i=0,1,2,\cdots,n)$，将曲边三角形分为 n 个窄条 ΔS_i $(i=0,1,2,\cdots,n-1)$. 在每个小区间 $\left[\frac{i}{n},\frac{i+1}{n}\right]$ 上作高为 $\left(\frac{i}{n}\right)^2$ 的矩形，近似代替窄条 ΔS_i. 这些窄矩形拼成的**阶梯形**的面积为

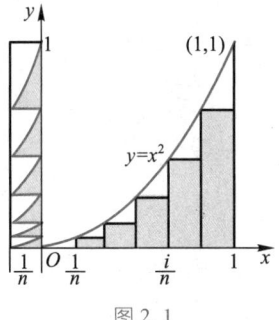

图 2.1

$$S_n = 0 \cdot \frac{1}{n} + \left(\frac{1}{n}\right)^2 \cdot \frac{1}{n} + \cdots + \left(\frac{i}{n}\right)^2 \cdot \frac{1}{n} + \cdots + \left(\frac{n-1}{n}\right)^2 \cdot \frac{1}{n}$$

$$= \frac{1}{n^3}\left[1^2 + 2^2 + \cdots + i^2 + \cdots + (n-1)^2\right]$$

$$= \frac{(n-1)n(2n-1)}{6n^3} = \frac{1}{3} - \left(\frac{1}{2n} - \frac{1}{6n^2}\right).$$

显然，S_n 与 n 有关，是定义在正整数集上的函数. 由图 2.1 易见，n 越大，S_n 越近似于 S，其差不超过 $\frac{1}{2n}$. 为得到 S 的准确值，让 n 无限制地变大，看 S_n 的变化趋势：

$$S_n = \frac{1}{3} - \left(\frac{1}{2n} - \frac{1}{6n^2}\right) \to \frac{1}{3}, \quad \text{当 } n \to \infty \text{ 时}.$$

这样便得到了所求的曲边三角形的面积 $S = \frac{1}{3}$.

例 1 是引出定积分概念的典型实例. 在解决问题的过程中，用到一个极重要的崭新方法，就是为了得到确定的量 S，我们把它视为一个变量 S_n 的变化趋势，这就是极限方法.

一般地，我们把定义在正整数集上的函数 $x_n = f(n)$ 称为**数列**或**整标函数**. 人们习惯按自变量由小到大的顺序列出函数值来表示它：

$$x_1, x_2, \cdots, x_n, \cdots,$$

数列中的每个数叫做**数列的项**，具有代表性的第 n 项 x_n 叫做数列的**通项**或**一般项**. 通项也就是整标函数的函数关系式，所以，给定数列的通项，数列就完全确定了，因此，通常也把数列简记为 $\{x_n\}$.

几何上，把数列 $\{x_n\}$ 视为跳动的点在数轴 x 上的足迹.

我们先来考查下列数列的变化趋势：

$$0, \frac{1}{8}, \frac{5}{27}, \cdots, \frac{1}{3} - \left(\frac{1}{2n} - \frac{1}{6n^2}\right), \cdots; \tag{1}$$

$$\frac{1}{2}, \frac{1}{4}, \frac{1}{8}, \cdots, \frac{1}{2^n}, \cdots; \tag{2}$$

$$1, -\frac{1}{2}, \frac{1}{3}, -\frac{1}{4}, \cdots, (-1)^{n+1}\frac{1}{n}, \cdots; \quad (3)$$

$$0.9, 0.5, 0.99, 0.95, 0.999, 0.995, \cdots; \quad (4)$$

$$1, -1, 1, -1, \cdots, (-1)^{n+1}, \cdots; \quad (5)$$

$$2, 4, 6, \cdots, 2n, \cdots. \quad (6)$$

这些数列变化情况各异,随着 n 的无限变大(记为 $n \to \infty$,读作 n 趋于无穷大),数列(1)的项逐渐变大,且无限制地接近常数 $\frac{1}{3}$;数列(2)逐项变小,无限制地接近于 0;数列(3)的项正负相间,无限制地接近于 0;数列(4)忽大忽小,但总趋势接近于 1;数列(5)的项在 1 和 -1 两个数上来回跳动;数列(6)无节制地变大下去. 从变化趋势上看,数列分为两大类:一类是当 $n \to \infty$ 时, x_n 无限制地接近某一常数,如数列(1),(2),(3),(4);另一类是当 $n \to \infty$ 时, x_n 不趋于任何确定的数,如数列(5),(6). 前者称为**有极限的数列**或**收敛的数列**,后者称为**无极限的数列**或**发散的数列**.

若随着 n 的无限变大, x_n 无限地接近某一常数 a,则说数列 $\{x_n\}$ 有极限或收敛,并称 a 为**数列的极限**.

这个定义说明了极限的本质:看数列变化的总趋势. 但它仅仅是一个动态的定性的描述. 对于用"无限地接近"这种只能靠感觉,而没有定量的刻画的词句来下定义,在理论上不严密,在应用上不方便,所以必须有一个便于进行定量分析的严密的定义.

所谓"随着 n 的无限变大, x_n 无限地接近某一常数 a",其含义是"随着 n 的无限变大, $|x_n - a|$ 无限地变小". 也就是说"无论你给一个怎样小的正数 ε,只要 n 变大到一定大的数 N 之后, $|x_n - a|$ 就变得永远比你给的数 ε 还小,即 $|x_n - a| < \varepsilon$".

例如,对于数列(1),因为

$$\left|x_n - \frac{1}{3}\right| = \left|\frac{1}{3} - \left(\frac{1}{2n} - \frac{1}{6n^2}\right) - \frac{1}{3}\right| = \left|\frac{1}{2n} - \frac{1}{6n^2}\right| < \frac{1}{2n},$$

所以,若给 $\varepsilon = 0.1$,则当 $n > 5$ 时,就恒有 $\left|x_n - \frac{1}{3}\right| < 0.1$. 若给 $\varepsilon = 0.0001$,则当 $n > 5000$ 时,就恒有 $\left|x_n - \frac{1}{3}\right| < 0.0001$. 一般地说,无论你给怎样小的正数 ε,只要 n 大于 $\frac{1}{2\varepsilon}$ 时,就恒有 $\left|x_n - \frac{1}{3}\right| < \varepsilon$.

定义 2.1 设 a 为常数,若对任意给定的正数 ε,都存在相应的正整数 N,使得当 $n>N$ 时,恒有
$$|x_n-a|<\varepsilon,$$
则说数列 $\{x_n\}$ 有**极限**(或**收敛**),极限值为 a,记为
$$\lim_{n\to\infty} x_n = a,$$
或简记为 $x_n \to a\ (n\to\infty)$.

几何上,$x_n \to a$ 的意思是:数轴上跳动的点 x_n 与定点 a 之间的距离,随着 n 的无限变大而无限变小. 无论 ε 是怎样小的正数,做点 a 的 ε 邻域 $(a-\varepsilon, a+\varepsilon)$,跳动的点迟早有一次将跳进去,再也跳不出来,这个次数便可作为 N. 跳动的点 x_n 的足迹凝聚在定点 a 的近旁(图 2.2).

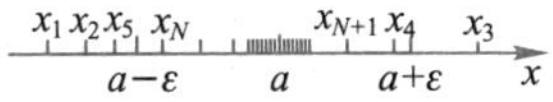

图 2.2

几点说明:

(1) 数列极限是数列 $\{x_n\}$ 变化的最终趋势,所以,任意改变数列中的有限项不影响它的极限值.

(2) 定义中 ε 的任意(小)性是十分必要的,否则 $|x_n-a|<\varepsilon$ 就表达不出 x_n 无限接近 a 的含义.

(3) N 与给定的 ε 有关,一般地说,ε 越小,N 将越大,它标示变化的进程.

为了书写方便,人们将 $\lim\limits_{n\to\infty} x_n = a$ 的定义缩写为"$\forall \varepsilon>0, \exists N>0$,使得当 $n>N$ 时,恒有 $|x_n-a|<\varepsilon$".

例 2 试证 $\lim\limits_{n\to\infty} \sqrt[n]{a} = 1\ (a>0, a\neq 1)$.

证明 当 $a>1$ 时,$\forall \varepsilon>0$,要使
$$\left|\sqrt[n]{a}-1\right| = \sqrt[n]{a}-1 < \varepsilon,$$
只需 $a^{\frac{1}{n}} < 1+\varepsilon$,两边取对数得 $\dfrac{1}{n} < \log_a(1+\varepsilon)$,即只需
$$n > \dfrac{1}{\log_a(1+\varepsilon)}.$$
故取 $N = \left[\dfrac{1}{\log_a(1+\varepsilon)}\right]^{①}$,则当 $n>N$ 时,恒有
$$\left|\sqrt[n]{a}-1\right| < \varepsilon.$$
因此
$$\lim_{n\to\infty} \sqrt[n]{a} = 1\quad (a>1).$$
当 $0<a<1$ 时,可类似地推证. ∎

微视频
2.1.2 数列极限定义证明题(1)
2.1.3 数列极限定义证明题(2)

① 记号 $[x]$ 表示小于或等于 x 的最大整数,称 $[x]$ 为 x 取整. 如,$[2.5]=2$,$[0.3]=0$,$[-0.2]=-1$,$[-1.5]=-2$ 等.

*例3 试证 $\lim\limits_{n\to\infty}\dfrac{2n^2-6}{n^2+n+1}=2$.

证明 由于

$$\left|\dfrac{2n^2-6}{n^2+n+1}-2\right|=\dfrac{2n+8}{n^2+n+1}<\dfrac{10n}{n^2}=\dfrac{10}{n},$$

所以，$\forall\varepsilon>0$，只要 $\dfrac{10}{n}<\varepsilon$，即 $n>\dfrac{10}{\varepsilon}$，就恒有

$$\left|\dfrac{2n^2-6}{n^2+n+1}-2\right|<\varepsilon,$$

故可取 $N=\left[\dfrac{10}{\varepsilon}\right]$. 因此，所证极限式成立.

如果限定 $n>8$，则 $\left|\dfrac{2n^2-6}{n^2+n+1}-2\right|=\dfrac{2n+8}{n^2+n+1}<\dfrac{3n}{n^2}=\dfrac{3}{n}$. 因此，$\forall\varepsilon>0$，取 $N=\max\left\{8,\left[\dfrac{3}{\varepsilon}\right]\right\}$，则当 $n>N$ 时，有 $\left|\dfrac{2n^2-6}{n^2+n+1}-2\right|<\varepsilon$. □

例4 试证 $\lim\limits_{n\to\infty}\sqrt[n]{n}=1$.

证明 由于

$$\left|\sqrt[n]{n}-1\right|=\sqrt[n]{n}-1=(\sqrt{n}\cdot\sqrt{n}\cdot\underbrace{1\cdot 1\cdot\cdots\cdot 1}_{n-2\ \text{个}})^{\frac{1}{n}}-1$$

$$\leqslant\dfrac{2\sqrt{n}+n-2}{n}-1$$

$$=\dfrac{2}{\sqrt{n}}+1-\dfrac{2}{n}-1<\dfrac{2}{\sqrt{n}}.$$

所以，$\forall\varepsilon>0$，只要 $\dfrac{2}{\sqrt{n}}<\varepsilon$，即 $n>\dfrac{4}{\varepsilon^2}$，就恒有

$$\left|\sqrt[n]{n}-1\right|<\varepsilon,$$

故可取 $N=\left[\dfrac{4}{\varepsilon^2}\right]$. 因此，所证极限式成立. □

用定义证明极限，就是 $\forall\varepsilon>0$，找满足定义要求的 N. 找的方法是从不等式 $|x_n-a|<\varepsilon$ 出发，通过解不等式，推出 n 应大于怎样的整数，这个整数就是所求的 N. 由于我们不需要找最小的 N，为简化解不等式的运算，常常把 $|x_n-a|$ 做适当的放大，但要保证放大后还能趋于零，并且便于解出 n，如例3、例4. 只要能找到这样的 N，所要证的极限就成立.

在数列 $\{x_n\}$ 中依次任意抽出无穷多项：

$$x_{n_1}, x_{n_2}, \cdots, x_{n_k}, \cdots$$

(其下标 $n_1 < n_2 < \cdots < n_k < \cdots$)所构成的新数列 $\{x_{n_k}\}$ 叫做数列 $\{x_n\}$ 的**子数列**. 这里 x_{n_k} 是原数列中的第 n_k 项,在子数列中是第 k 项,显然 $k \leq n_k$.

定理 2.1 数列 $\{x_n\}$ 收敛于 a 的充要条件是它的所有子数列 $\{x_{n_k}\}$ 均收敛于 a.

证明 必要性. 设 $\lim\limits_{n\to\infty} x_n = a$,即 $\forall \varepsilon > 0, \exists N > 0$,使得当 $n > N$ 时,恒有

$$|x_n - a| < \varepsilon.$$

当 $k > N$ 时,因 $n_k \geq k > N$,故恒有

$$|x_{n_k} - a| < \varepsilon.$$

因此

$$\lim_{k\to\infty} x_{n_k} = a.$$

充分性是显然的,因为数列 $\{x_n\}$ 也是自己的子数列. □

由此定理可知:仅从某一个子数列的收敛,一般不能断定原数列的收敛性;但若已知一个子数列发散,或有两个子数列收敛于不同的极限值,都可断定原数列是发散的. 还可以证明:数列 $\{x_n\}$ 的奇子数列 $\{x_{2k-1}\}$ 和偶子数列 $\{x_{2k}\}$ 均收敛于同一常数 a 时,则 $\{x_n\}$ 也收敛于 a(证明留给读者).

例 5 试证数列 $\{\cos n\pi\}$ 不收敛.

证明 因为 $\{\cos n\pi\}$ 的奇子数列

$$-1, -1, \cdots, -1, \cdots$$

收敛于 -1,而偶子数列

$$1, 1, \cdots, 1, \cdots$$

收敛于 1,所以数列 $\{\cos n\pi\}$ 不收敛. □

2.2 函数的极限

对函数 $y = f(x)$,根据自变量的变化过程分两种情况讨论它的极限.

2.2.1 $x \to \infty$ 时函数的极限

设对充分大的 x,函数 $f(x)$ 处处有定义. 如果随着 x 的无限变大,

微视频
2.2.1 自变量趋向于无穷大时函数极限的概念

函数 $f(x)$ 无限地接近某一常数 A,则说 x 趋于正无穷大时 $y=f(x)$ 以 A 为极限.严格的定义如下.

定义 2.2 设 $f(x)$ 在 $x>a$ 上有定义,A 为常数.若 $\forall \varepsilon>0,\exists X>0$,使得当 $x>X$ 时,恒有
$$|f(x)-A|<\varepsilon,$$
则称 $x\to+\infty$ 时函数 $f(x)$ 有极限,极限值为 A,记为
$$\lim_{x\to+\infty}f(x)=A,$$
或
$$f(x)\to A, \quad 当\ x\to+\infty\ 时.$$

它的几何意义是:当 $x\to+\infty$ 时,曲线 $y=f(x)$ 以直线 $y=A$ 为水平渐近线,即随着横坐标 $x\to+\infty$,曲线上点的纵坐标 $f(x)$ 无限接近于 A.按定义来说,就是不管给定一个怎样小的正数 ε,作一个以 $y=A$ 为中心线的宽为 2ε 的条形域.我们顺着 x 轴的正向看下去,必有一个正数 X,使曲线上的动点 $(x,f(x))$ 的横坐标 $x>X$ 之后,动点就钻入这个条形域不出来了.由于 ε 可任意小,所以随着 x 的增大,动点还将钻入更窄的条形域,不断地向 $y=A$ 靠拢(图 2.3).

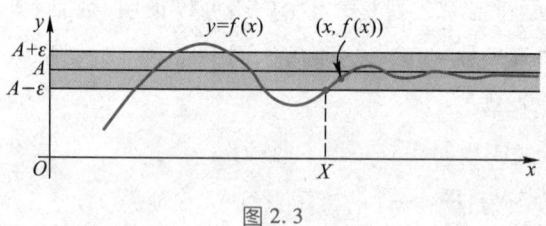

图 2.3

定义 2.3 设 $f(x)$ 在 $x<a$ 上有定义,A 为常数,若 $\forall \varepsilon>0,\exists X>0$,使得当 $x<-X$ 时,恒有
$$|f(x)-A|<\varepsilon,$$
则称 $x\to-\infty$ 时函数 $f(x)$ 有极限,极限值为 A,记为
$$\lim_{x\to-\infty}f(x)=A,$$
或
$$f(x)\to A, \quad 当\ x\to-\infty\ 时.$$

如果在 x 的绝对值充分大时,$f(x)$ 处处有定义,且
$$\lim_{x\to-\infty}f(x)=\lim_{x\to+\infty}f(x)=A,$$
则称 $x\to\infty$ 时,函数 $f(x)$ 以 A 为极限,记为
$$\lim_{x\to\infty}f(x)=A.$$

显然它等价于:

定义 2.4 设 $f(x)$ 在 $|x|>a$ 上有定义,A 为常数,若 $\forall \varepsilon>0$,$\exists X>0$,使得当 $|x|>X$ 时,恒有
$$|f(x)-A|<\varepsilon,$$
则称 $x\to\infty$ 时函数 $f(x)$ 有极限,极限值为 A.

定义 2.3,2.4 的几何意义,请读者自己给出.

例 1 试证 $\lim\limits_{x\to+\infty}\dfrac{\cos x}{\sqrt{x}}=0$.

证明 由于
$$\left|\dfrac{\cos x}{\sqrt{x}}-0\right|\leqslant\dfrac{1}{\sqrt{x}},$$
所以只要 $\dfrac{1}{\sqrt{x}}<\varepsilon$,即 $x>\dfrac{1}{\varepsilon^2}$,就恒有
$$\left|\dfrac{\cos x}{\sqrt{x}}-0\right|<\varepsilon,$$
故 $\forall \varepsilon>0$,取 $X=\dfrac{1}{\varepsilon^2}$ 就满足定义 2.2 的要求,因此有
$$\lim_{x\to+\infty}\dfrac{\cos x}{\sqrt{x}}=0. \quad\square$$

*例 2** 试证 $\lim\limits_{x\to\infty}\dfrac{x}{3x-1}=\dfrac{1}{3}$.

证明 因为这里考虑的是 $x\to\infty$ 时函数的极限,所以可以限定在 $|x|>1$ 上考虑问题,由于
$$\left|\dfrac{x}{3x-1}-\dfrac{1}{3}\right|=\dfrac{1}{3|3x-1|}\leqslant\dfrac{1}{3(3|x|-1)}=\dfrac{1}{3(2|x|+|x|-1)}<\dfrac{1}{6|x|},$$
所以,$\forall \varepsilon>0$,只要 $\dfrac{1}{6|x|}<\varepsilon$,即 $|x|>\dfrac{1}{6\varepsilon}$,就恒有
$$\left|\dfrac{x}{3x-1}-\dfrac{1}{3}\right|<\varepsilon,$$
故可选取 $X=\max\left\{1,\dfrac{1}{6\varepsilon}\right\}$. $\quad\square$

2.2.2 $x\to x_0$ 时函数的极限

例 3 由物理实验知,自由落体运动规律是 $s=\dfrac{1}{2}gt^2$,求 t_0 时的瞬时速度 $v(t_0)$.

微视频
2.2.2 自变量趋向于定点时函数极限的概念

解 从时刻 t_0 到 t, 自由落体的平均速度

$$\bar{v}(t) = \frac{s(t)-s(t_0)}{t-t_0} = \frac{\frac{1}{2}gt^2 - \frac{1}{2}gt_0^2}{t-t_0} = \frac{1}{2}g(t+t_0), \quad t \neq t_0.$$

它是时间 t 的函数, $t=t_0$ 时无意义. 平均速度表明这段时间间隔内运动快慢的平均值, 显然当 t 越接近 t_0 时, 这个平均速度就越接近 t_0 时的真实速度. 因此, 我们让 t 无限接近 t_0, 看平均速度 $\bar{v}(t)$ 的变化趋势:

$$\bar{v}(t) \to gt_0, \quad 当 t \to t_0 时.$$

由此得到 $v(t_0) = gt_0$. 其实物理学中就是这样定义瞬时速度的.

这是引出微分学的一个典型实例, 解决问题的方法还是看函数的变化趋势.

设函数 $y=f(x)$ 在点 x_0 的某一去心邻域上有定义(在 x_0 处和邻域外是否有定义不作要求). 如果当 x 无限接近于 x_0 时, 函数 $f(x)$ 无限接近于常数 A, 则称 x 趋于 x_0 时(记为 $x \to x_0$), $f(x)$ 以 A 为极限. 严格定义如下.

定义 2.5 设 $y=f(x)$ 在 x_0 的某一去心邻域上有定义, A 为常数. 若 $\forall \varepsilon > 0, \exists \delta > 0$, 使得当 $0 < |x-x_0| < \delta$ 时, 恒有

$$|f(x) - A| < \varepsilon,$$

则称 $x \to x_0$ 时函数 $y=f(x)$ 有极限, 极限值为 A, 记为

$$\lim_{x \to x_0} f(x) = A,$$

或

$$f(x) \to A, \quad 当 x \to x_0 时.$$

几何解释: 曲线 $y=f(x)$ 上的动点 $M(x, f(x))$ 随着其横坐标趋于 x_0, 其纵坐标 $f(x)$ 趋于 A. 定义 2.5 是说, 不管 $\varepsilon > 0$ 如何小, 画一个以 $y=A$ 为中心线, 宽为 2ε 的条形域, 则在 x 轴上一定可以找到 x_0 的一个去心邻域 $(x_0-\delta, x_0) \cup (x_0, x_0+\delta)$, 使函数在这个邻域上的图形全部位于上述条形域内. 也就是说, 只要曲线上动点 $M(x, f(x))$ 的横坐标与 x_0 的距离小于 δ, 它的纵坐标 $f(x)$ 就与 A 的距离小于 ε (图 2.4).

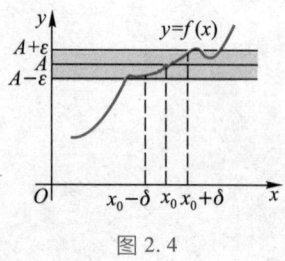

图 2.4

要强调指出: (i) 定义中 δ 标志 x 接近 x_0 的程度, 它与 ε 有关, 一般地说, ε 越小, δ 也将越小. (ii) "当 $0 < |x-x_0| < \delta$ 时, 恒有 $|f(x)-A| < \varepsilon$" 即在 x_0 的去心 δ 邻域上, 恒有 $|f(x)-A| < \varepsilon$, 对 x_0 处没

有这个要求. 所以函数在 x_0 处可以无定义, 也可以有定义, 可以满足, 也可以不满足这个不等式. 总之, 当 $x \to x_0$ 时, 函数的极限与函数在 x_0 处的状况无关. 如果将 "$0<|x-x_0|<\delta$" 改为 "$|x-x_0|<\delta$", 就得到 $\lim_{x \to x_0} f(x) = f(x_0)$, 它是比有极限更强的概念, 称为函数在 x_0 处**连续**, 将在后面讨论.

一般说来, 用定义论证极限 $\lim_{x \to x_0} f(x) = A$, 应从不等式 $|f(x)-A|<\varepsilon$ 出发, 推导出 $|x-x_0|$ 应小于怎样的正数, 这个正数就是我们要找的与 ε 相应的 δ, 找到 δ 就证明完毕. 这个推导常常是困难的, 但是, 注意到我们不需要找最大的 δ, 所以可以把 $|f(x)-A|$ 适当放大些, 变成易于解出 $|x-x_0|$ 的式子, 找到一个需要的 δ.

例 4 试证 $\lim_{x \to x_0} \sin x = \sin x_0$.

证明 由于
$$|\sin x - \sin x_0| = \left|2 \sin \frac{x-x_0}{2} \cos \frac{x+x_0}{2}\right| \leq 2\left|\sin \frac{x-x_0}{2}\right| \leq |x-x_0|,$$
故 $\forall \varepsilon > 0$, 只要 $|x-x_0|<\varepsilon$, 就有
$$|\sin x - \sin x_0| < \varepsilon,$$
因此, 取 $\delta = \varepsilon$ 即可. □

例 5 试证 $\lim_{x \to 1} \dfrac{x^3-1}{x-1} = 3$.

证明 因为考虑的是 $x \to 1$ 的过程, 所以仅需在 $x=1$ 附近讨论问题, 比如限定 $0<x<2, x \neq 1$, 即限定在 $0<|x-1|<1$ 范围内讨论问题. 这时
$$\left|\frac{x^3-1}{x-1} - 3\right| = |x^2+x-2| = |x-1||x+2| < 4|x-1|,$$
故 $\forall \varepsilon > 0$, 只要取 $\delta = \min\left\{1, \dfrac{\varepsilon}{4}\right\}$, 则当 $0<|x-1|<\delta$ 时, 就有
$$\left|\frac{x^3-1}{x-1} - 3\right| < \varepsilon.$$
因此
$$\lim_{x \to 1} \frac{x^3-1}{x-1} = 3. \quad □$$

> 同样有 $\lim_{x \to x_0} \cos x = \cos x_0$; $\lim_{x \to x_0} a^x = a^{x_0}$; $\lim_{x \to x_0} \log_a x = \log_a x_0 (x_0 > 0)$. 表明这些函数连续.

在极限 $\lim_{x \to x_0} f(x) = A$ 的定义中, $x \to x_0$ 的方式不受任何限制. 就是说, 不管 x 是连续地趋于 x_0, 还是跳跃地按任一数列趋于 x_0, 无论从

左边或右边趋于 x_0, $f(x)$ 的极限都应是同一个常数 A.

当限定 x 小于 x_0 且趋于 x_0 时,如果函数 $f(x)$ 的极限存在,则称之为 $f(x)$ 当 $x \to x_0$ 时的**左极限**,记为

$$\lim_{x \to x_0^-} f(x) \quad \text{或} \quad f(x_0^-).$$

当限定 x 大于 x_0 且趋于 x_0 时,如果函数 $f(x)$ 的极限存在,则称之为 $f(x)$ 当 $x \to x_0$ 时的**右极限**,记为

$$\lim_{x \to x_0^+} f(x) \quad \text{或} \quad f(x_0^+).$$

左、右极限统称为单侧极限. 基于极限及单侧极限的定义,显然有如下定理.

定理 2.2 极限 $\lim\limits_{x \to x_0} f(x) = A$ 的充要条件是左极限 $f(x_0^-)$ 和右极限 $f(x_0^+)$ 均存在,且 $f(x_0^-) = f(x_0^+) = A$.

例 6 试证函数

$$f(x) = \begin{cases} e^x, & x < 1, \\ \sin x, & x \geq 1 \end{cases}$$

当 $x \to 1$ 时,无极限.

证明 当 $x \to 1$ 时函数 $f(x)$ 的左极限

$$f(1^-) = \lim_{x \to 1^-} e^x = e.$$

当 $x \to 1$ 时函数 $f(x)$ 的右极限

$$f(1^+) = \lim_{x \to 1^+} \sin x = \sin 1.$$

左、右极限不相等,故 $x \to 1$ 时,$f(x)$ 无极限. □

2.3 极限的性质,无穷小与无穷大

2.3.1 极限的性质

微视频
2.3.1 数列极限的唯一性

定理 2.3(唯一性) 如果极限 $\lim\limits_{x \to x_0} f(x)$ 存在,必唯一.

证明 反证法,设 $\lim\limits_{x \to x_0} f(x) = A$,又 $\lim\limits_{x \to x_0} f(x) = B$,$A < B$.

对 $\varepsilon = \dfrac{B-A}{2} > 0$,由 $\lim\limits_{x \to x_0} f(x) = A$ 的定义,$\exists \delta_1 > 0$,使得当 $0 < |x - x_0| < \delta_1$ 时,恒有

$$|f(x) - A| < \frac{B-A}{2},$$

即有
$$\frac{3A-B}{2}<f(x)<\frac{A+B}{2}. \tag{1}$$

而由 $\lim_{x\to x_0}f(x)=B$ 的定义,$\exists\delta_2>0$,使得当 $0<|x-x_0|<\delta_2$ 时,恒有
$$|f(x)-B|<\frac{B-A}{2},$$

即有
$$\frac{A+B}{2}<f(x)<\frac{3B-A}{2}. \tag{2}$$

令 $\delta=\min\{\delta_1,\delta_2\}$,则当 $0<|x-x_0|<\delta$ 时,不等式(1),(2)应同时成立. 但这是不可能的,因为(1),(2)两式是不相容的. 故有极限必唯一. □

定理 2.4(极限点①附近的保序性) 设 $\lim_{x\to x_0}f(x)=A$,$\lim_{x\to x_0}g(x)=B$.

(i) 如果 $A<B$,则有 $\delta>0$,使得当 $0<|x-x_0|<\delta$ 时,恒有 $f(x)<g(x)$;

(ii) 如果有 $\delta>0$,使得当 $0<|x-x_0|<\delta$ 时,恒有 $f(x)\leqslant g(x)$,则必有 $A\leqslant B$.

*证明 (i) 对 $\varepsilon=\dfrac{B-A}{2}>0$,由于 $\lim_{x\to x_0}f(x)=A$,$\exists\delta_1>0$,使得当 $0<|x-x_0|<\delta_1$ 时,恒有
$$|f(x)-A|<\frac{B-A}{2},$$

即有
$$\frac{3A-B}{2}<f(x)<\frac{A+B}{2}. \tag{3}$$

而由 $\lim_{x\to x_0}g(x)=B$,$\exists\delta_2>0$,使得当 $0<|x-x_0|<\delta_2$ 时,恒有
$$|g(x)-B|<\frac{B-A}{2},$$

即有
$$\frac{A+B}{2}<g(x)<\frac{3B-A}{2}. \tag{4}$$

取 $\delta=\min\{\delta_1,\delta_2\}$,则当 $0<|x-x_0|<\delta$ 时,(3),(4)同时成立,从而在 x_0 的去心邻域 $0<|x-x_0|<\delta$ 内有
$$f(x)<g(x).$$

(ii) 若不然,设 $A>B$,则由(i)知在 x_0 的某一去心邻域内恒有

微视频
2.3.2 数列极限的保序性

①为方便计,在 $x\to x_0$ 的过程中,称 x_0 为极限点,$x\to\infty$ 的过程中,称 ∞(这个无穷远点)为极限点. 无穷远点 ∞ 的附近,就是 $|x|$ 充分大的点的集合,如 $|x|>X$,X 为正的常数.

$f(x) > g(x)$，与假设矛盾. □

推论（保号性） 设 $\lim\limits_{x \to x_0} f(x) = A$,

(i) 若 $A > 0$，则有 $\delta > 0$，使得当 $0 < |x - x_0| < \delta$ 时，$f(x) > 0$;

(ii) 若有 $\delta > 0$，使得当 $0 < |x - x_0| < \delta$ 时，$f(x) \geq 0$，则 $A \geq 0$.

定理 2.5（极限点附近的有界性） 如果 $\lim\limits_{x \to x_0} f(x) = A$，则存在 $\delta > 0$，使函数 $f(x)$ 在 x_0 的去心 δ 邻域 $\overset{\circ}{U}_\delta(x_0)$ 内有界.

证明 由极限的定义，对 $\varepsilon = 1$，$\exists \delta > 0$，使得当 $0 < |x - x_0| < \delta$ 时，恒有
$$|f(x) - A| < 1,$$
即有
$$A - 1 < f(x) < A + 1.$$
由此可见，$f(x)$ 在 $0 < |x - x_0| < \delta$ 内有界. □

极限的唯一性，极限点附近的保序性和有界性，对各种极限过程都成立，证明方法也是类似的. 要说明的是：当 $x \to +\infty$ 时，我们把 $+\infty$ 视为一"正无穷远点"，它的附近是指 $x > X$ 部分，X 可充分大. 其他情况是类似的. 请读者针对数列极限和函数的其他极限情形，正确地叙述这三条性质.

推论 有极限的数列必有界.

证明 设 $\lim\limits_{n \to \infty} x_n = a$，对 $\varepsilon = 1$，$\exists N > 0$，使得当 $n > N$ 时，恒有 $|x_n - a| < 1$，即
$$a - 1 < x_n < a + 1.$$
此外，最多有 N 个数 $x_1, x_2, \cdots, x_N$ 不在这个范围内，因此，令
$$M = \max\{|x_1|, |x_2|, \cdots, |x_N|, |a-1|, |a+1|\},$$
则对所有的自然数 n，都有
$$|x_n| \leq M,$$
故数列 $\{x_n\}$ 有界. □

2.3.2 无穷小与无穷大

在一个极限过程中，以零为极限的变量叫做这个极限过程中的无穷小. 在理论上和应用上它都是很重要的. 下面我们仅就两种极限过程（$x \to x_0$ 与 $x \to \infty$）中的无穷小给出严格的定义，其他情况不言而喻的.

定义 2.6 若 $\forall \varepsilon > 0$, $\exists \delta > 0 (X > 0)$, 使得当 $0 < |x - x_0| < \delta$ ($|x| > X$) 时, 恒有
$$|f(x)| < \varepsilon,$$
则称函数 $f(x)$ 是 $x \to x_0 (x \to \infty)$ 时的无穷小, 或者称当 $x \to x_0 (x \to \infty)$ 时, $f(x)$ 是**无穷小**.

例如:

因为 $\lim\limits_{n \to \infty} \dfrac{1}{n} = 0$, 所以 $n \to \infty$ 时, $\dfrac{1}{n}$ 为无穷小.

由 $\lim\limits_{x \to +\infty} \dfrac{\cos x}{\sqrt{x}} = 0$ 知, $x \to +\infty$ 时, $\dfrac{\cos x}{\sqrt{x}}$ 为无穷小.

由 $\lim\limits_{x \to 0} \sin x = \sin 0 = 0$ 知, $x \to 0$ 时, $\sin x$ 是无穷小. 但当 $x \to \dfrac{\pi}{2}$ 时, $\sin x$ 不是无穷小.

例 1 试证: $x \to -\infty$ 时, a^x ($a > 1$) 为无穷小.

证明 只需证 $\lim\limits_{x \to -\infty} a^x = 0$. $\forall \varepsilon : 0 < \varepsilon < 1$, 若要
$$|a^x| = a^x < \varepsilon,$$
只需 $x < \log_a \varepsilon (<0)$, 故取 $X = -\log_a \varepsilon$ 即可. □

无穷小是变化过程中趋于零的变量, 千万不要把无穷小和很小的常数混为一谈. 任何非零的常数都不是无穷小. 下面关于无穷小的定理, 我们仅就 $x \to x_0$ 的过程来证明.

定理 2.6 有限个无穷小之和仍为无穷小.

证明 考虑 $x \to x_0$ 时两个无穷小 α, β 之和
$$\omega = \alpha + \beta.$$
$\forall \varepsilon > 0$, 因 α, β 均为无穷小, $\exists \delta > 0$, 使得当 $0 < |x - x_0| < \delta$ 时, 恒有
$$|\alpha| < \varepsilon, \quad |\beta| < \varepsilon$$
同时成立, 于是, 当 $0 < |x - x_0| < \delta$ 时, 恒有
$$|\omega| = |\alpha + \beta| \leq |\alpha| + |\beta| < 2\varepsilon. \quad \square$$

微视频
2.3.5 无穷小的性质 1
2.3.6 无穷小的性质 2

定理 2.7 无穷小与极限点附近有界的函数的乘积是无穷小.

证明 设函数 $u = u(x)$ 在 x_0 的某一去心邻域 $0 < |x - x_0| < \delta_0$ 内有界, 即有常数 M, 使 $|u| \leq M$; 且 $x \to x_0$ 时, α 是无穷小. 于是, $\forall \varepsilon > 0$, $\exists \delta : 0 < \delta < \delta_0$, 使得当 $0 < |x - x_0| < \delta$ 时, 恒有
$$|\alpha| < \varepsilon.$$
从而

$$|u\alpha| = |u||\alpha| < M\varepsilon. \qquad \Box$$

推论 1　无穷小与常数之积是无穷小.

推论 2　有限个无穷小之积是无穷小.

定理 2.8　一个有极限、但极限不为零的函数去除无穷小所得的商是无穷小.

证明　设 $\lim\limits_{x \to x_0} u = a \neq 0$，由定理 2.7，只需证明 $\dfrac{1}{u}$ 在 x_0 的某一去心邻域内有界. 对 $\varepsilon = \dfrac{|a|}{2}$，$\exists \delta > 0$，使得当 $0 < |x - x_0| < \delta$ 时，恒有

$$|u - a| < \frac{|a|}{2}.$$

因为

$$|u| = |a + u - a| \geq |a| - |u - a| > |a| - \frac{|a|}{2} = \frac{|a|}{2},$$

所以，当 $0 < |x - x_0| < \delta$ 时，恒有

$$\left|\frac{1}{u}\right| < \frac{2}{|a|},$$

即 $\dfrac{1}{u}$ 有界.　$\Box$

定理 2.9（极限与无穷小的关系）　在一个极限过程中，函数 $f(x)$ 以 A 为极限的充要条件是 $f(x)$ 可表示为常数 A 与一个无穷小之和，即

$$\lim_{x \to x_0} f(x) = A \Leftrightarrow f(x) = A + \alpha(x),$$

其中 $\alpha(x)$ 是 $x \to x_0$ 时的无穷小.

证明　$\lim\limits_{x \to x_0} f(x) = A$ 的定义："$\forall \varepsilon > 0$，$\exists \delta > 0$，使得当 $0 < |x - x_0| < \delta$ 时，恒有 $|f(x) - A| < \varepsilon$". 恰好是函数 $\alpha(x) = f(x) - A$ 在 $x \to x_0$ 时为无穷小的定义.　$\Box$

函数还有一种变化状态值得注意，就是在一个极限过程中，函数的绝对值无限变大的情形.

定义 2.7　若 $\forall M > 0$，$\exists \delta > 0 (X > 0)$，使得当 $0 < |x - x_0| < \delta (|x| > X)$ 时，恒有

$$|f(x)| > M,$$

则称函数 $f(x)$ 在 $x \to x_0 (x \to \infty)$ 时为**无穷大**.

注意：

(1) 定义中 M 可任意大.

(2) 当 $x \to x_0 (x \to \infty)$ 时,若 $f(x)$ 为无穷大,这时 $f(x)$ 是没有极限的!为了表示函数的这种变化性态,我们仍借用极限符号,记为

$$\lim_{\substack{x \to x_0 \\ (x \to \infty)}} f(x) = \infty,$$

并且口是心非地说"函数 $f(x)$ 的极限是无穷大".

(3) 无穷大不是一个很大的常数,不要与很大的常数混为一谈.

(4) 无穷大是无界的函数,但无界函数不见得是某个过程的无穷大,例如 $y = x\sin x$ 是无界函数,但 $x \to +\infty$ 时它不是无穷大.

如果定义中的 $|f(x)| > M$,改为 $f(x) > M$(或 $f(x) < -M$),则 $f(x)$ 就是 $x \to x_0$(或 $x \to \infty$)时的正(负)无穷大,记为

$$\lim_{\substack{x \to x_0 \\ (x \to \infty)}} f(x) = +\infty \quad (或 \lim_{\substack{x \to x_0 \\ (x \to \infty)}} f(x) = -\infty).$$

同样可定义 $n \to \infty, x \to +\infty, x \to -\infty, x \to x_0^-, x \to x_0^+$ 极限过程的无穷大.

例 2 试证 $\lim\limits_{x \to 1} \dfrac{1}{x-1} = \infty$.

证明 $\forall M > 0$,若要 $\left|\dfrac{1}{x-1}\right| > M$,只需 $0 < |x-1| < \dfrac{1}{M}$,故取 $\delta = \dfrac{1}{M}$ 即可. □

直线 $x = 1$ 是双曲线 $y = \dfrac{1}{x-1}$ 的铅直渐近线(图 2.5).

一般地说,如果 $\lim\limits_{x \to x_0} f(x) = \infty$,则称直线 $x = x_0$ 是曲线 $y = f(x)$ 的铅直渐近线.

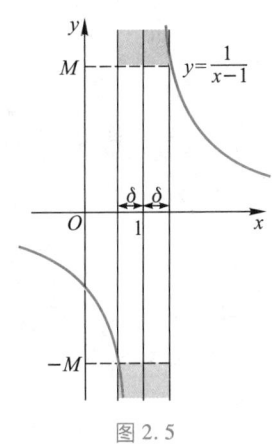

图 2.5

*例 3** 试证 $\{x_n\} = \left\{\dfrac{n^3 + 7n - 2}{n^2 + n}\right\}$ 在 $n \to \infty$ 时为正无穷大.

证明 由于 $n^2 \geq n$,故

$$\frac{n^3 + 7n - 2}{n^2 + n} > \frac{n^3}{2n^2} = \frac{n}{2},$$

可见 $\forall M > 0$,只要 $\dfrac{n}{2} > M$,即 $n > 2M$,就有

$$\frac{n^3 + 7n - 2}{n^2 + n} > M,$$

故可取 $N = [2M]$,因此 $\{x_n\}$ 是正无穷大. □

定理 2.10（无穷大与无穷小的关系）

(i) 若 $\lim f(x) = \infty$，则 $\lim \dfrac{1}{f(x)} = 0$；

(ii) 若 $\lim f(x) = 0$，且 $f(x) \neq 0$，则 $\lim \dfrac{1}{f(x)} = \infty$，

即无穷大的倒数是无穷小；非零的无穷小的倒数是无穷大.

*证明 仅对 $x \to x_0$ 情形证明.

(i) $\forall \varepsilon > 0$，由于 $\lim\limits_{x \to x_0} f(x) = \infty$，所以，对 $M = \dfrac{1}{\varepsilon} > 0$，$\exists \delta > 0$，使得当 $0 < |x - x_0| < \delta$ 时，恒有 $|f(x)| > M$，从而

$$\left| \dfrac{1}{f(x)} \right| < \varepsilon,$$

故

$$\lim_{x \to x_0} \dfrac{1}{f(x)} = 0.$$

(ii) $\forall M > 0$，由于 $\lim\limits_{x \to x_0} f(x) = 0$，所以，对 $\varepsilon = \dfrac{1}{M} > 0$，$\exists \delta > 0$，使得当 $0 < |x - x_0| < \delta$ 时，恒有 $|f(x)| < \varepsilon$，从而

$$\left| \dfrac{1}{f(x)} \right| > M,$$

故

$$\lim_{x \to x_0} \dfrac{1}{f(x)} = \infty. \quad \square$$

容易证明：两个正（负）无穷大之和仍为正（负）无穷大；无穷大与有界变量的和、差仍为无穷大；有非零极限的变量与无穷大之积或无穷大与无穷大之积仍为无穷大；用无零值有界变量去除无穷大仍为无穷大.

2.4 极限的运算法则

本节讨论极限的运算.

定理 2.11 如果 $\lim u = A, \lim v = B$，则

(i) $\lim(u \pm v) = \lim u \pm \lim v = A \pm B$；

(ii) $\lim(uv) = \lim u \cdot \lim v = AB$；

(iii) $\lim\left(\dfrac{u}{v}\right) = \dfrac{\lim u}{\lim v} = \dfrac{A}{B}$，当 $B \neq 0$ 时.

微视频
2.4.1 数列极限的四则运算
2.4.2 数列极限的计算举例(1)
2.4.3 数列极限的计算举例(2)

极限号下可以是任何极限过程,但等式两边是同一极限过程.

证明 根据极限与无穷小的关系,有
$$u=A+\alpha, \quad v=B+\beta,$$
其中 α,β 是两个无穷小.

(i) 的证明.
$$u\pm v=(A+\alpha)\pm(B+\beta)=(A\pm B)+(\alpha\pm\beta),$$
由于 $\alpha\pm\beta$ 是无穷小,根据极限与无穷小的关系知
$$\lim(u\pm v)=A\pm B=\lim u\pm\lim v.$$

(ii) 的证明.
$$uv=(A+\alpha)(B+\beta)=AB+(A\beta+B\alpha+\alpha\beta),$$
而 $A\beta+B\alpha+\alpha\beta$ 是无穷小,故
$$\lim(uv)=AB=\lim u \cdot \lim v.$$

(iii) 的证明.
$$\frac{u}{v}-\frac{A}{B}=\frac{A+\alpha}{B+\beta}-\frac{A}{B}=\frac{B\alpha-A\beta}{B(B+\beta)},$$
因为 $B\neq 0$,所以最后面的式子的分母 $B(B+\beta)$ 的极限为 $B^2\neq 0$,而分子 $B\alpha-A\beta$ 为无穷小,因此最后的分式为无穷小. 故
$$\lim\frac{u}{v}=\frac{A}{B}=\frac{\lim u}{\lim v} \quad (B\neq 0). \quad \square$$

推论 1 若 $\lim u=A$,则
$$\lim Cu=C\lim u=CA \quad (C \text{ 为常数}).$$

推论 2 若 $\lim u=A$,m 为正整数,则
$$\lim u^m=(\lim u)^m=A^m.$$

推论 3 对多项式
$$P(x)=a_0x^n+a_1x^{n-1}+\cdots+a_n$$
及有理函数
$$R(x)=\frac{P(x)}{Q(x)}=\frac{a_0x^n+a_1x^{n-1}+\cdots+a_n}{b_0x^m+b_1x^{m-1}+\cdots+b_m},$$
当 $x\to x_0$ 时,有
$$\lim_{x\to x_0}P(x)=P(x_0), \quad \lim_{x\to x_0}R(x)=R(x_0)=\frac{P(x_0)}{Q(x_0)} \quad (Q(x_0)\neq 0).$$

定理 2.11(i) 与推论 1,说明极限运算具有线性性;推论 3 说明多项式和有理函数是连续函数.

例 1 $\lim\limits_{x\to 1}(2x-1)=2\cdot 1-1=1.$ （推论 3）

例 2 $\lim\limits_{x\to 2}\dfrac{2x^3-4}{x^2-5x+3}=\dfrac{2\cdot 2^3-4}{2^2-5\cdot 2+3}=-4.$ （推论 3）

例 3 $\lim\limits_{x\to 3}\dfrac{x-3}{x^2-9}=\lim\limits_{x\to 3}\dfrac{1}{x+3}=\dfrac{1}{6}.$

像例 3 中的分子分母都趋于零的极限叫做 $\dfrac{0}{0}$ 型未定式. 由于它不满足定理 2.11 的条件 $B\neq 0$，所以不能直接使用定理 2.11. 这里我们首先将函数作恒等变形，消去趋于零的因式（简称消去零因式），然后使用定理 2.11 求极限.

例 4 $\lim\limits_{n\to\infty}\dfrac{n^2+2n-1}{2n^2+3}=\lim\limits_{n\to\infty}\dfrac{1+\dfrac{2}{n}-\dfrac{1}{n^2}}{2+\dfrac{3}{n^2}}=\dfrac{1}{2}.$

像这样分子分母都趋于无穷大的极限叫做 $\dfrac{\infty}{\infty}$ 型未定式. 不能直接用定理 2.11. 我们先作恒等变形，消去无穷大因式，然后使用定理 2.11 及无穷大的倒数是无穷小即可.

例 5 $\lim\limits_{x\to\infty}\dfrac{2x^3+5}{3x^2+2x}=\lim\limits_{x\to\infty}\dfrac{2x+\dfrac{5}{x^2}}{3+\dfrac{2}{x}}=\infty.$

这里用的是消去无穷大因式，利用无穷大与无穷小的关系及性质.

由例 4，例 5 使用的方法可推得：$a_0\neq 0, b_0\neq 0$ 时，在 $x\to\infty$ 时，有理函数的极限：

$$\lim_{x\to\infty}\frac{a_0x^n+a_1x^{n-1}+\cdots+a_n}{b_0x^m+b_1x^{m-1}+\cdots+b_m}=\begin{cases}0, & n<m,\\ \dfrac{a_0}{b_0}, & n=m,\\ \infty, & n>m.\end{cases}$$

例 6 $\lim\limits_{x\to\infty}\dfrac{\sin x}{x}=0$ （有界函数 $\sin x$ 与无穷小 $\dfrac{1}{x}$ 之积）.

例 7 $\lim\limits_{n\to\infty}\left[\dfrac{1}{1\cdot 3}+\dfrac{1}{3\cdot 5}+\dfrac{1}{5\cdot 7}+\cdots+\dfrac{1}{(2n-1)(2n+1)}\right]$

$=\lim\limits_{n\to\infty}\left[\dfrac{1}{2}\left(1-\dfrac{1}{3}\right)+\dfrac{1}{2}\left(\dfrac{1}{3}-\dfrac{1}{5}\right)+\cdots+\dfrac{1}{2}\left(\dfrac{1}{2n-1}-\dfrac{1}{2n+1}\right)\right]$

$=\dfrac{1}{2}\lim\limits_{n\to\infty}\left(1-\dfrac{1}{2n+1}\right)=\dfrac{1}{2}.$

因为和式的项数随 n 增大而增加,所以不能用定理 2.11,这时,通常先作恒等变形使函数化为固定项数和的形式,然后求极限.

定理 2.12 设 $y=f(\varphi(x))$ 是由 $y=f(u)$ 和 $u=\varphi(x)$ 复合成的函数,如果 $\lim\limits_{x \to x_0} \varphi(x) = u_0$,且在 x_0 的某去心 δ_0 邻域内 $\varphi(x) \neq u_0$,又 $\lim\limits_{u \to u_0} f(u) = A$,则

$$\lim_{x \to x_0} f(\varphi(x)) = \lim_{u \to u_0} f(u) = A.$$

证明 $\forall \varepsilon > 0$,由 $\lim\limits_{u \to u_0} f(u) = A$, $\exists \eta > 0$,使得当 $0 < |u - u_0| < \eta$ 时,恒有

$$|f(u) - A| < \varepsilon.$$

对这个 η,由 $\lim\limits_{x \to x_0} \varphi(x) = u_0$, $\exists \delta: 0 < \delta < \delta_0$,使得当 $0 < |x - x_0| < \delta$ 时,恒有

$$0 < |\varphi(x) - u_0| < \eta.$$

由此可见,当 $0 < |x - x_0| < \delta$ 时,恒有

$$|f(\varphi(x)) - A| < \varepsilon,$$

故 $\lim\limits_{x \to x_0} f(\varphi(x)) = A.$ □

将定理中 $x \to x_0$ 换为 $x \to \infty$,亦有同样的结果. 此外,这个定理表明在极限运算中可以作变量代换.

如果 $f(u)$ 在 u_0 处连续,即 $\lim\limits_{u \to u_0} f(u) = f(u_0)$,则定理 2.12 中的条件 $\varphi(x) \neq u_0$ 可以去掉,从而有

推论 1 设 $y=f(\varphi(x))$ 是由 $y=f(u)$ 和 $u=\varphi(x)$ 复合成的复合函数,如果 $\lim\limits_{x \to x_0} \varphi(x) = u_0$,又 $\lim\limits_{u \to u_0} f(u) = f(u_0)$,则

$$\lim_{x \to x_0} f(\varphi(x)) = f(\lim_{x \to x_0} \varphi(x)).$$

推论 2 若 $\lim f(x) = A, \lim g(x) = B > 0$,则 $\lim g(x)^{f(x)} = B^A$.

证明 由极限的保号性,在极限点附近有 $g(x) > 0$,所以,

$$y = g(x)^{f(x)} = e^{f(x) \ln g(x)} = \exp(f(x) \ln g(x))^{①}$$

是由 $y = e^u, u = f(x) \ln g(x)$ 复合成的复合函数. 因为

$$\lim f(x) \ln g(x) = A \ln B = u_0,$$

$$\lim_{u \to u_0} e^u = e^{u_0} = \exp(A \ln B) = B^A,$$

所以

$$\lim g(x)^{f(x)} = B^A. \quad □$$

例 8 $\lim\limits_{x \to x_0} a^{\sin x} = a^{\sin x_0} \quad (a > 0).$

① $\exp(u)$ 表示 e^u,通常指数较复杂时用这一记号.

证明中,$\lim \ln g(x) = \ln B$ 的根据何在,请读者考虑.

例9 $\lim\limits_{x\to x_0} x^\mu = x_0^\mu \ (x_0>0)$.

当 $x_0<0$ 时,若 x^μ 在 x_0 的某去心邻域内有定义,令 $t=-x$,则 $x\to x_0$ 时,$t\to -x_0$,所以

$$\lim_{x\to x_0} x^\mu = \lim_{t\to -x_0}(-1)^\mu t^\mu = (-1)^\mu(-x_0)^\mu = x_0^\mu.$$

例10 $\lim\limits_{x\to +\infty}(\sqrt{x^2+3x}-\sqrt{x^2+1}) = \lim\limits_{x\to +\infty}\dfrac{3x-1}{\sqrt{x^2+3x}+\sqrt{x^2+1}}$

$$=\lim_{x\to +\infty}\dfrac{3-\dfrac{1}{x}}{\sqrt{1+\dfrac{3}{x}}+\sqrt{1+\dfrac{1}{x^2}}} = \dfrac{3}{2}.$$

这是所谓的 $\infty-\infty$ 型未定式,这里我们是通过"根式转移"方法把它化为 $\dfrac{\infty}{\infty}$ 型计算的.

例11 求 $\lim\limits_{x\to a}\dfrac{\sqrt{ax}-x}{x-a}$($a$ 为常数).

解 当 $a<0$ 时,分母趋于零,分子趋于 $-2a\neq 0$,利用无穷大与无穷小的关系有

$$\lim_{x\to a}\dfrac{\sqrt{ax}-x}{x-a} = \infty.$$

当 $a=0$ 时,

$$\lim_{x\to a}\dfrac{\sqrt{ax}-x}{x-a} = \lim_{x\to 0}\dfrac{-x}{x} = \lim_{x\to 0}(-1) = -1.$$

当 $a>0$ 时,这是 $\dfrac{0}{0}$ 型未定式,

$$\lim_{x\to a}\dfrac{\sqrt{ax}-x}{x-a} = \lim_{x\to a}\dfrac{ax-x^2}{(x-a)(\sqrt{ax}+x)} = \lim_{x\to a}\dfrac{-x}{\sqrt{ax}+x} = -\dfrac{1}{2}.$$

这里用到"根式转移"和消去零因式方法.

例12 求 $\lim\limits_{x\to 0}\dfrac{\sqrt{1+x}-1}{\sqrt[3]{1+x}-1}$.

解 令 $u=(1+x)^{\frac{1}{6}}$,则 $x\to 0$ 时,$u\to 1$. 故

$$\lim_{x\to 0}\dfrac{\sqrt{1+x}-1}{\sqrt[3]{1+x}-1} = \lim_{u\to 1}\dfrac{u^3-1}{u^2-1} = \lim_{u\to 1}\dfrac{u^2+u+1}{u+1} = \dfrac{3}{2}.$$

这样用变量代换方法求极限,实质就是复合函数求极限法.

2.5 极限存在准则,两个重要极限

定理 2.13(两边夹挤准则) 如果

(i) $y_n \leq x_n \leq z_n \ (n=1,2,\cdots)$;

(ii) $\lim\limits_{n\to\infty} y_n = a, \lim\limits_{n\to\infty} z_n = a,$

则
$$\lim_{n\to\infty} x_n = a.$$

证明 由条件(ii),$\forall \varepsilon > 0, \exists N > 0$,使得当 $n > N$ 时,恒有
$$|y_n - a| < \varepsilon \text{ 及 } |z_n - a| < \varepsilon,$$
由此及条件(i),当 $n > N$ 时,有
$$a - \varepsilon < y_n \leq x_n \leq z_n < a + \varepsilon,$$
即有
$$|x_n - a| < \varepsilon.$$
因此,$\lim\limits_{n\to\infty} x_n = a.$ □

对函数极限也有同样的定理,证明方法也是一样的.

两边夹挤准则 如果

(i) 在极限点附近 $g(x) \leq f(x) \leq h(x)$;

(ii) $\lim g(x) = A, \lim h(x) = A,$

则
$$\lim f(x) = A.$$

两边夹挤准则在判定极限的存在性和求极限时都是重要手段之一. 通常做法是对复杂的函数 $f(x)$ 作适当的放大和缩小化简,找出有共同极限值又容易求极限的函数 $h(x)$ 和 $g(x)$.

作为这一准则的应用,下面介绍一个重要的极限:
$$\lim_{x\to 0} \frac{\sin x}{x} = 1.$$

因为 $\dfrac{\sin x}{x} (x \neq 0)$ 是偶函数,故只需考虑 $x \to 0^+$ 时的极限(右极限),并且限定在 $0 < x < \dfrac{\pi}{2}$ 内讨论问题.

以点 O 为圆心作单位圆,设 x 表示圆心角 $\angle AOB$ 的弧度数,参看图 2.6,则

微视频
2.5.1 数列极限的夹挤定理
2.5.2 数列极限夹挤定理举例

微视频
2.5.3 第一个重要极限
2.5.4 第一个重要极限举例

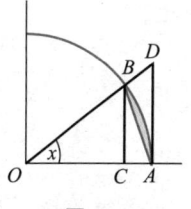

图 2.6

$$\sin x = |BC|, \quad x = \widehat{AB}, \quad \tan x = |AD|.$$

因为 △AOB 的面积<圆扇形 AOB 的面积<△AOD 面积, 故

$$\frac{1}{2}\sin x < \frac{1}{2}x < \frac{1}{2}\tan x.$$

由此得到重要的不等式

$$\sin x < x < \tan x, \quad \text{当 } 0 < x < \frac{\pi}{2} \text{ 时},$$

同除以 $\sin x(>0)$, 得

$$1 < \frac{x}{\sin x} < \frac{1}{\cos x}.$$

取倒数有

$$\cos x < \frac{\sin x}{x} < 1.$$

因为 $\lim\limits_{x\to 0}\cos x = \cos 0 = 1, \lim\limits_{x\to 0} 1 = 1$, 所以, 由两边夹挤准则有

$$\lim_{x\to 0^+}\frac{\sin x}{x} = 1.$$

故

$$\lim_{x\to 0}\frac{\sin x}{x} = 1.$$

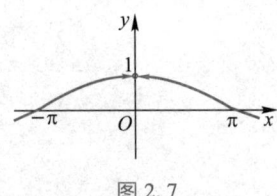

图 2.7

(图 2.7) 结合变量代换, 我们常把这一重要极限说成是"非零无穷小与其正弦之比的极限为 1".

例 1 $\lim\limits_{x\to 0}\dfrac{x}{\tan x} = \lim\limits_{x\to 0}\dfrac{x}{\sin x}\cos x = 1.$

例 2 $\lim\limits_{n\to\infty} n\sin\dfrac{2}{n} = \lim\limits_{n\to\infty} 2\,\dfrac{\sin\dfrac{2}{n}}{\dfrac{2}{n}} = 2.$

例 3 $\lim\limits_{x\to 0}\dfrac{1-\cos x}{x^2} = \lim\limits_{x\to 0}\dfrac{2\sin^2\dfrac{x}{2}}{x^2} = \dfrac{1}{2}\lim\limits_{x\to 0}\left(\sin\dfrac{x}{2}\Big/\dfrac{x}{2}\right)^2 = \dfrac{1}{2}.$

例 4 求 $\lim\limits_{x\to\pi}\dfrac{1+\cos x}{(\pi-x)^2}.$

解 令 $t = \pi - x$, 则 $x\to\pi$ 时, $t\to 0$, 故

$$\lim_{x\to\pi}\frac{1+\cos x}{(\pi-x)^2} = \lim_{t\to 0}\frac{1+\cos(\pi-t)}{t^2} = \lim_{t\to 0}\frac{1-\cos t}{t^2} = \frac{1}{2}.$$

例 5 $\lim\limits_{n\to\infty}\dfrac{\sin\dfrac{\pi}{n^2}}{\sqrt{2+\dfrac{1}{n^2}} - \sqrt{2}} = \lim\limits_{n\to\infty}\dfrac{\left(\sqrt{2+\dfrac{1}{n^2}} + \sqrt{2}\right)\sin\dfrac{\pi}{n^2}}{\dfrac{1}{n^2}} = 2\sqrt{2}\,\pi.$

例 6 设 $a>b>c>0$, $x_n = \sqrt[n]{a^n+b^n+c^n}$, 求 $\lim\limits_{n\to\infty} x_n$.

解 由于
$$a < x_n < a\sqrt[n]{3},$$

以及 $\lim\limits_{n\to\infty} a = a$, $\lim\limits_{n\to\infty}(a\sqrt[n]{3}) = a$, 由两边夹挤准则知
$$\lim_{n\to\infty} x_n = a.$$

***例 7** 设 $a>1$, 试证: 对任何正整数 k, 有
$$\lim_{n\to\infty} \frac{n^k}{a^n} = 0.$$

证明 设 $a = 1+\lambda$, $\lambda > 0$, 则当 $n > k+1$ 时, 恒有
$$a^n = (1+\lambda)^n$$
$$= 1 + n\lambda + \frac{n(n-1)}{2!}\lambda^2 + \cdots + \frac{n(n-1)\cdots(n-k)}{(k+1)!}\lambda^{k+1} + \cdots + \lambda^n$$
$$> \frac{n(n-1)\cdots(n-k)}{(k+1)!}\lambda^{k+1},$$

故
$$0 < \frac{n^k}{a^n} < \frac{(k+1)!\, n^k}{n(n-1)\cdots(n-k)\lambda^{k+1}} = \frac{(k+1)!}{\left(1-\frac{1}{n}\right)\cdots\left(1-\frac{k}{n}\right)\lambda^{k+1}} \cdot \frac{1}{n}.$$

而
$$\lim_{n\to\infty} \frac{(k+1)!}{\left(1-\frac{1}{n}\right)\cdots\left(1-\frac{k}{n}\right)\lambda^{k+1}} \cdot \frac{1}{n} = 0,$$

因此, 由两边夹挤准则有
$$\lim_{n\to\infty} \frac{n^k}{a^n} = 0. \quad \square$$

定理 2.14(单调有界准则) 单调有界数列必有极限.

证明 设数列 $\{x_n\}$ 单调上升有上界, $\tilde{A} = \sup\{x_n\}$. 由上确界的性质知, $\forall \varepsilon > 0$, $\exists N > 0$, 使得 $x_N > \tilde{A} - \varepsilon$. 又因 $\{x_n\}$ 单调上升, 所以当 $n > N$ 时, 恒有
$$\tilde{A} - \varepsilon < x_n \leqslant \tilde{A} < \tilde{A} + \varepsilon,$$

故 $\{x_n\}$ 有极限, 且
$$\lim_{n\to\infty} x_n = \tilde{A} = \sup\{x_n\}.$$

微视频
2.5.5 数列极限的单调有界原理
2.5.6 数列极限的单调有界原理举例(1)
2.5.7 数列极限的单调有界原理举例(2)

同法可证，单调下降有下界数列 $\{x_n\}$ 有极限，且
$$\lim_{n\to\infty} x_n = \tilde{B} = \inf\{x_n\}. \qquad \square$$

对一般函数 $y = f(x)$，同样可以证明："单调有界函数必有单侧极限."

注意：函数的单调有界性只保证单侧极限 $f(x_0^-), f(x_0^+)$ 及 $\lim_{x\to-\infty} f(x)$，$\lim_{x\to+\infty} f(x)$ 的存在性，却不足以保证 $\lim_{x\to x_0} f(x)$ 和 $\lim_{x\to\infty} f(x)$ 的存在性.

下面利用定理 2.14 介绍另一个重要的极限
$$\lim_{z\to\infty}\left(1+\frac{1}{z}\right)^z.$$

微视频
2.5.8 第二个重要极限
2.5.9 第二个重要极限举例(1)
2.5.10 第二个重要极限举例(2)

分三步讨论：

1. 当 z 为正整数 n 时. 设 $x_n = \left(1+\dfrac{1}{n}\right)^n$，由牛顿二项公式

$$x_n = \left(1+\frac{1}{n}\right)^n$$
$$= 1 + \frac{n}{1!}\frac{1}{n} + \frac{n(n-1)}{2!}\frac{1}{n^2} + \cdots + \frac{n(n-1)\cdots(n-n+1)}{n!}\frac{1}{n^n}$$
$$= 1 + 1 + \frac{1}{2!}\left(1-\frac{1}{n}\right) + \cdots + \frac{1}{n!}\left(1-\frac{1}{n}\right)\cdots\left(1-\frac{n-1}{n}\right),$$

而
$$x_{n+1} = \left(1+\frac{1}{n+1}\right)^{n+1}$$
$$= 1 + 1 + \frac{1}{2!}\left(1-\frac{1}{n+1}\right) + \cdots + \frac{1}{n!}\left(1-\frac{1}{n+1}\right)\cdots\left(1-\frac{n-1}{n+1}\right) +$$
$$\frac{1}{(n+1)!}\left(1-\frac{1}{n+1}\right)\cdots\left(1-\frac{n}{n+1}\right),$$

比较 x_n 和 x_{n+1} 右边各项，各项均为正值，除前两项相等外，x_n 的每一项都小于 x_{n+1} 的对应项，而且 x_{n+1} 比 x_n 还多了最后一项，因此
$$x_n < x_{n+1},$$
即 $\{x_n\}$ 是单增的.

由 x_n 的展开式易得
$$x_n \leq 1 + 1 + \frac{1}{2!} + \cdots + \frac{1}{n!} \leq 1 + 1 + \frac{1}{2} + \cdots + \frac{1}{2^{n-1}} < 3,$$

说明 $\{x_n\}$ 有上界. 由单调有界准则判定极限
$$\lim_{n\to\infty}\left(1+\frac{1}{n}\right)^n$$

存在,用字母 e 表示这个极限值,即

$$\lim_{n\to\infty}\left(1+\frac{1}{n}\right)^n = e.$$

e 是一个无理数,将在下册 11.6.1 段例 1 中指出 e 的求法.

2. 当 $z\to+\infty$ 时. 不妨设 $z>1$,记 $[z]=n$,则 $n\leqslant z<n+1$,从而有

$$\left(1+\frac{1}{n+1}\right)^n < \left(1+\frac{1}{z}\right)^z < \left(1+\frac{1}{n}\right)^{n+1},$$

即

$$x_{n+1}\frac{1}{1+\frac{1}{n+1}} < \left(1+\frac{1}{z}\right)^z < x_n\left(1+\frac{1}{n}\right).$$

因为 $z\to+\infty$ 等价于 $n\to\infty$,以及

$$\lim_{n\to\infty}\left(x_{n+1}\frac{1}{1+\frac{1}{n+1}}\right) = e \cdot 1 = e$$

和

$$\lim_{n\to\infty} x_n\left(1+\frac{1}{n}\right) = e \cdot 1 = e,$$

由两边夹挤准则有

$$\lim_{z\to+\infty}\left(1+\frac{1}{z}\right)^z = e.$$

3. 当 $z\to-\infty$ 时. 不妨设 $z<-1$,令 $z=-t$,则 $z\to-\infty$ 等价于 $t\to+\infty$,因此

$$\lim_{z\to-\infty}\left(1+\frac{1}{z}\right)^z = \lim_{t\to+\infty}\left(1-\frac{1}{t}\right)^{-t} = \lim_{t\to+\infty}\left(\frac{t}{t-1}\right)^t$$

$$= \lim_{t\to+\infty}\left(1+\frac{1}{t-1}\right)^{t-1}\left(1+\frac{1}{t-1}\right) = e. \quad\square$$

推论 $\lim\limits_{x\to 0}(1+x)^{\frac{1}{x}} = e.$

这个重要极限对于底趋于 1,指数趋于无穷大的"1^∞"型未定式是很有用的. 这个重要极限应灵活地记为"以 1 加非零无穷小为底,指数是这个无穷小的倒数,其极限为数 e".

例 8 $\lim\limits_{n\to\infty}\left(1-\frac{1}{n}\right)^{2n} = \lim\limits_{n\to\infty}\left[\left(1+\frac{-1}{n}\right)^{-n}\right]^{-2} = e^{-2}.$

例 9 $\lim\limits_{x\to\infty}\left(1+\frac{2}{3x}\right)^x = \lim\limits_{x\to\infty}\left[\left(1+\frac{2}{3x}\right)^{\frac{3x}{2}}\right]^{\frac{2}{3}} = e^{\frac{2}{3}}.$

例 10 $\lim\limits_{x\to 0}(1+\sin x)^{\frac{2}{x}} = \lim\limits_{x\to 0}\left[(1+\sin x)^{\frac{1}{\sin x}}\right]^{\frac{2\sin x}{x}} = e^2.$

例 11 $\lim\limits_{n\to\infty}\left(\dfrac{n^2+1}{n^2+2n-1}\right)^n = \lim\limits_{n\to\infty}\left[\left(1+\dfrac{2-2n}{n^2+2n-1}\right)^{\frac{n^2+2n-1}{2-2n}}\right]^{\frac{(2-2n)n}{n^2+2n-1}} = e^{-2}.$

例 12 试证 $\{x_n\} = \left\{\dfrac{a^n}{n!}\right\}$ $(a>0)$ 有极限,并求出该极限.

证明 由等式

$$x_{n+1} = \dfrac{a}{n+1}x_n \qquad (1)$$

知,当 $n+1>a$ 时,恒有 $x_{n+1}<x_n$. 即数列 $\{x_n\}$ 从第 $[a]$ 项开始是单调下降的. 显然 $x_n>0$,即 $\{x_n\}$ 有下界. 由单调有界定理知极限 $\lim\limits_{n\to\infty}x_n$ 存在.

设 $\lim\limits_{n\to\infty}x_n = A$,将(1)式两边取极限

$$\lim\limits_{n\to\infty}x_{n+1} = \lim\limits_{n\to\infty}\dfrac{a}{n+1}\lim\limits_{n\to\infty}x_n,$$

得到 $A = 0 \cdot A$,故 $A = 0$,因此

$$\lim\limits_{n\to\infty}\dfrac{a^n}{n!} = 0 \quad (a>0). \qquad \square$$

例 13 设 $a>0, x_1>0$,且

$$x_n = \dfrac{1}{2}\left(x_{n-1} + \dfrac{a}{x_{n-1}}\right), \quad n = 2,3,\cdots, \qquad (2)$$

试证数列 $\{x_n\}$ 收敛,并求其极限值.

证明 由于 $a>0, x_1>0$ 及(2)式易知 $x_n>0$,故 $\{x_n\}$ 有下界. 由平均值不等式知

$$x_n = \dfrac{1}{2}\left(x_{n-1} + \dfrac{a}{x_{n-1}}\right) \geqslant \sqrt{x_{n-1}\dfrac{a}{x_{n-1}}} = \sqrt{a},$$

从而 $x_n^2 \geqslant a$. 又由(2)式知

$$x_{n+1} = \dfrac{1}{2}\left(x_n + \dfrac{a}{x_n}\right) = \dfrac{1}{2}\left(1 + \dfrac{a}{x_n^2}\right)x_n \leqslant x_n,$$

即 $\{x_n\}$ 是单调下降的. 由单调有界准则知 $\{x_n\}$ 收敛. 设 $\lim\limits_{n\to\infty}x_n = A$ $(A \geqslant \sqrt{a})$,在(2)式两边取极限得

$$A = \dfrac{1}{2}\left(A + \dfrac{a}{A}\right),$$

解得 $A = \pm\sqrt{a}$,由保号性知 $-\sqrt{a}$ 为增根,应舍去. 故

$$\lim\limits_{n\to\infty}x_n = \sqrt{a}. \qquad \square$$

值得注意的是,像例 12,例 13 这样的题,首先判定数列收敛性是极

为重要的,然后才能由关系式(1)或(2)两边取极限来确定数列的极限. 否则将导致荒谬的结果. 比如,满足关系 $x_{n+1}=5x_n+1(n=1,2,\cdots)$,且 $x_1=1$ 的数列 $\{x_n\}$ 是发散的,如果未判定收敛性就令 $\lim\limits_{n\to\infty}x_n=A$,而对 $x_{n+1}=5x_n+1$ 两边取极限,就将得到错误的结果 $A=-\dfrac{1}{4}$.

*定理 2.15(柯西收敛准则) 极限 $\lim\limits_{x\to x_0}f(x)$ 存在的充要条件是:$\forall\varepsilon>0,\exists\delta>0$,使得当 $x_1,x_2\in\overset{\circ}{U}_\delta(x_0)$ 时,恒有
$$|f(x_1)-f(x_2)|<\varepsilon.$$

2.6 无穷小的比较

同一个极限过程中的两个无穷小 α,β,虽然都以零为极限,但它们趋于零的快慢可能大不相同,导致它们在一些问题中的作用也不同.

定义 2.8 设 $\lim\alpha=0,\lim\beta=0$.

(i) 如果 $\lim\dfrac{\beta}{\alpha}=0$,则称 β 是 α 的**高阶无穷小**,简记为 $\beta=o(\alpha)$.

(ii) 如果 $\lim\dfrac{\beta}{\alpha}=\infty$,则称 β 是 α 的**低阶无穷小**.

(iii) 如果 $\lim\dfrac{\beta}{\alpha}=C\neq0$,则称 α 与 β 为**同阶无穷小**.

特别,当 $C=1$ 时,称 α 与 β 是**等价无穷小**,记为 $\alpha\sim\beta$.

(iv) 如果 $\lim\dfrac{\beta}{\alpha^k}=C\neq0,k>0$,则称 β 是 α 的 k **阶无穷小**.

显然,$k>1$ 时,β 是 α 的高阶无穷小,当 $k<1$ 时,β 是 α 的低阶无穷小;$k=1$ 时,α 与 β 为同阶无穷小.

例如,$n\to\infty$ 时,$\dfrac{1}{n^2}$ 是 $\dfrac{1}{n}$ 的高阶无穷小,$\dfrac{1}{n^2}=o\left(\dfrac{1}{n}\right)$;$x\to\infty$ 时,$\dfrac{1}{x}$ 与 $\dfrac{100}{x}$ 是同阶无穷小;$x\to0$ 时,下列各对无穷小是等价的.

$$\sin x\sim x,\quad \tan x\sim x,\quad (\sqrt{1+x}-1)\sim\dfrac{1}{2}x,\quad (1-\cos x)\sim\dfrac{1}{2}x^2.$$

因为 $\lim\limits_{x\to0}\dfrac{1-\cos x}{x^2}=\dfrac{1}{2}$,所以当 $x\to0$ 时,$1-\cos x$ 是 x 的二阶无穷小.

$x \to 0$ 时,x^3 是 x 的三阶无穷小,$\sqrt{x}$ 是 x 的 $\frac{1}{2}$ 阶无穷小.

下面介绍两个关于等价无穷小的定理.

定理 2.16 $\alpha \sim \beta$ 的充要条件是 $\beta - \alpha = o(\alpha)$(或 $\beta - \alpha = o(\beta)$).

证明 $\alpha \sim \beta$,即 $\lim \dfrac{\beta}{\alpha} = 1$,它等价于 $\lim \left(\dfrac{\beta}{\alpha} - 1 \right) = 0$,即
$$\lim \frac{\beta - \alpha}{\alpha} = 0,$$
故 $\beta - \alpha = o(\alpha)$. □

这个定理说明:两个等价无穷小的差比它们中的任何一个都是高阶无穷小;或者说,一个无穷小 α 与它的高阶无穷小 $o(\alpha)$ 之和,仍与原无穷小 α 等价,$\alpha + o(\alpha) \sim \alpha$. 例如,当 $x \to 0$ 时,
$$(x + 2x^2 - x^3) \sim x, \quad (\sqrt{x} - x) \sim \sqrt{x}, \quad (\sin x + x^2) \sim x.$$

定义 2.9 设 α, β 为两个无穷小,若 $\beta - \alpha = o(\alpha)$,则称 α 是 β 的**主部**.

两个等价无穷小可互为主部.

定理 2.17 设 $\alpha \sim \hat{\alpha}, \beta \sim \hat{\beta}$,且 $\lim \dfrac{\hat{\beta}}{\hat{\alpha}} = A$(或 ∞),则
$$\lim \frac{\beta}{\alpha} = \lim \frac{\hat{\beta}}{\hat{\alpha}} = A (\text{或} \infty).$$

证明 因为
$$\lim \frac{\hat{\alpha}}{\alpha} = 1, \quad \lim \frac{\beta}{\hat{\beta}} = 1,$$
所以
$$\lim \frac{\beta}{\alpha} = \lim \left(\frac{\hat{\alpha}}{\alpha} \cdot \frac{\hat{\beta}}{\hat{\alpha}} \cdot \frac{\beta}{\hat{\beta}} \right) = A (\text{或} \infty).$$ □

这个定理说明,两个无穷小之比的极限,可由它们的等价无穷小之比的极限代替. 这个求极限的方法,通常称为**等价无穷小代换法**,它给 $\dfrac{0}{0}$ 型未定式的极限运算带来方便.

例 1 求 $\lim\limits_{x \to 0} \dfrac{\sqrt{1+x+x^2} - 1}{x^3 + \sin 2x}$.

解 因为 $x \to 0$ 时,$(\sqrt{1+x+x^2} - 1) \sim \dfrac{1}{2}(x + x^2) \sim \dfrac{1}{2} x$,以及 $(x^3 + \sin 2x) \sim \sin 2x \sim 2x$,故

$$\lim_{x \to 0} \frac{\sqrt{1+x+x^2}-1}{x^3+\sin 2x} = \lim_{x \to 0} \frac{\frac{1}{2}x}{2x} = \frac{1}{4}.$$

例 2 求 $\lim\limits_{x \to 0} \dfrac{\tan x - \sin x}{x^3 + x^4}$.

解 因为两个无穷小之积与它们的等价无穷小之积等价. $x \to 0$ 时,$\tan x \sim x$,$(1-\cos x) \sim \dfrac{1}{2}x^2$,所以,$\tan x - \sin x = \tan x(1 - \cos x) \sim \dfrac{1}{2}x^3$. 又 $x \to 0$ 时,$(x^3 + x^4) \sim x^3$,故

$$\lim_{x \to 0} \frac{\tan x - \sin x}{x^3 + x^4} = \lim_{x \to 0} \frac{\frac{1}{2}x^3}{x^3} = \frac{1}{2}.$$

有一种错误的做法,认为 $x \to 0$ 时,$\tan x \sim x$,$\sin x \sim x$,因此

$$\lim_{x \to 0} \frac{\tan x - \sin x}{x^3 + x^4} = \lim_{x \to 0} \frac{x - x}{x^3} = 0.$$

产生错误的原因是:误认为 $x \to 0$ 时,$\tan x - \sin x$ 与 $x - x$ 是等价无穷小. 其实,两个无穷小的和差未必与它们的等价无穷小的和差等价.

2.7 函数的连续性

2.7.1 连续与间断

自然界中许多事物的变化是连续的,如气温变化很小时,单摆摆长变化也很小. 时间变化很小时,生物生长变化也很少. 研究函数时必须注意到这种现象.

设函数 $y = f(x)$ 在 x_0 的某邻域内有定义,当自变量从 x_0 变到 x 时,函数随着从 $f(x_0)$ 变到 $f(x)$. 称差 $\Delta x = x - x_0$ 为**自变量在 x_0 处的增量**,称差

$$\Delta y = f(x) - f(x_0) = f(x_0 + \Delta x) - f(x_0) \tag{1}$$

为**函数(对应)的增量**. 显然当 x_0 固定时,函数增量是自变量增量的函数. 自变量增量与函数增量的几何意义如图 2.8 所示.

定义 2.10 设 $y = f(x)$ 在 x_0 的某去心邻域上有定义,如果 $f(x)$ 在 x_0 处也有定义,且

$$\lim_{\Delta x \to 0} \Delta y = 0, \tag{2}$$

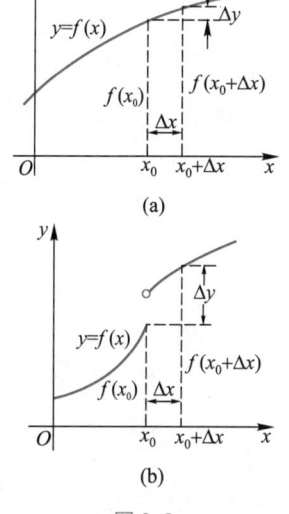

图 2.8

则称函数 $y=f(x)$ 在点 x_0 处**连续**，并称 x_0 是 $f(x)$ 的**连续点**. 否则，称 x_0 是函数 $f(x)$ 的**间断点**.

图 2.8(a) 中，x_0 点是连续点；(b) 中，x_0 点是间断点. 函数的连续反映一种连绵不断的变化状态：自变量的微小变动只能引起函数值的微小变动.

(2)式等价于
$$\lim_{x \to x_0} f(x) = f(x_0). \tag{3}$$
即 $\forall \varepsilon > 0, \exists \delta > 0$，使得当 $|x - x_0| < \delta$ 时，恒有
$$|f(x) - f(x_0)| < \varepsilon. \tag{4}$$

(3)式，(4)式也是函数 $f(x)$ 在 x_0 处连续的定义式. 由此可见，若 $f(x)$ 在 x_0 处连续，则 $x \to x_0$ 时有极限，且等于 $f(x_0)$. 但有极限却不能保证连续，即有如下关系：

$$\boxed{连续} \underset{\Leftarrow}{\Rightarrow} \boxed{有极限}.$$

例如，$y = \dfrac{x^2 - 1}{x - 1}$，当 $x \to 1$ 时有极限为 2，但它在 $x = 1$ 处不连续，因为 $x = 1$ 时函数无定义.

(3)式又等价于
$$f(x_0^-) = f(x_0^+) = f(x_0). \tag{5}$$

如果 $f(x_0^-) = f(x_0)$，则称 $f(x)$ 在 x_0 处**左连续**；如果 $f(x_0^+) = f(x_0)$，则称 $f(x)$ 在 x_0 处**右连续**. 图 2.8(b) 中函数 $f(x)$ 在 x_0 处左连续，但不右连续. 显然 $f(x)$ 在 x_0 处连续的充要条件是它在 x_0 处左、右都连续.

如果 $f(x)$ 在区间 (a, b) 内每一点处都连续，则称 $f(x)$ 在开区间 (a, b) 内连续，记为 $f(x) \in C(a, b)$. 如果 $f(x) \in C(a, b)$，且 $f(a^+) = f(a), f(b^-) = f(b)$，则称 $f(x)$ 在闭区间 $[a, b]$ 上连续，记为 $f(x) \in C[a, b]$. 在定义域上连续的函数称为**连续函数**.

一个区间上连续函数的图形是一条无缝隙的连绵不断的曲线.

由前几节中的例题和习题知：$x^\mu, \sin x, \cos x, a^x, \log_a x$ 及多项式函数 $P(x)$ 和有理函数 $R(x)$ 都是连续函数.

例 1 已知函数
$$f(x) = \begin{cases} \dfrac{\sin x}{x}, & x < 0, \\ a, & x = 0, \\ x \sin \dfrac{1}{x} + b, & x > 0, \end{cases}$$

讨论：(1) a,b 为何值时, $\lim\limits_{x\to 0}f(x)$ 存在；(2) a,b 为何值时, $f(x)$ 在 $x=0$ 处连续.

解 因为
$$f(0^-)=\lim_{x\to 0^-}\frac{\sin x}{x}=1, \quad f(0^+)=\lim_{x\to 0^+}\left(x\sin\frac{1}{x}+b\right)=b,$$
所以

(1) 要 $\lim\limits_{x\to 0}f(x)$ 存在，必须且只需 $f(0^-)=f(0^+)$，即 $b=1$（a 可任取）.

(2) 要 $f(x)$ 在 $x=0$ 处连续，必须且只需 $f(0^-)=f(0^+)=f(0)$，即 $a=b=1$.

如果 x_0 是间断点，则(5)式受到破坏，据此间断点又分为两大类.

第一类 左、右极限 $f(x_0^-)$ 和 $f(x_0^+)$ 都存在的间断点 x_0，称为**第一类间断点**.

(1) $f(x_0^-)\neq f(x_0^+)$，即左、右极限都存在，但不相等，不管在 x_0 处函数是否有定义，这种第一类间断点叫做**跳跃间断点**. $f(x_0^+)-f(x_0^-)$ 称为其跃度. 这种量的突变往往伴随着质的变化.

微视频
2.7.2 函数间断点的分类

例2 1.1.4 段例 5 中的函数
$$Q(t)=\begin{cases}2\,302t+23\,020, & -10\leq t<0, \\ 4\,186t+358\,020, & 0<t\leq 10.\end{cases}$$
因 $Q(0^+)=358\,020$，$Q(0^-)=23\,020$，所以 $t=0$ 为 $Q(t)$ 的第一类间断点中的跳跃间断点，其跃度 $335\,000$ 是冰的熔解热.

例3 函数 $f(x)=\dfrac{2}{1+e^{1/(x-1)}}$，因 $f(1^-)=2$，$f(1^+)=0$，所以 $x=1$ 是函数第一类间断点中的跳跃间断点（图2.9）.

(2) $f(x_0^-)=f(x_0^+)$，但不等于 $f(x_0)$ 或 $f(x_0)$ 不存在，即有极限而不连续. 这种第一类间断点叫做**可去间断点**. 这个词的来源在于只要补充或修改函数在 x_0 处的定义，令 $f(x_0)=\lim\limits_{x\to x_0}f(x)$，就可以得到在 x_0 处连续的函数. 务必注意，"可去"二字只说明间断点的性质，不要把可去间断点误认为不是间断点.

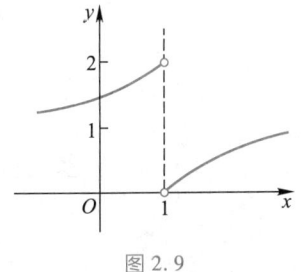

图 2.9

例4 函数 $f(x)=\dfrac{\sin x}{x}$ 在 $x=0$ 处无定义. 因为 $\lim\limits_{x\to 0}\dfrac{\sin x}{x}=1$，所以 $x=0$ 是可去间断点. 只要补充定义 $f(0)=1$，函数就在 $x=0$ 处连续.

第二类 左、右极限至少有一个不存在的间断点,叫做**第二类间断点**.

例5 因为 $\lim\limits_{x \to \frac{\pi}{2}^-} \tan x = +\infty$,所以 $x = \frac{\pi}{2}$ 是函数 $\tan x$ 的第二类间断点. 由于 $x \to \frac{\pi}{2}$ 时,曲线伸向无穷远,所以 $x = \frac{\pi}{2}$ 也叫做**无穷间断点**.

例6 因为 $\lim\limits_{x \to 0^+} \sin \frac{1}{x}$ 不存在,所以 $x = 0$ 是 $\sin \frac{1}{x}$ 的第二类间断点. 在 $x = 0$ 附近,函数 $f(x) = \sin \frac{1}{x}$ 的图形在 -1 与 1 之间反复振荡,所以 $x = 0$ 也叫做**振荡间断点**(图 2.10).

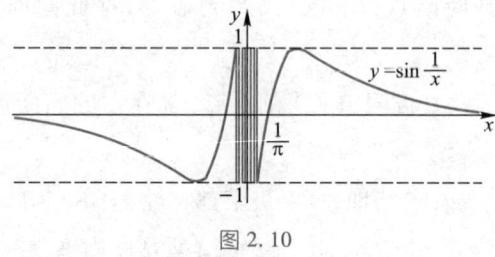

图 2.10

2.7.2 函数连续性的判定定理

判定函数的连续性最基本的方法是用定义判定. 下面介绍几个常用的定理,以便从已知函数的连续性来推断它们构成的函数的连续性.

定理 2.18 如果 $f(x)$ 和 $g(x)$ 都在点 x_0 处连续,则

$$f(x) \pm g(x), \quad f(x)g(x), \quad \frac{f(x)}{g(x)} \quad (g(x_0) \neq 0)$$

都在 x_0 处连续.

定理 2.19 如果 $u = \varphi(x)$ 在点 x_0 处连续,$u_0 = \varphi(x_0)$,又 $y = f(u)$ 在点 u_0 处连续,则复合函数 $y = f(\varphi(x))$ 在点 x_0 处也连续.

根据函数连续的定义式(3)及极限的运算法则,定理 2.18,定理 2.19 是显然成立的.

定理 2.20 单调的连续函数的反函数是单调的连续函数.

从图 2.11 看,结论是明显的,不予证明.

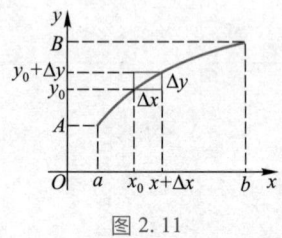

图 2.11

例7 因为 $\sin x, \cos x \in C(-\infty, +\infty)$,所以

$$\tan x = \frac{\sin x}{\cos x}, \quad \cot x = \frac{\cos x}{\sin x},$$

$$\sec x = \frac{1}{\cos x}, \quad \csc x = \frac{1}{\sin x}$$

在分母不为零的点处都是连续的,即在它们的定义域上连续.

因函数 $\frac{1}{x}$ 在 $x \neq 0$ 处处连续,所以复合函数 $y = \sin \frac{1}{x}$ 在 $x \neq 0$ 处处连续.

因为 $\sin x$ 在 $\left[-\frac{\pi}{2}, \frac{\pi}{2}\right]$ 上单调上升连续,所以反函数 $y = \arcsin x \in C[-1,1]$,且单调上升.

定理 2.21 初等函数在其有定义的"区间内"处处连续.

这是定理 2.18,定理 2.19 和基本初等函数是定义域上的连续函数的直接推论. 要注意的是:定理 2.21 不是说初等函数在定义域上处处连续,而是说"若初等函数在 x_0 的某邻域上有定义,则它在 x_0 处就连续". 比如函数

$$y = \sqrt{x \sin^2 \frac{1}{x}},$$

定义域是 $\{x \mid x > 0 \text{ 及 } x = -\frac{1}{k\pi}, k = 1, 2, \cdots\}$,但它只在 $x > 0$ 上连续,$x = -\frac{1}{k\pi}$ 的这些点上不能考虑函数的连续性,因为自变量这时是离散的(参看函数连续与间断的定义).

初等函数无定义的孤立点是间断点;分段函数的分段点可能是间断点,也可能是连续点,需要判定. 例如:

函数 $y = \ln \sin^2 x$ 无定义的点是 $x = k\pi (k = 0, \pm 1, \cdots)$,它们都是孤立的,因此都是间断点;

函数 $y = e^{\frac{1}{x+2}} \Big/ \left(\frac{1}{x-1} - \frac{2}{x}\right)$ 无定义的点是 $x = -2, 0, 1, 2$,它们都是孤立的,因此都是间断点;

符号函数 $y = \operatorname{sgn} x$ 是分段函数,它的分段点 $x = 0$ 是间断点;

而分段函数

$$f(x) = \begin{cases} \dfrac{\sin x}{x}, & x \neq 0, \\ 1, & x = 0 \end{cases}$$

的分段点 $x=0$ 是连续点.

此外,狄利克雷函数 $y=D(x)$ 处处有定义,但处处是第二类间断点;函数 $y=xD(x)$ 处处有定义,仅在 $x=0$ 处连续.

2.7.3 连续在极限运算中的应用

定理 2.22 设 $f(u)$ 在 u_0 处连续,又 $\lim \varphi(x)=u_0$,则

$$\lim f(\varphi(x))=f(\lim \varphi(x))=f(u_0).$$

这是定理 2.12 的推论 1 的推广. 说明极限运算可取到连续函数内. 下面几个极限也是很重要的.

例 8 试证 $\lim\limits_{x\to 0}\dfrac{\log_a(1+x)}{x}=\dfrac{1}{\ln a}$.

证明

$$\lim_{x\to 0}\frac{\log_a(1+x)}{x}=\lim_{x\to 0}\log_a(1+x)^{\frac{1}{x}}=\log_a\left[\lim_{x\to 0}(1+x)^{\frac{1}{x}}\right]$$

$$=\log_a e=\frac{1}{\ln a}. \qquad\square$$

特别有

$$\lim_{x\to 0}\frac{\ln(1+x)}{x}=1.$$

即当 $x\to 0$ 时,$\ln(1+x) \sim x$.

例 9 试证 $\lim\limits_{x\to 0}\dfrac{a^x-1}{x}=\ln a$.

证明 作变换,令 $a^x-1=t$,则 $a^x=1+t$,$x=\log_a(1+t)$,且 $x\to 0$ 等价于 $t\to 0$,于是由例 8 有

$$\lim_{x\to 0}\frac{a^x-1}{x}=\lim_{t\to 0}\frac{t}{\log_a(1+t)}=\ln a. \qquad\square$$

特别有

$$\lim_{x\to 0}\frac{e^x-1}{x}=1.$$

即当 $x\to 0$ 时,$(e^x-1) \sim x$.

例 10 试证 $\lim\limits_{x\to 0}\dfrac{(1+x)^\mu-1}{x}=\mu$ (μ 为实数).

证明 令 $(1+x)^\mu-1=y$,则 $(1+x)^\mu=1+y$,有

$$\mu\ln(1+x)=\ln(1+y),$$

所以
$$\frac{(1+x)^\mu-1}{x}=\frac{y}{x}=\frac{y}{\ln(1+y)}\cdot\frac{\mu\ln(1+x)}{x}.$$

因 $x\to 0$ 等价于 $y\to 0$,于是由例 8 有
$$\lim_{x\to 0}\frac{(1+x)^\mu-1}{x}=\lim_{y\to 0}\frac{y}{\ln(1+y)}\cdot\lim_{x\to 0}\frac{\mu\ln(1+x)}{x}=\mu.$$

这个结果说明:当 $x\to 0$ 时,$[(1+x)^\mu-1]\sim\mu x$. □

2.7.4 闭区间上连续函数的性质

闭区间上的连续函数有几个重要性质,是研究许多问题的基础. 它们的证明要用到附录 I 的知识,未读过这部分内容的读者可以略去本节定理证明,而通过几何直观来认识它们. 附录 I 和本节定理的证明仅供学有余力的读者作阅读材料或进一步学习的参考.

定理 2.23(有界性) 闭区间上连续函数必有界.

***证明** 反证法,设 $f(x)$ 在 $[a,b]$ 上连续,但无界,则对任何正整数 n,都有点 $x_n\in[a,b]$,使得 $|f(x_n)|>n$,从而 $\lim_{n\to\infty}f(x_n)=\infty$. 于是,从有界数列 $\{x_n\}$ 中抽出一个收敛的子数列 $x_{n_k}\to x_0(k\to\infty)$,此处 $x_0\in[a,b]$,亦有 $\lim_{k\to\infty}f(x_{n_k})=\infty$.

另一方面,由于 $f(x)\in C[a,b]$,所以 $\lim_{x\to x_0}f(x)=f(x_0)$,而 $x_{n_k}\to x_0$ $(k\to\infty)$,故有 $\lim_{k\to\infty}f(x_{n_k})=f(x_0)$.

这个矛盾的结论,说明反证的假设是错误的. □

定义 2.11 如果在区间 I 上存在点 ξ,使得当 $x\in I$ 时,恒有
$$f(\xi)\leqslant f(x)\quad(f(x)\leqslant f(\xi)),$$
则称 $f(\xi)$ 为 $f(x)$ 在 I 上的**最小(大)值**,记为
$$f(\xi)=\min_{x\in I}f(x)\quad(f(\xi)=\max_{x\in I}f(x)).$$

定理 2.24(最大最小值存在定理) 闭区间上连续函数必有最小值和最大值.

***证明** 设 $f(x)\in C[a,b]$,则 $f(x)$ 在 $[a,b]$ 上有界,因此有上确界和下确界. 下面仅证明 $f(x)$ 有最大值,即证 $f(x)$ 可以达到上确界 β. 事实上,由上确界性质,对每个 $\varepsilon=\frac{1}{n}(n=1,2,\cdots)$,都有 $x_n\in[a,b]$,使
$$\beta-\frac{1}{n}<f(x_n)\leqslant\beta,\quad n=1,2,\cdots,$$

故
$$\lim_{n\to\infty} f(x_n) = \beta.$$

从有界数列 $\{x_n\}$ 中抽取一个收敛的子数列 $\{x_{n_k}\}$,设 $x_{n_k} \to x_0 \in [a,b]$,亦有
$$\lim_{k\to\infty} f(x_{n_k}) = \beta,$$

而由 $f(x)$ 在 x_0 处连续,$\lim_{x\to x_0} f(x) = f(x_0)$,特别有
$$\lim_{k\to\infty} f(x_{n_k}) = f(x_0).$$

根据极限的唯一性知 $f(x_0) = \beta$,即在 $x_0 \in [a,b]$ 处达到了最大值.

类似地可以证明 $f(x)$ 有最小值. □

开区间上的连续函数或闭区间内有间断点的函数都不一定有界,不一定有最大值和最小值.比如,$x^2 \in C(-1,1)$,在 $(-1,1)$ 内 x^2 虽然有界,但无最大值.函数 $\tan x$ 在闭区间 $[0,\pi]$ 上无界,也无最大值和最小值,因为 $x = \dfrac{\pi}{2}$ 是它的第二类间断点.

定理 2.25(零点存在定理) 设函数 $f(x)$ 在闭区间 $[a,b]$ 上连续,且 $f(a)f(b) < 0$,则至少存在一点 $\xi \in (a,b)$,使得
$$f(\xi) = 0.$$

证明留给读者(提示:作出端点函数值异号的区间套,利用函数连续性).

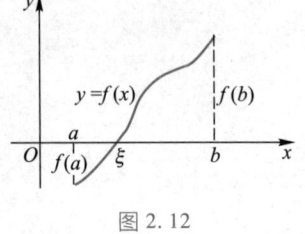

图 2.12

直观上,曲线上的动点从直线 $y=0$ 的一侧连续爬到另一侧,至少要通过直线 $y=0$ 一次,交点的横坐标就是 ξ,$f(\xi)=0$,见图 2.12.

这个定理常常用来确定方程
$$f(x) = 0$$

解的存在性及存在范围.比如,方程
$$x^5 + x - 1 = 0,$$

设 $P(x) = x^5 + x - 1$,由于 $P(x) \in C[0,1]$,$P(0) = -1$,$P(1) = 1$,所以在区间 $(0,1)$ 内方程有解.又 $P\left(\dfrac{1}{2}\right) = -0.468\,75$,所以在区间 $\left(\dfrac{1}{2},1\right)$ 内有解,又 $P\left(\dfrac{3}{4}\right) \approx -0.012\,7$,所以在区间 $\left(\dfrac{3}{4},1\right)$ 内有解……这样算下去,直到区间的长度在精度要求范围内,取其中点作方程的近似解,误差不超过区间长度的一半.这样每次将区间缩小一半寻找方程近似解的方法叫做**二分法**,是求方程解近似值的常用方法.

定理 2.26（介值定理） 闭区间上连续函数一定能取得介于最小值和最大值之间的任何值. 即如果 $f(x) \in C[a,b]$，数值 μ 满足

$$\min_{x \in [a,b]} f(x) < \mu < \max_{x \in [a,b]} f(x),$$

则至少有一点 $\xi \in (a,b)$，使 $f(\xi) = \mu$.

这是定理 2.25 的推论. 介值定理实质上是说连续函数能取尽任何两个函数值之间的一切数值，这是连续的本质.

2.8 例 题

例 1 设 $f(x) = a_1 \sin x + a_2 \sin 2x + \cdots + a_n \sin nx$，且对所有 x 满足 $|f(x)| \leq |\sin x|$，试证 $|a_1 + 2a_2 + \cdots + na_n| \leq 1$.

证明 设

$$g(x) = \left|\frac{f(x)}{\sin x}\right| = \left|a_1 + a_2 \frac{\sin 2x}{\sin x} + \cdots + a_n \frac{\sin nx}{\sin x}\right|,$$

则由条件知 $g(x) \leq 1$，而

$$\lim_{x \to 0} g(x) = \lim_{x \to 0} \left|a_1 + a_2 \frac{\sin 2x}{\sin x} + \cdots + a_n \frac{\sin nx}{\sin x}\right|,$$

$$= |a_1 + 2a_2 + \cdots + na_n|.$$

由极限的保序性知

$$|a_1 + 2a_2 + \cdots + na_n| \leq 1. \quad \square$$

例 2 确定实数 a,b，使得当 $x \to a$ 时，函数 $f(x) = \dfrac{x-1}{\ln|x|}$ 是无穷小；当 $x \to b$ 时，$f(x)$ 为无穷大.

解 当 $x \to a$ 时，$f(x)$ 是无穷小，有两种可能：其一，分子 $x-1$ 为无穷小；其二，分母 $\ln|x|$ 为无穷大.

当 $x-1$ 为无穷小时，即 $x \to 1$ 时，有

$$\lim_{x \to 1} f(x) = \lim_{x \to 1} \frac{x-1}{\ln|x|} \xlongequal{\text{令 } t = x-1} \lim_{t \to 0} \frac{t}{\ln(1+t)} = 1.$$

当 $\ln|x|$ 为无穷大时，即 $x \to 0$ 时（因 a 为实数，$x \to \infty$ 情况应舍去），有

$$\lim_{x \to 0} \frac{x-1}{\ln|x|} = 0.$$

故 $a = 0$.

当 $x \to b$ 时，$f(x)$ 为无穷大，也有两种可能：其一，分子 $x-1$ 是无

穷大,此时须 $x\to\infty$,因为 b 是实数,$b\neq\infty$;其二,分母是无穷小,即有 $\ln|x|\to 0$,此时须 $x\to -1$ 或 $x\to 1$. 而

$$\lim_{x\to -1}\frac{x-1}{\ln|x|}=\infty,\quad \lim_{x\to 1}\frac{x-1}{\ln|x|}=1,$$

故 $b=-1$.

例 3 设 $\lim\limits_{x\to +\infty}\left(\dfrac{x+c}{x-c}\right)^x=\dfrac{c-1}{4}\mathrm{e}^{2c}$,求常数 c.

解 显然 $c\neq 0$,由于

$$\lim_{x\to +\infty}\left(\frac{x+c}{x-c}\right)^x=\lim_{x\to +\infty}\left[\left(\frac{1+c/x}{1-c/x}\right)^{x/c}\right]^c=\mathrm{e}^{2c},$$

故 $\dfrac{c-1}{4}=1$,从而有 $c=5$.

例 4 已知 $\lim\limits_{x\to +\infty}(\sqrt{x^2+x+1}-ax-b)=0$,求 a,b.

解 由极限与无穷小的关系有

$$\sqrt{x^2+x+1}-ax-b=\alpha,\quad \alpha\to 0\quad (\text{当 }x\to\infty\text{ 时}).$$

因此,$\sqrt{x^2+x+1}=ax+b+\alpha$,故有

$$\frac{\sqrt{x^2+x+1}}{x}=a+\frac{b}{x}+\frac{\alpha}{x}.$$

两边取极限

$$\lim_{x\to +\infty}\frac{\sqrt{x^2+x+1}}{x}=\lim_{x\to +\infty}\left(a+\frac{b}{x}+\frac{\alpha}{x}\right),$$

得 $a=1$. 而

$$b=\lim_{x\to +\infty}(\sqrt{x^2+x+1}-ax)=\lim_{x\to +\infty}(\sqrt{x^2+x+1}-x)$$

$$=\lim_{x\to +\infty}\frac{x+1}{\sqrt{x^2+x+1}+x}=\lim_{x\to +\infty}\frac{1+\dfrac{1}{x}}{\sqrt{1+\dfrac{1}{x}+\dfrac{1}{x^2}}+1}=\frac{1}{2},$$

即 $b=\dfrac{1}{2}$.

例 5 设 $f(x)\in C(a,b)$,且 $f(a^+)$ 和 $f(b^-)$ 都存在,试证 $f(x)$ 在 (a,b) 上有界.

证明 方法一. 设 $f(a^+)=A$,$f(b^-)=B$,对取定的 $\varepsilon_0=1$,存在 δ:$0<\delta<\dfrac{b-a}{2}$,使得当 $x\in(a,a+\delta)$ 时,恒有

$$|f(x)-A|<1,$$

从而有
$$|f(x)| < |A| + 1.$$
当 $x \in (b-\delta, b)$ 时，恒有
$$|f(x) - B| < 1,$$
从而有
$$|f(x)| < |B| + 1.$$

由于 $f(x) \in C[a+\delta, b-\delta] \subset C(a,b)$，故 $x \in [a+\delta, b-\delta]$ 时，有常数 $M_1 > 0$，使得
$$|f(x)| < M_1.$$

令 $M = \max\{M_1, |A|+1, |B|+1\}$，则当 $x \in (a,b)$ 时，恒有
$$|f(x)| < M,$$
即 $f(x)$ 在 (a,b) 上有界.

方法二. 令 $F(a) = f(a^+)$，$F(b) = f(b^-)$，当 $x \in (a,b)$ 时，$F(x) = f(x)$，则 $F(x) \in C[a,b]$. 因此存在 $M > 0$，使得当 $x \in [a,b]$ 时，恒有
$$|F(x)| < M,$$
从而 $x \in (a,b)$ 时，恒有
$$|f(x)| < M. \qquad \Box$$

例 6 设 $f(x) \in C[a,b]$，A, B 为任意两个正数，试证对任意两点 $x_1, x_2 \in [a,b]$，至少存在一点 $\xi \in [a,b]$，使得
$$Af(x_1) + Bf(x_2) = (A+B)f(\xi).$$

证明 因为 $f(x) \in C[a,b]$，所以在 $[a,b]$ 上 $f(x)$ 有最大值 M 和最小值 m，因此有
$$m \leq f(x_1) \leq M, \quad m \leq f(x_2) \leq M.$$
因 $A, B > 0$，故
$$Am \leq Af(x_1) \leq AM, \quad Bm \leq Bf(x_2) \leq BM.$$
两式相加得
$$(A+B)m \leq Af(x_1) + Bf(x_2) \leq (A+B)M,$$
因此
$$m \leq \frac{Af(x_1) + Bf(x_2)}{A+B} \leq M.$$
再由介值定理知，至少存在一点 $\xi \in [a,b]$，使得
$$f(\xi) = \frac{Af(x_1) + Bf(x_2)}{A+B},$$

故
$$Af(x_1)+Bf(x_2)=(A+B)f(\xi).\quad\square$$

例 7 设函数 $f(x)$ 在 $[0,1]$ 上连续,并且此函数在 $[0,1]$ 区间上的最小值是 0,最大值是 1,试证方程 $f(x)=x$ 在 $[0,1]$ 上必有根.

证明 若 $f(0)=0$,则 0 就是方程 $f(x)=x$ 的根.若 $f(1)=1$,则 1 就是方程 $f(x)=x$ 的根.

若 $f(0)\ne 0$ 且 $f(1)\ne 1$.设 $F(x)=f(x)-x$,有 $F(0)=f(0)>0$, $F(1)=f(1)-1<0$,从而 $F(x)=0$ 在 $(0,1)$ 上有根,即 $f(x)=x$ 有根. $\square$

例 8 若 $f(x)$ 对一切正实数 x_1,x_2 满足 $f(x_1\cdot x_2)=f(x_1)+f(x_2)$,试证在区间 $(0,+\infty)$ 内,$f(x)$ 只要在一点连续就处处连续.

证明 令 $x_1=x_2=1$,则有 $f(1)=f(1)+f(1)$,故 $f(1)=0$.

设 $x_0\in(0,+\infty)$,$f(x)$ 在 x_0 处连续,则由于
$$\lim_{x\to 1}f(x)=\lim_{h\to 0}f(1+h)=\lim_{h\to 0}[f(x_0)+f(1+h)-f(x_0)]$$
$$=\lim_{h\to 0}[f(x_0+x_0 h)-f(x_0)]=0.$$

故 $f(x)$ 在 $x=1$ 处连续.$\forall x\in(0,+\infty)$,由于
$$\lim_{\Delta x\to 0}[f(x+\Delta x)-f(x)]=\lim_{\Delta x\to 0}\left[f(x)+f\left(1+\frac{\Delta x}{x}\right)-f(x)\right]$$
$$=\lim_{\Delta x\to 0}f\left(1+\frac{\Delta x}{x}\right)=0.$$

所以 $f(x)$ 在 $(0,+\infty)$ 内处处连续. $\square$

习题二

2.1

1. 观察下列数列,指出变化趋势——极限:

   (1) $x_n=2+\dfrac{1}{n^2}$;

   (2) $x_n=(-1)^n n$;

   (3) $x_n=\dfrac{n-1}{n+1}$;

   (4) $x_n=\dfrac{1}{n}\sin\dfrac{\pi}{n}$.

2. 预测下列数列的极限 a,指出从哪一项开始能使 $|x_n-a|$ 永远小于 $0.01,0.001$:

   (1) $x_n=\dfrac{n}{n+1}$;

   (2) $x_n=\dfrac{1}{n}\cos\dfrac{n\pi}{2}$.

3. 用数列极限定义证明:

   (1) $\lim\limits_{n\to\infty}(\sqrt{n+1}-\sqrt{n})=0$; (2) $\lim\limits_{n\to\infty}\dfrac{n!}{n^n}=0$.

4. 设数列 $\{x_n\}$ 有界,又 $\lim\limits_{n\to\infty}y_n=0$,试证 $\lim\limits_{n\to\infty}x_n y_n=0$.

2.2

1. 用极限定义证明:

   (1) $\lim\limits_{x\to+\infty}\dfrac{\sin x}{\sqrt{x}}=0$; (2) $\lim\limits_{x\to\infty}\dfrac{2x+3}{x}=2$;

   (3) $\lim\limits_{x\to 1}\dfrac{x^2-1}{x-1}=2$; (4) $\lim\limits_{x\to x_0}\cos x=\cos x_0$.

2. 用左、右极限证明 $\lim\limits_{x\to x_0}\ln x=\ln x_0(x_0>0)$;

3. 证明 $\lim\limits_{x\to 0}\dfrac{x}{|x|}$ 不存在.

4. 在函数极限定义中,
   (1) 将"$0<|x-x_0|<\delta$"换为"$0<|x-x_0|\leq\delta$"或"$0\leq|x-x_0|<\delta$";
   (2) 将"$|f(x)-A|<\varepsilon$"换为"$|f(x)-A|\leq\varepsilon$"或"$|f(x)-A|<2\varepsilon$",

   与原定义是否等价,为什么?

*5. 深刻理解极限的定义,用精确的数学语言给出数列 $\{x_n\}$ 不以 a 为极限的定义.

2.3

1. 指出下列各题中的无穷小与无穷大:
   (1) 2^{-x},当 $x\to+\infty$ 时; (2) $\ln x$,当 $x\to 0^+$ 时;
   (3) $\dfrac{1+x}{x^2-9}$,当 $x\to 3$ 时; (4) $\dfrac{\sin x}{1+\sec x}$,当 $x\to 0$ 时.

2. 设 $\lim\limits_{x\to x_0}f(x)=A$,用极限定义证明:
   (1) 若 $A>0$,则有 $\delta>0$,使得当 $0<|x-x_0|<\delta$ 时, $f(x)>0$;
   (2) 若有 $\delta>0$,使得当 $0<|x-x_0|<\delta$ 时, $f(x)\geq 0$,则 $A\geq 0$.

3. 根据无穷小、无穷大的定义证明:
   (1) $y=x\sin\dfrac{1}{x}$,当 $x\to 0$ 时为无穷小;
   (2) $x_n=\dfrac{n^2}{2n+1}$,当 $n\to\infty$ 时为无穷大.

4. 函数 $f(x)=x\cos x$ 在 $(-\infty,+\infty)$ 内是否有界?当 $x\to\infty$ 时,$f(x)$ 是否为无穷大?为什么?

5. 下列函数当 $x\to\infty$ 时均有极限,把它分别表示为一个常数与一个当 $x\to\infty$ 时的无穷小之和的形式:
   (1) $y=\dfrac{x^3}{x^3-1}$; (2) $y=\dfrac{x^2}{2x^2+1}$; (3) $y=\dfrac{1-x^2}{1+x^2}$.

6. 怎样证明一个数列不是无穷大?论证你的方法.

2.4

1. 计算下列极限:

(1) $\lim\limits_{x\to-1}\dfrac{x^2+2x+5}{x^2+1}$; (2) $\lim\limits_{x\to 1}\dfrac{x^2-2x+1}{x^2-1}$;

(3) $\lim\limits_{h\to 0}\dfrac{(x+h)^2-x^2}{h}$; (4) $\lim\limits_{x\to 1}\dfrac{x^2-1}{2x^2-x-1}$;

(5) $\lim\limits_{n\to\infty}\left(1+\dfrac{1}{2}+\dfrac{1}{4}+\cdots+\dfrac{1}{2^n}\right)$;

(6) $\lim\limits_{n\to\infty}\dfrac{1+2+3+\cdots+(n-1)}{n^2}$;

(7) $\lim\limits_{x\to\infty}\dfrac{(3x-1)^{25}(2x-1)^{20}}{(2x+1)^{45}}$;

(8) $\lim\limits_{x\to 1}\left(\dfrac{1}{1-x}-\dfrac{3}{1-x^3}\right)$.

2. 计算下列极限:

(1) $\lim\limits_{x\to 4}\dfrac{\sqrt{2x+1}-3}{\sqrt{x-2}-\sqrt{2}}$;

(2) $\lim\limits_{x\to 0}\dfrac{\sqrt{x^2+p^2}-p}{\sqrt{x^2+q^2}-q}$ $(p>0,q>0)$;

(3) $\lim\limits_{x\to\infty}(\sqrt{x^2+1}-\sqrt{x^2-1})$;

(4) $\lim\limits_{x\to-8}\dfrac{\sqrt{1-x}-3}{2+\sqrt[3]{x}}$;

(5) $\lim\limits_{n\to\infty}\left[\dfrac{1}{1\cdot 2}+\dfrac{1}{2\cdot 3}+\cdots+\dfrac{1}{n(n+1)}\right]$;

(6) $\lim\limits_{n\to\infty}(\sqrt{2}\cdot\sqrt[4]{2}\cdot\sqrt[8]{2}\cdot\cdots\cdot\sqrt[2^n]{2})$.

3. 计算下列极限:

(1) $\lim\limits_{x\to a}\dfrac{\sqrt[m]{x}-\sqrt[m]{a}}{x-a}$ ($a>0, m\geq 2$ 且 m 为整数);

(2) $\lim\limits_{x\to a^+}\dfrac{\sqrt{x-\sqrt{a}}+\sqrt{x-a}}{\sqrt{x^2-a^2}}$ $(a>0)$;

(3) $\lim\limits_{n\to\infty}\left[\left(1-\dfrac{1}{2^2}\right)\left(1-\dfrac{1}{3^2}\right)\cdots\left(1-\dfrac{1}{n^2}\right)\right]$;

(4) $\lim\limits_{n\to\infty}(1+x)(1+x^2)\cdots(1+x^{2^n})$ $(|x|<1)$;

(5) $\lim\limits_{x\to+\infty}(\sin\sqrt{x+1}-\sin\sqrt{x})$;

(6) $\lim\limits_{x\to 0}\dfrac{\sqrt{\cos x}-\sqrt[3]{\cos x}}{\sin^2 x}$.

4. 已知 $\lim\limits_{x\to\infty}\left[\dfrac{x^2+1}{x+1}-(ax+b)\right]=0$,求常数 a,b.

5. 若 $\lim\limits_{n\to\infty}x_n=a, x_n\neq 0(n=1,2,\cdots)$,按 $a\neq 0$ 与 $a=0$ 两种情况讨论:$\lim\limits_{n\to\infty}\dfrac{x_{n+1}}{x_n}=1$ 是否成立.

6. 已知 $\lim\limits_{x\to\pi} f(x)$ 存在，且 $f(x) = \cos x + 2\sin\dfrac{x}{2} \cdot \lim\limits_{x\to\pi} f(x)$，则 $f(x) =$ _____ .

2.5

1. 求下列极限：

  (1) $\lim\limits_{n\to\infty}\left[\dfrac{1}{n^2}+\dfrac{1}{(n+1)^2}+\cdots+\dfrac{1}{(2n)^2}\right]$；

  (2) $\lim\limits_{n\to\infty}\left(\dfrac{1}{\sqrt{n^2+1}}+\dfrac{1}{\sqrt{n^2+2}}+\cdots+\dfrac{1}{\sqrt{n^2+n}}\right)$；

  (3) $\lim\limits_{n\to\infty}\left[(n+1)^\alpha-n^\alpha\right]$，$0<\alpha<1$；

  (4) $\lim\limits_{x\to 0^+} x\left[\dfrac{1}{x}\right]$.

2. 求下列极限：

  (1) $\lim\limits_{x\to 0}\dfrac{\sin kx}{x}$； (2) $\lim\limits_{x\to 0}\dfrac{x+x^2}{\tan 2x}$；

  (3) $\lim\limits_{x\to 0^+}\dfrac{\sin^2\sqrt{x}}{x}$；

  (4) $\lim\limits_{x\to n\pi}\dfrac{\sin x}{x-n\pi}$ （n 为正整数）；

  (5) $\lim\limits_{x\to\infty} x\arcsin\dfrac{1}{x}$； (6) $\lim\limits_{x\to a}\dfrac{\sin x-\sin a}{x-a}$；

  (7) $\lim\limits_{x\to 0}\dfrac{\tan x-\sin x}{x^2\sin x}$； (8) $\lim\limits_{x\to\frac{\pi}{3}}\dfrac{1-2\cos x}{\sin\left(x-\dfrac{\pi}{3}\right)}$；

  (9) $\lim\limits_{x\to 0^+}\dfrac{\sin 2x}{\sqrt{x+2}-\sqrt{2}}$； (10) $\lim\limits_{x\to 0}\dfrac{\sqrt{1-\cos x}}{x}$；

  (11) $\lim\limits_{x\to 0}\dfrac{\tan(a+x)\tan(a-x)-\tan^2 a}{x^2}$.

3. 通过圆的内接正多边形的面积求证圆的面积公式 $S=\pi R^2$.

4. 求下列极限：

  (1) $\lim\limits_{x\to 0}(1-3x)^{\frac{1}{x}}$； (2) $\lim\limits_{x\to 0}(1+\tan x)^{\frac{1}{\sin x}}$；

  (3) $\lim\limits_{x\to +\infty}\left(\dfrac{2x-1}{2x+1}\right)^x$； (4) $\lim\limits_{x\to\infty}\left(\dfrac{x}{1+x}\right)^x$；

  (5) $\lim\limits_{n\to\infty}\left(1+\dfrac{x}{n}+\dfrac{x^2}{2n^2}\right)^{-n}$； (6) $\lim\limits_{x\to 0}(\cos x)^{1/x^2}$；

  (7) $\lim\limits_{x\to 0}(2\sin x+\cos x)^{\frac{1}{x}}$； (8) $\lim\limits_{x\to 1}(3-2x)^{\frac{1}{x-1}}$；

  (9) $\lim\limits_{x\to 0^+}\left(e^{\frac{1}{x}}+\dfrac{1}{x}\right)^x$.

5. 已知 $\lim\limits_{x\to\infty}\left(\dfrac{x+a}{x-a}\right)^x=9$，求常数 a.

6. 若 $x_1=a>0, y_1=b>0\,(a<b)$，且
$$x_{n+1}=\sqrt{x_n y_n},\quad y_{n+1}=\dfrac{x_n+y_n}{2},$$
证明 $\lim\limits_{n\to\infty} x_n=\lim\limits_{n\to\infty} y_n$.

7. 设 $x_1=\sqrt{2}$，$x_2=\sqrt{2+\sqrt{2}}$，$\cdots$，$x_n=\sqrt{2+x_{n-1}}$，求 $\lim\limits_{n\to\infty} x_n$.

8. 若 $|x_n|\leq q|x_{n-1}|$，$q<1$，试证 $\lim\limits_{n\to\infty} x_n=0$.

2.6

1. 当 $x\to 1$ 时，无穷小 $1-x$ 和 (1) $1-\sqrt[3]{x}$；(2) $2(1-\sqrt{x})$ 是否是同阶的？是否是等价的？

2. 当 $x\to 0$ 时，试确定下列各无穷小对于 x 的阶数，并写出其幂函数形式的主部.

  (1) $\sqrt[3]{x^2}-\sqrt{x}$ （$x>0$）；

  (2) $\sqrt{a+x^3}-\sqrt{a}$ （$a>0$）；

  (3) $\ln(1+x)$； (4) $\tan x-\sin x$.

3. 用等价无穷小代换法求下列极限：

  (1) $\lim\limits_{x\to 0}\dfrac{1-\cos mx}{x^2}$； (2) $\lim\limits_{x\to 0}\dfrac{\ln(1+x)}{\sqrt{1+x}-1}$；

  (3) $\lim\limits_{x\to 0}\dfrac{\arctan 2x}{\arcsin 3x}$；

  (4) $\lim\limits_{x\to 0^+}\dfrac{\sin x^3\tan x(1-\cos x)}{\sqrt{x+\sqrt[3]{x}}\left(\sqrt[6]{x^5}\sin^5 x\right)}$.

4. 若 $\alpha\sim\hat{\alpha},\beta\sim\hat{\beta}$，试证：

  (1) $\lim \alpha f(x)=\lim \hat{\alpha} f(x)$；

  (2) $\lim(1+\alpha)^{\frac{1}{\beta}}=\lim(1+\hat{\alpha})^{\frac{1}{\hat{\beta}}}$.

2.7

1. 求下列函数的连续区间、间断点及其类型，如果是可去间断点，如何补充或修改这一点处函数的定义使它连续：

  (1) $f(x)=(1+x)^{\frac{1}{x}}$ （$x>-1$）；

  (2) $f(x)=\dfrac{x}{\sin x}$；

  (3) $f(x)=\dfrac{x^2-x}{|x|(x^2-1)}$；

(4) $f(x)=\begin{cases}\dfrac{\sin x}{x}, & x<0,\\ x^2-1, & x\geq 0;\end{cases}$

(5) $f(x)=(1+e^{\frac{1}{x}})/(2-3e^{\frac{1}{x}})$.

2. 对函数 $f(x)=\arctan\dfrac{1}{x}$，能否在 $x=0$ 处补充定义函数值，使函数连续？为什么？

3. 设

$$f(x)=\begin{cases}1+x^2, & x<0,\\ a, & x=0,\\ \dfrac{\sin bx}{x}, & x>0,\end{cases}$$

试问：(1) a,b 为何值时，$\lim\limits_{x\to 0}f(x)$ 存在？(2) a,b 为何值时，$f(x)$ 在 $x=0$ 处连续？

4. 计算下列极限：

(1) $\lim\limits_{x\to 0}\dfrac{\ln(x+a)-\ln a}{x}$；　(2) $\lim\limits_{x\to 0}\dfrac{\sqrt{1-x\sin x}-1}{e^{x^2}-1}$；

(3) $\lim\limits_{x\to 0}\dfrac{\sqrt[m]{1+\alpha x}\sqrt[n]{1+\beta x}-1}{x}$；

(4) $\lim\limits_{x\to 0}\left(\dfrac{a^x+b^x+c^x}{3}\right)^{\frac{1}{x}}\quad (a,b,c>0)$.

5. 若函数 $f(x), g(x)$ 都在 $x=x_0$ 点处不连续时，问 $f(x)+g(x), f(x)\cdot g(x)$ 是否在 $x=x_0$ 点处也不连续？

6. 若 $f(x)$ 连续，$|f(x)|, f^2(x)$ 是否也连续？又若 $|f(x)|, f^2(x)$ 连续时，$f(x)$ 是否也连续？

7. 试证任何三次多项式至少有一个零点.

8. 证明方程 $x2^x=1$ 至少有一个小于 1 的正根.

9. 试证方程 $x=a\sin x+b(a>0,b>0)$ 至少有一个正根并且它不超过 $a+b$.

10. 若 $f(x)$ 在 $[a,b]$ 上连续，$a<x_1<x_2<\cdots<x_n<b$，则在 $[x_1,x_n]$ 中必有 ξ，使

$$f(\xi)=\dfrac{f(x_1)+f(x_2)+\cdots+f(x_n)}{n}.$$

11. 证明：若 $f(x)$ 在 $(-\infty,+\infty)$ 内连续，且 $\lim\limits_{x\to\infty}f(x)$ 存在，则 $f(x)$ 必有界.

12. 若 $f(x)\in C[0,2a]$，且 $f(0)=f(2a)$，试证在区间 $[0,a]$ 内至少存在一点 ξ，使 $f(\xi)=f(\xi+a)$.

13. 设 $|f(x)|\leq|g(x)|$，$g(x)$ 在 $x=0$ 处连续，且 $g(0)=0$，试证 $f(x)$ 在 $x=0$ 处连续.

14. 设 $f(x)\in C[a,b]$，对 (a,b) 内任意两点 $x_1,x_2(x_1\neq x_2)$，恒有 $f(x_1)\neq f(x_2)$，证明 $f(x)$ 在 $[a,b]$ 上单调.

15. 证明：

(1) $f(x)=\begin{cases}-1, & x<0,\\ 1, & x>0\end{cases}$ 是初等函数；

(2) 符号函数 $\operatorname{sgn} x$ 不是初等函数.

16. 设函数 $f(x)$ 在 $[a,b]$ 上单调上升，且其值域为 $[f(a),f(b)]$，证明 $f(x)$ 在 $[a,b]$ 上连续.

2.8

1. 求下列极限：

(1) $\lim\limits_{n\to\infty}\sin^2(\pi\sqrt{n^2+n})$；

(2) $\lim\limits_{x\to\frac{\pi}{4}}\tan 2x\tan\left(\dfrac{\pi}{4}-x\right)$；

(3) $\lim\limits_{n\to\infty}\left(\dfrac{3}{2}\cdot\dfrac{5}{4}\cdot\dfrac{17}{16}\cdot\cdots\cdot\dfrac{2^{2^n}+1}{2^{2^n}}\right)$；

(4) $\lim\limits_{n\to\infty}\left(\dfrac{2^3-1}{2^3+1}\cdot\dfrac{3^3-1}{3^3+1}\cdot\cdots\cdot\dfrac{n^3-1}{n^3+1}\right)$；

(5) $\lim\limits_{n\to\infty}(1+2x+3x^2+\cdots+nx^{n-1})\ (|x|<1)$；

(6) $\lim\limits_{n\to\infty}n(1-x^{\frac{1}{n}})\ (x>0)$；

(7) $\lim\limits_{x\to+\infty}[(x+2)\ln(x+2)-2(x+1)\ln(x+1)+x\ln x]$；

(8) $\lim\limits_{n\to\infty}(n!)^{\frac{1}{n^2}}$；

(9) $\lim\limits_{x\to 0}\left(\dfrac{3-e^x}{2+x}\right)^{\frac{1}{\sin x}}$；

(10) $\lim\limits_{n\to\infty}\dfrac{\dfrac{1}{n}-\ln\left(\sin\dfrac{1}{n}+e^{\frac{1}{n}}\right)}{\arcsin\dfrac{1}{n}}$.

2. (1) 设 $f(x)$ 在 $x=0$ 附近连续，且 $\lim\limits_{x\to 0}\left[1+x+\dfrac{f(x)}{x}\right]^{\frac{1}{x}}=e^3$，求

$$\lim\limits_{x\to 0}\left[1+\dfrac{f(x)}{x}\right]^{\frac{1}{x}};$$

(2) 设 $\lim\limits_{x\to 0}\dfrac{\ln[1+f(x)\cot x]}{2^x-1}=2$, 求 $\lim\limits_{x\to 0}\dfrac{f(x)}{x^2}$.

3. 已知 $x\to 0$ 时, $(1+ax^2)^{\frac{1}{3}}-1$ 与 $\cos x-1$ 是等价无穷小, 求 a.

4. 已知 $x\to 0$ 时, $(1-\cos x)\ln(1+x^2)=o(x\sin x^n)$, $x\sin x^n=o(e^{x^2}-1)$, 则正整数 n 等于 ( ).

   (A) 1　　(B) 2　　(C) 3　　(D) 4

5. (1) 若 $\lim\limits_{n\to\infty}a_n=a$, 证明

$$\lim_{n\to\infty}\frac{a_1+a_2+\cdots+a_n}{n}=a;$$

   (2) 若 $a_n>0$, 且 $\lim\limits_{n\to\infty}\dfrac{a_{n+1}}{a_n}=l, l>0$, 证明

$$\lim_{n\to\infty}\sqrt[n]{a_n}=l.$$

6. 指出函数 $y=\left[1-\exp\left(\dfrac{x}{x-1}\right)\right]^{-1}$ 的间断点, 并说明其类型.

7. 设 $f(x)=\dfrac{e^x-a}{x(x-1)}$, 问 a 取何值时, $x=1$ 是可去间断点, 此时 $x=0$ 是哪类间断点?

8. 若 $\lim\limits_{n\to\infty}\dfrac{x_{n+1}}{x_n}=a$, $|a|<1$, 证明 $\lim\limits_{n\to\infty}x_n=0$. 并用此结果求极限

   (1) $\lim\limits_{n\to\infty}\dfrac{n^n}{3^n\cdot n!}$;　　(2) $\lim\limits_{n\to\infty}\dfrac{n^n}{2^n\cdot n!}$.

9. 设 $f(x)$ 对任何实数 x_1,x_2 满足 $f(x_1+x_2)=f(x_1)+f(x_2)$, 而且 $f(x)$ 在 $x=a$ 点处连续, 证明 $f(x)$ 是连续函数.

10. 若 $f(x)\in C(-\infty,+\infty)$, 且 $f[f(x)]=x$, 证明必有一点 ξ, 使 $f(\xi)=\xi$.

11. 如果 $f(x)$ 在区间 $[a,b]$ 内处处有定义, 且除有限个第一类间断点外处处连续, 试证 $f(x)$ 在 $[a,b]$ 上有界.

12. 单调有界函数的间断点是哪一类间断点, 证明你的结论.

13. 设函数 $f(x)\in C[0,1]$, 且 $0\leqslant f(x)\leqslant x$. 任取一点 $x_1\in(0,1)$, 并令 $x_{n+1}=f(x_n)(n=1,2,\cdots)$, 证明:
   (1) $\lim\limits_{n\to\infty}x_n$ 存在; (2) 设 $\lim\limits_{n\to\infty}x_n=a$, 则 $f(a)=a$.

14. 设点 P 为椭圆内任一点(不在边界线上), 证明椭圆过 P 点的弦中至少有一条以 P 点为中点.

附录 I　几个基本定理

附录 I 中的几个基本定理是进一步学习数学分析的基础, 提供给学有余力的读者参考.

一个闭区间序列 $\{[a_n,b_n]\}$ 称为**区间套**, 如果它满足条件:

(i) $[a_{n+1},b_{n+1}]\subseteq[a_n,b_n], n=1,2,\cdots$;

(ii) $\lim\limits_{n\to\infty}(b_n-a_n)=0$.

定理 1 (区间套定理)　对一个区间套, 必有唯一一点属于所有区间.

证明　由条件(i)知数列 $\{a_n\}$ 单增有上界 b_1, 数列 $\{b_n\}$ 单降有下界 a_1, 所以 $\lim\limits_{n\to\infty}a_n$, $\lim\limits_{n\to\infty}b_n$ 都存在, 再由条件(ii)知

$$\lim_{n\to\infty}b_n=\lim_{n\to\infty}a_n.$$

设 ξ 为它们的共同极限值, 由数列的单调性有

$$a_n \leq \xi \leq b_n, \quad n=1,2,\cdots,$$

即 ξ 在区间套的所有区间内.

再证唯一性,如果还有 $a_n \leq \xi' \leq b_n, n=1,2,\cdots,$ 则有
$$b_n - a_n \geq |\xi' - \xi|, \quad n=1,2,\cdots.$$

由保序性有
$$\lim_{n\to\infty}(b_n - a_n) \geq |\xi' - \xi|,$$

根据条件(ii)知
$$|\xi' - \xi| \leq 0.$$

故必有 $\xi' = \xi$. □

定理 2(致密性定理) 有界数列必有收敛的子数列.

证明 设 $\{x_n\}$ 为有界数列,于是存在常数 a,b,使
$$a \leq x_n \leq b, \quad n=1,2,\cdots.$$

将区间 $[a,b]$ 等分为两个子区间,则至少有一个子区间含有 $\{x_n\}$ 中的无穷多项. 把这个区间记为 $[a_1,b_1]$(若两个子区间都含有无穷多项,则任取一个). 再等分 $[a_1,b_1]$,取一个含有 $\{x_n\}$ 中无穷多项的子区间记为 $[a_2,b_2]$. 如此不断地做下去,得到一个区间套 $\{[a_n,b_n]\}$:

(i) $[a_{n+1},b_{n+1}] \subset [a_n,b_n], n=1,2,\cdots;$

(ii) $b_n - a_n = \dfrac{b-a}{2^n} \to 0 \quad (n\to\infty);$

(iii) 每个区间 $[a_n,b_n]$ 内都含有 $\{x_n\}$ 中无穷多项.

在 $\{x_n\}$ 中,首先任意抽取含在 $[a_1,b_1]$ 中的一项 x_{n_1};再在 n_1 项后任意抽取含在 $[a_2,b_2]$ 中的一项 x_{n_2},如此抽下去,得到 $\{x_n\}$ 的一个子数列 $\{x_{n_k}\}: x_{n_k} \in [a_k,b_k], n_1 < n_2 < \cdots < n_k < \cdots,$ 即
$$a_k \leq x_{n_k} \leq b_k.$$

由区间套定理知 $\lim\limits_{k\to\infty} a_k = \lim\limits_{k\to\infty} b_k = \xi,$ 故
$$\lim_{k\to\infty} x_{n_k} = \xi,$$

即 $\{x_{n_k}\}$ 是 $\{x_n\}$ 的收敛子数列. □

> 无界数列没有这一性质,但有一个相仿的性质:在无界数列 $\{x_n\}$ 中必有一个子数列 $x_{n_k} \to \infty (k\to\infty)$(留作练习).

下面的定理给出判定数列收敛性的充要条件,称为"柯西收敛原理"或完备性定理.

定理 3(完备性定理) 数列 $\{x_n\}$ 有极限的充要条件是:对任给的 $\varepsilon > 0$,都存在序号 N,使得当 $n,m > N$ 时,恒有
$$|x_n - x_m| < \varepsilon.$$

证明 必要性. 设 $x_n \to a$, 于是, $\forall \varepsilon > 0$, $\exists N > 0$, 当 $n > N$ 时, 恒有

$$|x_n - a| < \frac{\varepsilon}{2},$$

从而当 $n, m > N$ 时, 有

$$|x_n - x_m| \leq |x_n - a| + |x_m - a| < \frac{\varepsilon}{2} + \frac{\varepsilon}{2} = \varepsilon.$$

充分性. 首先证明 $\{x_n\}$ 是有界的, 取 $\varepsilon = 1$, 由假设条件有 N_0, 当 $n, m > N_0$ 时, $|x_n - x_m| < 1$, 特别当 $n > N_0$ 时, 有 $|x_n - x_{N_0+1}| < 1$. 从而当 $n > N_0$ 时, 恒有

$$|x_n| < |x_{N_0+1}| + 1.$$

令 $M = \max\{|x_1|, |x_2|, \cdots, |x_{N_0}|, |x_{N_0+1}| + 1\}$, 则对一切 n 恒有

$$|x_n| \leq M.$$

可见 $\{x_n\}$ 有界, 于是有收敛的子数列 $\{x_{n_k}\}$, 设

$$\lim_{k \to \infty} x_{n_k} = a.$$

下面证明, $\lim_{n \to \infty} x_n = a$.

$\forall \varepsilon > 0$, 由 $x_{n_k} \to a$, $\exists K$, 当 $k > K$ 时, 恒有

$$|x_{n_k} - a| < \varepsilon.$$

对此 K 及定理条件中的 N, 取定序号 $k_0 = \max\{K+1, N+1\}$, 于是 $k_0 > K$, 且 $n_{k_0} \geq n_{N+1} \geq N+1 > N$. 由此及定理假设, 当 $n > N$ 时, 有

$$|x_n - x_{n_{k_0}}| < \varepsilon,$$

所以

$$|x_n - a| \leq |x_n - x_{n_{k_0}}| + |x_{n_{k_0}} - a| < \varepsilon + \varepsilon = 2\varepsilon,$$

故 $\lim_{n \to \infty} x_n = a$. □

例1 设 $x_n = \frac{\sin 1}{2} + \frac{\sin 2}{2^2} + \cdots + \frac{\sin n}{2^n}$, 试证 $\{x_n\}$ 收敛.

证明 设 $n > m$, 于是

$$|x_n - x_m| = \left| \frac{\sin(m+1)}{2^{m+1}} + \frac{\sin(m+2)}{2^{m+2}} + \cdots + \frac{\sin n}{2^n} \right|$$

$$\leq \frac{1}{2^{m+1}} + \frac{1}{2^{m+2}} + \cdots + \frac{1}{2^n} < \frac{1}{2^m}.$$

故 $\forall \varepsilon : 0 < \varepsilon < \frac{1}{2}$, 取 $N = \left[\log_2 \frac{1}{\varepsilon} \right]$, 则当 $n, m > N$ 时, 有

$$|x_n - x_m| < \varepsilon.$$

由柯西收敛原理知数列 $\{x_n\}$ 收敛. □

定理 4(有限覆盖定理) 设开区间的集合 E 覆盖了闭区间 $[a, b]$(即 $\forall x \in [a, b]$,都有 E 中的开区间 Δ,使 $x \in \Delta$),则一定可以从 E 中选出有限个开区间覆盖 $[a, b]$.

证明 反证法. 设 $[a, b]$ 不能被 E 中任何有限个区间覆盖. 将 $[a, b]$ 等分为两个闭子区间,则至少有一个不能被 E 中有限个区间覆盖,记此区间为 $[a_1, b_1]$. 再等分 $[a_1, b_1]$,取其中一个不能被 E 中有限个区间覆盖的闭子区间记为 $[a_2, b_2]$,如此不断分割下去,得到一个区间套 $\{[a_n, b_n]\}$:

(i) $[a_{n+1}, b_{n+1}] \subset [a_n, b_n]$, $n = 1, 2, \cdots$;

(ii) $b_n - a_n = \dfrac{b-a}{2^n} \to 0 \quad (n \to \infty)$;

(iii) 每个 $[a_n, b_n]$ 都不能被 E 中有限个区间所覆盖.

由区间套定理,有唯一一点 $\xi \in [a, b]$,且 $a_n \to \xi, b_n \to \xi$,由于 E 覆盖了 $[a, b]$,所以 E 中应有一个区间 (α, β) 使 $\xi \in (\alpha, \beta)$. 取 $\varepsilon_0 = \min\{\xi - \alpha, \beta - \xi\} > 0$,则有 N,当 $n > N$ 时,$\xi - a_n < \varepsilon_0$ 且 $b_n - \xi < \varepsilon_0$. 于是

$$\alpha < a_n < \xi < b_n < \beta, \quad \text{当 } n > N \text{ 时}.$$

即当 $n > N$ 时,有

$$[a_n, b_n] \subset (\alpha, \beta).$$

也就是 E 中一个开区间 (α, β) 就覆盖了区间 $[a_n, b_n]$ $(n > N)$,与 (iii) 矛盾. □

下面介绍函数在区间上一致连续的概念.

回忆函数 $f(x)$ 在区间 I 上连续的定义:在区间 I 上每一点 x_0 处都连续,即对 I 上每个点 x_0,$\forall \varepsilon > 0$,$\exists \delta > 0$,使得当 $|x - x_0| < \delta$ 时,恒有 $|f(x) - f(x_0)| < \varepsilon$. 这里需先指定 x_0,给定 ε,才能找相应的 δ. 一般地说,δ 不但与 ε 有关,而且与 x_0 有关:$\delta = \delta(\varepsilon, x_0)$. 函数值变化快的地方 δ 较小,变化慢的地方 δ 较大. 如果只考虑两个点 x_{01}, x_{02},对给定的 $\varepsilon > 0$,找到两个相应的 δ_1, δ_2,可以取其中较小的作为两点处通用的 δ. 由于区间 I 上有无穷多个点,对给定的 ε,未必能找到对 I 上所有点都通用的 δ.

定义 设 $f(x)$ 在区间 I 上有定义,如果对任给的 $\varepsilon > 0$,都存在仅

与 ε 有关的 $\delta=\delta(\varepsilon)>0$，使区间 I 内任意两点 x_0, x，只要 $|x-x_0|<\delta$，就有

$$|f(x)-f(x_0)|<\varepsilon,$$

则说 $f(x)$ 在 I 上**一致连续**或**均匀连续**.

就是说，只要 $|\Delta x|<\delta$，无论在区间 I 的哪一点处都有 $|\Delta y|<\varepsilon$.

函数在 I 上一致连续必在 I 上连续，但反过来，在区间 I 上连续不能保证一致连续.

例2 函数 $y=\dfrac{1}{x}$ 在区间 $(0,1]$ 上连续，但不一致连续. 事实上，当 x 取下列点：

$$1, \frac{1}{2}, \frac{1}{3}, \cdots, \frac{1}{n}, \cdots$$

时，相邻两点的函数值之差均为 1，所以当 $\varepsilon=\dfrac{1}{2}$ 时，无论正数 δ 取得多么小，在上述点列中都可找到两个相邻的点，它们的距离小于 δ，但函数值之差为 1，大于 $\dfrac{1}{2}$. 所以 $y=\dfrac{1}{x}$ 在 $(0,1]$ 上不一致连续（图 Ⅰ.1）.

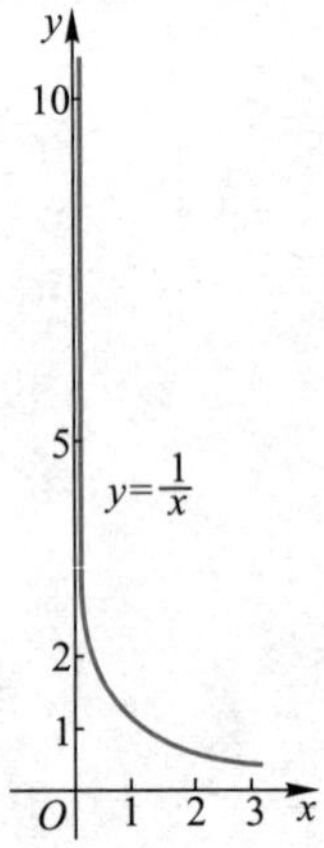

定理 5（康托尔[①]定理） 闭区间上的连续函数必一致连续.

证明 设 $f(x)\in C[a,b]$，$\forall \varepsilon>0$，$\forall x\in[a,b]$，$\exists \delta_x>0$，使当 $x'\in[a,b]$，且 $|x'-x|<2\delta_x$ 时，有

$$|f(x')-f(x)|<\frac{\varepsilon}{2}.$$

对此 x 作开区间 $\Delta_x=(x-\delta_x, x+\delta_x)$，所有这样的开区间 Δ_x 完全覆盖了闭区间 $[a,b]$，由有限覆盖定理知，其中有限个开区间

$$\Delta_{x_1}, \Delta_{x_2}, \cdots, \Delta_{x_k}$$

就能覆盖 $[a,b]$，令

$$\delta=\min\{\delta_{x_1}, \delta_{x_2}, \cdots, \delta_{x_k}\}>0,$$

则 $\forall x', x''\in[a,b]$，只要 $|x'-x''|<\delta$，由于 x' 必在某一 Δ_{x_i} 中，从而 $|x'-x_i|<\delta_{x_i}<2\delta_{x_i}$，$|x''-x_i|\leq|x'-x''|+|x'-x_i|<\delta+\delta_{x_i}\leq 2\delta_{x_i}$，因此

$$|f(x')-f(x_i)|<\frac{\varepsilon}{2}, \quad |f(x'')-f(x_i)|<\frac{\varepsilon}{2}.$$

于是

图 Ⅰ.1

[①] 康托尔（Cantor G, 1845—1918），德国数学家，是魏尔斯特拉斯的学生，是近代数学基础——集合论的创建者. 生前他的学术观点受到保守派数学家的反对和非难，说他"神经质". 他对所有反对意见作了分析，坚信自己的理论. 他那富有哲理的观点，对问题大胆而缜密的构思，以及在证明上高超的技巧，在他犯精神分裂症死后才得到后人高度的评价.

$$|f(x')-f(x'')| \leq |f(x')-f(x_i)| + |f(x'')-f(x_i)| < \varepsilon.$$

所以 $f(x)$ 在 $[a,b]$ 上一致连续. □

网上更多……　　教学 PPT　　拓展练习

自测题

第三章 导数与微分

前两章介绍了工科数学分析的研究对象——函数,特别是连续函数,以及研究问题的基本方法——极限方法.

在生产实践和科学研究中,仅仅了解变量之间的函数关系是很不够的,常常需要考虑由于自变量的变化所引起的函数变化中的以下两个基本问题:

1. 函数随自变量变化的变化速度(比率)问题,即函数对自变量的变化率问题.

2. 自变量的微小变化导致函数变化多少的问题.

这就是本章所要讨论的两个中心内容:导数与微分. 它们反映了物质运动变化的瞬时性态和局部特征,是研究运动和变化过程必不可少的工具.

3.1 导数的概念

3.1.1 几个实例

例1 直线运动的速度问题:一质点作直线运动,已知路程 s 与时间 t 的函数关系 $s = s(t)$,试确定 t_0 时的速度 $v(t_0)$.

从时刻 t_0 到 $t_0 + \Delta t$,质点走过的路程
$$\Delta s = s(t_0 + \Delta t) - s(t_0),$$
这段时间内的平均速度
$$\bar{v}(\Delta t) = \frac{\Delta s}{\Delta t}.$$

微视频
3.1.1 导数的定义

若运动是匀速的,平均速度就等于质点在每个时刻的速度.

若运动是非匀速的,平均速度 $\bar{v}(\Delta t)$ 是这段时间内运动快慢的平均值,Δt 越小,它越近似地表明 t_0 时运动的快慢.因此,人们把 t_0 时的速度 $v(t_0)$ 定义为

$$v(t_0) = \lim_{\Delta t \to 0} \frac{\Delta s}{\Delta t} = \lim_{\Delta t \to 0} \frac{s(t_0 + \Delta t) - s(t_0)}{\Delta t},$$

并称之为 t_0 时的瞬时速度.上式既是它的定义式,又指明了它的计算方法.瞬时速度是路程对时间的变化率.

例 2 电流问题:已知通过导体横截面的电荷量 Q 与时间 t 的关系 $Q = Q(t)$,试确定电流 $I(t_0)$.

从 t_0 到 $t_0 + \Delta t$,流过截面的电荷量

$$\Delta Q = Q(t_0 + \Delta t) - Q(t_0).$$

平均电流

$$\bar{I}(\Delta t) = \frac{\Delta Q}{\Delta t}.$$

对恒定电流(如直流电),$\bar{I}(\Delta t)$ 就是各个时刻的电流.

对非恒定电流(如交流电),Δt 很小时,$\bar{I}(\Delta t)$ 近似地表达了 t_0 时电流的强弱,Δt 越小,近似程度越高,所以把 t_0 时的电流 $I(t_0)$ 定义为

$$I(t_0) = \lim_{\Delta t \to 0} \frac{\Delta Q}{\Delta t} = \lim_{\Delta t \to 0} \frac{Q(t_0 + \Delta t) - Q(t_0)}{\Delta t},$$

它是电荷量对时间的变化率.

例 3 比热容问题:已知单位质量的某种物体从某一温度开始,变到温度 t 时,所吸收的热量 $Q = Q(t)$,试确定其比热容 $C(t_0)$.

温度由 t_0 变到 $t_0 + \Delta t$,吸收的热量

$$\Delta Q = Q(t_0 + \Delta t) - Q(t_0).$$

平均比热容,即温度升高 1 ℃ 所吸收的热量的平均值

$$\bar{C}(\Delta t) = \frac{\Delta Q}{\Delta t}.$$

令 $\Delta t \to 0$,称平均比热容 $\bar{C}(\Delta t)$ 的极限为物体在温度 t_0 时的比热容,即

$$C(t_0) = \lim_{\Delta t \to 0} \frac{\Delta Q}{\Delta t} = \lim_{\Delta t \to 0} \frac{Q(t_0 + \Delta t) - Q(t_0)}{\Delta t},$$

它是热量对温度的变化率.

例 4 切线斜率:已知曲线 l 的方程 $y=f(x)$,确定曲线 l 上点 $M_0(x_0,y_0)$ 处切线的斜率.

什么是曲线 l 在点 M_0 处的切线呢？在曲线 l 上任取一个异于 M_0 的点 $M(x_0+\Delta x,y_0+\Delta y)$,过 M_0,M 的直线称为曲线 l 的**割线**. 当点 M 沿曲线 l 趋于点 M_0 时,若割线有极限位置 M_0T,则称直线 M_0T 为曲线 l 在点 M_0 处的**切线**(图 3.1).

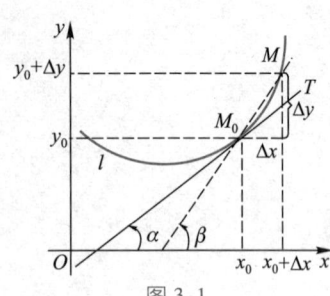

图 3.1

割线 M_0M 的斜率,即其倾角 β 的正切

$$\tan \beta = \frac{\Delta y}{\Delta x} = \frac{f(x_0+\Delta x)-f(x_0)}{\Delta x}.$$

由于 $M \xrightarrow{l} M_0$ 时, $\Delta x \to 0$, $\angle \beta \to \angle \alpha$,故切线的斜率 k 即其倾角 α 的正切

$$k = \tan \alpha = \lim_{M \to M_0} \tan \beta = \lim_{\Delta x \to 0} \frac{\Delta y}{\Delta x} = \lim_{\Delta x \to 0} \frac{f(x_0+\Delta x)-f(x_0)}{\Delta x},$$

它是曲线上动点的纵坐标对横坐标的变化率.

上述几个实例,就其实际意义来说各不相同,分别属于运动学、电学、热学和几何学中的问题,但在数量关系上却有如下的共性:

1. 在问题提法上,都是已知一个函数 $y=f(x)$,求 y 关于 x 在 x_0 处的变化率.

2. 在计算方法上,

(1) 当 y 随 x 均匀变化时,用除法；

(2) 当变化是非均匀的时候,需作平均变化率的极限运算

$$\lim_{\Delta x \to 0} \frac{\Delta y}{\Delta x} = \lim_{\Delta x \to 0} \frac{f(x_0+\Delta x)-f(x_0)}{\Delta x}.$$

在现实生活中,凡涉及变化率的问题,其精确描述和计算都离不开上式所规定的这一运算.

3.1.2 导数的定义

定义 3.1 设函数 $y=f(x)$ 在 x_0 的某邻域内有定义,当自变量从 x_0 变到 $x_0+\Delta x$ 时,函数 $y=f(x)$ 的增量

$$\Delta y = f(x_0+\Delta x) - f(x_0)$$

与自变量的增量 Δx 之比

微视频
3.1.2 导数的性质及意义

$$\frac{\Delta y}{\Delta x} = \frac{f(x_0 + \Delta x) - f(x_0)}{\Delta x}$$

称为 $f(x)$ 的平均变化率. 如果 $\Delta x \to 0$ 时, 平均变化率的极限

$$\lim_{\Delta x \to 0} \frac{\Delta y}{\Delta x} = \lim_{\Delta x \to 0} \frac{f(x_0 + \Delta x) - f(x_0)}{\Delta x} \qquad (1)$$

存在,则称 $f(x)$ 在 x_0 处**可导**或**有导数**,并称此极限值为函数 $f(x)$ 在 x_0 处的**导数**,可用下列记号

$$y' \Big|_{x=x_0}, \quad f'(x_0), \quad \frac{\mathrm{d}y}{\mathrm{d}x}\Big|_{x=x_0}, \quad \frac{\mathrm{d}f}{\mathrm{d}x}\Big|_{x=x_0}$$

中的任何一个表示,如

$$f'(x_0) = \lim_{\Delta x \to 0} \frac{f(x_0 + \Delta x) - f(x_0)}{\Delta x}.$$

若记 $x_0 + \Delta x = x$,则 $f(x)$ 在 x_0 处的导数也可写为

$$f'(x_0) = \lim_{x \to x_0} \frac{f(x) - f(x_0)}{x - x_0}.$$

当极限(1)式不存在时,则称函数 $f(x)$ 在 x_0 处**不可导**或**导数不存在**. 特别当(1)式的极限为正(负)无穷大时,有时也称在 x_0 处导数是正(负)无穷大,但这时导数不存在.

这样,前面的实例就可写成
$v(t_0) = s'(t_0)$, $I(t_0) = Q'(t_0)$, $C(t_0) = Q'(t_0)$, $k(x_0, f(x_0)) = f'(x_0)$,
导数概念在许多领域都有它的用处.

导数 $f'(x_0)$ 的几何意义是曲线 $y = f(x)$ 在点 $M_0(x_0, f(x_0))$ 处的切线斜率;导数 $f'(x_0)$ 的物理意义是变量 $y = f(x)$ 随变量 x 在 x_0 处的瞬时变化(比)率.

按定义求给定函数的导数分三步:求差——求函数的增量,作商——作函数增量与自变量增量的比,取极限.

例 5 求 $y = x^2$ 在 $x = 1$ 处的导数.

解 $\Delta y = f(1 + \Delta x) - f(1) = (1 + \Delta x)^2 - 1^2 = 2\Delta x + (\Delta x)^2$,

$$\frac{\Delta y}{\Delta x} = \frac{2\Delta x + (\Delta x)^2}{\Delta x} = 2 + \Delta x,$$

$$y'\Big|_{x=1} = \lim_{\Delta x \to 0} \frac{\Delta y}{\Delta x} = \lim_{\Delta x \to 0} (2 + \Delta x) = 2.$$

例 6 求曲线 $y = x^2$ 在点 $(1,1)$ 处的切线方程及法线方程(过切点且垂直于切线的直线称为法线).

解 由例 5 及导数的几何意义知,曲线 $y=x^2$ 在点 $(1,1)$ 处的切线斜率 $k_{切}=2$,故切线方程为

$$y-1=2(x-1),$$

即

$$2x-y-1=0.$$

由于 $k_{法}=-\dfrac{1}{k_{切}}=-\dfrac{1}{2}$,所以法线方程是

$$y-1=-\dfrac{1}{2}(x-1),$$

即

$$x+2y-3=0.$$

如图 3.2 所示.

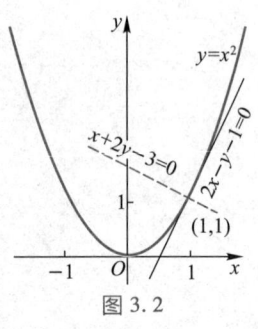

图 3.2

定义 3.2 如果

$$\lim_{\Delta x \to 0^-} \frac{\Delta y}{\Delta x} = \lim_{\Delta x \to 0^-} \frac{f(x_0+\Delta x)-f(x_0)}{\Delta x}$$

存在,则称此极限值为函数 $f(x)$ 在 x_0 处的**左导数**,记为 $f'_-(x_0)$;如果

$$\lim_{\Delta x \to 0^+} \frac{\Delta y}{\Delta x} = \lim_{\Delta x \to 0^+} \frac{f(x_0+\Delta x)-f(x_0)}{\Delta x}$$

存在,则称此极限值为函数 $f(x)$ 在 x_0 处的**右导数**,记为 $f'_+(x_0)$.

显然,函数 $f(x)$ 在点 x_0 处可导的充要条件是 $f(x)$ 在 x_0 处的左、右导数都存在,且相等. 这时

$$f'_-(x_0)=f'_+(x_0)=f'(x_0).$$

当研究分段函数在分段点处的可导性时,常常要分左、右导数来讨论.

定理 3.1 如果函数 $f(x)$ 在 x_0 处有导数 $f'(x_0)$,则 $f(x)$ 在 x_0 处必连续.

事实上,因为 $\Delta y = \dfrac{\Delta y}{\Delta x} \cdot \Delta x (\Delta x \neq 0)$,故

$$\lim_{\Delta x \to 0} \Delta y = \lim_{\Delta x \to 0} \frac{\Delta y}{\Delta x} \cdot \lim_{\Delta x \to 0} \Delta x = f'(x_0) \cdot 0 = 0. \quad \square$$

但是函数的连续性不能保证可导性.

例 7 试证函数 $y=|x|$ 在 $x=0$ 处连续,但不可导.

证明 因为

$$\Delta y = f(0+\Delta x)-f(0) = |\Delta x|,$$

显然 $\Delta x \to 0$ 时,$\Delta y \to 0$,即 $y=|x|$ 在 $x=0$ 处连续. 但由于

$$f'_-(0)=\lim_{\Delta x \to 0^-}\frac{\Delta y}{\Delta x}=\lim_{\Delta x \to 0^-}\frac{|\Delta x|}{\Delta x}=-1,$$

$$f'_+(0)=\lim_{\Delta x \to 0^+}\frac{\Delta y}{\Delta x}=\lim_{\Delta x \to 0^+}\frac{|\Delta x|}{\Delta x}=1,$$

故 $y=|x|$ 在 $x=0$ 处不可导. 几何上易知曲线 $y=|x|$ 在 $(0,0)$ 处无切线(图 3.3). □

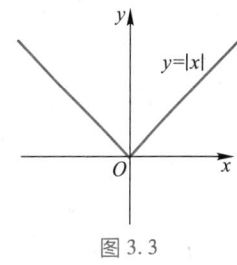

图 3.3

当 $x \neq 0$ 时,有 $|x|'=\operatorname{sgn} x$.

例 8 试证函数

$$f(x)=\begin{cases} x\sin\dfrac{1}{x}, & x \neq 0, \\ 0, & x=0 \end{cases}$$

在 $x=0$ 处连续,但不可导.

证明 因为

$$\lim_{x \to 0}f(x)=\lim_{x \to 0}x\sin\frac{1}{x}=0=f(0),$$

所以函数在 $x=0$ 处连续.

但因

$$\frac{\Delta y}{\Delta x}=\frac{f(0+\Delta x)-f(0)}{\Delta x}=\frac{\Delta x \sin\dfrac{1}{\Delta x}}{\Delta x}=\sin\frac{1}{\Delta x}$$

当 $\Delta x \to 0$ 时无极限,所以该函数在 $x=0$ 处不可导. 图 3.4 给出这个函数的图形. □

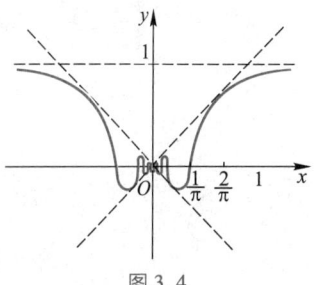

图 3.4

例 9 试证函数 $f(x)=\sqrt[3]{x}$ 在点 $x=0$ 处连续,但不可导.

证明 因为

$$\lim_{x \to 0}f(x)=\lim_{x \to 0}\sqrt[3]{x}=0=f(0),$$

所以函数在 $x=0$ 处连续. 但由于

$$\lim_{x \to 0}\frac{f(x)-f(0)}{x-0}=\lim_{x \to 0}\frac{\sqrt[3]{x}}{x}=\lim_{x \to 0}\frac{1}{\sqrt[3]{x^2}}=\infty,$$

所以函数在 $x=0$ 处不可导. □

使函数连续但不可导的点,其函数图形在其对应点处,或者无切线,或者切线是垂直于 x 轴的,对后一种情况,有时也称导数为无穷大.

例 10 设

$$f(x)=\begin{cases} x^2, & x \leq x_0, \\ ax+b, & x>x_0, \end{cases}$$

为了使 $f(x)$ 在 x_0 处可导,应如何选取 a,b?

解 首先,函数必须在 x_0 处连续. 由于

$$f(x_0) = x_0^2, \quad f(x_0^-) = x_0^2, \quad f(x_0^+) = ax_0 + b,$$

所以应该有

$$ax_0 + b = x_0^2.$$

又因

$$f'_-(x_0) = \lim_{\Delta x \to 0^-} \frac{f(x_0 + \Delta x) - f(x_0)}{\Delta x} = \lim_{\Delta x \to 0^-} \frac{(x_0 + \Delta x)^2 - x_0^2}{\Delta x} = 2x_0,$$

$$f'_+(x_0) = \lim_{\Delta x \to 0^+} \frac{f(x_0 + \Delta x) - f(x_0)}{\Delta x} = \lim_{\Delta x \to 0^+} \frac{a(x_0 + \Delta x) + b - x_0^2}{\Delta x}$$

$$= \lim_{\Delta x \to 0^+} \frac{a(x_0 + \Delta x) + b - (ax_0 + b)}{\Delta x} = a,$$

于是有

$$a = 2x_0.$$

从而,当 $a = 2x_0, b = -x_0^2$ 时,$f(x)$ 在 x_0 处可导.

定义 3.3 如果函数 $y = f(x)$ 在区间 (a,b) 内每一点处都有导数,则称 $f(x)$ 在区间 (a,b) 内可导,简记为 $f(x) \in D(a,b)$. 这时对 (a,b) 内每一个点 x 都有一个确定的导数值

$$f'(x) = \lim_{\Delta x \to 0} \frac{f(x + \Delta x) - f(x)}{\Delta x}$$

与之对应,故在区间 (a,b) 内确定一个新函数,称之为函数 $y = f(x)$ 的 **导函数**,记为 $f'(x), y', \frac{dy}{dx}$ 或 $\frac{df}{dx}$,即

$$f'(x) = \lim_{\Delta x \to 0} \frac{f(x + \Delta x) - f(x)}{\Delta x}, \quad x \in (a,b).$$

例如,路程函数 $s(t)$ 的导函数 $s'(t)$ 就是速度函数 $v(t)$.

显然,导函数 $f'(x)$ 在 x_0 处的值,就是函数 $f(x)$ 在 x_0 处的导数,即

$$f'(x)\Big|_{x=x_0} = f'(x_0).$$

所以人们习惯地将导函数简称为导数.

3.2 导数的基本公式与四则运算求导法则

用定义求函数 $y = f(x)$ 在点 x 处的导数的三个步骤是:

(1) 计算函数的增量 $\Delta y = f(x + \Delta x) - f(x)$;

（2）求平均变化率 $\dfrac{\Delta y}{\Delta x}$；

（3）取极限 $\lim\limits_{\Delta x \to 0} \dfrac{\Delta y}{\Delta x}$，如果这个极限存在，它就是所求的导数 $f'(x)$．

3.2.1 导数的基本公式

1. 常数 $y = C$（C 为常数）的导数为零．

$$\Delta y = C - C = 0,$$

$$\dfrac{\Delta y}{\Delta x} = \dfrac{0}{\Delta x} = 0,$$

$$(C)' = \lim_{\Delta x \to 0} \dfrac{\Delta y}{\Delta x} = 0.$$

微视频
3.2.1 导数的基本公式

2. 幂函数 $y = x^{\mu}$ 的导数为 $\mu x^{\mu-1}$．

$$\Delta y = (x + \Delta x)^{\mu} - x^{\mu} = x^{\mu}\left[\left(1 + \dfrac{\Delta x}{x}\right)^{\mu} - 1\right],$$

$$\dfrac{\Delta y}{\Delta x} = x^{\mu} \dfrac{\left(1 + \dfrac{\Delta x}{x}\right)^{\mu} - 1}{\Delta x} = x^{\mu-1} \dfrac{\left(1 + \dfrac{\Delta x}{x}\right)^{\mu} - 1}{\dfrac{\Delta x}{x}},$$

$$(x^{\mu})' = \lim_{\Delta x \to 0} \dfrac{\Delta y}{\Delta x} = \mu x^{\mu-1}.$$

最后一式用到第二章 2.7 节例 10．

幂函数 x^{μ} 的导数等于幂指数 μ 乘低一次幂函数 $x^{\mu-1}$．例如

$$(x)' = 1 \cdot x^{1-1} = x^0 = 1.$$

$$\left(\dfrac{1}{x}\right)' = (x^{-1})' = -1 \cdot x^{-2} = -\dfrac{1}{x^2}.$$

$$(\sqrt{x})' = (x^{\frac{1}{2}})' = \dfrac{1}{2} x^{-\frac{1}{2}} = \dfrac{1}{2\sqrt{x}}.$$

3. 正弦函数 $y = \sin x$ 的导数为 $\cos x$，余弦函数 $y = \cos x$ 的导数是 $-\sin x$．

$$\Delta y = \sin(x + \Delta x) - \sin x = 2\cos\left(x + \dfrac{\Delta x}{2}\right) \sin \dfrac{\Delta x}{2},$$

$$\dfrac{\Delta y}{\Delta x} = 2\cos\left(x + \dfrac{\Delta x}{2}\right) \dfrac{\sin \dfrac{\Delta x}{2}}{\Delta x},$$

利用 $\cos x$ 的连续性及重要的极限得到

$$(\sin x)' = \lim_{\Delta x \to 0} \frac{\Delta y}{\Delta x} = \cos x.$$

正弦函数的导数是余弦函数.

类似地可推出,余弦函数的导数是负的正弦函数:

$$(\cos x)' = -\sin x.$$

4. 指数函数 $y = a^x (a>0, a \neq 1)$ 的导数为 $a^x \ln a$.

$$\Delta y = a^{x+\Delta x} - a^x = a^x(a^{\Delta x} - 1),$$

$$\frac{\Delta y}{\Delta x} = a^x \frac{a^{\Delta x} - 1}{\Delta x},$$

由第二章 2.7 节例 9 得到

$$(a^x)' = \lim_{\Delta x \to 0} \frac{\Delta y}{\Delta x} = a^x \ln a.$$

特别地,有

$$(e^x)' = e^x,$$

即以 e 为底的指数函数的导数等于它自己.

5. 对数函数 $y = \log_a x (a>0, a \neq 1)$ 的导数为 $\frac{1}{x \ln a}$.

$$\Delta y = \log_a(x+\Delta x) - \log_a x = \log_a\left(1 + \frac{\Delta x}{x}\right),$$

$$\frac{\Delta y}{\Delta x} = \frac{1}{x} \frac{x}{\Delta x} \log_a\left(1 + \frac{\Delta x}{x}\right) = \frac{1}{x} \log_a\left(1 + \frac{\Delta x}{x}\right)^{\frac{x}{\Delta x}},$$

由第二章 2.7 节例 8 得到

$$(\log_a x)' = \lim_{\Delta x \to 0} \frac{\Delta y}{\Delta x} = \frac{1}{x \ln a}.$$

特别地,有

$$(\ln x)' = \frac{1}{x},$$

即自然对数函数的导数等于自变量的倒数.

我们把基本初等函数的导数公式列成下表,其中公式(9)—(16)将在后面几节给出证明. 请读者务必熟记这些公式.

导数的基本公式

(1) $(C)' = 0$ (C 为常数);   (2) $(x^\mu)' = \mu x^{\mu-1}$;

(3) $(a^x)' = a^x \ln a$ ($a>0$ 且 $a \neq 1$);   (4) $(e^x)' = e^x$;

(5) $(\log_a x)' = \dfrac{1}{x \ln a}$ ($a>0$ 且 $a \neq 1$); (6) $(\ln x)' = \dfrac{1}{x}$;

(7) $(\sin x)' = \cos x$; (8) $(\cos x)' = -\sin x$;

(9) $(\tan x)' = \dfrac{1}{\cos^2 x} = \sec^2 x$; (10) $(\cot x)' = \dfrac{1}{-\sin^2 x} = -\csc^2 x$;

(11) $(\sec x)' = \sec x \tan x$; (12) $(\csc x)' = -\csc x \cot x$;

(13) $(\arcsin x)' = \dfrac{1}{\sqrt{1-x^2}}$; (14) $(\arccos x)' = -\dfrac{1}{\sqrt{1-x^2}}$;

(15) $(\arctan x)' = \dfrac{1}{1+x^2}$; (16) $(\operatorname{arccot} x)' = -\dfrac{1}{1+x^2}$.

3.2.2 四则运算求导法则

我们已经看到许多问题都将用到导数,但根据导数的定义计算导数,一般来说是很麻烦、很困难的,因为它是一个 $\dfrac{0}{0}$ 型未定式的极限运算.所以有必要研究求导方法.下面先讨论四则运算的求导法则.

定理 3.2 如果函数 $u=u(x), v=v(x)$ 在点 x 处均有导数,则函数

$$y = u \pm v, \quad y = uv, \quad y = \dfrac{u}{v} (v \neq 0)$$

在同一点 x 处均有导数,且

(i) $(u \pm v)' = u' \pm v'$;

(ii) $(uv)' = u'v + uv'$;

(iii) $\left(\dfrac{u}{v}\right)' = \dfrac{u'v - uv'}{v^2}$ ($v \neq 0$).

证明 对应于 x 的增量 Δx,函数 $u(x), v(x)$ 的增量

$$\Delta u = u(x+\Delta x) - u(x), \quad \Delta v = v(x+\Delta x) - v(x),$$

从而

$$u(x+\Delta x) = u(x) + \Delta u, \quad v(x+\Delta x) = v(x) + \Delta v.$$

(i) 的证明:函数 $y = u \pm v$ 的增量

$$\Delta y = [u(x+\Delta x) \pm v(x+\Delta x)] - [u(x) \pm v(x)] = \Delta u \pm \Delta v,$$

故

$$\dfrac{\Delta y}{\Delta x} = \dfrac{\Delta u}{\Delta x} \pm \dfrac{\Delta v}{\Delta x},$$

微视频
3.2.2 导数的四则运算

取极限得
$$\lim_{\Delta x\to 0}\frac{\Delta y}{\Delta x}=\lim_{\Delta x\to 0}\frac{\Delta u}{\Delta x}\pm\lim_{\Delta x\to 0}\frac{\Delta v}{\Delta x}=u'\pm v',$$
此即
$$(u\pm v)'=u'\pm v'.$$

(ii) 的证明：函数 $y=uv$ 的增量
$$\begin{aligned}\Delta y &= u(x+\Delta x)v(x+\Delta x)-u(x)v(x)\\&=[u(x)+\Delta u][v(x)+\Delta v]-u(x)v(x)\\&=u\Delta v+v\Delta u+\Delta u\Delta v,\end{aligned}$$
因此
$$\frac{\Delta y}{\Delta x}=u\frac{\Delta v}{\Delta x}+v\frac{\Delta u}{\Delta x}+\frac{\Delta u}{\Delta x}\Delta v,$$
由于 $u(x),v(x)$ 均可导，又 $v(x)$ 连续，故
$$\lim_{\Delta x\to 0}\frac{\Delta y}{\Delta x}=u\lim_{\Delta x\to 0}\frac{\Delta v}{\Delta x}+v\lim_{\Delta x\to 0}\frac{\Delta u}{\Delta x}+\lim_{\Delta x\to 0}\frac{\Delta u}{\Delta x}\lim_{\Delta x\to 0}\Delta v$$
$$=uv'+vu',$$
即
$$(uv)'=u'v+uv'.$$

(iii) 的证明：函数 $y=\dfrac{u}{v}$ 的增量
$$\Delta y=\frac{u(x+\Delta x)}{v(x+\Delta x)}-\frac{u(x)}{v(x)}=\frac{u(x)+\Delta u}{v(x)+\Delta v}-\frac{u(x)}{v(x)}=\frac{v\Delta u-u\Delta v}{v(v+\Delta v)}.$$
这里用到了 $v\ne 0$，以及由 $v(x)$ 的连续性所得的当 Δx 充分小时，$v(x+\Delta x)\ne 0$，因此
$$\frac{\Delta y}{\Delta x}=\frac{v\dfrac{\Delta u}{\Delta x}-u\dfrac{\Delta v}{\Delta x}}{v(v+\Delta v)}.$$
利用 $u(x),v(x)$ 的可导性及 $v(x)$ 的连续性知，
$$\lim_{\Delta x\to 0}\frac{\Delta y}{\Delta x}=\frac{v\lim_{\Delta x\to 0}\dfrac{\Delta u}{\Delta x}-u\lim_{\Delta x\to 0}\dfrac{\Delta v}{\Delta x}}{v(v+\lim_{\Delta x\to 0}\Delta v)}=\frac{vu'-uv'}{v^2},$$
即
$$\left(\frac{u}{v}\right)'=\frac{u'v-uv'}{v^2}\quad(v\ne 0).\quad\square$$

推论1 若 u,v,w 在点 x 处均可导，则 $u+v+w,uvw$ 在同一点 x 处

也可导，且
$$(u+v+w)' = u'+v'+w',$$
$$(uvw)' = u'vw+uv'w+uvw'.$$

推论 2 常数因子可以提到导数符号外，即
$$(Cu)' = Cu'.$$

例 1 $\left(\sqrt[3]{x}+\dfrac{2}{\sqrt{x}}-3\right)' = \left(x^{\frac{1}{3}}\right)' + \left(2x^{-\frac{1}{2}}\right)' - (3)'$

$\qquad = \dfrac{1}{3}x^{-\frac{2}{3}} + 2\left(-\dfrac{1}{2}\right)x^{-\frac{3}{2}} - 0 = \dfrac{1}{3\sqrt[3]{x^2}} - \dfrac{1}{\sqrt{x^3}}.$

例 2 $(x^2 a^x)' = (x^2)' a^x + x^2 (a^x)' = 2xa^x + x^2 a^x \ln a = xa^x(2+x\ln a).$

例 3 $(\tan x)' = \left(\dfrac{\sin x}{\cos x}\right)'$

$\qquad = \dfrac{(\sin x)'\cos x - \sin x(\cos x)'}{\cos^2 x} = \dfrac{\cos^2 x + \sin^2 x}{\cos^2 x} = \dfrac{1}{\cos^2 x}.$

所以，有公式(9)
$$(\tan x)' = \dfrac{1}{\cos^2 x} = \sec^2 x.$$

同样可推出公式(10)，(11)，(12)：
$$(\cot x)' = -\dfrac{1}{\sin^2 x} = -\csc^2 x.$$
$$(\sec x)' = \left(\dfrac{1}{\cos x}\right)' = \dfrac{\sin x}{\cos^2 x} = \sec x \tan x.$$
$$(\csc x)' = -\csc x \cot x.$$

例 4 $(\sec x \tan x \ln x)'$

$\qquad = (\sec x)' \tan x \ln x + \sec x(\tan x)' \ln x + \sec x \tan x(\ln x)'$

$\qquad = \sec x \tan^2 x \ln x + \sec^3 x \ln x + \dfrac{1}{x} \sec x \tan x.$

3.3 其他求导法则

3.3.1 反函数与复合函数求导法则

定理 3.3（反函数求导法则） 设 $x = \varphi(y)$ 在某区间内单调连续，在该区间内点 y 处可导，且 $\varphi'(y) \neq 0$，则其反函数 $y = f(x)$ 在 y 的对应点 x 处亦可导，且

微视频
3.3.1 反函数的求导法则

$$f'(x) = \frac{1}{\varphi'(y)}.$$

证明 由定理 2.20 知 $y = f(x)$ 也是单调、连续的,给 x 以增量 $\Delta x \neq 0$,显然

$$\Delta y = f(x + \Delta x) - f(x) \neq 0,$$

于是

$$\frac{\Delta y}{\Delta x} = \frac{1}{\frac{\Delta x}{\Delta y}}.$$

由于这里 $\Delta x \to 0$ 等价于 $\Delta y \to 0$,又 $\varphi'(y) \neq 0$,故

$$f'(x) = \lim_{\Delta x \to 0} \frac{\Delta y}{\Delta x} = \frac{1}{\lim_{\Delta y \to 0} \frac{\Delta x}{\Delta y}} = \frac{1}{x'_y} = \frac{1}{\varphi'(y)}. \quad \square$$

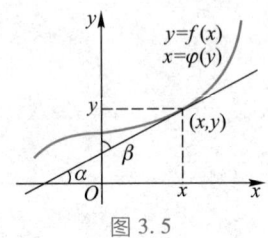

图 3.5

从导数的几何意义上看(图 3.5),有 $\alpha + \beta = \frac{\pi}{2}$,所以 $\tan \alpha = \frac{1}{\tan \beta}$,这个结果便是十分明显了.简单地说:反函数的导数等于原函数导数的倒数.

例 1 在区间 $\left(-\frac{\pi}{2}, \frac{\pi}{2}\right)$ 内,由于 $x = \sin y$ 单调增加、可导,且 $(\sin y)' = \cos y > 0$,于是由定理 3.3 得导数公式(13)

$$(\arcsin x)' = \frac{1}{(\sin y)'} = \frac{1}{\cos y} = \frac{1}{\sqrt{1 - \sin^2 y}} = \frac{1}{\sqrt{1 - x^2}}, \quad -1 < x < 1.$$

同样可得公式(14),(15),(16):

$$(\arccos x)' = -\frac{1}{\sqrt{1 - x^2}}, \quad -1 < x < 1.$$

$$(\arctan x)' = \frac{1}{1 + x^2}, \quad -\infty < x < \infty.$$

$$(\text{arccot } x)' = -\frac{1}{1 + x^2}, \quad -\infty < x < \infty.$$

复合是构成函数的重要方式,所以复合函数求导是十分重要的.

定理 3.4(复合函数求导法则) 如果

(i) 函数 $u = \varphi(x)$ 在点 x 处可导 $u'_x = \varphi'(x)$;

(ii) 函数 $y = f(u)$ 在对应点 u ($u = \varphi(x)$)处也可导 $y'_u = f'(u)$,

则复合函数 $y = f[\varphi(x)]$ 在该点 x 处可导,且有公式

$$\frac{\mathrm{d}y}{\mathrm{d}x} = \frac{\mathrm{d}y}{\mathrm{d}u} \frac{\mathrm{d}u}{\mathrm{d}x},$$

微视频
3.3.2 导数的复合函数求导法则
3.3.3 导数计算的辅助公式

即
$$\{f[\varphi(x)]\}'_x = f'_u[\varphi(x)]\varphi'_x(x).$$

证明 给 x 以增量 Δx，设函数 $u=\varphi(x)$ 对应的增量为 Δu，此 Δu 又引起函数 $y=f(u)$ 的增量 Δy.

由条件(ii)知，有
$$\lim_{\Delta u \to 0} \frac{\Delta y}{\Delta u} = f'(u),$$

由极限与无穷小的关系，有
$$\frac{\Delta y}{\Delta u} = f'(u) + \alpha,$$

当 $\Delta u \to 0$ 时，其中 $\alpha = \alpha(\Delta u) \to 0$. 上式中的 $\Delta u \neq 0$，两边同乘 Δu，得到
$$\Delta y = f'(u)\Delta u + \alpha \Delta u. \tag{1}$$

因为 u 是中间变量，所以 Δu 有等于零的可能. 而当 $\Delta u = 0$ 时，必有 $\Delta y = 0$，粗看它可以包含在(1)式中，但这时 α 无定义. 为简便计，当 $\Delta u = 0$ 时补充定义 $\alpha(0) = 0$. 这样，无论 Δu 是否为零，函数 y 的增量 Δy 都可统一由(1)式表达.

用 $\Delta x \neq 0$ 去除(1)式两边，得
$$\frac{\Delta y}{\Delta x} = f'(u)\frac{\Delta u}{\Delta x} + \alpha \frac{\Delta u}{\Delta x},$$

令 $\Delta x \to 0$，由条件(i)知 $\Delta u \to 0$，从而 $\alpha \to 0$，于是有
$$y'_x = f'(u)\varphi'(x),$$

即
$$\frac{\mathrm{d}y}{\mathrm{d}x} = \frac{\mathrm{d}y}{\mathrm{d}u} \frac{\mathrm{d}u}{\mathrm{d}x}. \quad \square$$

这个定理说明：复合函数对自变量的导数等于它对中间变量的导数乘中间变量对自变量的导数. 这个法则常常被形象地称为**链导法则**.

用数学归纳法，容易将这一法则推广到有限次复合的函数上去. 例如，设
$$y=f(u), \quad u=\varphi(v), \quad v=\psi(x)$$

均可导，则复合函数 $y=f\{\varphi[\psi(x)]\}$ 也可导，且
$$\frac{\mathrm{d}y}{\mathrm{d}x} = \frac{\mathrm{d}y}{\mathrm{d}u} \frac{\mathrm{d}u}{\mathrm{d}v} \frac{\mathrm{d}v}{\mathrm{d}x} = f'(u)\varphi'(v)\psi'(x).$$

例2 求 $y=e^{-x}$ 的导数.

解 将 $y=e^{-x}$ 分解为 $y=e^{u}, u=-x$, 则
$$(e^{-x})' = (e^{u})'(-x)' = -e^{-x}.$$

例3 求 $y=\sqrt{1+x^2}$ 的导数.

解 将 $y=\sqrt{1+x^2}$ 分解为 $y=u^{\frac{1}{2}}, u=1+x^2$, 则
$$(\sqrt{1+x^2})' = \left(u^{\frac{1}{2}}\right)'(1+x^2)' = \frac{1}{2}u^{-\frac{1}{2}}2x = \frac{x}{\sqrt{1+x^2}}.$$

例4 求 $y=\sin 2x$ 的导数.

解 设 $u=2x$, 则 $(\sin 2x)' = (\sin u)'(2x)' = \cos u \cdot 2 = 2\cos 2x.$

复合函数求导时,首先需要熟练地引入中间变量,把函数分解成一串已知导数的函数,再用链导法则求导,最后把中间变量用自变量的函数替代.熟练地掌握了复合函数的分解和求导法则之后,可以不引入中间变量记号,只要心中有数,分解一层,求导一次,"剥皮"似的,直到自变量为止.

例5

$$\left(e^{x^2}\right)' = e^{x^2}(x^2)' = 2xe^{x^2}.$$

$$(\ln|x|)' = \frac{1}{|x|}\operatorname{sgn} x = \frac{1}{x}.$$

$$[(x^2+x+1)^n]' = n(x^2+x+1)^{n-1}(2x+1) = n(2x+1)(x^2+x+1)^{n-1}.$$

$$\left(a^{\arctan\frac{1}{x}}\right)' = a^{\arctan\frac{1}{x}}\ln a \frac{1}{1+x^{-2}}(-x^{-2}) = -\frac{1}{1+x^2}a^{\arctan\frac{1}{x}}\ln a.$$

$$[\ln(x+\sqrt{x^2+1})]' = \frac{1}{x+\sqrt{x^2+1}}\left(1+\frac{1}{2\sqrt{x^2+1}}2x\right) = \frac{1}{\sqrt{x^2+1}}.$$

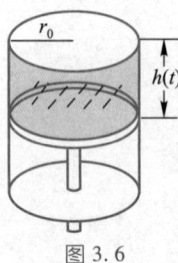

图 3.6

例6 已知半径为 r_0 的圆柱形气缸内活塞的运动速度 $v=2\cos 2t$. $t=0$ 时,活塞到缸顶的距离 $h_0=1.1$(图 3.6).求活塞开始上升时 ($t=0$) 气缸内气体压力 p 的增长速度.

解 由于压力 p 是体积 V 的函数 $p=\dfrac{C}{V}$,其中 C 为常数,体积 V 又是 h 的函数 $V=\pi r_0^2 h$,h 又是时间 t 的函数,所以压力 p 是时间 t 的复合函数.由题设知 $h'_t = -v = -2\cos 2t$,故由链导法则有

$$\frac{dp}{dt} = \frac{dp}{dV}\frac{dV}{dh}\frac{dh}{dt} = -\frac{C}{V^2}\pi r_0^2(-2\cos 2t) = \frac{2C}{\pi r_0^2 h^2}\cos 2t.$$

因此,在 $t=0$ 时压力的增长速度为

$$\left.\frac{\mathrm{d}p}{\mathrm{d}t}\right|_{t=0}=\frac{2C}{1.21\pi r_0^2}.$$

3.3.2 隐函数与由参数方程给出的函数求导法

怎样求隐函数
$$F(x,y)=0$$

的导数呢？从中解出 y 再求导是很自然的想法，但对绝大多数隐函数来说，解出 y 是困难的，甚至是不可能的．下面举例说明求隐函数的导数的一般方法．

> 微视频
> 3.3.4 隐函数及参数方程求导法则

例 7 求隐函数 $xy-\mathrm{e}^x+\mathrm{e}^y=0$ 的导数．

解 设想把 $xy-\mathrm{e}^x+\mathrm{e}^y=0$ 所确定的函数 $y=y(x)$ 代入方程，则得恒等式
$$xy-\mathrm{e}^x+\mathrm{e}^y=0.$$

将此恒等式两边同时对 x 求导，得
$$(xy)'_x-(\mathrm{e}^x)'_x+(\mathrm{e}^y)'_x=(0)'_x,$$

因为 y 是 x 的函数，所以 e^y 是 x 的复合函数，求导时要用复合函数求导法，故有
$$y+xy'-\mathrm{e}^x+\mathrm{e}^y y'=0,$$

由此解得
$$y'=\frac{\mathrm{e}^x-y}{\mathrm{e}^y+x}.$$

可见求隐函数的导数时，只要记住 x 是自变量，y 是 x 的函数，于是 y 的函数便是 x 的复合函数，将方程两边同时对 x 求导，就得到一个含有导数 y' 的方程，从中解出 y' 即可．

在隐函数的导数的表达式中，可以含有因变量 y．它是由隐函数方程确定的．当计算 $y'|_{x=x_0}$ 时，先要根据方程 $F(x,y)=0$ 确定出与 x_0 对应的 y_0，再把 x_0,y_0 代入到导函数中，才能得到 $y'|_{x=x_0}$．

例 8 试证曲线 $x^2+2y^2=8$ 与曲线 $x^2=2\sqrt{2}y$ 在点 $(2,\sqrt{2})$ 处垂直相交（正交）．

证明 容易验证点 $(2,\sqrt{2})$ 是两曲线的交点，下面只需证明两条曲线在该点的切线斜率互为负倒数．对 $x^2+2y^2=8$ 两边关于 x 求导得
$$2x+4yy'=0,$$

所以

$$y'\Big|_{(2,\sqrt{2})} = -\frac{1}{\sqrt{2}}.$$

再对 $x^2 = 2\sqrt{2}y$ 两边关于 x 求导得

$$2x = 2\sqrt{2}y',$$

故

$$y'\Big|_{x=2} = \sqrt{2}. \quad \square$$

例 9 求函数 $y = x^{\sin x}$ ($x>0$) 的导数.

解 这类函数既不是幂函数,又不是指数函数,叫做**幂指函数**. 怎样求导呢? 我们熟悉对数运算,它能把乘除变为加减,把乘方、开方化为乘除,这条性质曾给我们带来很多便利,这里我们仍然借助它来解决问题. 将函数 $y = x^{\sin x}$ 两边取对数,得隐函数

$$\ln y = \sin x \ln x.$$

由隐函数求导法,将上式两边关于 x 求导. 得

$$\frac{1}{y}y' = \cos x \ln x + \frac{1}{x}\sin x,$$

从而有

$$y' = x^{\sin x}\left(\cos x \ln x + \frac{\sin x}{x}\right).$$

这种先取自然对数再求导的方法叫做**取对数求导法**. 对于一般的幂指函数

$$y = u(x)^{v(x)} \quad (u(x) > 0)$$

求导,需要用这一方法. 此外,对含有多个因式相乘除或带有乘方、开方的函数,也可利用这一方法来简化求导过程.

例 10 求函数 $y = (x-1)\sqrt[3]{\dfrac{(x-2)^2}{x-3}}$ 在 $y \neq 0$ 处的导数.

解 先取函数的绝对值,再取对数得

$$\ln|y| = \ln|x-1| + \frac{2}{3}\ln|x-2| - \frac{1}{3}\ln|x-3|,$$

两边关于 x 求导,整理得

$$y' = (x-1)\sqrt[3]{\frac{(x-2)^2}{x-3}}\left(\frac{1}{x-1} + \frac{2}{3}\frac{1}{x-2} - \frac{1}{3}\frac{1}{x-3}\right).$$

然而,对于由参数方程

$$\begin{cases} x = \varphi(t), \\ y = \psi(t), \end{cases} \quad t \in T \tag{2}$$

给出的函数,有如下求导法则.

定理 3.5 若 $x=\varphi(t)$, $y=\psi(t)$ 在点 t 处都可导,且 $\varphi'(t)\neq 0$,$x=\varphi(t)$ 在 t 的某邻域内是单调的连续函数,则参数方程(2)确定的函数在点 $x(x=\varphi(t))$ 处亦可导,且

$$y'_x = \frac{y'_t}{x'_t} = \frac{\psi'(t)}{\varphi'(t)}.$$

证明 因为 $x=\varphi(t)$ 是单调的连续函数,所以有反函数 $t=\varphi^{-1}(x)$,将它代入 $y=\psi(t)$ 得复合函数 $y=\psi(\varphi^{-1}(x))$,利用复合函数求导法和反函数求导法得

$$y'_x = \psi'(t)[\varphi^{-1}(x)]' = \psi'(t)\frac{1}{\varphi'(t)} = \frac{\psi'(t)}{\varphi'(t)}. \qquad \square$$

这里指出:在 t 的某邻域内,若 $\varphi'(t)\neq 0$,则 $\varphi(t)$ 是单调的连续函数(将在下章证明).

例 11 求摆线

$$\begin{cases} x=a(t-\sin t), \\ y=a(1-\cos t) \end{cases}$$

在 $t=\dfrac{\pi}{2}$ 相应点处的切线方程.

解 由于

$$y'_x = \frac{y'_t}{x'_t} = \frac{a\sin t}{a(1-\cos t)} = \frac{\sin t}{1-\cos t} \qquad (t\neq 2k\pi),$$

所以摆线在 $t=\dfrac{\pi}{2}$ 相应点处的切线斜率为

$$y'_x \bigg|_{t=\frac{\pi}{2}} = \frac{\sin t}{1-\cos t}\bigg|_{t=\frac{\pi}{2}} = 1.$$

摆线上对应于 $t=\dfrac{\pi}{2}$ 的点是 $\left(\left(\dfrac{\pi}{2}-1\right)a, a\right)$,故所求切线方程为

$$y-a = x-\left(\dfrac{\pi}{2}-1\right)a,$$

即

$$x-y+\left(2-\dfrac{\pi}{2}\right)a = 0.$$

例 12 已知弹道曲线方程

$$\begin{cases} x=v_1 t, \\ y=v_2 t - \dfrac{1}{2}gt^2, \end{cases}$$

其中 t 为炮弹运行时间,求炮弹运动速度的大小和方向.

解 水平分速度为

$$\frac{\mathrm{d}x}{\mathrm{d}t}=v_1,$$

铅直分速度为

$$\frac{\mathrm{d}y}{\mathrm{d}t}=v_2-gt,$$

所以炮弹速度的大小为

$$v=\sqrt{\left(\frac{\mathrm{d}x}{\mathrm{d}t}\right)^2+\left(\frac{\mathrm{d}y}{\mathrm{d}t}\right)^2}=\sqrt{v_1^2+(v_2-gt)^2}.$$

炮弹运动的方向就是轨道的切线方向,可由切线斜率反映出来:

$$y'_x=\frac{y'_t}{x'_t}=\frac{v_2-gt}{v_1}.$$

*3.3.3 极坐标下导数的几何意义

设曲线 Γ 的极坐标方程为

$$r=r(\theta),$$

利用直角坐标与极坐标的关系 $x=r\cos\theta,y=r\sin\theta$,得到 Γ 的参数方程

$$\begin{cases}x=r(\theta)\cos\theta,\\y=r(\theta)\sin\theta,\end{cases}$$

其中参数 θ 为极角.

由参数方程求导法,得曲线 Γ 的切线对 x 轴的斜率是

$$y'_x=\frac{y'_\theta}{x'_\theta}=\frac{r'(\theta)\sin\theta+r(\theta)\cos\theta}{r'(\theta)\cos\theta-r(\theta)\sin\theta}=\frac{r'\tan\theta+r}{r'-r\tan\theta}.$$

设曲线 Γ 在点 $M(r,\theta)$ 处的极径 OM 与切线 MT 间的夹角为 ψ,则 $\psi=\alpha-\theta$(图 3.7),故有

$$\tan\psi=\tan(\alpha-\theta)=\frac{y'_x-\tan\theta}{1+y'_x\tan\theta}.$$

将 y'_x 的上述表达式代入,并化简得

$$\tan\psi=\frac{r(\theta)}{r'(\theta)}.$$

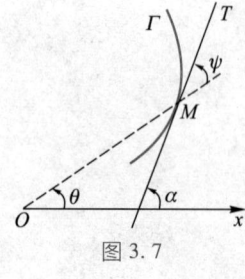

图 3.7

这一重要公式说明:在极坐标系下,曲线的极径 $r(\theta)$ 与其导数 $r'(\theta)$ 之比等于极径与曲线的切线之夹角的正切.

例 13 求对数螺线 $r=ae^{b\theta}(a,b$ 为正的常数$)$ 的 ψ 角.

解 由于 $r'=(ae^{b\theta})'=abe^{b\theta}=br$,所以

$$\tan\psi=\frac{r}{r'}=\frac{1}{b},$$

故

$$\psi=\arctan\frac{1}{b}$$

为常数.

对数螺线在工业上是很有用的,如铲齿铣刀齿背曲线就是对数螺线,从而保证新旧铣刀的前角恒定.

3.4 高阶导数

如果函数 $y=f(x)$ 的导函数 $f'(x)$ 仍可导 $[f'(x)]'$,则称 $[f'(x)]'$ 为函数 $y=f(x)$ 的**二阶导数**,记为

$$y'',\quad f''(x),\quad \frac{\mathrm{d}^2y}{\mathrm{d}x^2}\quad 或\quad \frac{\mathrm{d}^2f}{\mathrm{d}x^2},$$

即

$$f''(x)=\lim_{\Delta x\to 0}\frac{f'(x+\Delta x)-f'(x)}{\Delta x}.$$

微视频
3.4.1 高阶导数的定义
3.4.2 高阶导数计算举例(1)

一般地,把 $y=f(x)$ 的 $n-1$ 阶导数的导数称为 $f(x)$ 的 n **阶导数**,记为

$$y^{(n)},\quad f^{(n)}(x),\quad \frac{\mathrm{d}^ny}{\mathrm{d}x^n}\quad 或\quad \frac{\mathrm{d}^nf}{\mathrm{d}x^n},$$

即

$$f^{(n)}(x)=\lim_{\Delta x\to 0}\frac{f^{(n-1)}(x+\Delta x)-f^{(n-1)}(x)}{\Delta x}.$$

如果函数 $f(x)$ 在点 x 处有 n 阶导数,则在点 x 附近 $f(x)$ 有 $n-1$ 阶导数,且在 x 处 $n-1$ 阶导数必连续.

相应地,把函数 $f(x)$ 的导数 $f'(x)$ 称为 $f(x)$ 的**一阶导数**. 注意:一般地,只有一、二、三阶导数用"打撇"记号 y',y'',y''' 表示.

函数的二阶及二阶以上的各阶导数统称为**高阶导数**.

高阶导数也是由实际需要而引入的. 比如,已知某一运动的路程函数 $s=s(t)$,求运动的加速度 a. 由于加速度 a 是速度 v 关于时间 t 的变化率 $a=\dfrac{\mathrm{d}v}{\mathrm{d}t}$,而速度 v 又是路程 s 关于时间 t 的变化率 $v=\dfrac{\mathrm{d}s}{\mathrm{d}t}$,所以加

速度 a 等于路程 s 关于时间 t 的二阶导数 $a = \dfrac{d^2 s}{dt^2}$.

又如,求自感电动势时,要用到电流对时间的变化率 $\dfrac{dI}{dt}$,而电流又等于通过导体截面的电荷量 $q(t)$ 的导数 $I(t) = \dfrac{dq}{dt}$,所以将用到 $\dfrac{d^2 q}{dt^2}$. 下一章里我们还将看到研究曲线的弯曲程度时,也将用到高阶导数.

根据高阶导数的定义,欲求函数的高阶导数,只需按求导法则和基本公式一阶阶地算下去. 有时要利用数学归纳法.

例1 证明下列 n 阶导数公式:

(1) $(e^{\lambda x})^{(n)} = \lambda^n e^{\lambda x}$ (λ 为常数),$(a^x)^{(n)} = a^x (\ln a)^n$;

(2) $(\sin x)^{(n)} = \sin\left(x + n \cdot \dfrac{\pi}{2}\right)$;

(3) $(x^\mu)^{(n)} = \mu(\mu-1)\cdots(\mu-n+1) x^{\mu-n}$ (μ 为常数,$x > 0$).

证明 仅证(2),(1)、(3)的证明留给读者.

由于

$$(\sin x)' = \cos x = \sin\left(x + \dfrac{\pi}{2}\right),$$

$$(\sin x)'' = \cos\left(x + \dfrac{\pi}{2}\right) = \sin\left(x + 2 \cdot \dfrac{\pi}{2}\right),$$

假定 $(\sin x)^{(k)} = \sin\left(x + k \cdot \dfrac{\pi}{2}\right)$ 成立,则

$$(\sin x)^{(k+1)} = \left[\sin\left(x + k \cdot \dfrac{\pi}{2}\right)\right]' = \cos\left(x + k \cdot \dfrac{\pi}{2}\right)$$

$$= \sin\left(x + (k+1)\dfrac{\pi}{2}\right),$$

由数学归纳法知(2)对任何正整数 n 都成立.

例2 证明下列 n 阶导数公式:

(1) $(\cos x)^{(n)} = \cos\left(x + n \cdot \dfrac{\pi}{2}\right)$;

(2) $\left(\dfrac{1}{x+a}\right)^{(n)} = (-1)^n \dfrac{n!}{(x+a)^{n+1}}$;

(3) $[\ln(x+a)]^{(n)} = (-1)^{n-1} \dfrac{(n-1)!}{(x+a)^n}$.

证明 (1) 因为 $\cos x = \sin\left(x + \dfrac{\pi}{2}\right)$，所以

$$(\cos x)^{(n)} = \left[\sin\left(x + \dfrac{\pi}{2}\right)\right]^{(n)} = \sin\left(x + \dfrac{\pi}{2} + n \cdot \dfrac{\pi}{2}\right)$$

$$= \cos\left(x + n \cdot \dfrac{\pi}{2}\right).$$

(2) 由例 1(3) 得

$$\left(\dfrac{1}{x+a}\right)^{(n)} = \left[(x+a)^{-1}\right]^{(n)} = (-1)(-2)\cdots(-n)(x+a)^{-1-n}$$

$$= (-1)^n \dfrac{n!}{(x+a)^{n+1}}.$$

(3) 由于 $[\ln(x+a)]' = \dfrac{1}{x+a}$，以及(2)知，(3)成立. □

例 3 求多项式 $P_n(x) = a_0 + a_1(x - x_0) + a_2(x - x_0)^2 + \cdots + a_n(x - x_0)^n$ 在 x 和 x_0 处的各阶导数.

解 $P_n'(x) = a_1 + 2a_2(x - x_0) + \cdots + na_n(x - x_0)^{n-1}$,

$P_n''(x) = 2!a_2 + 3 \cdot 2 a_3(x - x_0) + \cdots + n(n-1)a_n(x - x_0)^{n-2}$,

…………

$P_n^{(n)}(x) = n!\, a_n$,

$P_n^{(n+1)}(x) = P_n^{(n+2)}(x) = \cdots = 0.$

由此可见，多项式的导数是低一次的多项式；n 次多项式的 n 阶导数为常数，高于 n 阶的导数均为零. 此外，在点 x_0 处有

$P_n(x_0) = a_0$, $P_n'(x_0) = a_1$, $P_n''(x_0) = 2!\, a_2$, $\cdots$, $P_n^{(n)}(x_0) = n!\, a_n$,

即有

$$a_0 = P_n(x_0),\ a_1 = P_n'(x_0),\ a_2 = \dfrac{1}{2!}P_n''(x_0),\ \cdots,\ a_n = \dfrac{1}{n!}P_n^{(n)}(x_0).$$

从而有公式

$$P_n(x) = P_n(x_0) + P_n'(x_0)(x - x_0) + \dfrac{P_n''(x_0)}{2!}(x - x_0)^2 + \cdots + \dfrac{P_n^{(n)}(x_0)}{n!}(x - x_0)^n.$$

这说明了 $(x - x_0)$ 的多项式 $P_n(x)$（或系数）完全由它在 x_0 处的函数值和各阶导数值来确定.

熟悉上述几个函数的高阶导数是有益的.

用数学归纳法不难证明：若函数 u, v 均有 n 阶导数，则有下述求导法则：

(i) $(u \pm v)^{(n)} = u^{(n)} \pm v^{(n)}$;

(ii) $(Cu)^{(n)} = Cu^{(n)}$ （C 为常数）；

(iii) $(uv)^{(n)} = \sum_{k=0}^{n} C_n^k u^{(n-k)} v^{(k)} = u^{(n)}v + nu^{(n-1)}v' + \dfrac{n(n-1)}{2!} u^{(n-2)}v'' + \cdots + uv^{(n)}$,

其中规定 $u^{(0)} = u, v^{(0)} = v$. 最后这一公式叫做**莱布尼茨公式**，可类比着牛顿二项公式记忆.

例 4 求 $y = \dfrac{1}{x^2 - a^2}$ 的 n 阶导数.

解 依据上述法则 (i) 和 (ii) 及例 2，得

$$y^{(n)} = \left(\dfrac{1}{x^2 - a^2}\right)^{(n)} = \left[\dfrac{1}{2a}\left(\dfrac{1}{x-a} - \dfrac{1}{x+a}\right)\right]^{(n)}$$

$$= \dfrac{1}{2a}\left[\dfrac{(-1)^n n!}{(x-a)^{n+1}} - \dfrac{(-1)^n n!}{(x+a)^{n+1}}\right]$$

$$= (-1)^n \dfrac{n!}{2a}\left[\dfrac{1}{(x-a)^{n+1}} - \dfrac{1}{(x+a)^{n+1}}\right].$$

例 5 求 $y = x^2 \sin x$ 的 100 阶导数.

解 由莱布尼茨公式及例 1，得

$$y^{(100)} = x^2 (\sin x)^{(100)} + 100(x^2)'(\sin x)^{(99)} + \dfrac{100 \times 99}{2!}(x^2)''(\sin x)^{(98)}$$

$$= x^2 \sin\left(x + 100 \cdot \dfrac{\pi}{2}\right) + 200x \sin\left(x + 99 \cdot \dfrac{\pi}{2}\right) + 100 \times 99 \sin\left(x + 98 \cdot \dfrac{\pi}{2}\right)$$

$$= x^2 \sin x - 200x \cos x - 9\,900 \sin x.$$

值得注意的是参数方程和隐函数高阶导数的求法.

对参数方程

$$x = \varphi(t), \quad y = \psi(t),$$

如果导数存在，则它的一阶导数

$$y'_x = \dfrac{y'_t}{x'_t} = \dfrac{\psi'(t)}{\varphi'(t)}$$

仍然是参数 t 的函数. 它与 $x = \varphi(t)$ 构成一阶导数的参数形式

$$x = \varphi(t), \quad y'_x = \dfrac{\psi'(t)}{\varphi'(t)}.$$

若求二阶导数，需再用参数方程求导法求导

$$y''_{xx} = \dfrac{(y'_x)'_t}{x'_t} = \dfrac{\left[\dfrac{\psi'(t)}{\varphi'(t)}\right]'}{\varphi'(t)}.$$

例 6 设 $x = a\cos t, y = b\sin t$，求 y''_{xx}.

解 $y'_x = \dfrac{y'_t}{x'_t} = \dfrac{b\cos t}{-a\sin t} = -\dfrac{b}{a}\cot t,$

$y''_{xx} = \dfrac{(y'_x)'_t}{x'_t} = \dfrac{\left(-\dfrac{b}{a}\cot t\right)'}{(a\cos t)'} = \dfrac{\dfrac{b}{a}\dfrac{1}{\sin^2 t}}{-a\sin t} = -\dfrac{b}{a^2}\dfrac{1}{\sin^3 t}.$

再举例说明隐函数求高阶导数的方法.

例 7 设 $x^2+xy+y^2=4$,求 y''.

解 将方程两边对 x 求导,有

$$2x+y+xy'+2yy'=0, \tag{1}$$

解得

$$y' = -\dfrac{2x+y}{x+2y}. \tag{2}$$

将(1)式两边再对 x 求导,得

$$2+y'+y'+xy''+2(y')^2+2yy''=0,$$

解出

$$y'' = -\dfrac{2+2y'+2(y')^2}{x+2y}.$$

将 y' 的表达式(2)代入,并整理得

$$y'' = -\dfrac{6(x^2+xy+y^2)}{(x+2y)^3} = \dfrac{-24}{(x+2y)^3}.$$

3.5 微 分

3.5.1 微分的概念

前几节介绍了函数的变化率——导数和它的运算法则. 工作中有时还需要计算自变量的微小变化所引起的函数变化是多少的问题,也就是求函数增量的问题. 设函数 $y=f(x)$ 在 x 的某邻域内有定义,给 x 以增量 Δx,则函数相应的增量

$$\Delta y = f(x+\Delta x) - f(x). \tag{1}$$

用(1)式计算增量,看起来很容易,但实际上常常会碰到不少困难. 比如函数 $f(x)$ 是未知而待求的;又如函数值 $f(x),f(x+\Delta x)$ 计算麻烦,甚至算不出准确的值. 这样人们从实际需要出发,提出"能否既简单又较精确地近似计算出 Δy"的问题. 先来分析一个简单例子.

微视频
3.5.1 微分的概念

例1 圆面积是半径的函数：$S = \pi r^2$，当半径 r 从 r_0 变到 $r_0 + \Delta r$ 时，圆面积的增量

$$\Delta S = \pi(r_0 + \Delta r)^2 - \pi r_0^2 = 2\pi r_0 \Delta r + \pi \Delta r^2.$$

它由两部分组成，第一部分 $2\pi r_0 \Delta r$ 是与自变量增量 Δr 成比例的部分，是 Δr 的线性函数，很好算；第二部分 $\pi \Delta r^2$ 是 Δr 的高阶无穷小。当 $\Delta r \to 0$ 时，第二部分 $\pi \Delta r^2$ 与第一部分 $2\pi r_0 \Delta r$ 比较也是高阶无穷小，所以 $\pi \Delta r^2$ 是面积增量 ΔS 的次要部分，而 $2\pi r_0 \Delta r$ 是 ΔS 的主部

$$\Delta S \sim 2\pi r_0 \Delta r \quad (当 \Delta r \to 0 时).$$

自然会问，对一般函数 $y = f(x)$，当自变量 x 有增量 Δx 时，函数的增量 Δy 是否也能分为这样两部分，其一与自变量增量成比例，其二是 Δx 的高阶无穷小？也就是说能否有一个常数 A，使 Δy 与 $A\Delta x$ 之差是 Δx 的高阶无穷小 $o(\Delta x)$？即

$$\Delta y = A\Delta x + o(\Delta x). \tag{2}$$

若有，且 $A \neq 0$，则由

$$\lim_{\Delta x \to 0} \frac{\Delta y - A\Delta x}{A\Delta x} = \lim_{\Delta x \to 0} \frac{o(\Delta x)}{A\Delta x} = 0$$

知，当 $\Delta x \to 0$ 时，$\Delta y \sim A\Delta x$，即 $A\Delta x$ 是 Δy 的（线性）主部。这时，用 $A\Delta x$ 近似代替 Δy，绝对误差是高阶无穷小 $o(\Delta x)$，相对误差也是无穷小。

定义 3.4 设函数 $y = f(x)$ 在 x 附近有定义，若自变量从 x 变到 $x + \Delta x$ 时，函数的增量可表示为 $\Delta y = A\Delta x + o(\Delta x)$ 的形式，其中 A 与 Δx 无关，则称函数 $f(x)$ 在 x 处**可微**，并把 $A\Delta x$ 称为函数 $y = f(x)$ 在 x 处的**微分**，记为 $\mathrm{d}y$ 或 $\mathrm{d}f(x)$，即

$$\mathrm{d}y = A\Delta x.$$

要强调指出两点：

（1）函数的微分是与自变量增量 Δx 成比例的，它是 Δx 的线性函数，容易得到；

（2）函数的微分与函数的增量之差是比 Δx 高阶的无穷小。当 $A \neq 0$ 时，微分是增量的主部，可以用微分来近似代替增量。

通俗地说"微分是增量的线性主部"（当 $A \neq 0$ 时）。

满足什么条件的函数是可微的呢？微分的系数 A 如何确定？微分与导数有何关系？下面的定理回答了这些问题。

定理 3.6 函数 $y = f(x)$ 在点 x 处可微的充要条件是它在该点处

的导数 $y'=f'(x)$ 存在. 此时有 $A=f'(x)$,即有
$$dy=f'(x)\Delta x.$$

证明 必要性. 若(2)式成立,则有
$$\frac{\Delta y}{\Delta x}=A+\frac{o(\Delta x)}{\Delta x}.$$

令 $\Delta x\to 0$,就得到 $y'=f'(x)=A$.

充分性. 若在点 x 处函数有导数
$$f'(x)=\lim_{\Delta x\to 0}\frac{\Delta y}{\Delta x},$$

由极限与无穷小的关系有
$$\frac{\Delta y}{\Delta x}=f'(x)+\alpha,$$

其中 $\alpha\to 0$,当 $\Delta x\to 0$ 时. 于是
$$\Delta y=f'(x)\Delta x+\alpha\Delta x=f'(x)\Delta x+o(\Delta x).$$

故 $f(x)$ 可微,且微分系数 $A=f'(x)$,与 x 有关,与 Δx 无关. □

例2 欲将单摆的摆长 l 由 100 cm 调长 1 cm,求周期 T 的增量与微分.

解 因为周期 T 与摆长 l 的函数关系是
$$T=2\pi\sqrt{l/g},$$

这里 $g=9.8$ m/s^2,所以当 $l=100$,$\Delta l=1$ 时,T 的增量
$$\Delta T=2\pi\sqrt{101/g}-2\pi\sqrt{100/g}\approx 0.100\ 105.$$

由于 $T'(100)=\pi/\sqrt{gl}\,|_{l=100}=\pi/(10\sqrt{g})$,故所求的微分
$$dT=T'(100)\Delta l=\pi/(10\sqrt{g})\approx 0.100\ 354.$$

显然用微分代替增量的误差很小,而且计算方便. 比如,$\Delta l=0.1$ 时,$dT\approx 0.010\ 035\ 4$;$\Delta l=0.2$ 时,$dT\approx 0.020\ 070\ 8$.

例3 半径为 r 的球,当半径增加 Δr 时,球体体积的增量与微分为多少?

解 因球体体积函数是 $V=\frac{4}{3}\pi r^3$,所以它的增量和微分分别为
$$\Delta V=\frac{4}{3}\pi(r+\Delta r)^3-\frac{4}{3}\pi r^3$$
$$=4\pi r^2\Delta r+4\pi r(\Delta r)^2+\frac{4}{3}\pi(\Delta r)^3,$$
$$dV=V'\Delta r=4\pi r^2\Delta r.$$

可见，dV 是 ΔV 中与 Δr 成比例关系的那一部分，ΔV 与 dV 之差是 Δr 的高阶无穷小.

微分的几何意义 设曲线 l 的方程为 $y=f(x)$，当横坐标由 x 变到 $x+\Delta x$ 时，曲线上动点的纵坐标的增量 NM' 就是 Δy，点 $M(x,f(x))$ 处的切线 MT 的纵坐标的增量 NT 就是 dy(图 3.8). Δy 与 dy 之差在图中是 TM'，随着 $\Delta x \to 0$, TM' 很快地趋于零. 用微分近似增量，本质上是在局部上用切线代替曲线，或者说是函数的局部线性化.

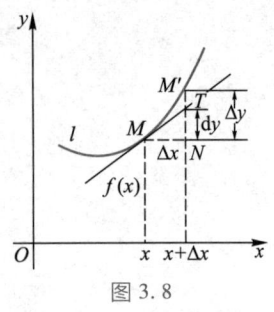

图 3.8

因为自变量 x 可以看作是它自己的函数 $x=x$，由等式

$$\Delta x = 1 \cdot \Delta x + 0$$

及微分的定义知

$$dx = \Delta x,$$

即自变量的微分与其增量相等. 因此，函数 $y=f(x)$ 的微分 $dy=y'\Delta x$ 通常写为

$$dy = y'dx.$$

这样，导数 y' 就等于函数的微分与自变量的微分之商

$$y' = \frac{dy}{dx},$$

所以导数也叫**微商**.

3.5.2 微分运算

因为微分 dy 与导数 y' 只差一个因子 dx，所以微分运算和求导运算是相仿的，并统称为微分法. 由导数公式和运算法则，立刻就能写出微分公式和微分法则.

1. 微分基本公式

(1) $dC = 0$ （C 为常数）；   (2) $dx^\mu = \mu x^{\mu-1} dx$;

(3) $da^x = a^x \ln a \, dx$ （$a>0$ 且 $a\neq 1$）；   (4) $de^x = e^x dx$;

(5) $d(\log_a x) = \dfrac{dx}{x \ln a}$ （$a>0$ 且 $a\neq 1$）；   (6) $d(\ln x) = \dfrac{dx}{x}$;

(7) $d(\sin x) = \cos x \, dx$;

(8) $d(\cos x) = -\sin x \, dx$;

(9) $d(\tan x) = \dfrac{dx}{\cos^2 x} = \sec^2 x \, dx$;

微视频
3.5.3 微分的计算

(10) $d(\cot x) = \dfrac{-dx}{\sin^2 x} = -\csc^2 x dx$;

(11) $d(\sec x) = \sec x \tan x dx$;

(12) $d(\csc x) = -\csc x \cot x dx$;

(13) $d(\arcsin x) = \dfrac{dx}{\sqrt{1-x^2}}$;

(14) $d(\arccos x) = -\dfrac{dx}{\sqrt{1-x^2}}$;

(15) $d(\arctan x) = \dfrac{dx}{1+x^2}$;

(16) $d(\text{arccot } x) = -\dfrac{dx}{1+x^2}$.

2. 四则运算微分法则

当 u,v 均可微时，有

(i) $d(u \pm v) = du \pm dv$;

(ii) $d(uv) = udv + vdu$, $d(Cu) = Cdu$ （C 为常数）;

(iii) $d\left(\dfrac{u}{v}\right) = \dfrac{vdu - udv}{v^2}$ （$v \neq 0$）.

这些法则容易从对应的求导法则推出，例如法则(ii)：
$$d(uv) = (uv)'dx = (uv' + u'v)dx = u(v'dx) + v(u'dx) = udv + vdu.$$

3. 复合函数的微分法

设 $y = f(u)$ 是可微的，当 u 为自变量时，函数 $y = f(u)$ 的微分
$$dy = f'(u)du.$$
当 u 不是自变量，而是另一个变量 x 的可微函数 $u = \varphi(x)$ 时，则 $y = f[\varphi(x)]$ 的微分
$$dy = \{f[\varphi(x)]\}'dx = f'(u)\varphi'(x)dx = f'(u)du.$$
由此可见，无论 u 是自变量还是中间变量，函数 $y = f(u)$ 的微分形式都是一样的，这个性质叫做**一阶微分形式不变性**. 由这个性质，将前面微分公式中的 x 换成任何可微函数 $u = \varphi(x)$，这些公式仍然成立.

例 4 $d(e^{\sin x}) = e^{\sin x} d(\sin x) = e^{\sin x} \cos x dx$.

$d(\ln^\mu x) = \mu \ln^{\mu-1} x d(\ln x) = \dfrac{\mu}{x} \ln^{\mu-1} x dx$.

$d(x \arctan 2x) = \arctan 2x dx + x d(\arctan 2x)$

$\qquad\qquad\qquad = \arctan 2x dx + \dfrac{x}{1+(2x)^2} d(2x)$

$$= \left[\arctan 2x + \frac{2x}{1+(2x)^2}\right]dx.$$

例 5 求一个函数,使其微分等于 $\frac{1}{x\cos^2 \ln x}dx$.

解 因为

$$\frac{1}{x\cos^2 \ln x}dx = \frac{1}{\cos^2 \ln x}d(\ln x) = d(\tan \ln x),$$

故函数 $f(x) = \tan \ln x$ 满足要求.

一阶微分形式不变性在后面的积分和微分方程中常常用到.

再举一例说明微分的一个应用.

例 6 设 $S = S(x)$ 表示曲线 $y = x^2$ 下,在 x 轴的 $[0, x]$ 区间上曲边三角形的面积(图 3.9),显然它是 x 的函数. 在 x 处面积的增量 ΔS 是竖在区间 $[x, x+\Delta x]$ 上的窄曲边梯形的面积. 而图中有阴影的窄矩形的面积 $x^2 \Delta x$ 是与 Δx 成比例的线性函数,它与 ΔS 之差小于 $\Delta x \Delta y$,而 $\Delta x \Delta y = o(\Delta x)$,所以 $x^2 \Delta x$ 是增量 ΔS 的线性主部,即是函数 $S = S(x)$ 在点 x 处的微分,

$$dS = x^2 \Delta x = x^2 dx,$$

由此得到

$$\frac{dS}{dx} = x^2.$$

由导数公式不难验证面积函数

$$S = \frac{1}{3}x^3 + C \quad (C \text{ 为常数}).$$

因为 $x = 0$ 时,$S(0) = 0$,所以 $C = 0$,故面积函数应为

$$S = \frac{1}{3}x^3.$$

当 $x = 1$ 时,$S = \frac{1}{3}$. 这一结果与第二章 2.1 节例 1 的结果完全一致.

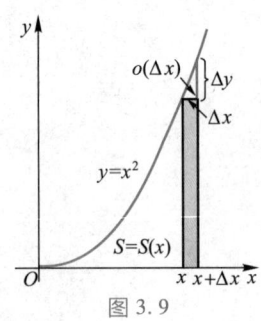

图 3.9

*3.5.3 微分在近似计算中的应用

我们知道,当 $f'(x_0) \neq 0$ 时,函数 $y = f(x)$ 在 x_0 处的微分 $dy = f'(x_0)\Delta x$ 是增量 $\Delta y = f(x_0+\Delta x) - f(x_0)$ 的线性主部(当 $\Delta x \to 0$ 时). 故当 $|\Delta x|$ 充分小时,可以用微分 dy 来近似计算增量 Δy,即有

$$\Delta y \approx dy. \tag{3}$$

比如本节例 2,若用微分 dT 近似代替 ΔT,误差很小,而且 dT 容易计算.

将(3)式写成
$$f(x_0+\Delta x)-f(x_0)\approx f'(x_0)\Delta x,$$
就可得到计算函数值的近似公式:当 $|\Delta x|$ 充分小时,有
$$f(x_0+\Delta x)\approx f(x_0)+f'(x_0)\Delta x. \qquad (4)$$
这表明:如果已知 $f(x)$ 在 x_0 处的值 $f(x_0)$ 和导数值 $f'(x_0)$,则 x_0 附近的函数值 $f(x_0+\Delta x)$ 可近似地由线性运算(4)求得. 特别当 $x_0=0$ 时(这时 $\Delta x=x-0=x$),由(4)式知在 $|x|$ 充分小时,有
$$f(x)\approx f(0)+f'(0)x. \qquad (5)$$
利用近似式(5)容易得到工程上常用的近似公式:当 $|x|$ 充分小时,有
$$\sin x\approx x,\quad \tan x\approx x,\quad e^x\approx 1+x,$$
$$\ln(1+x)\approx x,\quad (1+x)^\mu\approx 1+\mu x.$$

例 7 求 $\sqrt[3]{1.021}$ 的近似值.

解 由近似公式 $(1+x)^\mu\approx 1+\mu x$,知
$$\sqrt[3]{1.021}=(1+0.021)^{\frac{1}{3}}\approx 1+\frac{1}{3}\times 0.021=1.007.$$

例 8 求 $\tan 46°$ 的近似值.

解 因三角函数的导数公式是在弧度制下得到的,所以要把 $46°$ 化为弧度 $\frac{\pi}{4}+\frac{\pi}{180}$. 故 $\tan 46°=\tan\left(\frac{\pi}{4}+\frac{\pi}{180}\right)$ 就是函数 $f(x)=\tan x$ 在 $x=\frac{\pi}{4}+\frac{\pi}{180}$ 处的值. 由于 $f\left(\frac{\pi}{4}\right)=\tan\frac{\pi}{4}=1$,$f'\left(\frac{\pi}{4}\right)=(\tan x)'\bigg|_{x=\frac{\pi}{4}}=\frac{1}{\cos^2\frac{\pi}{4}}=2$,令 $x_0=\frac{\pi}{4}$,$\Delta x=\frac{\pi}{180}$,则由(4)式得
$$\tan 46°=\tan\left(\frac{\pi}{4}+\frac{\pi}{180}\right)\approx 1+2\cdot\frac{\pi}{180}\approx 1.035.$$

应用(4)式时,首先应明确所求的是哪个函数在哪一点处的函数值,其次要确定 x_0 及 Δx,应当使 $f(x_0)$ 和 $f'(x_0)$ 容易得到,而且 $|\Delta x|$ 尽可能地小.

*3.5.4 微分在误差估计中的应用

实际工作中,有些量的数值是通过直接测量或实验得到的,有些

量的值是在测试得到的数据的基础上,再通过函数关系的计算得到的. 比如圆盘的面积,通常是先测量其直径 D 的值,然后用公式 $S = \frac{1}{4}\pi D^2$ 计算面积值. 在测试时,由于仪器质量、精度、测试条件和方法等种种原因,所得到的数据不可避免地要出现误差. 依据这个有误差的数据计算其他量的值,必然有误差,我们把这个误差叫做**间接测量误差**. 由于中学物理课已经讲过误差概念和它的估计,这里仅说明如何利用微分估计间接测量误差.

设测试未知量 x 得到近似值 x_0,通过关系式 $y = f(x)$ 算出另一个未知量 y 的近似值 $y_0 = f(x_0)$. 若已知 x_0 的绝对误差(限)为 δ,即 $|\Delta x| = |x - x_0| \leqslant \delta$,因为一般 δ 很小,所以 y_0 的绝对误差 $|\Delta y|$ 可通过微分来估计

$$|\Delta y| \approx |\mathrm{d}y| = |f'(x_0)| \, |\Delta x| \leqslant |f'(x_0)| \delta,$$

即 y_0 的绝对误差(限)是 $|f'(x_0)| \delta$. 而 y_0 的相对误差(限)是

$$\left|\frac{\Delta y}{y_0}\right| \approx \left|\frac{\mathrm{d}y}{y_0}\right| \leqslant \left|\frac{f'(x_0)}{f(x_0)}\right| \delta,$$

相对误差通常用百分比表示.

例 9 用游标卡尺测得圆钢直径为 $D = (50.2 \pm 0.05)$ mm,利用公式 $S = \frac{\pi}{4}D^2$ 计算圆钢断面面积时,它的绝对误差和相对误差是多少?

解 由于 $S' = \frac{\pi}{2}D$, $\delta = 0.05$ mm,所以面积的绝对误差

$$|\Delta S| \approx |\mathrm{d}S| \leqslant \frac{\pi}{2}D \bigg|_{D=50.2} \times \delta = \frac{\pi}{2} \times 50.2 \times 0.05 \approx 3.94 \text{ mm}^2.$$

相对误差

$$\left|\frac{\Delta S}{S_0}\right| \leqslant \frac{\frac{\pi}{2} \times 50.2 \times 0.05}{\frac{\pi}{4} \times 50.2^2} \approx 0.2\%.$$

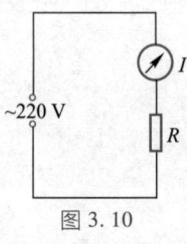

图 3.10

例 10 在图 3.10 所示的电路中,已知电阻 $R = 22$ Ω,使用电流表测得电流 $I = 10$ A,测量误差不超过 0.1 A,问由公式

$$P = I^2 R$$

计算电功率时,所产生的绝对误差和相对误差是多少?

解 绝对误差

$$|\Delta P| \approx |\mathrm{d}P| = \left|\frac{\mathrm{d}P}{\mathrm{d}I}\right| |\Delta I| \leq 2IR\delta = 2\times 10\times 22\times 0.1 = 44 \text{ W}.$$

相对误差

$$\left|\frac{\Delta P}{P}\right| \leq \left|\frac{2IR\delta}{I^2 R}\right| = \frac{2\delta}{I} = \frac{0.2}{10} = 2\%.$$

3.6 例 题

例 1 试证函数

$$f(x) = \begin{cases} x, & x \text{ 为有理数}, \\ \sin x, & x \text{ 为无理数} \end{cases}$$

仅在 $x=0$ 处可导.

证明 显然 $f(x)$ 在 $x=0$ 处连续,又

$$\lim_{x\to 0}\frac{f(x)-f(0)}{x} = \begin{cases} \lim\limits_{x\to 0}\dfrac{x-0}{x}=1, & x \text{ 为有理数}, \\ \lim\limits_{x\to 0}\dfrac{\sin x-0}{x}=1, & x \text{ 为无理数}, \end{cases}$$

所以 $f(x)$ 在 $x=0$ 处可导,且 $f'(0)=1$.

当 $x\neq 0$ 时,$f(x)$ 不连续,所以不可导.

例 2 设 $F(x)=f(x)(1+|\sin x|)$,且 $F(x)$,$f(x)$ 在 $x=0$ 处均可导,试求 $f(0)$.

解 表达式中有绝对值的函数在运算时,常常要先去掉绝对值号,用分段函数表示.

$$F(x) = \begin{cases} f(x)(1-\sin x), & -\dfrac{\pi}{2}<x<0, \\ f(x)(1+\sin x), & 0\leq x<\dfrac{\pi}{2}, \end{cases}$$

由左、右导数定义,得

$$F'_-(0)=f'_-(0)-f(0), \quad F'_+(0)=f'_+(0)+f(0).$$

因为 $F'_-(0)=F'_+(0)$,$f'_-(0)=f'_+(0)$,所以两式相减得到

$$f(0)=0.$$

例 3 已知 $y=\log_x u(x)$,其中 $x>0$ 且 $x\neq 1$,$u(x)$ 可导,求 $\dfrac{\mathrm{d}y}{\mathrm{d}x}$.

解 由换底公式

$$y = \log_x u(x) = \frac{\ln u(x)}{\ln x},$$

于是

$$\frac{dy}{dx} = \frac{\frac{u'(x)}{u(x)}\ln x - \frac{\ln u(x)}{x}}{(\ln x)^2} = \frac{xu'(x)\ln x - u(x)\ln u(x)}{xu(x)(\ln x)^2}.$$

例 4 已知 $x^2 y + xy^2 = 1$,求 dy.

解 方程两边取微分,利用微分法得

$$x^2 dy + y dx^2 + x dy^2 + y^2 dx = 0,$$

即

$$x^2 dy + 2xy dx + 2xy dy + y^2 dx = 0.$$

由此解出

$$dy = -\frac{2xy + y^2}{x^2 + 2xy} dx.$$

例 5 设 $x \neq 0$ 时,函数 $f(x)$ 有定义,且当 $x, y \neq 0$ 时,恒有

$$f(xy) = f(x) + f(y), \tag{1}$$

又 $f'(1)$ 存在,试证:当 $x \neq 0$ 时,$f'(x)$ 存在.

证明 令 $x = y = 1$,由(1)式得到 $f(1) = 0$. 又当 $x \neq 0$ 时,有

$$\lim_{\Delta x \to 0} \frac{f(x + \Delta x) - f(x)}{\Delta x} = \lim_{\Delta x \to 0} \frac{f\left(x\left(1 + \frac{\Delta x}{x}\right)\right) - f(x)}{\Delta x}$$

$$= \lim_{\Delta x \to 0} \frac{f\left(1 + \frac{\Delta x}{x}\right)}{\Delta x} = \lim_{\Delta x \to 0} \frac{f\left(1 + \frac{\Delta x}{x}\right) - f(1)}{\frac{\Delta x}{x}} \cdot \frac{1}{x} = f'(1) \frac{1}{x}.$$

故 $f'(x)$ 存在,且

$$f'(x) = f'(1) \frac{1}{x}.$$

例 6 设 $y = (\arccos x)^2 \left(\ln^2 \arccos x - \ln \arccos x + \frac{1}{2}\right)$,求 $\frac{dy}{dx}$.

解 设 $u = \arccos x$,由复合函数求导法

$$\frac{dy}{dx} = \left[u^2\left(\ln^2 u - \ln u + \frac{1}{2}\right)\right]'_u (\arccos x)'$$

$$= \left[2u\left(\ln^2 u - \ln u + \frac{1}{2}\right) + u^2\left(2(\ln u)\frac{1}{u} - \frac{1}{u}\right)\right] \frac{-1}{\sqrt{1-x^2}}$$

$$= 2u \ln^2 u \cdot \frac{-1}{\sqrt{1-x^2}} = -\frac{2}{\sqrt{1-x^2}} \arccos x \ln^2 \arccos x.$$

例7 已知 y 是 x 的函数,满足关系
$$x^2 y''_x + x y'_x = 0, \qquad (2)$$
而 x 又是 t 的函数 $x = \mathrm{e}^t$,求 y 关于 t 的二阶导数.

解 由于
$$y'_t = y'_x x'_t = \mathrm{e}^t y'_x = x y'_x,$$
$$y''_t = (y'_t)'_x x'_t = (y'_x + x y''_x) x = x y'_x + x^2 y''_x,$$
所以由(2)式知
$$y''_t = 0.$$

例8 已知汽车以速度 $v = v(t)$ 作直线运动,车轮半径为 a,求车轮轮周上点 M 的水平运动速度.

解 设车轮转角为 θ,则由旋轮线(摆线)方程知,M 点位移的水平分量
$$x = a(\theta - \sin\theta).$$
汽车走过的路程 $s = a\theta$,从而
$$\theta = \frac{s}{a},$$
因路程是时间的函数 $s = s(t)$,故 x 是 t 的复合函数,由复合函数求导法得
$$x'_t = a(1 - \cos\theta)\frac{s'(t)}{a} = v(t)(1 - \cos\theta).$$
这就是轮周上点 M 的水平运动速度. 由此可见,无论车跑得多快,车轮上总有水平速度为零的点.

如果变量 x 和 y 都是变量 t 的未知函数,已知 x 和 y 之间的函数关系,及 x 关于 t 的变化率,求 y 关于 t 的变化率的问题,习惯称为**相关变化率问题**. 例8就是一个相关变化率问题. 解决这种实际问题的步骤是:首先根据题意确立 x 和 y 之间的函数关系,然后利用复合函数求导法则求 y 关于 t 的导数.

例9 溶液从深为 18 cm、圆顶直径为 12 cm 的正圆锥形漏斗中漏入直径为 10 cm 的圆柱形筒中(图 3.11),当溶液在漏斗中深为 12 cm 时,液面下降速度为 1 cm/min,问此时圆柱形筒中液面上升的速度是多少?

解 设漏斗中原有溶液是 K cm³,漏的过程中,漏斗内溶液深为 h,圆筒内溶液深为 H. 由相似比知漏斗内液面的圆半径 $r = \dfrac{h}{3}$,故漏斗

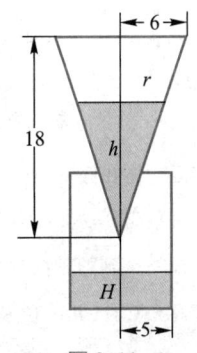

图 3.11

内剩余液体为

$$V_{\text{锥}} = \frac{1}{3}\pi r^2 h = \frac{1}{27}\pi h^3.$$

此时圆筒内液体为

$$V_{\text{柱}} = \pi 5^2 H = 25\pi H.$$

由于 $V_{\text{锥}} + V_{\text{柱}} = K$，所以 h, H 之间满足关系

$$\frac{1}{27}\pi h^3 + 25\pi H = K,$$

两边关于 t 求导得

$$\frac{1}{9}\pi h^2 h'_t + 25\pi H'_t = 0,$$

$$H'_t = -\frac{1}{9 \times 25} h^2 h'_t.$$

因此当 $h = 12, h'_t = -1$ 时（因 h'_t 表示液面上升速度），圆筒内液面上升速度为

$$H'_t \big|_{h=12} = -\frac{1}{9 \times 25} \times 12^2 \times (-1) = 0.64 \text{ cm/min}.$$

习题三

3.1

1. 有一细杆，已知从杆的一端算起长度为 x 的一段的质量为 $m(x)$，给出细杆上距离此端点为 x_0 的点处线密度的定义.

2. 设物体绕定轴旋转，其转角 θ 与时间 t 的函数关系为 $\theta = \theta(t)$，如果旋转是匀速的，则称 $\omega = \Delta\theta/\Delta t$ 为旋转的角速度，如果旋转是非匀速的，如何定义 t_0 时的角速度？

3. 高温物体在低温介质中冷却，已知温度 θ 和时间 t 的关系为 $\theta = \theta(t)$，给出 t_0 时冷却速度的定义式.

4. 如果一个轴的轴向热膨胀是均匀的，则当温度每升高 1 ℃ 时，其单位长的轴的增量称为该轴的线膨胀系数；如果膨胀过程是非均匀的，设轴长 l 与温度 t 的关系是 $l = l(t)$，指出 t_0 时轴的线膨胀系数.

5. 太湖的水量（体积）是水面高度的函数 $V = V(h)$，则 $V'(h_0)$ 的实际意义是什么？

6. 设 $P(t)$ 表示某油田在 t 年的蕴藏量，则 $P'(t_0)$ 表示什么？t_0 年采油量如何表示？

7. 已知函数 $y = f(x)$ 的图形如图 3.12 所示，画出它的导函数 $y = f'(x)$ 的图形.

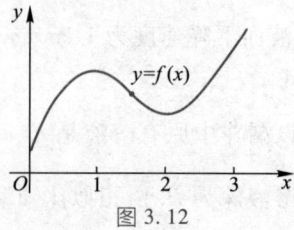

图 3.12

8. 若 $f'(a)$ 存在，求：

(1) $\lim\limits_{h \to 0} \dfrac{f(a-h)-f(a)}{h}$；

(2) $\lim\limits_{n \to \infty} n\left[f(a)-f\left(a+\dfrac{1}{n}\right)\right]$.

9. 按导数定义，求下列函数在 $x=2$ 处的导数：

(1) $f(x)=x^3$； (2) $f(x)=x^2\sin(x-2)$.

10. 按导数定义，求下列函数的导数：

(1) $y=\sqrt{x}$； (2) $y=\cot x$.

11. 如果 $f(x)$ 为偶函数，且 $f'(0)$ 存在，试证 $f'(0)=0$.

12. 讨论下列函数在 $x=0$ 处的连续性与可导性：

(1) $f(x)=\begin{cases} x, & x<0, \\ \ln(1+x), & x\geq 0; \end{cases}$

(2) $f(x)=\begin{cases} \sqrt[3]{x}\sin\dfrac{1}{x}, & x\neq 0, \\ 0, & x=0; \end{cases}$

(3) $f(x)=\begin{cases} x\arctan\dfrac{1}{x}, & x\neq 0, \\ 0, & x=0. \end{cases}$

13. 设 $F(x)=\begin{cases} f(x), & x\leq x_0, \\ ax+b, & x>x_0, \end{cases}$ 其中 $f(x)$ 在 x_0 处左导数 $f'_-(x_0)$ 存在，要使 $F(x)$ 在 x_0 处可导，问 a 和 b 应取何值？

14. 选择题.

(1) 设 $f(x)$ 可导，$F(x)=f(x)(1+|\sin x|)$，则 $f(0)=0$ 是 $F(x)$ 在 $x=0$ 处可导的（   ）.

(A) 充分必要条件

(B) 充分但非必要条件

(C) 必要但非充分条件

(D) 非充分又非必要条件

(2) 设 $f(x)$ 在区间 $(-\delta,\delta)$ 内有定义，且恒有 $|f(x)|\leq x^2$，则 $x=0$ 必是 $f(x)$ 的（   ）.

(A) 间断点

(B) 连续，但不可导的点

(C) 可导的点，且 $f'(0)=0$

(D) 可导的点，但 $f'(0)\neq 0$

3.2

1. 求下列函数的导数：

(1) $y=\sqrt{x\sqrt{x\sqrt{x}}}$；

(2) $y=2\lg x-3\arctan x$；

(3) $y=x\tan x-\cot x$；

(4) $y=2^x\mathrm{e}^x$；

(5) $y=x\sin x\ln x$；

(6) $y=(x-a)(x-b)(x-c)$；

(7) $y=\dfrac{\mathrm{e}^x-1}{\mathrm{e}^x+1}$；

(8) $y=\dfrac{1+\sqrt{x}}{1-\sqrt{x}}+\dfrac{3}{\sqrt[3]{x^2}}$.

2. 长方形的长为 $x(t)$，宽为 $y(t)$，都是时间 t 的可导函数，求长方形面积 S 的变化速度.

3. 求曲线 $y=\dfrac{1}{\sqrt{x}}$ 在点 $\left(\dfrac{1}{4},2\right)$ 处的切线方程和法线方程.

4. 求函数 $y=\dfrac{x^3}{3}+\dfrac{x^2}{2}-2x$ 在 $x=0$ 处的导数和导数为零的点.

5. 当 a 取何值时，曲线 $y=a^x$ 和直线 $y=x$ 相切，并求出切点坐标.

6. 求双曲线 $y=\dfrac{1}{x}$ 与抛物线 $y=\sqrt{x}$ 的交角.

7. 证明双曲线 $xy=a^2$ 上任一点处的切线与两坐标轴构成的三角形的面积都等于 $2a^2$，且切点是斜边的中点.

3.3

1. 求下列函数的导数：

(1) $y=a^{\sin 3x}$；

(2) $y=\cos^2 x^3$；

(3) $y=\sin\cos\dfrac{1}{x}$；

(4) $y=\cot^3\sqrt{1+x^2}$；

(5) $y=\sec^2\mathrm{e}^{x^2+1}$；

(6) $y=-\csc^2\mathrm{e}^{8x}$；

(7) $y = \exp(\ln x)^{-1}$;

(8) $y = \exp\sqrt{\ln(ax^2+bx+c)}$;

(9) $y = \left(\arcsin\dfrac{x}{a}\right)^2$ $(a>0)$;

(10) $y = e^{-x^2}\cos e^{-x^2}$;

(11) $y = \dfrac{\sin^2 x}{\sin x^2}$;

(12) $y = \arccos\dfrac{b+a\cos x}{a+b\cos x}$ $(a>b>0)$;

(13) $y = \log_2 \log_3 \log_5 x$;

(14) $y = \ln\left(x+\sqrt{a^2+x^2}\right)$;

(15) $y = \sqrt{x+\sqrt{x+\sqrt{x}}}$;

(16) $y = \arctan e^{2x} + \ln\sqrt{\dfrac{e^{2x}}{e^{2x}+1}}$;

(17) $y = \tan x - \dfrac{1}{3}\tan^3 x + \dfrac{1}{5}\tan^5 x$;

(18) $y = \ln\dfrac{1+\sqrt{\sin x}}{1-\sqrt{\sin x}} + 2\operatorname{arccot}\sqrt{\sin x}$.

2. 求下列函数的导数:

(1) $y = a^{b^x} + x^{a^b} + b^{x^a}$ $(x,a,b>0, a,b$ 为常数$)$;

(2) $y = \lim\limits_{n\to\infty} x\left(\dfrac{n+x}{n-x}\right)^n$;

(3) $y = \begin{cases} 1-x, & x\leqslant 0, \\ e^{-x}\cos 3x, & x>0. \end{cases}$

3. 设 $f(x), g(x)$ 均可导，且下列函数有意义，求它们的导数:

(1) $y = \sqrt[n]{f^2(x) + g^2(x)}$;

(2) $y = f(\sin^2 x) + g(\cos^2 x)$.

4. 已知 $y = f\left(\dfrac{3x-2}{3x+2}\right), f'(x) = \arctan x^2$, 求 $y'_x\big|_{x=0}$.

5. 若 $f(x) = \sin x$, 求 $f'(a), [f(a)]', f'(2x), [f(2x)]'$ 和 $f'(f(x)), [f(f(x))]'$.

6. 求下列隐函数的导函数或指定点处的导数:

(1) $\sqrt{x} + \sqrt{y} = \sqrt{a}$;

(2) $\arctan\dfrac{y}{x} = \ln\sqrt{x^2+y^2}$;

(3) $2^x + 2y = 2^{x+y}$;

(4) $x - y = \arcsin x - \arcsin y$;

(5) $x^2 + 2xy - y^2 = 2x$, 求 $y'\big|_{x=2}$;

(6) $\arccos(x+2)^{-\frac{1}{2}} + e^y \sin x = \arctan y$, 求 $y'(0)$.

7. 设 $x = \varphi(y)$ 与 $y = f(x)$ 互为反函数, $\varphi(2) = 1$, 且 $f'(1) = 3$, 求 $\varphi'(2)$.

8. 求下列函数的导函数或指定点处的导数:

(1) $y = (\sin x)^{\cos x}$;

(2) $y = (1+x^2)^{\frac{1}{x}}$, 求 $y'(1)$;

(3) $y = \sqrt[3]{\dfrac{x(x^2+1)}{(x^2-1)^2}}$;

(4) $x^y + y^x = 3$, 求 $y'(1)$.

9. 求下列参数方程确定的函数的导数 y'_x:

(1) $\begin{cases} x = t^3 + 1, \\ y = t^2; \end{cases}$

(2) $\begin{cases} x = \theta - \sin\theta, \\ y = 1 - \cos\theta; \end{cases}$

(3) $\begin{cases} x = \ln(1+t^2), \\ y = t - \arctan t; \end{cases}$

(4) $\begin{cases} x = e^t \sin t, \\ y = e^y(\sin t - \cos t); \end{cases}$

(5) $\begin{cases} x = 2t + |t|, \\ y = 5t^2 + 4t|t|. \end{cases}$

10. 设 $x = f(t) - \pi, y = f(e^{3t} - 1)$, 其中 f 可导, 且 $f'(0) \neq 0$, 求 $y'_x\big|_{t=0}$.

11. 试证: 可导的偶函数的导数是奇函数, 可导的奇函数的导数是偶函数.

12. 球的半径以 5 cm/s 的速度匀速增长, 问球的半径为 50 cm 时, 球的表面积和体积的增长速度各是多少?

13. 点 M 沿螺线 $r = a\theta$ $(a = 10$ cm$)$ 运动, 其极半径转动的角速度 $(6°/s)$ 不变, 确定点 M 的极半径的增长速度.

14. 半径为 $\dfrac{1}{2}$ 的圆在抛物线 $x = \sqrt{y}$ 凹的一侧上滚动, (1) 求圆心 (ξ, η) 的轨迹方程; (2) 当圆心匀速

上升(速率为 a)时,求圆心的横坐标 ξ 的增长速度.

15. 证明圆的渐伸线 $x=a(\cos t+t\sin t)$, $y=a(\sin t-t\cos t)$ 的法线是圆 $x^2+y^2=a^2$ 的切线.

16. 求曲线 $x^3+y^3=4xy$ 与曲线 $x=\dfrac{1+t}{t^3}$, $y=\dfrac{3}{2t^2}+\dfrac{1}{2t}$ 在交点 $(2,2)$ 处的交角.

17. 求对数螺线 $r=\mathrm{e}^\theta$ 在点 $(r,\theta)=\left(\mathrm{e}^{\frac{\pi}{2}},\dfrac{\pi}{2}\right)$ 处的切线的直角坐标方程.

3.4

1. 求下列函数的二阶导数:
   (1) $y=\sqrt{x^2-1}$;
   (2) $y=x\ln(x+\sqrt{x^2+a^2})-\sqrt{x^2+a^2}$;
   (3) $b^2x^2+a^2y^2=a^2b^2$;
   (4) $y=\tan(x+y)$;
   (5) $\begin{cases}x=a\cos t,\\ y=b\sin t;\end{cases}$
   (6) $\begin{cases}x=\ln(1+t^2),\\ y=t-\arctan t;\end{cases}$
   (7) $\begin{cases}x=f'(t),\\ y=tf'(t)-f(t),\end{cases}$ 其中 $f(t)$ 具有二阶导数,且不等于零.

2. 设 $y=y(x)$ 由 $\begin{cases}x=3t^2+2t+3,\\ \mathrm{e}^y\sin t-y+1=0\end{cases}$ 确定,求 $\dfrac{\mathrm{d}^2 y}{\mathrm{d}x^2}\bigg|_{t=0}$.

3. 设 $u=f(\varphi(x)+y^2)$,其中 $y=y(x)$ 由方程 $y+\mathrm{e}^y=x$ 确定,且 $f(x),\varphi(x)$ 均有二阶导数,求 $\dfrac{\mathrm{d}u}{\mathrm{d}x}$ 和 $\dfrac{\mathrm{d}^2 u}{\mathrm{d}x^2}$.

4. 求下列函数的 n 阶导数:
   (1) $y=\sin^2 x$;
   (2) $y=x\mathrm{e}^x$;
   (3) $y=\dfrac{2x-1}{(x-1)(x^2-x-2)}$;
   (4) $y=\ln\dfrac{1+x}{1-x}$;
   (5) $y=\sin x\sin 2x\sin 3x$.

5. 对下列函数求指定的导数:
   (1) $y=x^2\mathrm{e}^x$,求 $y^{(100)}$;
   (2) $y=x(2x-1)^2(x+3)^3$,求 $y^{(6)}$;
   (3) $y=\sin\dfrac{x}{2}+\cos 2x$,求 $y^{(27)}\big|_{x=\pi}$;
   (4) $y=\dfrac{x^{10}}{1-x}$,求 $y^{(10)}$.

6. 设 $f(x)$ 具有各阶导数,且 $f'(x)=[f(x)]^2$,求 $f^{(n)}(x)$.

7. 设 $P(x)=x^5-2x^4+3x-2$,将 $P(x)$ 化为 $(x-1)$ 的幂的多项式.

8. 设 $y=P(x)$ 是 x 的多项式,满足关系
$$xy''+(1-x)y'+3y=0,$$
且 $P(0)=-6$,求函数 $P(x)$.

9. 设 $y=y(x)$ 在 $[-1,1]$ 上有二阶导数,且满足
$$(1-x^2)y''_x-xy'_x+a^2 y=0,$$
作变换 $x=\sin t$,证明这时 y 满足:
$$y''_t+a^2 y=0.$$

10. 选择题.
    (1) 函数 $f(x)=(x^2-x-2)|x^3-x|$ 的不可导的点的个数为( ).
       (A) 0 (B) 1 (C) 2 (D) 3
    (2) 设 $f(x)=3x^3+x^2|x|$,则使 $f^{(n)}(0)$ 存在的最高阶数 n 为( ).
       (A) 0 (B) 1 (C) 2 (D) 3

3.5

1. 求函数 $y=5x+x^2$ 当 $x=2$ 而 $\Delta x=0.001$ 时的增量 Δy 与微分 $\mathrm{d}y$.

2. 用微分法则求下列函数的微分:
   (1) $y=\dfrac{x}{1-x}$;
   (2) $y=x\ln x-x$;
   (3) $y=\cot x-\csc x$;
   (4) $y=\mathrm{e}^{\frac{x}{y}}$;
   (5) $y=\sin^2 u$, $u=\ln(3x+1)$;

(6) $y = \arctan \dfrac{u(x)}{v(x)}$ (u', v' 存在).

3. 设 $y = y(x)$ 由方程 $\varphi(\sin x) + \sin \varphi(y) = \varphi(x+y)$ 所确定,其中 $\varphi(t)$ 处处可导,求 dy.

4. 将适当的函数填入括号内,使下列各式成为等式:

(1) $x\,dx = d(\quad)$;

(2) $\dfrac{1}{x} dx = d(\quad)$;

(3) $\sin x\,dx = d(\quad)$;

(4) $\sec^2 x\,dx = d(\quad)$;

(5) $\dfrac{1}{\sqrt{x}} dx = d(\quad)$;

(6) $\dfrac{1}{\sqrt{1-x^2}} dx = d(\quad)$;

(7) $d(\arctan e^{2x}) = (\quad) de^{2x}$;

(8) $d(\sin\sqrt{\cos x}) = (\quad) d\cos x$;

(9) $f(\sin x)\cos x\,dx = f(\sin x)\,d(\quad)$;

(10) $x^2 e^{-x^3} dx = (\quad) d(-x^3)$.

5. 试由球面面积公式 $S = 4\pi r^2$ 导出球体体积公式.

6. 求曲线 $y = \sqrt{x}$, $x=1$ 及 $y=0$ 围成的图形绕 x 轴旋转一周得到的旋转体体积.

7. 若 $f'(x_0) = \dfrac{1}{2}$,则 $\Delta x \to 0$ 时,$f(x)$ 在 x_0 处的微分 dy 是 Δx 的(   ).

(A) 高阶无穷小

(B) 低阶无穷小

(C) 同阶,但不等价的无穷小

(D) 等价无穷小

8. 设 $f(u)$ 可导,函数 $y = f(x^2)$ 在 $x = -1$ 处取得增量 $\Delta x = -0.1$ 时,相应的函数增量 Δy 的线性主部为 0.1,则 $f'(1) = $ _____.

9. 利用微分近似计算下列各数(结果取到小数点后第四位,中间运算均取小数点后第五位,最后结果在第五位上四舍五入).

(1) $\sqrt[3]{998}$;

(2) $\cos 59°$;

(3) $\ln 0.99$;

(4) $e^{1.01}$.

10. 单摆振动周期 $T = 2\pi\sqrt{l/g}$,其中 l 为摆长,$g = 980$ cm/s² 为重力加速度,为使周期增大 0.052 s,需将 $l = 20$ cm 的摆长改变多少?

11. 试证根据欧姆定律 $I = E/R$ 计算电流时,如果电阻的绝对误差为 ΔR,则电流的绝对误差可按公式 $\Delta I = -I\Delta R/R$ 近似计算.

12. 证明:计算圆面积或球表面积时,当半径的长度有 1% 的相对误差时,圆面积或球表面积的相对误差均为 2%(注:球表面积 $S = 4\pi r^2$,r 为球的半径).

3.6

1. 水流入半径为 10 m 的半球形蓄水池,求水深 $h = 5$ m 时,水的体积 V 对深度的变化率. 如果注水速度是 $5\sqrt{3}$ m³/min,问 $h = 5$ m 时水面半径的变化速度是多少?$\left(\text{注:球缺体积 } V = \pi h^2 \left(R - \dfrac{h}{3}\right).\right)$

2. 一个半径为 a 的球渐渐沉入半径为 b、盛有部分水的圆柱形容器中($a < b$). 如果球以匀速 c 下沉,证明当球浸没一半时,容器中水面上升的速率是 $\dfrac{a^2 c}{b^2 - a^2}$.

3. 靶子沿直线以速度 $v = 10$ m/s 移动,击运动员到直线的距离为 50 m,求靶子从垂足处开始移动 5 m 时,射击运动员的枪转动的角速度.

4. 设 $f(x) = (x^2 - a^2) g(x)$,$g(x)$ 在 $x = a$ 附近有定义,求 $f'(a)$ 存在的充要条件.

5. n 在什么条件下,函数

$$f(x) = \begin{cases} x^n \sin \dfrac{1}{x}, & x \neq 0, \\ 0, & x = 0 \end{cases}$$

在 $x = 0$ 处(1)连续;(2)可导;(3)导数连续;(4)有二阶导数.

6. 设 $f(x)$ 满足关系 $af(x) + bf\left(\dfrac{1}{x}\right) = \dfrac{c}{x}$,$|a| \neq$

$|b|$,求 $f'(x)$.

7. 设 $f(x+y) = \dfrac{f(x)+f(y)}{1-f(x)f(y)}$,且 $f'(0)=1$,求 $f'(x)$.

8. 设 $f'(0)$ 存在,$f(0)=0$,试求
$$\lim_{x\to 0} f(1-\cos x)/\tan x^2.$$

9. 设 $f(0)=0$,则 $f(x)$ 在 $x=0$ 处可导的充要条件为( ).

   (A) $\lim\limits_{h\to 0}\dfrac{1}{h^2}f(1-\cos h)$ 存在

   (B) $\lim\limits_{h\to 0}\dfrac{1}{2h}f(1-e^h)$ 存在

   (C) $\lim\limits_{h\to 0}\dfrac{1}{h^2}f(\tan h-\sin h)$ 存在

   (D) $\lim\limits_{h\to 0}\dfrac{1}{2h}[f(h)-f(-h)]$ 存在

10. 设 $f(a)>0$,$f'(a)$ 存在,求 $\lim\limits_{n\to\infty}\left[\dfrac{f\left(a+\dfrac{1}{n}\right)}{f(a)}\right]^n$.

11. 设曲线 $y=f(x)$ 在原点与 $y=\sin x$ 相切,求 $\lim\limits_{n\to\infty}\sqrt{nf\left(\dfrac{2}{n}\right)}$.

12. 若 $f(x)<g(x)$,能否推出 $f'(x)<g'(x)$,证明你的结论.

13. 设 $y=|x|^3$,$x\in(-\infty,+\infty)$,试证 $y''(x)=6|x|$.

14. 设 $y=f(x)$ 有二阶导数,且 $f'(x)\neq 0$,$x=\varphi(y)$ 是 $y=f(x)$ 的反函数,证明 $\varphi''(y)=-\dfrac{f''(x)}{[f'(x)]^3}$.

15. 设 $f(x)=\arctan x$,求 $f^{(n)}(0)$.

16. 设 $f(x)=\max\{x,x^2\}$,$x\in(0,2)$,求 $f'(x)$.

17. 设 $y=\arctan(u-1)$,$u=\begin{cases} x^2-2x+2, & x\leq 0 \\ 2e^{-x}, & x>0 \end{cases}$,求 $\left.\dfrac{dy}{dx}\right|_{x=0}$.

18. 已知函数 $f(x)$ 满足 $f(x_1+x_2)=f(x_1)f(x_2)$,其中 x_1,x_2 为任意实数,且 $f'(0)=2$,求 $f'(x)$.

19. 已知 $f(x)$ 是周期为 5 的连续函数,在 $x=1$ 处可导,在 $\mathring{U}_\delta(0)$ 内满足关系 $f(1+\sin x)-3f(1-\sin x)=8x+o(x)$,求曲线 $y=f(x)$ 在点 $(6,f(6))$ 处的切线方程.

20. 设飞机降落过程的轨道方程为三次多项式,开始降落点 $A(x_0,y_0)$,着陆点为 $O(0,0)$,A、O 两点处飞机飞行方向是水平的,速度为 v_0,降落过程中飞机的水平分速度不变.

   (1) 求此轨道方程;

   (2) 如果垂直方向加速度的绝对值不超过 $g/10$,问 x_0 不得小于多少?

附录 II 广义导数

有两种广义导数概念介绍如下:

1. 对称导数

称
$$\lim_{h\to 0}\dfrac{f(x_0+h)-f(x_0-h)}{2h}$$

为 $f(x)$ 在 x_0 处的**对称导数**. 显然,函数在 x_0 处可导时,对称导数存在,且它们相等. 但有对称导数不能保证函数可导,如 $y=|x|$ 在 $x=0$ 处不可导但对称导数为零.

2. 迪尼导数

以下四种极限值：

$$D^+ y(x) = \limsup_{h \to 0^+} \frac{1}{h}[y(x+h) - y(x)],$$

$$D_+ y(x) = \liminf_{h \to 0^+} \frac{1}{h}[y(x+h) - y(x)],$$

$$D^- y(x) = \limsup_{h \to 0^-} \frac{1}{h}[y(x+h) - y(x)],$$

$$D_- y(x) = \liminf_{h \to 0^-} \frac{1}{h}[y(x+h) - y(x)]$$

依次称为函数 $y(x)$ 的**右上导数**，**右下导数**，**左上导数**和**左下导数**，统称迪尼（Dini U，1845—1918）导数，显然 $y(x)$ 可导 $\Leftrightarrow$ 四个迪尼导数存在且相等．

网上更多……　　**教学 PPT**

自测题

第四章 微分中值定理与导数的应用

> 因为导数是函数随自变量变化的瞬时变化率,所以可借助导数来研究函数.但每一点的导数仅仅是与局部有关的一点处的变化性态,要用导数来研究函数的全局性态,还需架起新的"桥梁".这就是本章的主要任务,介绍微分学基本理论.它们在一些理论的证明中起着重要作用.因为这些定理都涉及区间中的某一点的导数,所以又统称中值定理.

4.1 微分中值定理

微视频
4.1.1 罗尔中值定理
4.1.2 罗尔中值定理应用举例

本节的几个定理都来源于下面的明显的几何事实:在一条光滑的平面曲线段 $\overparen{AB}$ 上,至少有一点其切线与连接曲线两端点的弦 $\overline{AB}$ 平行(图 4.1);曲线段 $\overparen{AB}$ 上离弦 $\overline{AB}$ 最远的点就是如此.

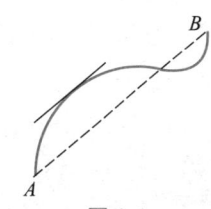

图 4.1

我们先从简单而特殊的情况讲起.

定理 4.1(罗尔定理)[①] 若函数 $f(x)$ 满足

(i) 在闭区间 $[a,b]$ 上连续;

(ii) 在开区间 (a,b) 内可导;

(iii) $f(a)=f(b)$,

则在开区间 (a,b) 内至少存在一点 ξ,使得

$$f'(\xi)=0.$$

分析 从几何上看(图 4.2),函数在区间 $[a,b]$ 上取最大值或最小值的点至少有一个是 ξ.

证明 由条件(i)知,$f(x)$ 在区间 $[a,b]$ 上有最大值 M 和最小值 m.

---

① 罗尔(Rolle M,1652—1719),法国数学家,主要成就在代数方面.罗尔对牛顿-莱布尼茨的微积分持反对意见,说微积分是"一套天才的谬论",到晚年才公开承认微积分有用.他仅对多项式叙述了一个类似定理 4.1 的结论(未证明).1846 年尤斯托·伯拉维提斯证明了现在的定理,并命名为罗尔定理.

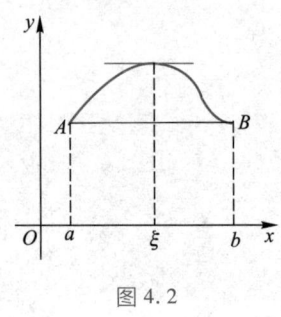

图 4.2

若 $m=M$,则 $f(x)$ 在区间 $[a,b]$ 上为常数,这时任何一点 $\xi\in(a,b)$,都有 $f'(\xi)=0$.

若 $m<M$,由条件(iii)知,两个数 m,M 中至少有一个不等于端点的函数值 $f(a)=f(b)$,不妨设 $M\neq f(a)$,则在开区间 (a,b) 内至少存在一点 ξ,使 $f(\xi)=M$.由条件(ii)知 $f'(\xi)$ 存在,下面证明 $f'(\xi)=0$.

由于 $f(x)$ 在 ξ 处最大,故不论 Δx 是正或负,总有
$$f(\xi+\Delta x)-f(\xi)\leq 0.$$

因此,当 $\Delta x>0$ 时,
$$\frac{f(\xi+\Delta x)-f(\xi)}{\Delta x}\leq 0,$$

故由极限的保号性有
$$f'_+(\xi)=\lim_{\Delta x\to 0^+}\frac{f(\xi+\Delta x)-f(\xi)}{\Delta x}\leq 0. \tag{1}$$

而当 $\Delta x<0$ 时,
$$\frac{f(\xi+\Delta x)-f(\xi)}{\Delta x}\geq 0,$$

故
$$f'_-(\xi)=\lim_{\Delta x\to 0^-}\frac{f(\xi+\Delta x)-f(\xi)}{\Delta x}\geq 0. \tag{2}$$

统观(1),(2)两式及 $f'(\xi)$ 存在知,必有
$$f'(\xi)=0. \quad\square$$

这个定理的物理意义也很明显,一个经过一段时间又返回原位置的直线运动,必在某一时刻速度为零.离原位置最远的那一点处,就是如此.

推论 1 如果 $f(x)$ 是可导的,则在方程 $f(x)=0$ 的两个根(如果有)之间至少有方程 $f'(x)=0$ 的一个根.

定理 4.2(拉格朗日中值定理)[①] 如果函数 $f(x)$ 满足

(i) 在闭区间 $[a,b]$ 上连续;

(ii) 在开区间 (a,b) 内可导,

则在开区间 (a,b) 内至少存在一点 ξ,使得
$$f(b)-f(a)=(b-a)f'(\xi). \tag{3}$$

分析 将(3)式变为
$$f'(\xi)-\frac{f(b)-f(a)}{b-a}=0,$$

---

① 拉格朗日(Lagrange J L,1736—1813),法国人.他与欧拉是 18 世纪最伟大的数学家,他在理论上崇尚严谨,在形式和内容上力求完美和谐.他的著作被誉为"科学之诗".他品德高尚,虚怀若谷,善于向他人学习,不断地从各个学科吸取营养、丰富自己,因此充满了诗人般的想象力.

微视频
4.1.3 拉格朗日中值定理
4.1.4 拉格朗日中值定理举例

定理的结论就转化为函数
$$\varphi(x)=f(x)-\frac{f(b)-f(a)}{b-a}x$$
在区间(a,b)内有点ξ,使$\varphi'(\xi)=0$的问题,化为罗尔定理问题.

证明 引进辅助函数
$$\varphi(x)=f(x)-\frac{f(b)-f(a)}{b-a}x,$$
易知$\varphi(x)$满足罗尔定理的条件:$\varphi(x)$在闭区间$[a,b]$上连续,在开区间(a,b)内可导,且
$$\varphi(a)=\varphi(b)=\frac{1}{b-a}[bf(a)-af(b)].$$
故在开区间(a,b)内至少存在一点ξ,使得
$$\varphi'(\xi)=f'(\xi)-\frac{f(b)-f(a)}{b-a}=0.$$
由此得到
$$f(b)-f(a)=(b-a)f'(\xi). \quad \square$$
如图 4.3 所示.

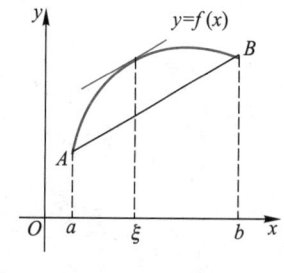

图 4.3

公式(3)叫做**拉格朗日中值公式**. 在微分学中占有极其重要的地位,它表明了函数在两点处的函数值与导数间的关系. 以后将不止一次用到它,特别可利用它研究函数的单调性及某些等式与不等式的证明.

显然,当$f(x)$在区间(a,b)内可导时,若$x,x+\Delta x\in(a,b)$,则有ξ介于$x,x+\Delta x$之间,使得
$$f(x+\Delta x)-f(x)=f'(\xi)\Delta x. \tag{4}$$
由于ξ可表示为
$$\xi=x+\theta\Delta x \quad (0<\theta<1),$$
(4)式又可写成
$$f(x+\Delta x)-f(x)=f'(x+\theta\Delta x)\Delta x, \tag{5}$$
即
$$\Delta y=f'(x+\theta\Delta x)\Delta x.$$
与用微分近似替代增量的式子
$$\Delta y\approx f'(x)\Delta x$$
比较,后者需要$|\Delta x|$充分小,而且是近似式,但它简单好算,是Δx的线性函数. 而前者是一个准确的增量公式,且$|\Delta x|$不必很小,只要是个有限量即可,这就是它的重要性所在. 公式(4),(5)也叫做有限

增量公式. 虽然这里只肯定了 ξ 或 θ 的存在性,未能说明其确切的值,但这不妨碍它在理论上的作用.

推论 2 在区间 I 上,若 $f'(x) \equiv 0$,则
$$f(x) = C \quad (C \text{ 为常数}).$$

证明 对区间 I 内任意两点 x_1, x_2,由拉格朗日中值定理,有
$$f(x_2) - f(x_1) = (x_2 - x_1)f'(\xi), \quad \xi \text{ 介于 } x_1, x_2 \text{ 之间}.$$
因为 $f'(x) \equiv 0$,所以 $f(x_1) = f(x_2)$,即在区间 I 内任意两点的函数值都相等,故
$$f(x) = C. \qquad \square$$

这个推论是"常数的导数为零"的逆命题,在后面的积分学中起着重要的作用.

显然,如果在区间 I 上,$f'(x) = g'(x)$,则 $f(x)$ 与 $g(x)$ 最多相差一个常数,即
$$f(x) = g(x) + C, \quad x \in I.$$

推论 3 在区间 I 上,若 $f'(x) > 0$ (<0),则 $f(x)$ 单增(单减).

证明 任取两点 $x_1, x_2 \in I$,设 $x_1 < x_2$,由拉格朗日中值定理,有
$$f(x_2) - f(x_1) = (x_2 - x_1)f'(\xi) \quad (x_1 < \xi < x_2).$$
因为 $f'(x) > 0, x \in I$,所以 $f'(\xi) > 0$,从而
$$f(x_2) - f(x_1) > 0.$$
同法可证推论的另一部分. $\qquad \square$

定理 4.3(柯西中值定理)① 如果函数 $f(x)$ 和 $g(x)$ 满足

(i) 在闭区间 $[a, b]$ 上连续;

(ii) 在开区间 (a, b) 内可导,且 $g'(x) \neq 0$,

则在开区间 (a, b) 内至少存在一点 ξ,使得
$$\frac{f(b) - f(a)}{g(b) - g(a)} = \frac{f'(\xi)}{g'(\xi)}. \tag{6}$$

分析 将(6)式写成
$$f(b) - f(a) = \frac{f'(\xi)}{g'(\xi)}[g(b) - g(a)]$$
的形式,显然当 $g(x) = x$ 时,它就是拉格朗日中值公式,所以柯西中值定理是拉格朗日中值定理的推广. 用类比法不难得到它的证明. 请读者自己给出柯西中值定理的几何意义.

*证明 首先指出 $g(b) - g(a) \neq 0$,这是因为

---

① 柯西(Cauchy A L, 1789—1857),法国数学家. 现代微积分的奠基人,创造力惊人,名言是"人总是要死的,但他们的业绩应该永存".

$$g(b)-g(a)=(b-a)g'(\eta),$$

其中 η 介于 a,b 之间,而 $g'(\eta)\neq 0$.

类比拉格朗日中值定理的证明,引进辅助函数

$$\varphi(x)=f(x)-\frac{f(b)-f(a)}{g(b)-g(a)}g(x).$$

$\varphi(x)$ 满足罗尔定理的条件:$\varphi(x)\in C[a,b]$,在 (a,b) 内可导,且

$$\varphi'(x)=f'(x)-\frac{f(b)-f(a)}{g(b)-g(a)}g'(x),$$

$$\varphi(a)=\varphi(b)=\frac{f(a)g(b)-f(b)g(a)}{g(b)-g(a)}.$$

于是由罗尔定理知,在 (a,b) 内至少存在一点 ξ,使得

$$\varphi'(\xi)=f'(\xi)-\frac{f(b)-f(a)}{g(b)-g(a)}g'(\xi)=0,$$

由此得到

$$\frac{f(b)-f(a)}{g(b)-g(a)}=\frac{f'(\xi)}{g'(\xi)}. \quad\square$$

注意:这三个定理的条件都是充分条件. 如果条件不成立,对某些函数也可能有类似的结果;对另外一些函数,定理的结论不成立,请读者举出各种例子来说明. 下面我们举例说明这三个定理及推论在讨论函数的单调性、方程的根、不等式与等式的证明,以及在其他理论命题证明中的应用.

例 1 讨论函数 $f(x)=3x^4-8x^3+6x^2-1$ 的单调区间.

解 由

$$f'(x)=12x^3-24x^2+12x=12x(x-1)^2$$

知:

当 $x<0$ 时,$f'(x)<0$,所以 $f(x)$ 在 $(-\infty,0]$ 上单调下降;

当 $x>0$ 时,$f'(x)\geq 0$,仅在 $x=1$ 一点处 $f'(x)=0$,所以 $f(x)$ 在 $[0,+\infty)$ 上单调上升.

讨论函数的单调性时,将导函数分解为因式连乘(除)的形式是有益的,然后以 $f'(x)$ 的零点及不可导的点为分点,将定义域分为几个区间,在各区间上考察 $f'(x)$ 的正负号,确定 $f(x)$ 的单调性. 在一个区间上的连续函数,个别点导数为零或不可导不影响函数的单调性.

例 2 设 $f(x)=x^3-3ax+2b$,其中 $b>0,a^3>b^2$,讨论方程 $f(x)=0$ 有几个实根.

解 因为
$$f'(x)=3x^2-3a=3(x-\sqrt{a})(x+\sqrt{a}),$$
所以,当 $x<-\sqrt{a}$ 时, $f'(x)>0, f(x)\uparrow$;当 $-\sqrt{a}<x<\sqrt{a}$ 时, $f'(x)<0$, $f(x)\downarrow$;当 $x>\sqrt{a}$ 时, $f'(x)>0, f(x)\uparrow$. 又
$$f(-\sqrt{a})=2\left(a^{\frac{3}{2}}+b\right)>0, \quad f(\sqrt{a})=-2\left(a^{\frac{3}{2}}-b\right)<0,$$
$$\lim_{x\to-\infty}f(x)=-\infty, \quad \lim_{x\to+\infty}f(x)=+\infty.$$
根据连续函数零点存在定理及函数在各区间上的单调性知,方程 $f(x)=0$ 有三个实根,分别在区间 $(-\infty,-\sqrt{a}),(-\sqrt{a},\sqrt{a})$ 和 $(\sqrt{a},+\infty)$ 内.

例3 设常数 $c_0,c_1,\cdots,c_n$ 满足条件
$$c_0+\frac{c_1}{2}+\cdots+\frac{c_n}{n+1}=0,$$
试证方程
$$c_0+c_1x+\cdots+c_nx^n=0 \tag{7}$$
在 0 与 1 之间至少有一个根.

分析 讨论方程根的存在性,现在有两种方法:其一,用零点存在定理;其二,用本节的推论 1. 这里不能用零点存在定理,因为(7)式左边函数在点 0 与 1 处是否异号未知. 用推论 1 时,要先构造一个以(7)式左边函数为导函数的函数.

证明 设
$$f(x)=c_0x+\frac{c_1}{2}x^2+\cdots+\frac{c_n}{n+1}x^{n+1},$$
则
$$f'(x)=c_0+c_1x+\cdots+c_nx^n, \quad x\in\mathbf{R}.$$
且由给定的条件知
$$f(0)=0, \quad f(1)=0.$$
因此由推论 1 知,在区间 $(0,1)$ 内至少有一点 x_0,使
$$f'(x_0)=c_0+c_1x_0+\cdots+c_nx_0^n=0.$$
故方程(7)在 0 与 1 之间至少有一个根. □

例4 设函数 $f(x)$ 在区间 $[0,1]$ 上可导, $f'(x)\neq 1$,且 $0<f(x)<1$. 试证在区间 $(0,1)$ 内有唯一的 x,使 $f(x)=x$.

证明 (存在性)设 $F(x)=f(x)-x$,则 $F(0)=f(0)-0>0$, $F(1)=f(1)-1<0$,又 $F(x)\in C[0,1]$,所以由零点存在定理知存在 $\xi\in(0,1)$,

使 $F(\xi)=0$，即 $f(\xi)=\xi$。

（唯一性）反证法，设有 $\xi_1, \xi_2 \in (0,1)$，$\xi_1 < \xi_2$，使得
$$f(\xi_1) = \xi_1, \quad f(\xi_2) = \xi_2.$$
在区间 $[\xi_1, \xi_2]$ 上，对函数 $f(x)$ 应用拉格朗日中值定理，有 $\xi \in (\xi_1, \xi_2) \subset (0,1)$，使
$$f'(\xi) = \frac{f(\xi_2) - f(\xi_1)}{\xi_2 - \xi_1} = \frac{\xi_2 - \xi_1}{\xi_2 - \xi_1} = 1.$$
这与假设 $f'(x) \neq 1$ 矛盾。 □

例 5 试证：当 $n>1, 0<x<y$ 时，有不等式
$$nx^{n-1}(y-x) < y^n - x^n < ny^{n-1}(y-x).$$

证明 设 $f(t) = t^n$，显然，$f(t)$ 在 $[x,y]$ 区间上满足拉格朗日中值定理条件，故有
$$y^n - x^n = n\xi^{n-1}(y-x), \quad \xi \in (x,y).$$
因为 $y-x>0$，$x<\xi<y$，所以 $n>1$ 时，有
$$nx^{n-1}(y-x) < y^n - x^n < ny^{n-1}(y-x). \quad \Box$$

例 6 试证
$$\arctan\sqrt{\frac{1-x}{1+x}} + \frac{1}{2}\arcsin x = \frac{\pi}{4}. \tag{8}$$

证明 当 $x=0$ 时，(8) 式成立，又因 (8) 式左边函数的导数为零。由推论 2 知等式 (8) 成立。 □

例 7 若 $f(x)$ 在有限区间 (a,b) 内可微，但 $f(x)$ 无界，试证 $f'(x)$ 在 (a,b) 内也无界。

证明 反证法，设 $|f'(x)| \leq M$。任意取定一点 $x_0 \in (a,b)$，$\forall x \in (a,b)$，在以 x_0, x 为端点的区间上应用拉格朗日中值定理有
$$|f(x) - f(x_0)| = |f'(\xi)| \cdot |x - x_0| < M(b-a).$$
从而
$$|f(x)| < |f(x_0)| + M(b-a),$$
这与 $f(x)$ 无界矛盾。 □

例 8 设 $f(x)$ 在闭区间 $[x_1, x_2]$ 上可微，且 $x_1 x_2 > 0$，试证：至少有一点 $\xi \in (x_1, x_2)$，使
$$\frac{x_1 f(x_2) - x_2 f(x_1)}{x_1 - x_2} = f(\xi) - \xi f'(\xi). \tag{9}$$

证明 因 $x_1 x_2 > 0$，所以 $x_1, x_2 \neq 0$，且 x_1, x_2 同号。由于

$$\frac{x_1 f(x_2) - x_2 f(x_1)}{x_1 - x_2} = \frac{\dfrac{f(x_2)}{x_2} - \dfrac{f(x_1)}{x_1}}{\dfrac{1}{x_2} - \dfrac{1}{x_1}},$$

故令

$$F(x) = \frac{f(x)}{x}, \quad g(x) = \frac{1}{x},$$

显然,$F(x)$ 和 $g(x)$ 在区间 $[x_1, x_2]$ 上可导,且 $g'(x) = \dfrac{-1}{x^2} \neq 0$,由柯西中值定理知至少存在一点 $\xi \in (x_1, x_2)$,使

$$\frac{\dfrac{f(x_2)}{x_2} - \dfrac{f(x_1)}{x_1}}{\dfrac{1}{x_2} - \dfrac{1}{x_1}} = \frac{\dfrac{\xi f'(\xi) - f(\xi)}{\xi^2}}{-\dfrac{1}{\xi^2}} = f(\xi) - \xi f'(\xi),$$

即(9)式成立. □

4.2 洛必达法则

确定未定式 $\dfrac{0}{0}$ 和 $\dfrac{\infty}{\infty}$ 的极限是较困难的,我们曾采取消去"零因式"和"∞ 因式",利用重要极限,以及等价无穷小代换等手段部分地解决问题. 由于柯西中值定理能把函数比变为导数比,从而促使人们想到,上述未定式的极限能否通过导数比的极限来确定?早在 1694 年,约翰·伯努利(Bernoulli J(瑞士),1667—1748)就肯定了这个想法,写信给他的学生洛必达①,从而产生了简便而重要的洛必达法则.

① 洛必达(L'Hospital G F A,1661—1704),法国数学家. 他的最大业绩是撰写了世界上第一本系统的微积分教程.

4.2.1 $\dfrac{0}{0}$ 和 $\dfrac{\infty}{\infty}$ 型未定式

洛必达法则 如果 $\lim \dfrac{f(x)}{g(x)}$ 为 "$\dfrac{0}{0}$" 或 "$\dfrac{\infty}{\infty}$" 型未定式,而 $\lim \dfrac{f'(x)}{g'(x)}$ 存在或为无穷大,则有

$$\lim \frac{f(x)}{g(x)} = \lim \frac{f'(x)}{g'(x)}.$$

法则中的极限过程,可以是函数极限的任何一种,但同一问题中的极限过程相同.

微视频
4.2.1 洛必达法则
4.2.2 洛必达法则举例(1)

证明 $\left(\text{仅对 } x \to x_0 \text{ 时的 } "\dfrac{0}{0}" \text{ 型给出证明}\right)$ 定义 $f(x_0) = g(x_0) = 0$,则 $f(x), g(x)$ 在点 x_0 处连续. 这样对充分靠近 x_0 的点 $x, f(x), g(x)$ 在以 x_0 和 x 为端点的区间上满足柯西中值定理的条件,故有

$$\frac{f(x)}{g(x)} = \frac{f(x) - f(x_0)}{g(x) - g(x_0)} = \frac{f'(\xi)}{g'(\xi)}, \quad \xi \text{ 介于 } x_0, x \text{ 之间}.$$

令 $x \to x_0$,取极限,注意此时 $\xi \to x_0$,故

$$\lim_{x \to x_0} \frac{f(x)}{g(x)} = \lim_{\xi \to x_0} \frac{f'(\xi)}{g'(\xi)} = \lim_{x \to x_0} \frac{f'(x)}{g'(x)}. \quad \square$$

例 1 $\lim\limits_{x \to 1} \dfrac{\sin \pi x}{\arctan x - \operatorname{arccot} x} \xlongequal{\frac{0}{0}} \lim\limits_{x \to 1} \dfrac{\pi \cos \pi x}{\dfrac{1}{1+x^2} + \dfrac{1}{1+x^2}} = -\pi.$

例 2 $\lim\limits_{x \to 0} \dfrac{e^x - e^{-x} - 2x}{x - \sin x} \xlongequal{\frac{0}{0}} \lim\limits_{x \to 0} \dfrac{e^x + e^{-x} - 2}{1 - \cos x} \xlongequal{\frac{0}{0}} \lim\limits_{x \to 0} \dfrac{e^x - e^{-x}}{\sin x}$

$$\xlongequal{\frac{0}{0}} \lim_{x \to 0} \frac{e^x + e^{-x}}{\cos x} = 2.$$

每次使用洛必达法则之前都必须检查是否满足条件,特别是是否为 $\dfrac{0}{0}$ 或 $\dfrac{\infty}{\infty}$ 型未定式,而且应尽力化简. 有时连续几次使用洛必达法则,也有时要结合使用其他方法.

例 3 $\lim\limits_{x \to a} \dfrac{\cos x \ln |x - a|}{\ln |e^x - e^a|} = \lim\limits_{x \to a} \cos x \lim\limits_{x \to a} \dfrac{\ln |x - a|}{\ln |e^x - e^a|}$

$$\xlongequal{\frac{\infty}{\infty}} \cos a \lim_{x \to a} \frac{\dfrac{1}{x-a}}{\dfrac{e^x}{e^x - e^a}} = \cos a \lim_{x \to a} \frac{1}{e^x} \lim_{x \to a} \frac{e^x - e^a}{x - a}$$

$$= \frac{\cos a}{e^a} e^a = \cos a.$$

这里最后用到 e^x 在 $x = a$ 处导数的定义,在求 $\dfrac{0}{0}$ 或 $\dfrac{\infty}{\infty}$ 型未定式的极限时,应先把非零的定式因式分离出来,免得求导运算过于复杂.

例 4 $\lim\limits_{x \to +\infty} \dfrac{x^\mu}{\ln x} \xlongequal{\frac{\infty}{\infty}} \lim\limits_{x \to +\infty} \dfrac{\mu x^{\mu-1}}{\dfrac{1}{x}} = \lim\limits_{x \to +\infty} \mu x^\mu = +\infty \quad (\mu > 0).$

由例 4 知,当 $x \to +\infty$ 时,任何正幂的幂函数都比对数函数更快地趋向于无穷.

例 5　求极限 $\lim\limits_{x\to+\infty}\dfrac{x^\mu}{\alpha^{\lambda x}}$ $(\lambda,\mu>0,\alpha>1)$.

解　因 $\mu>0$,必有正整数 n_0,使 $n_0-1<\mu\leq n_0$,连续使用洛必达法则 n_0 次,得

$$\lim_{x\to+\infty}\dfrac{x^\mu}{\alpha^{\lambda x}}\xlongequal{\frac{\infty}{\infty}}\lim_{x\to+\infty}\dfrac{\mu x^{\mu-1}}{\lambda\alpha^{\lambda x}\ln\alpha}=\cdots=\lim_{x\to+\infty}\dfrac{\mu(\mu-1)\cdots(\mu-n_0+1)}{\lambda^{n_0}\alpha^{\lambda x}x^{n_0-\mu}\ln^{n_0}\alpha}=0.$$

由例 5 知,当 $x\to+\infty$ 时,底数大于 1、指数为正的指数函数比任何幂函数都更快地趋向于无穷.

最后指出,当导数比的极限不存在时,不能断定函数比的极限不存在,这时不能使用洛必达法则,例如

$$\lim_{x\to\infty}\dfrac{x+\sin x}{x}=\lim_{x\to\infty}\left(1+\dfrac{\sin x}{x}\right)=1.$$

然而

$$\dfrac{(x+\sin x)'}{x'}=1+\cos x,$$

当 $x\to\infty$ 时无极限.

4.2.2　其他型未定式

下面涉及的极限,在同一问题中的极限过程是相同的,我们不再标明了.

若 $f(x)\to 0,g(x)\to\infty$,则说 $f(x)g(x)$ 是"$0\cdot\infty$"型未定式,只要把它变形为

$$f(x)g(x)=\dfrac{f(x)}{\dfrac{1}{g(x)}}\quad \text{或}\quad f(x)g(x)=\dfrac{g(x)}{\dfrac{1}{f(x)}},$$

使之呈 $\dfrac{0}{0}$ 型或 $\dfrac{\infty}{\infty}$ 型,就可以考虑使用洛必达法则求极限.

若 $f(x)\to+\infty,g(x)\to+\infty$（或 $f(x)\to-\infty,g(x)\to-\infty$）,则说 $f(x)-g(x)$ 是"$\infty-\infty$"型未定式.也要考虑先把它化为 $\dfrac{0}{0}$ 或 $\dfrac{\infty}{\infty}$ 型,如

$$f(x)-g(x)=\dfrac{\dfrac{1}{g(x)}-\dfrac{1}{f(x)}}{\dfrac{1}{g(x)f(x)}}.$$

对具体问题,可能有较简单的化法.

当幂指函数 $f(x)^{g(x)}$ 为 "0^0" "1^∞" 或 "∞^0" 型未定式时,由于
$$f(x)^{g(x)} = \exp(g(x)\ln f(x)) \quad (f(x)>0),$$
它的极限取决于 $g(x)\ln f(x)$ 的极限,这是 "$0 \cdot \infty$" 型未定式,可以用上述方法确定极限,从而求出 $f(x)^{g(x)}$ 的极限.

注意,"$0 \cdot \infty$" "$\infty - \infty$" "0^0" "1^∞" 和 "∞^0" 五种未定式没有直接的洛必达法则,只有把它们化为 $\dfrac{0}{0}$ 型或 $\dfrac{\infty}{\infty}$ 型,才可能使用洛必达法则.

例 6 $\lim\limits_{x \to 0^+} x^\mu \ln x \xlongequal{0 \cdot \infty} \lim\limits_{x \to 0^+} \dfrac{\ln x}{x^{-\mu}} \xlongequal{\frac{\infty}{\infty}} \lim\limits_{x \to 0^+} \dfrac{x^\mu}{-\mu} = 0 \quad (\mu > 0).$

例 7 $\lim\limits_{x \to 0}\left(\dfrac{1}{x^2} - \cot^2 x\right) \xlongequal{\infty - \infty} \lim\limits_{x \to 0} \dfrac{\tan^2 x - x^2}{x^2 \tan^2 x} = \lim\limits_{x \to 0} \dfrac{\tan x + x}{x} \cdot \dfrac{\tan x - x}{x^3}$

$\xlongequal{\frac{0}{0}} 2 \lim\limits_{x \to 0} \dfrac{1 - \cos^2 x}{3x^2 \cos^2 x} = \dfrac{2}{3} \lim\limits_{x \to 0} \dfrac{\sin^2 x}{x^2} = \dfrac{2}{3}.$

例 8 $\lim\limits_{x \to 0^+} (\cot x)^{\frac{1}{\ln x}} \xlongequal{\infty^0} \lim\limits_{x \to 0^+} \exp\left(\dfrac{\ln \cot x}{\ln x}\right) \xlongequal{\frac{\infty}{\infty}} \exp\left(\lim\limits_{x \to 0^+} \dfrac{-\tan x \csc^2 x}{x^{-1}}\right)$

$= \exp\left(\lim\limits_{x \to 0^+} \dfrac{-x}{\sin x \cos x}\right) = e^{-1}.$

例 9 $\lim\limits_{x \to \infty}\left(\sin \dfrac{2}{x} + \cos \dfrac{1}{x}\right)^x \xlongequal{1^\infty} \lim\limits_{x \to \infty} \exp\left(x \ln\left(\sin \dfrac{2}{x} + \cos \dfrac{1}{x}\right)\right)$

$\xlongequal{\diamondsuit t = \frac{1}{x}} \exp\left(\lim\limits_{t \to 0} \dfrac{\ln(\sin 2t + \cos t)}{t}\right)$

$\xlongequal{\frac{0}{0}} \exp\left(\lim\limits_{t \to 0} \dfrac{2\cos 2t - \sin t}{\sin 2t + \cos t}\right) = e^2.$

求数列的极限不能直接用洛必达法则,除非能把它转化为函数的未定式的极限.

例 10 求 $\lim\limits_{n \to \infty}\left(\dfrac{\pi}{2} - \arctan n\right)^{\frac{1}{\ln n}}$.

解 由于

$\lim\limits_{x \to +\infty}\left(\dfrac{\pi}{2} - \arctan x\right)^{\frac{1}{\ln x}} \xlongequal{0^0} \exp\left(\lim\limits_{x \to +\infty} \dfrac{\ln\left(\dfrac{\pi}{2} - \arctan x\right)}{\ln x}\right)$

$\xlongequal{\frac{\infty}{\infty}} \exp\left(\lim\limits_{x \to +\infty} \dfrac{\dfrac{-x}{1+x^2}}{\dfrac{\pi}{2} - \arctan x}\right) \xlongequal{\frac{0}{0}} \exp\left(\lim\limits_{x \to +\infty} \dfrac{1-x^2}{1+x^2}\right)$

$= e^{-1}.$

又 $n \to \infty$ 是 $x \to +\infty$ 中的一种特殊情况,所以有

$$\lim_{n \to \infty} \left(\frac{\pi}{2} - \arctan n \right)^{\frac{1}{\ln n}} = e^{-1}.$$

4.3 泰勒公式

微视频
4.3.1 泰勒公式的引入
4.3.2 泰勒中值定理

无论在理论研究上,还是在实际工作中,以简单的熟悉的函数来近似表达复杂的函数都是常用的手段.我们最熟悉的最简单的函数就是多项式函数,它不仅容易计算函数值,而且它的导数仍为多项式.更突出的是在第三章 3.4 节中看到的,多项式由它的系数完全确定,而多项式的系数又由它在一点的函数值及导数值确定.那么用怎样的多项式去逼近给定的函数呢?误差如何呢?

在讲微分时,我们知道,若 $f'(x_0)$ 存在,在 x_0 附近有

$$f(x) \approx f(x_0) + f'(x_0)(x - x_0). \tag{1}$$

当 $x \to x_0$ 时,其误差是比 $(x - x_0)$ 高阶的无穷小.但是用一次多项式来近似表达函数 $f(x)$ 常常不能满足精度要求,比如造三角函数表,若用(1)式近似计算函数值就太粗糙了,而且对(1)式的误差没有定量的估计.因此人们希望在 x_0 附近用适当的高次多项式

$$P_n(x) = a_0 + a_1(x - x_0) + a_2(x - x_0)^2 + \cdots + a_n(x - x_0)^n,$$

即

$$P_n(x) = P_n(x_0) + P_n'(x_0)(x - x_0) + \frac{P_n''(x_0)}{2!}(x - x_0)^2 + \cdots +$$

$$\frac{P_n^{(n)}(x_0)}{n!}(x - x_0)^n \tag{2}$$

来近似表达函数 $f(x)$.

假设函数 $f(x)$ 在点 x_0 处有 n 阶导数,类比(1)式,自然希望多项式(2)在 x_0 处的值以及它的各阶导数在 x_0 处的值分别与 $f(x_0)$,$f'(x_0)$,$\cdots$,$f^{(n)}(x_0)$ 相等(用几何的话来说,就是在 x_0 处有相同的纵坐标、相同的切线、相同的弯曲方向和弯曲程度……从运动学角度讲,就是要有相同的起点、相同的初始速度、相同的加速度……),所以,多项式(2)应为

$$P_n(x) = f(x_0) + f'(x_0)(x - x_0) +$$

$$\frac{f''(x_0)}{2!}(x - x_0)^2 + \cdots + \frac{f^{(n)}(x_0)}{n!}(x - x_0)^n. \tag{3}$$

称(3)式为 $f(x)$ 的泰勒[①]多项式.

下面将证明确实可以用泰勒多项式逼近函数 $f(x)$, 并估计它的误差.

定理 4.4(泰勒定理) 设函数 $f(x)$ 在点 x_0 处有 n 阶导数, 则在 x_0 附近 $f(x)$ 可表示为

$$f(x) = f(x_0) + f'(x_0)(x-x_0) + \frac{f''(x_0)}{2!}(x-x_0)^2 + \cdots + \frac{f^{(n)}(x_0)}{n!}(x-x_0)^n + R_n(x), \tag{4}$$

其中

$$R_n(x) = o(|x-x_0|^n). \tag{5}$$

分析 要证明的是 $R_n(x)$ 是 $(x-x_0)^n$ 的高阶无穷小. 自然想到高阶无穷小的定义和洛必达法则.

证明 显然

$$R_n(x) = f(x) - P_n(x)$$

在 x_0 处有 n 阶导数, 且

$$R_n(x_0) = R_n'(x_0) = R_n''(x_0) = \cdots = R_n^{(n)}(x_0) = 0. \tag{6}$$

据此, 连续使用洛必达法则 $n-1$ 次, 再用 n 阶导数定义, 可推得

$$\lim_{x \to x_0} \frac{R_n(x)}{(x-x_0)^n} = \lim_{x \to x_0} \frac{R_n^{(n-1)}(x)}{n!(x-x_0)}$$

$$= \frac{1}{n!} \lim_{x \to x_0} \frac{R_n^{(n-1)}(x) - R_n^{(n-1)}(x_0)}{x-x_0} = \frac{1}{n!} R_n^{(n)}(x_0) = 0.$$

这说明, 当 $x \to x_0$ 时, $R_n(x)$ 是 $(x-x_0)^n$ 的高阶无穷小, 即

$$R_n(x) = o(|x-x_0|^n). \quad \square$$

称(4)式为函数 $f(x)$ 按 $(x-x_0)$ 的幂(或在 x_0 处)展开到 n 阶的**泰勒公式**, 称(5)式为**佩亚诺**[①]**型余项**. 定理 4.4 说明当 $|x-x_0|$ 充分小时, 可以用泰勒多项式(2)逼近函数 $f(x)$.

定理 4.5(泰勒中值定理) 设函数 $f(x)$ 在区间 I 上有 $n+1$ 阶导数, $x_0 \in I$, 则在区间 I 上 $f(x)$ 的 n 阶泰勒公式(4)成立, 且其余项 $R_n(x)$ 可表示为

$$R_n(x) = \frac{f^{(n+1)}(\xi)}{(n+1)!}(x-x_0)^{n+1}, \quad x \in I, \tag{7}$$

其中 ξ 是介于 x_0 和 x 之间的某个(与 x 有关的)数.

[①]泰勒(Taylor B, 1685—1731), 英国数学家.

[①]佩亚诺(Peano G, 1858—1932), 意大利数学家.

分析 将要证的(7)式变形为

$$\frac{R_n(x)}{(x-x_0)^{n+1}} = \frac{f^{(n+1)}(\xi)}{(n+1)!},$$

等式一边为两个函数比,另一边为它们的 $n+1$ 阶导数比. 自然联想到柯西中值定理.

证明 注意(6)式,对函数 $R_n(x)$ 及 $(x-x_0)^{n+1}$ 在以 x_0 及 $x \in I$ 为端点的区间上应用柯西中值定理,得

$$\frac{R_n(x)}{(x-x_0)^{n+1}} = \frac{R_n(x)-R_n(x_0)}{(x-x_0)^{n+1}-0} = \frac{R_n'(\xi_1)}{(n+1)(\xi_1-x_0)^n} \quad (\xi_1 \text{ 在 } x_0, x \text{ 之间}),$$

再对函数 $R_n'(x)$ 及 $(n+1)(x-x_0)^n$ 在以 x_0 及 ξ_1 为端点的区间上应用柯西中值定理,有

$$\frac{R_n'(\xi_1)}{(n+1)(\xi_1-x_0)^n} = \frac{R_n'(\xi_1)-R_n'(x_0)}{(n+1)(\xi_1-x_0)^n-0}$$

$$= \frac{R_n''(\xi_2)}{n(n+1)(\xi_2-x_0)^{n-1}} \quad (\xi_2 \text{ 在 } x_0, \xi_1 \text{ 之间}).$$

如此,连续应用柯西中值定理 $n+1$ 次,得到

$$\frac{R_n(x)}{(x-x_0)^{n+1}} = \frac{R_n^{(n+1)}(\xi)}{(n+1)!} \quad (\xi \text{ 在 } x_0, x \text{ 之间}).$$

又因 $R_n^{(n+1)}(x) = f^{(n+1)}(x)$(因 $P_n^{(n+1)}(x) = 0$),所以

$$R_n(x) = \frac{f^{(n+1)}(\xi)}{(n+1)!}(x-x_0)^{n+1} \quad (\xi \text{ 在 } x_0, x \text{ 之间}). \quad \square$$

称(7)式为**拉格朗日型余项**.

容易看出:

1. 当 $n=0$ 时,泰勒公式就是拉格朗日中值公式.

2. 若用 $f(x)$ 的 n 阶泰勒多项式近似表达 $f(x)$,其误差

$$|R_n(x)| = \frac{|f^{(n+1)}(\xi)|}{(n+1)!}|x-x_0|^{n+1}.$$

特别地,若 $x \in I$ 时,$|f^{(n+1)}(x)| < M$,则

$$|R_n(x)| \leq \frac{M}{(n+1)!}|x-x_0|^{n+1}. \tag{8}$$

所以,只要 $|x-x_0|$ 适当地小,误差 $|R_n(x)|$ 就能小于预先指定的数.

3. 若在区间 I 内,$f(x)$ 有各阶导数,且有共同的界,则对固定的 $x \in I$,因为

$$\lim_{n \to \infty} \frac{|x-x_0|^{n+1}}{(n+1)!} = 0,$$

所以只要(4)式中多项式的次数 n 适当地大,误差 $|R_n(x)|$ 也能小于预先指定的数.

在泰勒公式(4)中,若 $x_0=0$,则 ξ 介于 $0,x$ 之间,故 ξ 可表示为 $\xi=\theta x(0<\theta<1)$,这时的(4)式,即按 x 的幂(在零点)展开的泰勒公式叫做**麦克劳林**[①]**公式**

① 麦克劳林(Maclaurin C,1698—1746),英国数学家.

$$f(x)=f(0)+f'(0)x+\frac{f''(0)}{2!}x^2+\cdots+\frac{f^{(n)}(0)}{n!}x^n+$$
$$\frac{f^{(n+1)}(\theta x)}{(n+1)!}x^{n+1} \quad (0<\theta<1). \tag{9}$$

由此得到近似公式

$$f(x)\approx f(0)+f'(0)x+\frac{f''(0)}{2!}x^2+\cdots+\frac{f^{(n)}(0)}{n!}x^n.$$

此时误差估计式(8)变为

$$|R_n|\leq \frac{M}{(n+1)!}|x|^{n+1}.$$

由第三章3.4节的高阶导数公式,不难得到下列几个初等函数的麦克劳林公式:

微视频
4.3.3 常用的泰勒公式

(1) $e^x=1+x+\dfrac{x^2}{2!}+\cdots+\dfrac{x^n}{n!}+\dfrac{e^{\theta x}}{(n+1)!}x^{n+1}$;

(2) $\sin x=x-\dfrac{x^3}{3!}+\dfrac{x^5}{5!}-\cdots+(-1)^m\dfrac{x^{2m+1}}{(2m+1)!}+(-1)^{m+1}\dfrac{\cos\theta x}{(2m+3)!}x^{2m+3}$;

(3) $\cos x=1-\dfrac{x^2}{2!}+\dfrac{x^4}{4!}-\cdots+(-1)^m\dfrac{x^{2m}}{(2m)!}+(-1)^{m+1}\dfrac{\cos\theta x}{(2m+2)!}x^{2m+2}$;

(4) $\ln(1+x)=x-\dfrac{x^2}{2}+\dfrac{x^3}{3}-\cdots+(-1)^{n-1}\dfrac{x^n}{n}+(-1)^n\dfrac{x^{n+1}}{(n+1)(1+\theta x)^{n+1}}$;

(5) $(1+x)^\mu=1+\mu x+\dfrac{\mu(\mu-1)}{2!}x^2+\cdots+\dfrac{\mu(\mu-1)\cdots(\mu-n+1)}{n!}x^n+$
$\dfrac{\mu(\mu-1)\cdots(\mu-n)}{(n+1)!}(1+\theta x)^{\mu-n-1}x^{n+1}.$

公式中 $\theta\in(0,1)$,在包含原点且函数及各阶导数都存在的区间上,上述五个公式都成立.

下面仅证明(2),(5).

(2)的证明

因为 $f^{(n)}(x)=\sin\left(x+n\cdot\dfrac{\pi}{2}\right)$ $(n=0,1,2,\cdots)$,所以 $f(0)=0$,

$f'(0)=1, f''(0)=0, f'''(0)=-1,\cdots$,从而 $\sin x$ 的 $2m+2$ 阶麦克劳林公式为

$$\sin x = x - \frac{x^3}{3!} + \frac{x^5}{5!} - \cdots + (-1)^m \frac{x^{2m+1}}{(2m+1)!} + R_{2m+2},$$

其中

$$R_{2m+2} = \frac{\sin\left[\theta x + (2m+3)\frac{\pi}{2}\right]}{(2m+3)!} x^{2m+3} = (-1)^{m+1} \frac{\cos \theta x}{(2m+3)!} x^{2m+3}. \quad \square$$

由公式(2)知,$\sin x$ 可以用多项式近似表示为

$$\sin x \approx x - \frac{x^3}{3!} + \frac{x^5}{5!} - \cdots + (-1)^m \frac{x^{2m+1}}{(2m+1)!},$$

其误差为

$$|R_{2m+2}| = \left|(-1)^{m+1}\frac{\cos \theta x}{(2m+3)!}x^{2m+3}\right| \leqslant \frac{|x|^{2m+3}}{(2m+3)!}, \quad -\infty < x < +\infty.$$

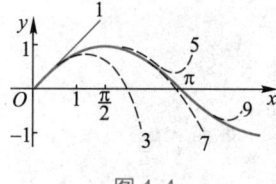

图 4.4

图 4.4 表示不同次数的泰勒多项式逼近函数 $\sin x$ 的情形. 当 $m=0$ 时,有 $\sin x \approx x$,误差 $|R_2| \leqslant \frac{|x|^3}{6}$,要使误差小于 0.001,必须 $|x| <$ 0.181 7(约 10°). 当 $m=1$ 时,有 $\sin x \approx x - \frac{x^3}{3!}$,误差 $|R_4| \leqslant \frac{|x|^5}{120}$,要使误差小于 0.001,只需 $|x| < 0.654\ 4$(约 37.5°).

(5)的证明

因为 $f^{(n)}(x) = \mu(\mu-1)\cdots(\mu-n+1)(1+x)^{\mu-n}$ $(n=1,2,\cdots)$,所以

$$f(0) = 1, \quad f^{(n)}(0) = \mu(\mu-1)\cdots(\mu-n+1),$$
$$f^{(n+1)}(\theta x) = \mu(\mu-1)\cdots(\mu-n)(1+\theta x)^{\mu-n-1},$$

于是

$$(1+x)^\mu = 1 + \mu x + \frac{\mu(\mu-1)}{2!}x^2 + \cdots + \frac{\mu(\mu-1)\cdots(\mu-n+1)}{n!}x^n +$$
$$\frac{\mu(\mu-1)\cdots(\mu-n)}{(n+1)!}(1+\theta x)^{\mu-n-1}x^{n+1}, \quad \theta \in (0,1). \quad \square$$

当 μ 为正整数 n 时,因为 $(1+x)^n$ 的 n 阶以上的导数恒为零,所以 $(1+x)^n$ 的 n 阶麦克劳林公式就是它的牛顿二项公式

$$(1+x)^n = 1 + nx + \frac{n(n-1)}{2!}x^2 + \cdots + x^n.$$

泰勒公式给出具有高阶导数的函数的另一种表示,为计算函数值和用简单函数逼近给定的函数提供了有效的方法,在其他方面也是很有用的. 下面仅举几个例子.

例1 计算 $\ln 1.2$ 的值,准确到小数点后第四位.

解 由公式(7)余项的表达式,通过试算知 $n=5$ 时满足精度要求

$$|R_5(0.2)| = \left|\frac{0.2^6}{6(1+\xi)^6}\right| < \frac{1}{6} \cdot 0.2^6 < 0.000\,011,$$

故

$$\ln 1.2 = \ln(1+0.2)$$
$$\approx 0.2 - \frac{1}{2} \cdot 0.2^2 + \frac{1}{3} \cdot 0.2^3 - \frac{1}{4} \cdot 0.2^4 + \frac{1}{5} \cdot 0.2^5$$
$$\approx 0.182\,3.$$

例2 当 $x \to 0$ 时,$\cos x - e^{-\frac{x^2}{2}}$ 是 x 的几阶无穷小?并求其幂函数形主部.

解 因

$$\cos x = 1 - \frac{x^2}{2!} + \frac{x^4}{4!} + o(x^5),$$

$$e^{-\frac{x^2}{2}} = 1 - \frac{x^2}{2} + \frac{1}{2!}\left(\frac{-x^2}{2}\right)^2 + o(x^4),$$

故由于 $o(x^5) \pm o(x^4) = o(x^4)$,有

$$\cos x - e^{-\frac{x^2}{2}} = -\frac{x^4}{12} + o(x^4),$$

显然,它是 x 的四阶无穷小,幂函数形主部是 $-\frac{x^4}{12}$.

例3 已知 $f(x)$ 连续,$\lim\limits_{x \to 0} \frac{f(x)}{x} = 1$,且 $f''(x) > 0$,证明:当 $x \neq 0$ 时,$f(x) > x$.

证明 因为 $\lim\limits_{x \to 0} \frac{f(x)}{x} = 1$,所以 $f(0) = 0$,$f'(0) = 1$. 故 $f(x)$ 的一阶麦克劳林公式为

$$f(x) = x + \frac{f''(\xi)}{2!}x^2, \quad 0 < \xi < x.$$

由于 $f''(x) > 0$,所以当 $x \neq 0$ 时,有

$$f(x) > x. \quad \square$$

例4 设函数 $f(x)$ 和 $g(x)$ 在 $x \geq x_0$ 上有 n 阶导数,如果 $f(x_0) = g(x_0)$;$f^{(k)}(x_0) = g^{(k)}(x_0)$,$k = 1, 2, \cdots, n-1$;且当 $x > x_0$ 时,

$$f^{(n)}(x) < g^{(n)}(x),$$

则当 $x > x_0$ 时,恒有

$$f(x) < g(x).$$

证明 设 $F(x) = g(x) - f(x)$，则

$$F(x_0) = 0, \quad F^{(k)}(x_0) = 0, \quad k = 1, 2, \cdots, n-1.$$

故 $F(x)$ 的 $n-1$ 阶泰勒公式为

$$F(x) = \frac{F^{(n)}(\xi)}{n!}(x - x_0)^n, \quad x_0 < \xi < x.$$

由于

$$F^{(n)}(\xi) = g^{(n)}(\xi) - f^{(n)}(\xi) > 0,$$

所以，当 $x > x_0$ 时，$F(x) > 0$，即有

$$f(x) < g(x), \quad \text{当 } x > x_0 \text{ 时}. \quad \square$$

例 5 已知 $f(x) = 2x^2(x - \sin^2 x \cos x^2 e^{\tan x})$，求 $f''(0), f'''(0)$.

解 因为 $2x^2 \sin^2 x \cos x^2 e^{\tan x}$ 是 x 的四阶无穷小，所以 $f(x)$ 的三阶麦克劳林公式为

$$f(x) = 2x^3 + o(x^3),$$

故

$$f''(0) = 0, \quad f'''(0) = 2 \cdot 3! = 12.$$

4.4 极值与最大(小)值的求法

4.4.1 函数的极值及其求法

微视频
4.4.1 函数的单调性
4.4.2 函数的极值

定义 4.1 若在 x_0 的某邻域内，恒有

$$f(x) \leq f(x_0) \quad (f(x) \geq f(x_0)),$$

则称 $f(x_0)$ 为函数 $f(x)$ 的一个**极大(小)值**.

极大值、极小值统称为**极值**，使函数 $f(x)$ 取极值的点 x_0（自变量）称为**极值点**.

显然函数的极大值、极小值只是一点附近的最大值、最小值，是局部性的. 因此，一个函数在指定的区间上可以有多个极值，且其中的极大值并不一定都大于每个极小值（图 4.5），类似于罗尔定理的证明，不难得到下面的结果.

定理 4.6 如果函数 $f(x)$ 在点 x_0 处取极值，且在 x_0 处可导，则必有 $f'(x_0) = 0$.

使导数 $f'(x)$ 为零的点叫做函数的**驻点**. 定理是说"可导函数的极值点必是驻点". 但驻点不一定是极值点. 例如，$f(x) = x^3$，有

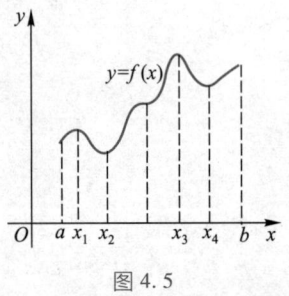

图 4.5

$f'(0)=0$,但 $x=0$ 不是 $f(x)=x^3$ 的极值点. 所以,驻点是极值点的嫌疑点. 此外,导数不存在的点也是极值嫌疑点,再无其他嫌疑点. 下面来判定嫌疑点是否为极值点.

几何上,若 x_0 是连续函数 $f(x)$ 单增、单降的分界点,则 x_0 必为极值点,所以有:

定理 4.7(第一充分判别法) 设 $f(x)$ 在点 x_0 的某一去心邻域 $\overset{\circ}{U}(x_0)$ 内可微,在 x_0 处连续,那么在 $\overset{\circ}{U}(x_0)$ 内,

(i) 如果 $x<x_0$ 时,$f'(x)>0(<0)$;$x>x_0$ 时,$f'(x)<0(>0)$,则 $f(x_0)$ 为极大值(极小值);

(ii) 如果 $f'(x)$ 是定号的,则 $f(x_0)$ 不是极值.

证明 (i) 当 $x<x_0$ 时,$f'(x)>0$,故 $f(x)\uparrow$,$f(x)<f(x_0)$;当 $x>x_0$ 时,$f'(x)<0$,故 $f(x)\downarrow$,$f(x)<f(x_0)$. 故 $f(x_0)$ 为极大值(括号内的情况同法可证).

(ii) $f'(x)$ 定号时,$f(x)$ 是单调的,所以 $f(x_0)$ 不是极值. □

根据定理 4.6 和定理 4.7,求函数 $f(x)$ 的极值可按下面步骤进行:

(1) 求导数 $f'(x)$;

(2) 找嫌疑点——驻点及导数不存在的点;

(3) 考察嫌疑点附近导数的符号,确定极值点并算出极值.

例 1 求函数 $f(x)=(x+1)^3(x-1)^{\frac{2}{3}}$ 的极值及单调区间.

解 (1) $f'(x)=3(x+1)^2(x-1)^{\frac{2}{3}}+\frac{2}{3}(x+1)^3(x-1)^{-\frac{1}{3}}$

$$=\frac{(x+1)^2(11x-7)}{3(x-1)^{\frac{1}{3}}}.$$

(2) 驻点:$x_1=-1$,$x_2=\frac{7}{11}$. 导数不存在的点:$x_3=1$.

(3) 用嫌疑点分割定义区间,讨论 $f'(x)$ 的符号,确定极值点和极值,单调区间.

x	$(-\infty,-1)$	-1	$\left(-1,\frac{7}{11}\right)$	$\frac{7}{11}$	$\left(\frac{7}{11},1\right)$	1	$(1,+\infty)$
$f'(x)$	$+$	0	$+$	0	$-$	不存在	$+$
$f(x)$	↗	$f(-1)=0$ 非极值	↗	$f\left(\frac{7}{11}\right)\approx 2.2$ 为极大值	↘	$f(1)=0$ 为极小值	↗

定理 4.8（第二充分判别法） 设 $f(x)$ 在点 x_0 处有二阶导数,如果 $f'(x_0)=0$，$f''(x_0)<0(>0)$，则 $f(x_0)$ 为极大值（极小值）.

证明 由定理 4.4，$f(x)$ 的二阶泰勒公式为

$$f(x)=f(x_0)+f'(x_0)(x-x_0)+\frac{f''(x_0)}{2!}(x-x_0)^2+o(|x-x_0|^2).$$

因 $f'(x_0)=0$，所以

$$f(x)-f(x_0)=\frac{f''(x_0)}{2!}(x-x_0)^2+o(|x-x_0|^2),$$

当 $|x-x_0|$ 充分小时,这个差的符号与 $f''(x_0)$ 的符号一致($f''(x_0)\neq 0$).
故 $f''(x_0)<0$ 时，$f(x_0)$ 为极大值；$f''(x_0)>0$ 时，$f(x_0)$ 为极小值. □

例 2 求函数 $f(x)=(x^2-1)^3+1$ 的极值.

解 (1) $f'(x)=6x(x^2-1)^2=6x(x-1)^2(x+1)^2$.

(2) 驻点：$x_1=-1$，$x_2=0$，$x_3=1$.

(3) $f''(x)=6(x^2-1)(5x^2-1)$.

因为 $f''(0)=6>0$，所以 $f(x)$ 在 $x=0$ 处取极小值 $f(0)=0$；因为 $f''(-1)=f''(1)=0$，所以在 $x_1=-1$ 及 $x_3=1$ 处不能用定理 4.8 判定. 但由(1)知，在 $x=-1$ 附近 $f'(x)<0$，故 $f(x)$ 在 $x=-1$ 处不取极值. 因为 $f(x)$ 是偶函数,所以在 $x=1$ 处也不取极值(见图 4.6).

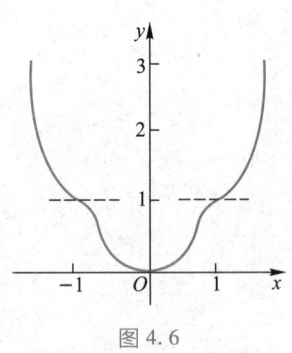

图 4.6

如果对 $x_1=-1$ 及 $x_3=1$ 处,你不想利用定理 4.7 判定函数的极值,而函数 $f(x)$ 又有更高阶的导数,你是否能从定理 4.8 的证明思想引申出新的判定方法？

4.4.2 函数的最大(小)值的求法

在工作中,经常需要求函数的最大(小)值. 比如,在一定条件下,怎样能解决"产量多""用料少""质量高""成本低""效益好"等问题（称为最优化问题）. 又如求闭区间上连续函数的值域等.

若 $f(x)\in C[a,b]$，则 $f(x)$ 在 $[a,b]$ 上的最大(小)值可能在开区间 (a,b) 内取得（此时它必是 $f(x)$ 的极大(小)值），也可能在区间端点取得. 因此,将区间 (a,b) 内所有极值嫌疑点处的函数值和区间端点的函数值 $f(a)$，$f(b)$ 比较,其中最大(小)者就是 $f(x)$ 在区间 $[a,b]$ 上的最大(小)值.

例 3 求函数 $f(x)=x^{2/3}-(x^2-1)^{1/3}$ 在区间 $[-2,2]$ 上的最大值与最小值(图 4.7).

解 因

$$f'(x)=\frac{2}{3}x^{-1/3}-\frac{1}{3}(x^2-1)^{-2/3}\cdot 2x$$

$$=\frac{2[(x^2-1)^{2/3}-x^{4/3}]}{3x^{1/3}(x^2-1)^{2/3}}.$$

微视频
4.4.3 函数的最值(1)
4.4.4 函数的最值(2)

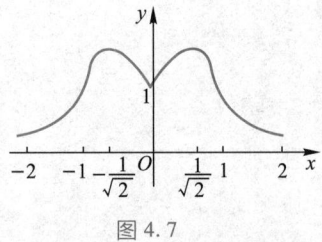

图 4.7

驻点：$x=\pm\dfrac{1}{\sqrt{2}}$. 导数不存在的点：$x=0$，$x=\pm1$. 因$f(x)$是偶函数，仅需计算：

$$f(0)=1,\quad f\left(\dfrac{1}{\sqrt{2}}\right)=\sqrt[3]{4},\quad f(1)=1,\quad f(2)=\sqrt[3]{4}-\sqrt[3]{3}.$$

比较之，易知函数$f(x)$在区间$[-2,2]$上的最大值为$\sqrt[3]{4}$，最小值为$\sqrt[3]{4}-\sqrt[3]{3}$.

在某些特殊情况下，求最大(小)值的方法可以简化：

(1) 当$f(x)$在区间$[a,b]$上单调时，其最大(小)值必在区间的端点上取得.

(2) 设$f(x)\in C(I)$，若在区间I内有唯一的极值嫌疑点x_0，且$f(x_0)$为极大(小)值，则$f(x_0)$就是$f(x)$在I上的最大(小)值.

(3) 对实际问题，常常知道$f(x)$的最大(小)值必在区间I内部取得. 若$f(x)\in C(I)$，且在I内仅有一个极值嫌疑点x_0，则$f(x_0)$就是所求的最大(小)值.

例4 将边长为a的正方形铁皮于四角处剪去相同的小正方形，然后折起各边焊成一个无盖的盒，问剪去的小正方形之边长为多少时，盒的体积最大？

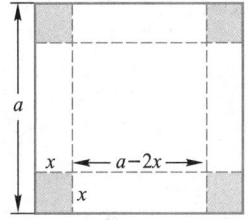

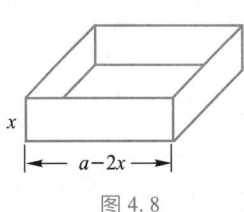

图 4.8

解 见图 4.8. 经验告诉我们，如果四角剪去得太少，盒子浅，体积不大. 相反，如果剪去得多，盒子虽深，但底面积小，体积也大不了. 因此要剪得适当，才能使盒子体积大.

设剪掉的小正方形边长为x，则盒的底面边长为$a-2x$，于是盒的体积为

$$V=(a-2x)^2 x,\quad 0<x<\dfrac{a}{2}.$$

问题变为求$V(x)$在$\left(0,\dfrac{a}{2}\right)$内的最大值. 由于

$$V'=(a-2x)^2-4x(a-2x)=(a-2x)(a-6x),$$

所以在$\left(0,\dfrac{a}{2}\right)$内只有一个嫌疑点$x=\dfrac{a}{6}$. 因为

$$V''\big|_{\frac{a}{6}}=(-8a+24x)\big|_{\frac{a}{6}}=-4a<0,$$

故$x=\dfrac{a}{6}$时，体积V最大，$V\left(\dfrac{a}{6}\right)=\dfrac{2a^3}{27}$.

例5 阻抗匹配问题. 图 4.9 为一稳压电源回路，电动势为E，内阻为r，负载电阻为R，问R多大时输出功率最大？

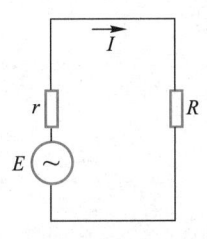

图 4.9

解 由电学知,输出功率,即消耗在负载上的功率为 $P = I^2 R$,其中 I 为回路电流,又由欧姆定律有 $I = \dfrac{E}{r+R}$,故输出功率 P 与负载电阻 R 间的函数关系是

$$P = \dfrac{E^2 R}{(r+R)^2} \quad (R>0).$$

因为

$$P' = E^2 \dfrac{(r+R)^2 - 2R(r+R)}{(r+R)^4} = \dfrac{E^2(r-R)}{(r+R)^3},$$

所以有唯一的极值嫌疑点 $R = r$. 可以肯定,对某一 R 值功率能达到最大,所以当负载电阻 R 等于电源内阻 r 时,输出功率最大,其值为

$$P_{\max} = \dfrac{E^2 r}{(2r)^2} = \dfrac{E^2}{4r}.$$

求实际的最大值与最小值问题时,应首先建立函数关系(称为目标函数),然后求函数的最大值与最小值. 除了上面介绍的方法外,应注意对函数的分析以便使问题简化. 比如求距离最近的点就是求使距离的平方最小的点.

通过求函数的最大(小)值,还可以证明一些不等式、讨论函数的有界性及函数的值域等问题,下面仅举例说明一些不等式的证明.

例 6 试证当 $x>0$ 时,

$$x > \ln(1+x).$$

证明 考察函数 $f(x) = x - \ln(1+x)$. 当 $x>0$ 时,有

$$f'(x) = 1 - \dfrac{1}{1+x} = \dfrac{x}{1+x} > 0,$$

且 $f(x)$ 在 $x = 0$ 处连续,故函数 $f(x)$ 在 $x \geq 0$ 时是单增的. 又 $f(0) = 0$,所以当 $x>0$ 时,$f(x)>0$,即 $x - \ln(1+x) > 0$. 从而当 $x>0$ 时,有

$$x > \ln(1+x). \quad \Box$$

通过这个例题我们看到,可以利用函数的最大(小)值证明一些函数不等式. 证明大体分两步进行,首先是把不等式问题转化为一个函数的最大(小)值问题;再用导数讨论函数的最大(小)值,从而得到值域的界限,推出不等式.

例 7 证明不等式

$$4x\ln x \geq x^2 + 2x - 3, \quad \forall x \in (0, 2).$$

证明 设 $f(x) = 4x\ln x - x^2 - 2x + 3$，则
$$f'(x) = 4\ln x - 2x + 2,$$
$$f''(x) = \frac{4}{x} - 2 > 0, \quad \forall x \in (0, 2).$$

因此，$f'(x)$ 在区间 $(0,2)$ 上是单增的，从而知 $f(x)$ 有唯一的极值嫌疑点 $x_0 = 1$。由定理 4.8 知，$f(1) = 0$ 为极小值，从而是最小值。故当 $x \in (0,2)$ 时，$f(x) \geq 0$，即有
$$4x\ln x \geq x^2 + 2x - 3, \quad \forall x \in (0, 2). \quad \square$$

4.5 函数的分析作图法

为了准确地描绘函数的图形，除了函数的单调性及极值外，还需要掌握函数图形曲线的弯曲方向及如何伸向无穷远等性态。

4.5.1 凸函数、曲线的凸向及拐点

若曲线上任意两点之间的曲线段都位于其弦的下（上）方，则称此曲线是**下凸（上凸）**的[①]。图 4.10(a) 中的曲线是下凸的，(b) 中的曲线是上凸的。

设曲线 l 的方程是 $y = f(x), x \in I$。$M_1(x_1, y_1), M_2(x_2, y_2)$ 为 l 上任意两点。由解析几何知，弦 $\overline{M_1 M_2}$ 的参数方程为 $X = x_1 + t(x_2 - x_1), Y = y_1 + t(y_2 - y_1), t \in [0, 1]$。记 $\lambda_1 = 1 - t, \lambda_2 = t$，则弦 $\overline{M_1 M_2}$ 的方程为
$$X = \lambda_1 x_1 + \lambda_2 x_2, \quad Y = \lambda_1 y_1 + \lambda_2 y_2,$$
其中 $\lambda_1, \lambda_2 \in [0, 1], \lambda_1 + \lambda_2 = 1$。曲线 l 是下凸的，即 $Y \geq f(x)(x = X)$，亦即
$$\lambda_1 f(x_1) + \lambda_2 f(x_2) \geq f(\lambda_1 x_1 + \lambda_2 x_2), \quad \forall x_1, x_2 \in I. \tag{1}$$

满足不等式 (1) 的函数，称为区间 I 上的**下凸函数**。下凸函数的图形为下凸曲线。使 (1) 式中不等号方向相反的函数，称为 I 上的**上凸函数**[②]，上凸函数的图形是上凸曲线。例如，$y = x^2, y = e^x$ 是下凸函数，$y = \sqrt{x}, y = \ln x$ 是上凸函数。

定理 4.9 设 $f(x)$ 在区间 I 上有二阶导数，若 $f''(x) \geq 0 (\leq 0)$，则 $f(x)$ 为 I 上的下凸函数（上凸函数）。

证明 $\forall x_1, x_2 \in I, \forall \lambda_1, \lambda_2 \in [0, 1], \lambda_1 + \lambda_2 = 1$，记 $x_0 = \lambda_1 x_1 +$

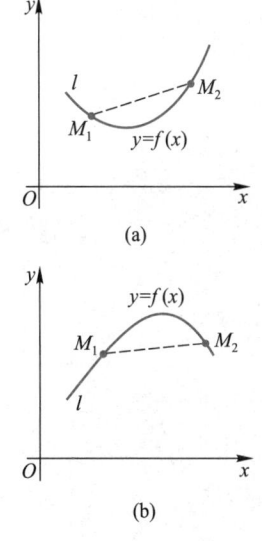

微视频
4.5.1 函数的凸凹性

① 下凸的曲线有时也说是上凹的或简称凹的。上凸的曲线有时也说是下凹的或简称凸的。

图 4.10

② 有的书上把下凸函数称为凸函数，把上凸函数称为凹函数。注意这时和曲线的凸凹说法习惯不一致。

$\lambda_2 x_2$,由泰勒公式

$$f(x)=f(x_0)+f'(x_0)(x-x_0)+\frac{f''(\xi)}{2!}(x-x_0)^2, \quad \xi 介于 x_0, x 之间 \quad (2)$$

得

$$f(x_1)=f(x_0)+f'(x_0)(x_1-x_0)+\frac{f''(\xi_1)}{2!}(x_1-x_0)^2,$$

$$f(x_2)=f(x_0)+f'(x_0)(x_2-x_0)+\frac{f''(\xi_2)}{2!}(x_2-x_0)^2.$$

于是

$$\lambda_1 f(x_1)+\lambda_2 f(x_2)=f(x_0)+f'(x_0)(\lambda_1 x_1+\lambda_2 x_2-x_0)+$$
$$\frac{\lambda_1 f''(\xi_1)}{2!}(x_1-x_0)^2+\frac{\lambda_2 f''(\xi_2)}{2!}(x_2-x_0)^2,$$

因为 $f''(x) \geq 0$ 及 $x_0=\lambda_1 x_1+\lambda_2 x_2$,所以有

$$\lambda_1 f(x_1)+\lambda_2 f(x_2) \geq f(\lambda_1 x_1+\lambda_2 x_2). \quad \square$$

因为曲线 $y=f(x)$ 上点 $(x_0, f(x_0))$ 处的切线方程为

$$y=f(x_0)+f'(x_0)(x-x_0),$$

由(2)式不难看出:

定理 4.10 若 $f(x)$ 在区间 I 上是有二阶导数的下凸(上凸)函数,则曲线 $y=f(x)$ 位于其上任一点处的切线的上(下)方.

显然,有二阶导数的下凸(上凸)函数,它的一阶导数是单增(降)的. 下凸函数若有极值,必是最小值,如果下凸函数有最大值,只能在区间的端点处取得;上凸函数若有极值,必是最大值,如果上凸函数有最小值,只能在区间端点处取得.

设 $f(x)$ 在包含 x_0 的区间 I 上连续,若 $(x_0, f(x_0))$ 是不同凸向曲线段的分界点,则称 $(x_0, f(x_0))$ 是曲线 $y=f(x)$ 的一个拐点.

若 $f(x)$ 具有二阶导数,则点 $(x_0, f(x_0))$ 是拐点的必要条件为 $f''(x_0)=0$. 当然,拐点也可能出现在二阶导数不存在的点处.

例1 求曲线 $y=(x-2)^{5/3}-\frac{5}{9}x^2$ 的拐点及凸向区间.

解 (1) $y'=\frac{5}{3}(x-2)^{2/3}-\frac{10}{9}x,$

$$y''=\frac{10}{9}(x-2)^{-1/3}-\frac{10}{9}=\frac{10}{9}\frac{1-(x-2)^{1/3}}{(x-2)^{1/3}}.$$

(2) y'' 的零点是 $x_1=3$,y'' 不存在的点是 $x_2=2$.

(3) 讨论如下:

x	$(-\infty,2)$	2	$(2,3)$	3	$(3,+\infty)$
$f''(x)$	$-$	不存在	$+$	0	$-$
曲线 $y=f(x)$	⌒	拐点 $\left(2,-\dfrac{20}{9}\right)$	⌣	拐点 $(3,-4)$	⌒

例 2 设 $a,b \geq 0, \mu \geq 1$, 试证
$$\frac{a^\mu + b^\mu}{2} \geq \left(\frac{a+b}{2}\right)^\mu.$$

证明 设 $f(x) = x^\mu$, 则
$$f'(x) = \mu x^{\mu-1},$$
$$f''(x) = \mu(\mu-1)x^{\mu-2},$$

因为 $\mu \geq 1$, 所以当 $x \geq 0$ 时, $f''(x) \geq 0$. 因此 $f(x)$ 在区间 $(0,+\infty)$ 上是下凸函数, 由下凸函数定义知
$$\frac{a^\mu + b^\mu}{2} \geq \left(\frac{a+b}{2}\right)^\mu. \quad \square$$

4.5.2 曲线的渐近线

若动点 $M(x, f(x))$ 沿着曲线 $y = f(x)$ 无限远离坐标原点时, 它与某一直线 l 的距离趋于零, 则称直线 l 为曲线 $y = f(x)$ 的一条**渐近线**.

在平面解析几何中已指出, 双曲线 $\dfrac{x^2}{a^2} - \dfrac{y^2}{b^2} = 1$ 有两条渐近线 $y = \pm \dfrac{b}{a}x$.

由渐近线的定义, 可以直接得到如下两个结论:

1. 若当 $x \to +\infty$ 或 $x \to -\infty$ 时, $f(x) \to C$, 则直线 $y = C$ 是曲线 $y = f(x)$ 的**水平渐近线**.

2. 若当 $x \to x_0^+$ 或 $x \to x_0^-$ 时, $f(x) \to \infty$, 则直线 $x = x_0$ 是曲线 $y = f(x)$ 的**铅直渐近线**.

例如, 曲线 $y = \ln x$ 有铅直渐近线 $x = 0$. 曲线 $y = \dfrac{1}{x-1}$ 有水平渐近线 $y = 0$ 及铅直渐近线 $x = 1$ (图 4.11).

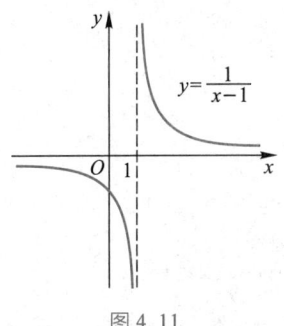

图 4.11

除水平渐近线和铅直渐近线之外, 还有一种所谓的**斜渐近线**, 设其方程为

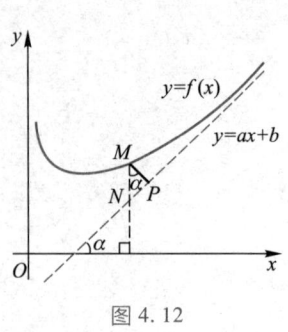

图 4.12

$$y = ax + b,$$

其倾角 $\alpha \neq \dfrac{\pi}{2}$,如图 4.12. 因为

$$|MP| = |MN||\cos \alpha|,$$

所以

$$\lim_{r \to +\infty} |MP| = 0 \Leftrightarrow \lim_{r \to +\infty} |MN| = 0,$$

r 是动点 M 到原点的距离,后一极限就是

$$\lim_{\substack{x \to +\infty \\ (x \to -\infty)}} [f(x) - ax - b] = 0. \tag{3}$$

由此得

$$\lim_{\substack{x \to +\infty \\ (x \to -\infty)}} \frac{f(x) - ax - b}{x} = \lim_{\substack{x \to +\infty \\ (x \to -\infty)}} \left[\frac{f(x)}{x} - a - \frac{b}{x} \right] = 0,$$

即有

$$\lim_{\substack{x \to +\infty \\ (x \to -\infty)}} \frac{f(x)}{x} = a. \tag{4}$$

而(3)式又等价于

$$\lim_{\substack{x \to +\infty \\ (x \to -\infty)}} [f(x) - ax] = b. \tag{5}$$

总之,若极限(4),(5)同时存在,则曲线 $y = f(x)$ 有斜渐近线 $y = ax + b$. 极限(4),(5)只要有一个不存在,曲线 $y = f(x)$ 就无斜渐近线. 此外,水平渐近线已含在斜渐近线内.

例 3 求曲线 $y = \dfrac{x^2}{1 + x}$ 的渐近线.

解 (1) 因为 $\lim\limits_{x \to -1} \dfrac{x^2}{1 + x} = \infty$,所以 $x = -1$ 为曲线的铅直渐近线.

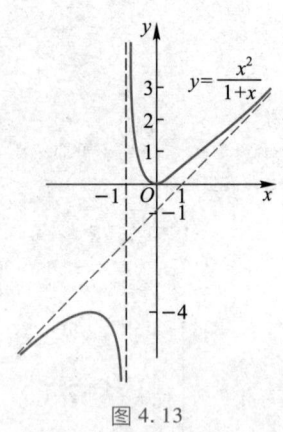

图 4.13

(2) 由于 $\lim\limits_{x \to \infty} \dfrac{f(x)}{x} = \lim\limits_{x \to \infty} \dfrac{x}{1 + x} = 1$,即 $a = 1$;又 $\lim\limits_{x \to \infty} [f(x) - x] = \lim\limits_{x \to \infty} \dfrac{-x}{1 + x} = -1$,即 $b = -1$,故 $y = x - 1$ 为曲线的斜渐近线(图 4.13).

4.5.3 函数的分析作图法

微视频
4.5.3 函数的作图

为了较准确地描绘函数的图形,只使用描点法是不够的,还应该先分析函数的性态,通常它包括:

(1) 确定函数的定义域、值域、间断点;

(2) 判定函数是否有奇偶性、周期性;

(3) 讨论函数的单调性和极值,曲线的凸向区间和拐点、渐近线;

(4) 适当计算曲线上一些点的坐标,特别注意与坐标轴是否有交点.

例 4 作函数 $y = \dfrac{x^2(x-1)}{(x+1)^2}$ 的图形.

讨论 (1) 定义域为 $x \neq -1$. 无奇偶性.

(2) $y' = \dfrac{x(x^2+3x-2)}{(x+1)^3} = \dfrac{x(x-x_2)(x-x_3)}{(x+1)^3}$, $y'' = \dfrac{2(5x-1)}{(x+1)^4}$.

令 $y' = 0$,解得驻点:

$$x_1 = 0, \quad x_2 = \dfrac{-3-\sqrt{17}}{2} \approx -3.56, \quad x_3 = \dfrac{-3+\sqrt{17}}{2} \approx 0.56.$$

令 $y'' = 0$,解得 $x_4 = \dfrac{1}{5}$,即点 $\left(\dfrac{1}{5}, -\dfrac{1}{45}\right)$ 是拐点嫌疑点.

x	$(-\infty, x_2)$	x_2	$(x_2, -1)$	-1	$(-1, 0)$	0
$f'(x)$	$+$	0	$-$		$+$	0
$f''(x)$	$-$	$-$	$-$		$-$	$-$
曲线 $y=f(x)$	↗	极大值 A	↘	无穷间断点	↗	极大值 0

x	$\left(0, \dfrac{1}{5}\right)$	$\dfrac{1}{5}$	$\left(\dfrac{1}{5}, x_3\right)$	x_3	$(x_3, +\infty)$
$f'(x)$	$-$	$-$	$-$	0	$+$
$f''(x)$	$-$	0	$+$	$+$	$+$
曲线 $y=f(x)$	↘	拐点 $\left(\dfrac{1}{5}, -\dfrac{1}{45}\right)$	↘	极小值 B	↗

表中 $A = \dfrac{-71-17\sqrt{17}}{16} \approx -8.82$, $B = \dfrac{17\sqrt{17}-71}{16} \approx -0.057$.

(3) 因为 $\lim\limits_{x \to -1} \dfrac{x^2(x-1)}{(x+1)^2} = -\infty$,所以 $x = -1$ 为曲线的铅直渐近线;又因为

$$\lim_{x \to \infty} \dfrac{f(x)}{x} = \lim_{x \to \infty} \dfrac{x(x-1)}{(x+1)^2} = 1,$$

$$\lim_{x \to \infty} [f(x) - x] = \lim_{x \to \infty} \dfrac{-x(3x+1)}{(x+1)^2} = -3,$$

所以 $y = x - 3$ 为曲线的斜渐近线.

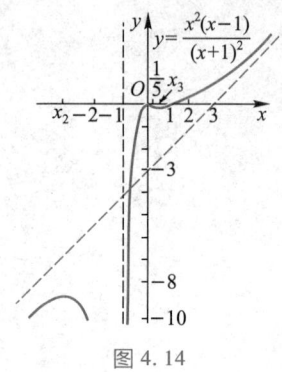

图 4.14

x	-2	0	1	2	3
y	-12	0	0	$\dfrac{4}{9}$	$\dfrac{9}{8}$

结合上面的分析便可作出函数的图形,如图 4.14 所示. 如果我们只用描点法,在区间 $(0,1)$ 上图形的微妙变化就很可能被忽略掉,曲线如何伸向无穷远也不清楚.

4.6 曲 率

4.6.1 弧微分

微视频
4.6.1 函数的弧微分

作为曲率的预备知识,先介绍弧微分的概念.

设函数 $f(x)$ 在区间 (a,b) 内具有连续导数,x_0 为 (a,b) 内一个定点,$x, x+\Delta x$ 为 (a,b) 内两个邻近的点. M_0, M, M' 分别为曲线 $y=f(x)$ 上与 $x_0, x, x+\Delta x$ 对应的点 (图 4.15). 以 s 表示这曲线由基点 M_0 到点 M 的一段弧 $\overset{\frown}{M_0M}$ 的长度 (当 M 在 M_0 右边时规定 s 为正,M 在 M_0 左边时规定 s 为负).

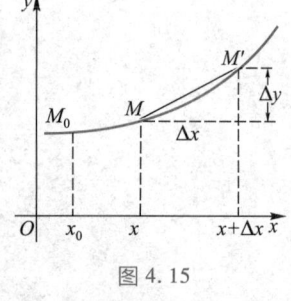

图 4.15

需要强调的是,我们这里定义的曲线弧长是可度的,即要求满足弧长与弦长比值的极限为 1,即

$$\lim_{M' \to M} \frac{\overset{\frown}{MM'}}{|MM'|} = 1.$$

显然,s 是 x 的函数,且为单调增加函数. 设对应于 x 的增量为 Δx,弧长 s 的增量为 Δs,则 $\Delta s = s(x+\Delta x) - s(x)$. 于是

$$\left(\frac{\Delta s}{\Delta x}\right)^2 = \left(\frac{\overset{\frown}{MM'}}{\Delta x}\right)^2 = \left(\frac{\overset{\frown}{MM'}}{|MM'|}\right)^2 \cdot \left(\frac{|MM'|}{\Delta x}\right)^2$$

$$= \left(\frac{\overset{\frown}{MM'}}{|MM'|}\right)^2 \cdot \frac{(\Delta x)^2 + (\Delta y)^2}{(\Delta x)^2}$$

$$= \left(\frac{\overset{\frown}{MM'}}{|MM'|}\right)^2 \cdot \left[1 + \left(\frac{\Delta y}{\Delta x}\right)^2\right],$$

两边开方后,令 $\Delta x \to 0$ 取极限,并利用上面的条件,即得

$$\frac{ds}{dx} = \pm\sqrt{1+y'^2}.$$

又 s 是 x 的单调增加函数,因此得到弧微分的表达式为

$$ds = \sqrt{1+y'^2}\, dx. \tag{1}$$

若函数曲线是由参数方程

$$\begin{cases} x = \varphi(t), \\ y = \psi(t), \end{cases} \alpha \leqslant t \leqslant \beta$$

给出,且 $\varphi(t),\psi(t)$ 均有连续导数,则此时

$$\mathrm{d}s = \sqrt{[\varphi'(t)]^2 + [\psi'(t)]^2}\,\mathrm{d}t \tag{2}$$

若函数曲线是由极坐标方程

$$r = r(\theta), \quad \alpha \leqslant \theta \leqslant \beta$$

给出,且 $r(\theta)$ 有连续导数,则将 $x = r(\theta)\cos\theta, y = r(\theta)\sin\theta$ 代入(2) 式,即得

$$\mathrm{d}s = \sqrt{[r(\theta)]^2 + [r'(\theta)]^2}\,\mathrm{d}\theta. \tag{3}$$

4.6.2 曲率

曲线的凸向只是定性地说明曲线段的弯曲方向,在实际工作中,有时还需要定量地考虑曲线的弯曲程度,如设计厂房的梁或机床的主轴时,必须考虑它们在外力作用下的弯曲程度,因为弯曲到一定程度就要断裂,发生事故. 在铁路弯道设计中也必须考虑到它. 怎样定量描述曲线的弯曲程度呢?

我们知道,要说明一段弯道 $\overset{\frown}{MM_1}$ 弯曲的厉害程度,一方面要看车辆在这段弯道两端行驶方向的变化——转过多大角度;另一方面要看这段弯道的长短才能下结论(图 4.16).

若将弧 $\overset{\frown}{MM_1}$ 的两端点切线的转角记为 $\Delta\alpha$(它等于切线倾角的增量),显然转角大时,曲线弯曲程度大;转角小时,弯曲程度小. $\overset{\frown}{MM_1}$ 的弧长 Δs 大时,弯曲缓慢,弧长小时,弯曲急促.

总之,曲线段弯曲程度与切线倾角的增量 $\Delta\alpha$ 成正比,与弧长增量 Δs 成反比. 我们用数 $\left|\dfrac{\Delta\alpha}{\Delta s}\right|$ 来描述曲线段 $\overset{\frown}{MM_1}$ 的平均弯曲程度,称之为**平均曲率**.

然而曲线段上各处弯曲程度不见得相同,为了说明在点 M 处曲线弯曲程度,让 M_1 沿曲线趋于 $M(\Delta s \to 0)$,称平均曲率的极限,即倾角 α 对弧长 s 的导数

$$\frac{\mathrm{d}\alpha}{\mathrm{d}s} = \lim_{\Delta s \to 0} \frac{\Delta\alpha}{\Delta s}$$

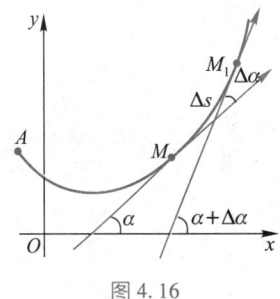

图 4.16

的绝对值为曲线在点 M 处的**曲率**,记为 k,则

$$k = \left| \frac{\mathrm{d}\alpha}{\mathrm{d}s} \right|. \qquad (4)$$

就是说,曲率等于切线倾角随弧长变化的变化率的绝对值,或者说是切线方向随弧长变化的变化率的模.

例1 求半径为 R 的圆周上各点处的曲率.

解 参看图 4.17. 由于圆周上任意两点 M, M_1 处的两条切线的转角 $\Delta\alpha$ 等于圆心角 $\angle MDM_1$,而圆心角

$$\angle MDM_1 = \frac{\Delta s}{R},$$

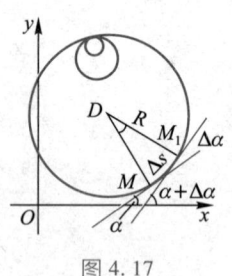

图 4.17

于是

$$\frac{\Delta\alpha}{\Delta s} = \frac{\frac{\Delta s}{R}}{\Delta s} = \frac{1}{R},$$

从而

$$k = \left| \frac{\mathrm{d}\alpha}{\mathrm{d}s} \right| = \frac{1}{R}.$$

即圆周上各点处的曲率都等于半径的倒数,所以半径越大曲率越小.

例2 求直线上各点处的曲率.

解 由于直线上任一点处的切线就是直线本身,故恒有 $\Delta\alpha = 0$,因而 $\frac{\Delta\alpha}{\Delta s} = 0$,所以

$$k = \left| \lim_{\Delta s \to 0} \frac{\Delta\alpha}{\Delta s} \right| = 0,$$

即直线上各点处的曲率为零.

在直角坐标系下,设曲线方程是 $y = f(x)$,且 $f(x)$ 具有二阶导数. 根据导数的几何意义 $y' = \tan\alpha$,有

$$\alpha = \arctan y',$$

其微分

$$\mathrm{d}\alpha = \frac{1}{1+y'^2} \mathrm{d}y' = \frac{y''}{1+y'^2} \mathrm{d}x.$$

由(2)式知 $\mathrm{d}s = \sqrt{1+y'^2}\,\mathrm{d}x$,用 $\mathrm{d}s$ 去除 $\mathrm{d}\alpha$,再取绝对值,就得到曲率的计算公式

$$k = \left| \frac{y''}{(1+y'^2)^{\frac{3}{2}}} \right|. \qquad (5)$$

例3 抛物线 $y=x^2$ 上哪一点曲率最大?

解 因为 $y'=2x, y''=2$,故
$$k = \frac{2}{\left[1+(2x)^2\right]^{\frac{3}{2}}}.$$

若要 k 最大,只需 $1+(2x)^2$ 最小. 显然当 $x=0$ 时,即在点 $(0,0)$ 处,抛物线 $y=x^2$ 的曲率最大,
$$k_{\max}=2.$$

微视频
4.6.3 函数的曲率圆

有了曲率的概念和计算公式,曲线上任一点处弯曲程度都可以通过一个数表示出来,但是到底弯曲到什么程度还没有一个直观形象. 由例1知,半径为 R 的圆周上任一点处的曲率为半径的倒数 $\frac{1}{R}$. 故若曲线上某点的曲率为 k,则曲线在这点处的弯曲程度和以 $\frac{1}{k}$ 为半径的圆周相同. 比如,抛物线 $y=x^2$ 在原点处的曲率为2,那么它在原点处的弯曲程度同半径为 $\frac{1}{2}$ 的圆周一样.

若曲线 c 上点 M 处的曲率 $k \neq 0$,则称 $R=\frac{1}{k}$ 为曲线 c 在点 M 处的**曲率半径**.

在点 M 处曲线凹向的法线上取一点 D,使 $|MD|=R=\frac{1}{k}$,则以 D 为圆心,R 为半径的圆叫做曲线在 M 处的**曲率圆**(或密切圆),点 D 称为曲线在点 M 处的**曲率中心**.

由于曲率圆与曲线 c 在点 M 处有公切线,有相同的曲率、相同的弯曲方向,所以在工程上常常以曲率圆的弧段来近似代替复杂的小曲线段.

设曲线方程是 $y=f(x)$,且 $f''(x) \neq 0$,则曲线在点 $M(x,y)$ 处的曲率中心 $D(\xi,\eta)$ 的坐标是
$$\begin{cases} \xi = x - y'(1+y'^2)/y'', \\ \eta = y + (1+y'^2)/y''. \end{cases} \quad (6)$$

请读者参照图4.18自己推证.

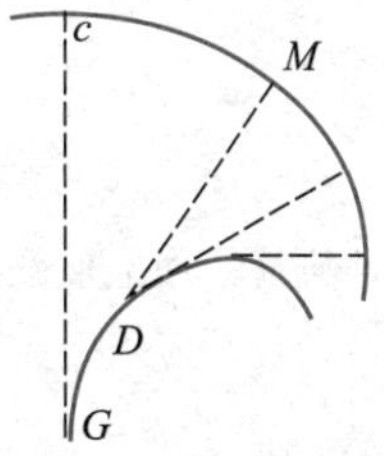

当点 $M(x,f(x))$ 沿曲线 c 移动时,曲率中心 D 的轨迹 G 称为 c 的**渐屈线**,(6)式为其参数方程,其中 $y=f(x), y'=f'(x), y''=f''(x)$,$x$ 为参数(图4.19).

例4 求椭圆 $x=a\cos t, y=b\sin t$ 的渐屈线方程.

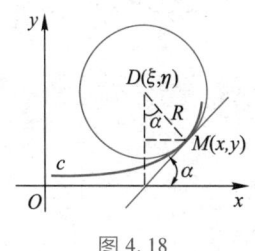

图4.18

图4.19

解 由于
$$\frac{dy}{dx}=\frac{b\cos t}{-a\sin t}=-\frac{b}{a}\cot t, \quad \frac{d^2y}{dx^2}=-\frac{b}{a^2}\frac{1}{\sin^3 t},$$

代入(6)式得
$$\begin{cases}\xi=\dfrac{1}{a}(a^2-b^2)\cos^3 t,\\ \eta=-\dfrac{1}{b}(a^2-b^2)\sin^3 t.\end{cases}$$

消去 t，得渐屈线方程
$$(a\xi)^{\frac{2}{3}}+(b\eta)^{\frac{2}{3}}=(a^2-b^2)^{\frac{2}{3}},$$

它是星形线(图 4.20)．

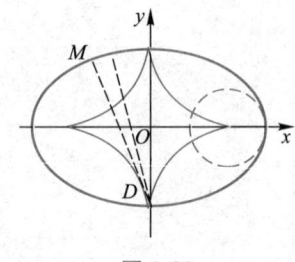

图 4.20

① $\dfrac{l}{R}\ll 1$ 表示 $\dfrac{l}{R}$ 远小于 1．

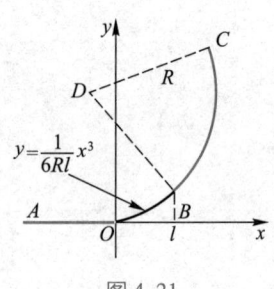

图 4.21

例 5 设计铁路时通常用立方抛物线 $y=\dfrac{1}{6Rl}x^3$ 作缓和曲线 (图 4.21)，连接直道 AO 和圆弧弯道 BC，其中 R 是圆弧弯道的半径，l 是缓和曲线 OB 在 x 轴上投影长，且 $\dfrac{l}{R}\ll 1$①，求缓和曲线两端点 $O(0,0)$ 及 $B\left(l,\dfrac{l^2}{6R}\right)$ 处的曲率．

解 因 $y'=\dfrac{x^2}{2Rl}, y''=\dfrac{x}{Rl}$，所以
$$k(0,0)=\frac{|y''|}{(1+y'^2)^{\frac{3}{2}}}\bigg|_{x=0}=0,$$

$$k\left(l,\frac{l^2}{6R}\right)=\frac{\dfrac{l}{Rl}}{\left[1+\left(\dfrac{l^2}{2Rl}\right)^2\right]^{\frac{3}{2}}}=\frac{\dfrac{1}{R}}{\left[1+\left(\dfrac{l}{2R}\right)^2\right]^{\frac{3}{2}}}\approx\frac{1}{R}.$$

最后一步用到 $\dfrac{l}{2R}\ll 1$ 而把它忽略了．这样的路轨在两个联结点 O 及 B 处的曲率都近似于连续变化，再使外轨适当地高于内轨，才能确保行车平稳安全．

4.7 例 题

② 带△号的例题都是较重要的结果或基本公式．

△**例 1**② 设 $f(x)$ 在闭区间 $[a,b]$ 上连续，在开区间 (a,b) 内可导．试证：若 $\lim\limits_{x\to a^+}f'(x)=r$，则 $f'_+(a)=r$；若 $\lim\limits_{x\to b^-}f'(x)=l$，则 $f'_-(b)=l$．

证明 由拉格朗日中值定理知，$\forall x\in(a,b)$，$\exists \xi\in(a,x)$，使得

$$\frac{f(x)-f(a)}{x-a}=f'(\xi),$$

因为当 $x\to a^+$ 时,$\xi\to a^+$,且 $\lim_{x\to a^+}f'(x)=r$,所以

$$f'_+(a)=\lim_{x\to a^+}\frac{f(x)-f(a)}{x-a}=\lim_{\xi\to a^+}f'(\xi)=\lim_{x\to a^+}f'(x)=r.$$

同理可证,$f'_-(b)=\lim_{x\to b^-}f'(x)=l.$ □

由此可见,若已知 $f(x)$ 在 x_0 的某去心邻域内可导,在 x_0 处连续,且 $\lim_{x\to x_0}f'(x)$ 存在,则 $f(x)$ 在 x_0 处也可导,且 $f'(x_0)=\lim_{x\to x_0}f'(x)$.

此例还说明:如果函数 $f(x)$ 在 x_0 的某邻域内处处可导,则导函数 $f'(x)$ 在这个邻域内没有第一类间断点,如果 $f'(x)$ 有间断点,只能是第二类间断点.

例 2 设 $f(x),g(x)$ 在区间 $[a,b]$ 上可导,且有

$$f(x)g'(x)\neq f'(x)g(x),$$

证明:介于 $f(x)$ 的两个零点 x_1,x_2 之间至少有 $g(x)$ 的一个零点,其中 x_1,x_2 均在区间 (a,b) 内.

证明 (反证法)若在 x_1,x_2 之间没有 $g(x)$ 的零点,又考虑到给定的不等式知 $g(x_1)\neq 0,g(x_2)\neq 0$,从而当 $x\in[x_1,x_2]$ 时,$g(x)\neq 0$.

设 $F(x)=f(x)/g(x)$,显然它在 $[x_1,x_2]$ 上满足罗尔定理的条件,从而至少存在一点 $\xi\in(x_1,x_2)$,使

$$F'(\xi)=\frac{f'(\xi)g(\xi)-g'(\xi)f(\xi)}{g^2(\xi)}=0,$$

这与给定的不等式矛盾. □

例 3 若函数 $f(x)$ 在区间 $(0,a)$ 内某点处取得最大值,且函数 $f(x)$ 在区间 $[0,a]$ 上二阶导数有界,$|f''(x)|\leq M$,试证

$$|f'(0)|+|f'(a)|\leq Ma.$$

分析 要证所给的不等式,显然应从 $f'(0)$ 与 $f'(a)$ 的估计入手.注意到题设,若 $f(x)$ 在点 $x_0\in(0,a)$ 处取最大值,则 $f'(x_0)=0$,从而可转为考虑 $f'(x_0)-f'(0)$ 和 $f'(a)-f'(x_0)$ 的估计.

证明 设 $f(x)$ 在 $x_0\in(0,a)$ 处取最大值,则有

$$f'(x_0)=0.$$

分别在区间 $[0,x_0]$ 和 $[x_0,a]$ 上对 $f'(x)$ 应用拉格朗日中值定理,得

$$f'(x_0)-f'(0)=f''(\xi_1)(x_0-0),\quad 0<\xi_1<x_0,$$
$$f'(a)-f'(x_0)=f''(\xi_2)(a-x_0),\quad x_0<\xi_2<a.$$

于是
$$|f'(0)| \leq Mx_0, \quad |f'(a)| \leq M(a-x_0).$$
两式相加得
$$|f'(0)| + |f'(a)| \leq Ma. \quad \Box$$

△**例 4** 设在区间 (a,b) 内 $f''(x) > 0$，试证：$\forall x_1, x_2 \in (a,b)$，都有
$$f\left(\frac{x_1+x_2}{2}\right) \leq \frac{1}{2}[f(x_1)+f(x_2)].$$

证明 当 $x_1 = x_2$ 时，上式显然成立. 下面假设 $x_1 < x_2$. 设 $x_0 = \frac{x_1+x_2}{2}$，$f(x)$ 在 x_0 处展开的一阶泰勒公式为
$$f(x) = f(x_0) + f'(x_0)(x-x_0) + \frac{f''(\xi)}{2!}(x-x_0)^2, \quad x_0 < \xi < x,$$
故
$$f(x_1) = f(x_0) + f'(x_0)(x_1-x_0) + \frac{f''(\xi_1)}{2!}(x_1-x_0)^2, \quad x_1 < \xi_1 < x_0,$$
$$f(x_2) = f(x_0) + f'(x_0)(x_2-x_0) + \frac{f''(\xi_2)}{2!}(x_2-x_0)^2, \quad x_0 < \xi_2 < x_2.$$

两式相加，并注意：由于 $f''(x) > 0$，它们的余项均为正；又 $x_1 + x_2 = 2x_0$，得
$$f(x_1) + f(x_2) \geq 2f(x_0),$$
因此
$$f\left(\frac{x_1+x_2}{2}\right) \leq \frac{1}{2}[f(x_1)+f(x_2)]. \quad \Box$$

例 5 试证
$$\frac{1}{3}\tan x + \frac{2}{3}\sin x > x, \quad \forall x \in \left(0, \frac{\pi}{2}\right).$$

证明 设
$$f(x) = \frac{1}{3}\tan x + \frac{2}{3}\sin x - x, \quad x \in \left(0, \frac{\pi}{2}\right),$$
由于
$$f'(x) = \frac{1}{3\cos^2 x} + \frac{2}{3}\cos x - 1,$$
$$f''(x) = \frac{2\cos x \sin x}{3\cos^4 x} - \frac{2}{3}\sin x = \frac{2}{3}\sin x \cdot \frac{1-\cos^3 x}{\cos^3 x} > 0, \quad x \in \left(0, \frac{\pi}{2}\right).$$

（法1）$f''(x) > 0 \Rightarrow f'(x) \uparrow$，又 $f'(0) = 0$，所以当 $x \in \left(0, \frac{\pi}{2}\right)$ 时，

$f'(x)>0$. $f'(x)>0 \Rightarrow f(x)\uparrow$,又 $f(0)=0$,所以当 $x\in\left(0,\dfrac{\pi}{2}\right)$ 时,$f(x)>0$.

（法 2） 因 $f(0)=0$,$f'(0)=0$,所以由 $f(x)$ 的一阶麦克劳林公式

$$f(x)=\dfrac{f''(\xi)}{2!}x^2>0, \quad \forall\, x\in\left(0,\dfrac{\pi}{2}\right). \quad \square$$

例 6 指出数列 $\{\sqrt[n]{n}\}$ 中最大的数,并说明理由.

解 设 $f(x)=x^{\frac{1}{x}}\;(x>0)$,先研究它的单调性.由取对数求导法得

$$f'(x)=x^{\frac{1}{x}}(1-\ln x)/x^2,$$

故 $f'(e)=0$. 当 $0<x<e$ 时,$f'(x)>0$,$f(x)\uparrow$;当 $x>e$ 时,$f'(x)<0$,$f(x)\downarrow$,又 $2<e<3$,因此

$$1<\sqrt{2},$$
$$\sqrt[3]{3}>\sqrt[4]{4}>\cdots>\sqrt[n]{n}>\cdots \quad (n>3).$$

由此可见,$\sqrt{2}$ 和 $\sqrt[3]{3}$ 中最大的数就是数列 $\{\sqrt[n]{n}\}$ 中最大的数. 因为

$$\sqrt{2}=\sqrt[6]{8},\quad \sqrt[3]{3}=\sqrt[6]{9}.$$

所以,数列 $\{\sqrt[n]{n}\}$ 中最大的数是 $\sqrt[3]{3}$.

例 7 讨论方程 $f(x)=x\ln x+a=0$ 有几个实根.

解 连续函数在单调区间的端点处,若函数值异号,则在区间内有唯一的零点,否则无零点. 所以先求出 $f(x)$ 的单调区间,由于

$$f'(x)=\ln x+1,$$

故当 $0<x<1/e$ 时,$f'(x)<0$,$f(x)\downarrow$;当 $x>1/e$ 时,$f'(x)>0$,$f(x)\uparrow$,$x_0=1/e$ 处函数取最小值

$$\min f(x)=f(1/e)=a-\dfrac{1}{e},$$

又因

$$\lim_{x\to 0^+}f(x)=\lim_{x\to 0^+}(x\ln x+a)=a,\quad \lim_{x\to+\infty}f(x)=\lim_{x\to+\infty}(x\ln x+a)=+\infty,$$

所以

（1）当 $a>1/e$ 时,方程无实根;

（2）当 $a=1/e$ 时,方程只有一个实根,$x_0=1/e$;

（3）当 $0<a<1/e$ 时,方程有两个实根,在区间 $(0,1/e)$ 和 $(1/e,+\infty)$ 内各一个;

（4）当 $a\leqslant 0$ 时,方程仅有一个实根,在区间 $(1/e,+\infty)$ 内.

例 8 试证勒让德（Legendre）多项式

$$P_n(x) = \frac{1}{2^n \cdot n!} \frac{d^n}{dx^n}(x^2-1)^n$$

的所有根皆为实根,且都含在区间$(-1,1)$内.

证明 设多项式

$$Q_{2n}(x) = (x^2-1)^n = (x+1)^n(x-1)^n,$$

显然 $Q_{2n}(x)$ 和它的 1 阶至 $n-1$ 阶导数在 $x=\pm 1$ 处皆为零. 由罗尔定理, $Q'_{2n}(x)$ 在区间 $(-1,1)$ 内至少有一实根;同样, $Q''_{2n}(x)$ 在区间 $(-1,1)$ 内至少有两个实根,依次推下去, $Q_{2n}^{(n-1)}(x)$ 在区间 $(-1,1)$ 内至少有 $n-1$ 个实根,此外 $x=1$ 和 $x=-1$ 还是它的两个根. 对 $Q_{2n}^{(n-1)}(x)$ 在它的两个相邻的实根之间再用罗尔定理,便知函数 $Q_{2n}^{(n)}(x)$ 在 $(-1,1)$ 内至少有 n 个实根,而 $Q_{2n}^{(n)}(x)$ 是 n 次多项式,只能有 n 个根,故所有根均为实数,且在区间 $(-1,1)$ 内. 这些根就是 $P_n(x) = \dfrac{1}{2^n \cdot n!} Q_{2n}^{(n)}(x)$ 的所有根. □

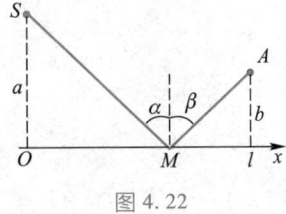

图 4.22

例 9(光的反射问题) 根据光学中的费马(Fermat)原理,光线在两点间的传播必取时间最短的路线.问光源 S(图 4.22)的光线射到平面镜 Ox 的哪一点,才能反射到 A 点?

解 在同一介质中光速相同,这时,时间最短路线就是距离最短路线.设 M 为 x 轴上任一点, $OM=x$,则由 S 到 M,再到 A 的折线之长为

$$d = \sqrt{a^2+x^2} + \sqrt{b^2+(l-x)^2}.$$

令 $d'=0$,即

$$d' = \frac{x}{\sqrt{a^2+x^2}} - \frac{l-x}{\sqrt{b^2+(l-x)^2}} = 0,$$

求得唯一极值嫌疑点 $x_0 = \dfrac{al}{a+b}$. 当 $x<x_0$ 时, $d'(x)<0$(因 $d'(0)<0$), 当 $x>x_0$ 时, $d'(x)>0$(因 $d'(l)>0$). 因此 x_0 为 d 的最小值点,此时有

$$\tan\beta = \frac{l-x_0}{b} = \frac{l}{a+b} = \frac{x_0}{a} = \tan\alpha,$$

这就导出了光线的反射定律:反射角 β 等于入射角 α;反射光线与入射光线分别位于 x 轴在 x_0 处法线的两侧.

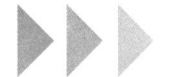习题四

4.1

1. 下列函数在指定的区间上是否满足罗尔定理的条件,在区间内是否有点 ξ,使 $f'(\xi)=0$?

   (1) $y=x^3+4x^2-7x-10$, $[-1,2]$;

   (2) $y=\ln\sin x$, $\left[\dfrac{\pi}{6},\dfrac{5\pi}{6}\right]$;

   (3) $y=1-\sqrt[3]{x^2}$, $[-1,1]$;

   (4) $y=\left|\sin\left(\dfrac{\pi}{2}-x\right)\right|$, $\left[-\dfrac{\pi}{4},\dfrac{3\pi}{4}\right]$.

2. 试证:对二次函数 $y=px^2+qx+r$ 应用拉格朗日中值定理时,点 ξ 总是位于区间的正中间.

3. 设 $f(x)=\begin{cases}3-x^2, & 0\leqslant x\leqslant 1,\\ \dfrac{2}{x}, & 1<x\leqslant 2.\end{cases}$ 在区间$[0,2]$ 上,$f(x)$ 是否满足拉格朗日中值定理的条件,满足等式
$$f(2)-f(0)=f'(\xi)(2-0)$$
的 ξ 共有几个?

4. 证明多项式 $P(x)=x(x-1)(x-2)(x-3)(x-4)$ 的导函数的根(零点)都是实根,并指出这些根所在的范围.

5. 证明:当 $x\geqslant 1$ 时,$\arctan x-\dfrac{1}{2}\arccos\dfrac{2x}{1+x^2}=\dfrac{\pi}{4}$.

6. 证明下列不等式:

   (1) $\dfrac{\beta-\alpha}{\cos^2\alpha}\leqslant \tan\beta-\tan\alpha\leqslant\dfrac{\beta-\alpha}{\cos^2\beta}$,当 $0<\alpha<\beta<\dfrac{\pi}{2}$ 时;

   (2) $\dfrac{x}{1+x}<\ln(1+x)<x$,当 $x>0$ 时;

   (3) $(x^\alpha+y^\alpha)^{\frac{1}{\alpha}}>(x^\beta+y^\beta)^{\frac{1}{\beta}}$,当 $x,y>0,\beta>\alpha>0$ 时.

7. 设 $f(x)$ 在 $[a,b]$ 上连续,在开区间 (a,b) 内可导,$a>0$,试证存在点 $\xi\in(a,b)$,使得
$$f(b)-f(a)=\xi f'(\xi)\ln\dfrac{b}{a}.$$

8. 设 $f(x)$ 在 $[a,b]$ 上连续,在开区间 (a,b) 内有二阶导数,联结点 $(a,f(a))$ 和点 $(b,f(b))$ 的直线与曲线 $y=f(x)$ 相交于点 $(c,f(c))$,其中 $a<c<b$. 试证方程 $f''(x)=0$ 在 (a,b) 内至少有一个实根. 如果将直线换为曲线 $y=g(x)$,且 $g(x)$ 在 (a,b) 上有二阶导数,将有什么类似的结论呢?

9. 设 $f'(x)$ 在 $[a,b]$ 上连续,$f''(x)$ 在 (a,b) 内存在. 若 $f(a)=f(b)=0$,且有 $c\in(a,b)$,使 $f(c)<0$,证明存在点 $\xi\in(a,b)$,使 $f''(\xi)>0$.

10. 设 $f(x),g(x)$ 都在区间 I 上可导,证明在 $f(x)$ 的任意两个零点之间,必有方程
$$f'(x)+g'(x)f(x)=0$$
的实根.

11. 设 $f(x)$ 在区间 $\left[0,\dfrac{\pi}{2}\right]$ 上可导,且 $f(0)f\left(\dfrac{\pi}{2}\right)<0$,证明 $\exists\xi\in\left(0,\dfrac{\pi}{2}\right)$,使得
$$f'(\xi)=f(\xi)\tan\xi.$$

12. 若有常数 $L>0$,使得
$$|f(x_2)-f(x_1)|\leqslant L|x_2-x_1|, \quad \forall x_1,x_2\in I,$$
则称函数 $f(x)$ 在区间 I 上满足利普希茨(Lipschitz)条件. 你认为它与 $f(x)$ 在 I 上连续、可导有何关系?证明你的结论.

13. 确定下列函数的单调区间:

    (1) $y=\sqrt{2x-x^2}$;   (2) $y=x-e^x$.

14. 设 $f''(x)>0$,$f(0)<0$,试证函数 $g(x)=f(x)/x$ 分别在区间 $(-\infty,0)$ 和 $(0,+\infty)$ 内单调增加.

15. 已知 $y=ax^3+bx^2+cx+3$ 单调下降,求 a,b,c 满足的条件.

16. 讨论下列方程实根的个数:

    (1) $|x|+\sqrt{|x|}-\cos x=0$;

    (2) $\ln x=ax$ $(a>0)$.

17. 设 $f(x)$ 在 $[a,+\infty)$ 上连续,且当 $x>a$ 时,$f'(x)>k>0$,其中 k 为常数. 试证若 $f(a)<0$,则方程

$f(x)=0$ 有且仅有一个实根. 请指出这个实根存在的有限区间.

18. 设 $f''(x)<0, f(0)=0$, 证明对任何 $x_1, x_2>0$, 有
$$f(x_1+x_2)<f(x_1)+f(x_2).$$

19. 设 $f(x)$ 在闭区间 $[0,1]$ 上连续, 在开区间 $(0,1)$ 内可导, 且 $f(0)=f(1)=0, f\left(\dfrac{1}{2}\right)=1$, 试证在开区间 $(0,1)$ 内存在两个不同的点 ξ, η, 使 $f'(\xi)=-1, f'(\eta)=1$.

20. (达布定理) 设 $f(x)$ 在区间 (a,b) 内可微, $x_1, x_2 \in (a,b)$. 若 $f'(x_1) \cdot f'(x_2)<0$, 证明至少存在一点 $\xi \in (x_1, x_2)$, 使 $f'(\xi)=0$. 你能将这一定理作简单推广吗?

21. 设 $f(x) \in C^2[0,1]$, 且 $f(0)=f(1)=0$, 证明至少存在一点 $\xi \in (0,1)$, 使
$$f''(\xi) = \dfrac{2f'(\xi)}{1-\xi}.$$

22. 设 $f(x)$ 在闭区间 $[0,1]$ 上可导, 且 $f(0)=0, f(1)=1$, 证明在开区间 $(0,1)$ 内存在两个不同的点 ξ, η, 使 $\dfrac{1}{f'(\xi)} + \dfrac{1}{f'(\eta)} = 2$.

4.2

1. 求下列极限:

(1) $\lim\limits_{x\to 0} \dfrac{x-\arcsin x}{x^3}$;

(2) $\lim\limits_{x\to +\infty} \dfrac{\ln\left(1+\dfrac{1}{x}\right)}{\operatorname{arccot} x}$;

(3) $\lim\limits_{x\to 0^+} \dfrac{\ln \tan 7x}{\ln \tan 2x}$;

(4) $\lim\limits_{x\to 0^+} \dfrac{\ln(\arcsin x)}{\cot x}$;

(5) $\lim\limits_{x\to -1^+} \dfrac{\sqrt{\pi} - \sqrt{\arccos x}}{\sqrt{x+1}}$;

(6) $\lim\limits_{x\to 0} \dfrac{e^x - e^{\sin x}}{x^3}$;

(7) $\lim\limits_{x\to 0} \dfrac{(1+x)^{\frac{1}{x}} - e}{x}$;

(8) $\lim\limits_{x\to 0} \dfrac{\ln|\cot x|}{\csc x}$;

(9) $\lim\limits_{x\to 1}(1-x)\tan\dfrac{\pi x}{2}$;

(10) $\lim\limits_{x\to +\infty} \ln(1+e^{ax})\ln\left(1+\dfrac{b}{x}\right)$ $(a>0, b\neq 0)$;

(11) $\lim\limits_{x\to 1}\left(\dfrac{m}{1-x^m} - \dfrac{n}{1-x^n}\right)$;

(12) $\lim\limits_{x\to 1}\left(\dfrac{x}{x-1} - \dfrac{1}{\ln x}\right)$;

(13) $\lim\limits_{x\to 0^+}\left(\dfrac{1}{x}\right)^{\tan x}$;

(14) $\lim\limits_{x\to +\infty}(x+e^x)^{\frac{1}{x}}$;

(15) $\lim\limits_{x\to \frac{\pi}{2}}(\cos x)^{\frac{\pi}{2}-x}$;

(16) $\lim\limits_{x\to 0^+} x^{1/\ln(e^x-1)}$;

(17) $\lim\limits_{n\to +\infty}\left(\cos\dfrac{t}{n}\right)^n$;

(18) $\lim\limits_{x\to 0}\left[\dfrac{(1+x)^{\frac{1}{x}}}{e}\right]^{\frac{1}{x}}$.

2. 验证极限 $\lim\limits_{x\to\infty} \dfrac{x-\sin x}{x+\sin x}$ 存在, 但不能用洛必达法则计算.

3. 当 $x\to 0$ 时, $\dfrac{2}{3}(\cos x - \cos 2x)$ 是 x 的几阶无穷小?

4. 若 $\lim\limits_{x\to 0} \dfrac{\tan x - \sin x}{x^p} = \dfrac{1}{2}$, 求常数 p.

5. 设函数 $f(x) = \begin{cases} \dfrac{g(x)-\cos x}{x}, & x\neq 0, \\ a, & x=0, \end{cases}$ 其中 $g(x)$ 具有二阶连续导函数, 且 $g(0)=1$.

(1) 求 a, 使 $f(x)$ 在 $x=0$ 处连续;

(2) 求 $f'(x)$;

(3) 讨论 $f'(x)$ 在 $x=0$ 处的连续性.

6. 设 $f(x)$ 具有二阶导数, 当 $x\neq 0$ 时, $f(x)\neq 0$, 且 $\lim\limits_{x\to 0} \dfrac{f(x)}{x} = 0, f''(0)=4$, 求
$$\lim\limits_{x\to 0}\left(1+\dfrac{f(x)}{x}\right)^{\frac{1}{x}}.$$

4.3

1. 求下列函数在指定点处的 n 阶泰勒公式:

(1) $f(x)=\dfrac{x}{x-1}$, $x_0=2$； (2) $f(x)=x^2\ln x$, $x_0=1$.

2. 求下列函数的二阶麦克劳林公式：

(1) $f(x)=xe^x$；   (2) $f(x)=\tan x$.

3. 设 $f(x)$ 有三阶导数，当 $x\to x_0$ 时，$f(x)$ 是 $x-x_0$ 的二阶无穷小，问 $f(x)$ 在 x_0 处的二阶泰勒公式有何特点？并求 $\lim\limits_{x\to x_0}\dfrac{f(x)}{(x-x_0)^2}$.

4. 应用三阶泰勒公式求下列各数的近似值，并估计误差.

(1) $\sqrt[3]{30}$；   (2) $\sin 18°$.

5. 利用泰勒公式求下列极限：

(1) $\lim\limits_{x\to 0}\dfrac{e^x\sin x-x(1+x)}{x^3}$；

(2) $\lim\limits_{x\to\infty}\left[x-x^2\ln\left(1+\dfrac{1}{x}\right)\right]$.

6. 当 $x\to 0$ 时，下列无穷小是 x 的几阶无穷小，其幂函数形的主部如何？

(1) $\alpha(x)=\tan x-\sin x$；

(2) $\beta(x)=(e^x-1-x)^2$.

7. 确定 a,b，使 $x-(a+b\cos x)\sin x$ 当 $x\to 0$ 时为 x 的五阶无穷小.

8. 设 $f(x)=\dfrac{x}{\sqrt{1+x^2}}$，求 $f^{(4)}(0)$ 和 $f^{(5)}(0)$.

9. 设 $f(x)$ 在区间 $[a,b]$ 上有二阶导数，$f'(a)=-f'(b)$，证明在区间 (a,b) 内至少存在一点 ξ，使

$$|f''(\xi)|\geq 4\dfrac{|f(b)-f(a)|}{(b-a)^2}.$$

10. 已知函数 $f(x)$ 具有三阶导数，且 $\lim\limits_{x\to 0}\dfrac{f(x)}{x^2}=0$，$f(1)=0$. 试证在区间 $(0,1)$ 内至少存在一点 ξ，使

$$f'''(\xi)=0.$$

11. 设 $f(x)\in C^2(-1,1)$，且 $f''(x)\neq 0$，试证：

(1) 对 $(-1,1)$ 内任一点 $x\neq 0$，存在唯一的 $\theta(x)\in(0,1)$，使 $f(x)=f(0)+xf'(\theta(x)x)$ 成立；

(2) $\lim\limits_{x\to 0}\theta(x)=\dfrac{1}{2}$.

4.4

1. 求下列函数的极值：

(1) $f(x)=2x^3-6x^2-18x+7$；

(2) $f(x)=(x-5)^2\sqrt[3]{(x+1)^2}$；

(3) $f(x)=\dfrac{x}{\ln x}$.

2. 问 a 为何值时，函数 $f(x)=a\sin x+\dfrac{1}{3}\sin 3x$ 在 $x=\dfrac{\pi}{3}$ 处取极值，它是极大值还是极小值，并求此极值.

3. 求函数 $f(x)=\begin{cases}x, & x\leq 0,\\ x\ln x, & x>0\end{cases}$ 的极值.

4. 选择题.

(1) 若连续函数 $f(x)$ 在 x_0 处取极大值，则在 x_0 的某邻域 $U(x_0)$ 内，必有(   ).

(A) $(x-x_0)[f(x)-f(x_0)]\geq 0$

(B) $(x-x_0)[f(x)-f(x_0)]\leq 0$

(C) $\lim\limits_{t\to x_0}\dfrac{f(t)-f(x)}{(t-x)^2}\geq 0$ $(x\neq x_0)$

(D) $\lim\limits_{t\to x_0}\dfrac{f(t)-f(x)}{(t-x)^2}\leq 0$ $(x\neq x_0)$

(2) 设函数 $f(x)$ 连续，且 $\lim\limits_{x\to 0}\dfrac{f(x)}{x^3}=1$，则(   ).

(A) $x=0$ 不是 $f(x)$ 的驻点

(B) $x=0$ 是 $f(x)$ 的驻点，但不是极值点

(C) $f(0)$ 是极小值

(D) $f(0)$ 是极大值

5. 求下列函数在指定区间上的最大值和最小值：

(1) $y=x+2\sqrt{x}$，$[0,4]$；

(2) $y=x^x$，$[0.1,1]$.

6. 求在下列指定区间上函数的值域：

(1) $y=2\tan x-\tan^2 x$，$\left[0,\dfrac{\pi}{2}\right)$；

(2) $y=\arctan\dfrac{1-x}{1+x}$，$(0,1]$.

7. 把直径为 d 的圆木锯成截面为矩形的梁，矩形截面的高 h 和宽 b 应如何选取，才能使梁的抗

弯强度最大(由材料力学知,这个强度与积 bh^2 成正比)？

8. 已知轮船运输消耗的燃料与速度的立方成正比.当速度为 10 km/h 时,每小时的燃料费为 80 元,又每小时需其他费用 480 元.问轮船的速度多大时,才能使 20 km 航程的总费用最少？这时每小时的总费用等于多少？

9. 在地平面上,以倾角 α、初速度 v_0 斜抛一物体,若忽略空气阻力,问 α 为多大时,能把物体抛得最远？

10. 制作一个体积固定的圆柱形有盖大桶,问高 h 及底半径 r 取多大尺寸时,用料最省？

11. 半径为 R 的圆上截去中心角为 α 的扇形,余下的部分可卷成一圆锥形漏斗,问 α 取何值时,漏斗的容积最大？

12. 用某种仪器测量某零件的长度 n 次,所得的数据(长度)为 $x_1, x_2, \cdots, x_n$. 验证:应用表达式 $x = \dfrac{x_1 + x_2 + \cdots + x_n}{n}$ 算得的长度才能较好地表达该零件的长度,即它使 n 个数据的差的平方和 $(x - x_1)^2 + (x - x_2)^2 + \cdots + (x - x_n)^2$ 最小.

13. 证明下列不等式：

    (1) $1 + x\ln(x + \sqrt{1 + x^2}) > \sqrt{1 + x^2}$ $(x > 0)$;

    (2) $\ln(1 + x) \geq \dfrac{\arctan x}{1 + x}$ $(x \geq 0)$;

    (3) $2^{1-p} \leq x^p + (1-x)^p \leq 1$ $(0 \leq x \leq 1, p > 1)$;

    (4) $e^x \leq \dfrac{1}{1-x}$ $(x < 1)$;

14. 设 $\alpha > \beta > e$,证明不等式
    $$\beta^\alpha > \alpha^\beta.$$

15. 有一质量为 m 的物体放在水平桌面上,用力使它沿桌面由静止开始移动. 已知物体与桌面间的摩擦系数 $\mu = 0.4$,问力与桌面间的角度 θ 为何值时所用的力最小？

4.5

1. 求下列曲线的凸向区间及拐点：

   (1) $y = 1 + x^2 - \dfrac{1}{2}x^4$;   (2) $y = \ln(1 + x^2)$;

   (3) $y = \begin{cases} \ln x - x, & x \geq 1, \\ x^2 - 2x, & x < 1; \end{cases}$ (4) $y = x|x|$.

2. 求曲线 $\begin{cases} x = t^2, \\ y = 3t + t^3 \end{cases}$ 的拐点.

3. 问 a 和 b 为何值时,点 $(1, 3)$ 为曲线 $y = ax^3 + bx^2$ 的拐点.

4. 设 $y = f(x)$ 在点 x_0 的某邻域内具有三阶连续导数,且 $f'(x_0) = f''(x_0) = 0$,而 $f'''(x_0) \neq 0$,试问点 x_0 是否为极值点？为什么？又 $(x_0, f(x_0))$ 是否为拐点？为什么？推广一下,猜想有什么一般的结论.

5. 设函数 $f(x)$ 满足方程 $f'' + (f')^2 = x$,且 $f'(0) = 0$,则(   ).

   (A) $f(0)$ 为 $f(x)$ 的极大值

   (B) $f(0)$ 为 $f(x)$ 的极小值

   (C) $(0, f(0))$ 是曲线 $y = f(x)$ 的拐点

   (D) $f(0)$ 不是 $f(x)$ 的极值,$(0, f(0))$ 也不是曲线 $y = f(x)$ 的拐点

6. 设 $f(x), g(x)$ 都是区间 I 上的下凸函数,证明：

   (1) $-f(x)$ 是 I 上的上凸函数;

   (2) $af(x) + bg(x)$ $(a, b > 0)$ 是 I 上的下凸函数.

7. 利用凸性,证明下列不等式：

   (1) $e^x + e^y > 2e^{\frac{x+y}{2}}$ $(x \neq y)$;

   (2) $x\ln x \geq (x+1)\ln\dfrac{x+1}{2}$ $(x > 0)$;

   (3) $\ln x \leq x - 1$.

8. 设 $f(x)$ 在 $[a, b]$ 上是下凸函数. 证明：$\forall x_1, \cdots, x_n \in [a, b], \forall \lambda_1, \cdots, \lambda_n \in [0, 1]$,只要 $\lambda_1 + \cdots + \lambda_n = 1$,就有不等式
   $$f(\lambda_1 x_1 + \cdots + \lambda_n x_n) \leq \lambda_1 f(x_1) + \cdots + \lambda_n f(x_n)$$
   成立(称为延森(Jensen)不等式).

9. 证明 $f(x) = -\ln x$ 在 $(0, +\infty)$ 上是下凸函数. 进一步证明：当 $x_i > 0, \lambda_i \geq 0$ $(i = 1, 2, \cdots, n)$,且 $\sum\limits_{i=1}^{n} \lambda_i$

1时,有

(1) $\lambda_1 x_1 + \lambda_2 x_2 + \cdots + \lambda_n x_n \geq x_1^{\lambda_1} x_2^{\lambda_2} \cdots x_n^{\lambda_n}$;

(2) $\dfrac{x_1+x_2+\cdots+x_n}{n} \geq \sqrt[n]{x_1 x_2 \cdots x_n}$.

10. 求下列曲线的渐近线:

(1) $y = \dfrac{a}{(x-b)^2} + c$ $(a \neq 0)$;

(2) $y = x + \dfrac{\ln x}{x}$;

(3) $y^2(x^2+1) = x^2(x^2-1)$;

(4) $y = x\ln\left(e + \dfrac{1}{x}\right)$.

11. 用分析法作下列函数的图形:

(1) $y = \sqrt[3]{x^2} + 2$; (2) $y = e^{-1/x}$;

(3) $y = \dfrac{(x+1)^3}{(x-1)^2}$.

12. 设 $f(x) \in C[a,b]$, $f(a)f(b) < 0$, 对方程 $f(x)=0$, 第二章2.7节曾指出可以用二分法求近似解数列. 如果还已知 $f'(x) > 0$, $f''(x) > 0$, 借助图形, 你能给出一个求方程近似解数列的更好的方法吗?

13. 设 A, B, C 为三角形三个内角, 证明
$$\sin A + \sin B + \sin C \leq \dfrac{3}{2}\sqrt{3}.$$

4.6

1. 求下列曲线在指定点处的曲率:

(1) $y = \ln(x + \sqrt{1+x^2})$, $(0,0)$;

(2) $xy = 1$, $(1,1)$;

(3) $x = 3t^2$, $y = 3t - t^3$ 在 $t=1$ 对应的点处;

(4) $x = x(y)$ 是 $y = x + e^x$ 的反函数, 在 $x=0, y=1$ 处.

2. 导出极坐标系下曲线的曲率公式. 求心形线 $r = a(1+\cos\theta)$ 在任一点 (r,θ) 处的曲率半径.

3. 求 $y = e^x$ 在点 $(0,1)$ 处的曲率中心.

4. 求 $y^2 = 4x$ 在原点处的曲率圆.

5. 求曲线 $y = \ln x$ 上曲率最大的点, 并在该点附近用抛物线 $y = ax^2 + bx + c$ 近似代替 $y = \ln x$, 求 a, b, c.

6. 设 $f(x)$ 具有二阶导数, 证明曲线 $y = f(x)$ 在点 $P(x,y)$ 处的曲率可以用 $k = \left|\dfrac{d\sin\alpha}{dx}\right|$ 表示, 其中 α 是曲线在点 P 处的切线的倾角.

7. 曲线 $y = \ln(1+x^2)$ 上哪一点附近线性性最好, 且 y 随 x 变化率最大?

8. 一汽车连同载重共5 t, 在抛物线状拱桥上行驶, 速度为 21.6 km/h, 桥的跨度为 10 m, 拱的矢高为 0.25 m, 求汽车越过桥顶时对桥的压力.

4.7

1. 已知 $f(x)$ 在 $[a,b]$ 上可导, 且 $b-a \geq 4$, 证明: $\exists x_0 \in (a,b)$, 使得
$$f'(x_0) < 1 + f^2(x_0).$$

2. 设 $f(x) \in C[a,b]$, 在 (a,b) 内可导, 且 $f(a) f(b) > 0$, $f(a) f\left(\dfrac{a+b}{2}\right) < 0$, 试证: 在 (a,b) 内存在 ξ, 使
$$f'(\xi) = f(\xi).$$

3. 设 $f(x)$ 在 $(0, +\infty)$ 内有界, 可导, 则( ).

(A) 当 $\lim\limits_{x\to+\infty} f(x) = 0$ 时, 必有 $\lim\limits_{x\to+\infty} f'(x) = 0$

(B) 当 $\lim\limits_{x\to+\infty} f'(x)$ 存在时, 必有 $\lim\limits_{x\to+\infty} f'(x) = 0$

(C) 当 $\lim\limits_{x\to 0^+} f(x) = 0$ 时, 必有 $\lim\limits_{x\to 0^+} f'(x) = 0$

(D) 当 $\lim\limits_{x\to 0^+} f'(x)$ 存在时, 必有 $\lim\limits_{x\to 0^+} f'(x) = 0$

4. 设 $f(x)$ 在 $[-1,1]$ 上有二阶导数, 且 $f(-1) = 1$, $f(0) = 0$, $f(1) = 3$, 证明在区间 $(-1,1)$ 内至少存在一点 ξ, 使 $f''(\xi) = 4$.

5. 设 $f(x)$ 在区间 $[0,1]$ 上有二阶导数, $f(0) = f(1) = 0$, 且 $\max\limits_{x \in (0,1)} f(x) = 2$. 证明 $\exists \xi \in (0,1)$, 使 $f''(\xi) \leq -16$.

6. 设 $f(x)$ 在 x_0 处具有二阶导数 $f''(x_0)$, 试证:
$$\lim_{h\to 0} \dfrac{f(x_0+h) - 2f(x_0) + f(x_0-h)}{h^2} = f''(x_0).$$

7. 设 $f(x) \in C^2(U(0))$, 且 $f(0)f'(0)f''(0) \neq 0$, 证明存在唯一的一组实数 $\lambda_1, \lambda_2, \lambda_3$, 使 $\lambda_1 f(h) + \lambda_2 f(2h) + \lambda_3 f(3h) - f(0) = o(h^2)$.

8. 已知 $\lim\limits_{x\to 1} \dfrac{\sqrt{x^4+3} - [A + B(x-1) + C(x-1)^2]}{(x-1)^2} = 0$,

求 A, B, C.

9. 设 $\lim\limits_{n\to\infty} a_n = a > 0$, 求 $\lim\limits_{n\to\infty} n(\sqrt[n]{a_n} - 1)$.

10. 设 $\lim\limits_{x\to 0} \dfrac{\sin 6x + xf(x)}{x^3} = 0$, 求 $\lim\limits_{x\to 0} \dfrac{6+f(x)}{x^2}$.

11. 设 ξ_a 为函数 $\arctan x$ 在区间 $[0, a]$ 上使用拉格朗日中值定理时的中值, 求 $\lim\limits_{a\to 0^+} \dfrac{\xi_a}{a}$.

12. 证明: $\dfrac{1}{2}(e^x + e^{-x}) \geq x^2 + \cos x$, $x \in \mathbf{R}$.

13. 证明不等式:
$$\sqrt[3]{abc} \leq \dfrac{a+b+c}{3} \quad (a, b, c \text{ 均为正数}).$$

14. 若用 $\dfrac{2(x-1)}{x+1}$ 来近似 $\ln x$, 证明当 $x \in [1, 2]$ 时, 其误差不超过 $\dfrac{1}{12}(x-1)^3$.

15. 证明方程 $e^x - x^2 - 3x - 1 = 0$ 有且仅有三个实根.

16. 讨论方程 $2^x = 1 + x^2$ 的实根个数.

17. 设函数 $\varphi(x)$ 可微, 且 $|\varphi'(x)| < r < 1$ (r 为常数), 试证: 若方程 $x = \varphi(x)$ 有解 x_0, 则解必唯一, 而且可以用如下的"迭代法"来求 x_0: 任取 x_1, 作数列

$$x_2 = \varphi(x_1), x_3 = \varphi(x_2), \cdots, x_{n+1} = \varphi(x_n), \cdots,$$

则

$$\lim\limits_{n\to\infty} x_n = x_0.$$

用本题指出的迭代法, 用计算器求方程 $x = \dfrac{\pi}{4}\left(\dfrac{2}{3}\sin x + 1\right)$ 在区间 $\left[0, \dfrac{\pi}{2}\right]$ 内的近似解.

18. (光的折射问题) 空气中一束光射入水中, 试根据费马原理导出光线的入射角 α 与折射角 β 满足的关系. 设光在空气和水中的速度分别为 v_1 和 v_2, $v_1 > v_2$.

附录Ⅲ 数学分析中的论证方法

数学课的任务除了传授数学知识外, 还肩负着培养学生逻辑思维能力的重任. 数学中论证问题的各种方法不外乎是逻辑推理的不同形式. 论证是用已知的判断获取新判断的逻辑方法, 是人们正确认识世界的手段, 掌握了它, 将使人的逻辑推理能力产生飞跃. 但是, 理解和掌握它是困难的. 这里根据前几章学过的知识举例说明数学分析中的论证方法, 以便在以后各章的学习中主动实践、体会, 提高逻辑推理能力.

论证的基本规则是: (1) 论题必须明确, 即命题的条件和结论要清楚. 所以在论证之前要认真审题, 并根据条件和结论联想到有关的知识和概念, 有时还要借助图形开阔思路, 有时要作适当的变化 (包括演算) 使问题转化. (2) 论据必须真实、充足. 论证时不但可以引用事实和定义来做论据, 还可以根据公理及已经证明过的定理来论证. (3) 不许恶性循环论证, 即引用的论据不许是本论题推出的结论.

一、分析法

分析法是由命题结论出发, 步步紧扣已知条件, 追溯到已知论断

的论证方法,也称**倒推法**.证明中应当使用假定的语气,如用"若要 A 成立,只要 B 成立;若要 B 成立,又需 C 成立"等.

例 1 设 $f(x)$ 对 $x_1, x_2 \in \mathbf{R}$ 恒有 $f(x_1+x_2) = f(x_1)f(x_2)$,且 $f(x)$ 在 $x=0$ 处连续,$f(0) \neq 0$. 试证 $f(x) \in C(\mathbf{R})$.

证明 要证 $f(x) \in C(\mathbf{R})$,只需证对任一点 x,$f(x)$ 都连续. 即证
$$\lim_{\Delta x \to 0} f(x+\Delta x) = f(x).$$
由 $f(x_1+x_2) = f(x_1)f(x_2)$ 知,$f(x+\Delta x) = f(x)f(\Delta x)$,故只需证
$$\lim_{\Delta x \to 0} f(x)f(\Delta x) = f(x) \lim_{\Delta x \to 0} f(\Delta x) = f(x),$$
即要证 $\lim_{\Delta x \to 0} f(\Delta x) = 1$.

取 $x_1 = x_2 = 0$,则有 $f(0) = f(0)f(0)$,又 $f(0) \neq 0$,故 $f(0) = 1$. 又因 $f(x)$ 在 $x=0$ 处连续,所以有 $\lim_{\Delta x \to 0} f(\Delta x) = 1$.

由此可见,$f(x) \in C(\mathbf{R})$.

使用分析法时必须注意,每倒推一步,后者都应是前者的充分条件.

二、综合法

综合法是以给定条件下的某已知论断为前提引导到命题结论的论证法.这种方法论证简洁,语气肯定,但难以掌握,为了找到正确的出发点,要求我们除了能熟练地掌握和运用与命题有关的理论、概念和运算外,还要善于分析问题,特别地,要借助分析法寻找解题思路.

例 2 设抛物线 $g(x) = -x^2 + Bx + C$ 与 x 轴有两个交点 $x=a, x=b$ ($a<b$);函数 $y=f(x)$ 在 $[a,b]$ 上有二阶导数,$f(a) = f(b) = 0$;且曲线 $y=f(x)$ 与 $y=g(x)$ 在区间 (a,b) 内有一个交点. 试证在 (a,b) 内至少存在一点 ξ,使 $f''(\xi) = -2$.

分析 作示意图如图Ⅲ.1,问题中涉及函数值与某点的导数值,自然想到中值定理,由图上看到两个函数之差 $g(x)-f(x)$ 有三个零点,由罗尔定理可知它的一阶导数至少有两个零点,二阶导数至少有一个零点 ξ,又 $g(x)$ 是二次多项式,$g''(x) = -2$,故 $f''(\xi) = -2$. 所以我们应从罗尔定理出发.

证明 设曲线 $g(x)$ 和 $f(x)$ 在 (a,b) 内交点的横坐标为 c ($a<c<b$),考虑函数
$$F(x) = g(x) - f(x) = -x^2 + Bx + C - f(x),$$
由已知条件知 $F(a) = F(b) = F(c) = 0$,又因 $g(x)$ 和 $f(x)$ 在 $[a,b]$ 上均有二阶导数,所以 $F(x)$ 在 $[a,c]$ 和 $[c,b]$ 上均满足罗尔定理的条

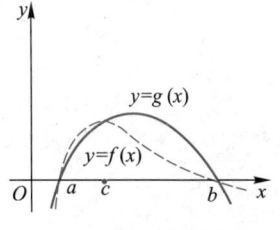

图Ⅲ.1

件,于是有 $\xi_1 \in (a,c), \xi_2 \in (c,b)$,使
$$F'(\xi_1) = 0, \quad F'(\xi_2) = 0.$$
由此可见,$F'(x)$ 在 $[\xi_1,\xi_2]$ 上满足罗尔定理的条件,故至少有一点 $\xi \in (\xi_1,\xi_2) \subset (a,b)$,使
$$F''(\xi) = 0.$$
因为 $F''(x) = g''(x) - f''(x) = -2 - f''(x)$,所以
$$f''(\xi) = -2. \qquad \square$$

三、构造法

根据论证需要先构造一个函数、算式或引理,然后进行证明的方法叫做构造法. 比如拉格朗日中值定理和柯西中值定理的证明,上述例 2 的证明中也构造了一个函数. 构造的目的在于转化问题,技巧性较高.

例 3 试证不等式
$$\frac{a^{\frac{1}{n+1}}}{(n+1)^2} < \frac{a^{\frac{1}{n}} - a^{\frac{1}{n+1}}}{\ln a} < \frac{a^{\frac{1}{n}}}{n^2} \quad (a>1).$$

分析 由前边学过的知识,要证不等式常常联想到函数的单调性、中值定理等. 这里 $a^{\frac{1}{n}} - a^{\frac{1}{n+1}}$ 是 $a^{\frac{1}{x}}$ 在 $x=n$ 和 $x=n+1$ 处的函数值之差,仔细分析要证的不等式知,应从拉格朗日中值定理入手.

证明 引入辅助函数 $f(x) = a^{\frac{1}{x}}$,在 $[n, n+1]$ 上应用拉格朗日中值定理,有 $\xi \in (n, n+1)$,使
$$a^{\frac{1}{n}} - a^{\frac{1}{n+1}} = \frac{1}{\xi^2} a^{\frac{1}{\xi}} \ln a.$$
由于 $a>1, \ln a > 0$,故
$$\frac{a^{\frac{1}{n}} - a^{\frac{1}{n+1}}}{\ln a} = \frac{1}{\xi^2} a^{\frac{1}{\xi}}.$$
再考虑辅助函数 $g(x) = x^2 a^x$,由于 $g'(x) = 2xa^x + x^2 a^x \ln a$,所以当 $x>0$ 时,$g'(x) > 0$,即当 $x>0$ 时,$g(x) \uparrow$. 又因 $n < \xi < n+1$,即 $\frac{1}{n+1} < \frac{1}{\xi} < \frac{1}{n}$,从而有
$$\frac{1}{(n+1)^2} a^{\frac{1}{n+1}} < \frac{1}{\xi^2} a^{\frac{1}{\xi}} < \frac{1}{n^2} a^{\frac{1}{n}}.$$
于是得到
$$\frac{a^{\frac{1}{n+1}}}{(n+1)^2} < \frac{a^{\frac{1}{n}} - a^{\frac{1}{n+1}}}{\ln a} < \frac{a^{\frac{1}{n}}}{n^2}. \qquad \square$$

四、举反例法

数学上要想证明一个命题不正确,或证明一个否定性的论断,只

需举出一个反例(满足命题的条件,而与命题结论相反的例子)就可以了.举反例也是数学中很重要的论证手段.如"连续函数不一定可导"等论断的证明.教材中许多定理的后面常常强调定理中某条件不存在时,结论不正确,都采用举反例证明.

例 4 试证无穷多个无穷小之积,不一定是无穷小.

证明 考虑下列每行的数列

$$1, \frac{1}{2}, \frac{1}{3}, \frac{1}{4}, \cdots, \frac{1}{n}, \cdots,$$

$$1, 2, \frac{1}{3}, \frac{1}{4}, \cdots, \frac{1}{n}, \cdots,$$

$$1, 1, 3^2, \frac{1}{4}, \cdots, \frac{1}{n}, \cdots,$$

$$\cdots\cdots\cdots$$

$$1, 1, 1, 1, \cdots, n^{n-1}, \frac{1}{n+1}, \cdots,$$

$$\cdots\cdots\cdots$$

每个数列是无穷小,但它们的乘积数列 $\{1\}$ 不是无穷小. □

举反例法实质上也是构造性论证法,需要对涉及的知识有深透的理解,并且技巧性很强.举反例也不是轻而易举的事,一个好的反例的作用不亚于定理.

五、计算法

利用有关的计算,经计算得到结论的证明方法叫计算论证法,如证明恒等式或不等式等.计算证明有三种基本途径:从左向右;从右向左;左右分别向同一式子推算.这是大家在初等数学中就熟悉了的.计算证明要求我们心中目标明确,同时要有高超的计算技巧(特别是变形与变换)和娴熟的计算能力.

例 5 试证勒让德多项式

$$P_n(x) = \frac{1}{2^n n!} \frac{d^n}{dx^n}(x^2-1)^n, n=0,1,2,\cdots$$

满足关系式

$$(x^2-1)P_n''(x) + 2xP_n'(x) - n(n+1)P_n(x) = 0. \tag{1}$$

分析 多项式 $P_n(x)$ 等于函数 $z = \frac{1}{2^n n!}(x^2-1)^n$ 的 n 阶导数,当然可以先求出 $P_n(x)$,再将它代入(1)式左边验证,但这相当麻烦.实质上,要证的是"$z^{(n)}$ 满足(1)式",所以我们从 z 的一阶导数入手.

证明 令 $z = \frac{1}{2^n n!}(x^2-1)^n$,则

$$z' = \frac{1}{2^n n!} 2nx(x^2-1)^{n-1}.$$

两边乘以 (x^2-1)，得

$$(x^2-1)z' = 2nxz.$$

两边求 $n+1$ 阶导数，由莱布尼茨公式，得

$$(x^2-1)z^{(n+2)} + (n+1)2xz^{(n+1)} + \frac{(n+1)n}{2!} \cdot 2z^{(n)} = 2nxz^{(n+1)} + 2n(n+1)z^{(n)}.$$

整理得

$$(x^2-1)z^{(n+2)} + 2xz^{(n+1)} - n(n+1)z^{(n)} = 0.$$

因为 $z^{(n)} = P_n(x)$，代入上式便知 $P_n(x)$ 满足（1）式. □

以上五种论证方法都属于直接论证，均是引用论据正面证明命题的. 有些命题在论证当时还没有直接证明的正面根据，直接论证较困难，这时我们可以证明它的反命题（命题"若 A 则 B"的反命题是指"若 A，不一定 B"）是错误的. 当反命题被驳倒后，便可断定原命题正确，这种证法叫间接法或反证法.

六、反证法

为了证明在条件 A 下有结论 B. 首先否定 B，即假设 B 不成立. 然后由条件 A 和这个反证的假设出发，运用有关的知识进行逻辑推理. 如果推出一个矛盾（与已知条件 A 矛盾，或与已知的概念、公式、公理、定理和事实矛盾，或自相矛盾等），说明反证的假设是错误的，根据逻辑排中律，推出原命题正确.

当结论 B 中包含的情况复杂、广泛，而反面情况较单一时，也常用反证法. 这时反证法会显得更加简洁，因为增加了一个反证的假设条件，而且推理的方向相当自由——只要找出一个矛盾即可.

例 6 若 $f(x) \in C(a,b)$，且 $f'_+(x) > 0$，则在区间 (a,b) 上 $f(x) \uparrow$.

证明 若不然，设有点 $x_1, x_2 \in (a,b)$，$x_1 < x_2$，且 $f(x_1) \geq f(x_2)$. 由于 $f(x) \in C[x_1, x_2]$，所以有最大值，设为 $f(x_0)$，$x_1 \leq x_0 < x_2$. 于是当 $x \in [x_0, x_2]$ 时，恒有

$$f(x) \leq f(x_0),$$

故

$$f'_+(x_0) = \lim_{x \to x_0^+} \frac{f(x) - f(x_0)}{x - x_0} \leq 0.$$

与命题条件矛盾,因此在(a,b)上$f(x)\uparrow$. □

要强调的是,当命题的结论 B 的反面包含多种情况时,要使用反证法,必须摒弃一切可能的对立情况,才能证得命题. 比如,要证在某条件下,$\angle\alpha = \angle\beta$,必须摒弃 $\angle\alpha > \angle\beta$ 及 $\angle\alpha < \angle\beta$ 两种情况.

七、数学归纳法

这是大家已经熟悉的方法. 它是证明同正整数集有关的命题的基本的、有力的方法.

要证明命题 $\pi(n)$ 对所有自然数 $n \geq n_0$ 都成立,证明过程分两步:第一步,论证 $n = n_0$ 时,命题 $\pi(n)$ 成立;第二步,假设 $n_0 \leq n \leq k$ 时,命题 $\pi(n)$ 都成立,推证 $n = k+1$ 时,$\pi(n)$ 也成立. 这样命题 $\pi(n)$ 对一切自然数 $n \geq n_0$ 都成立. 其中第一步是用数学归纳法证明的基础,绝不可缺少. 如果没有第一步,第二步的假设就是无根据的. 第二步证明命题有延续性,因此,这一步一定要从 $n_0 \leq n \leq k$ 时命题成立来推证 $n = k+1$ 时命题也成立(许多命题可从 $n = k$ 时命题成立推出 $n = k+1$ 时命题成立,这时第二步也可假设 $n = k$ 时命题成立来推证 $n = k+1$ 时命题成立,如果第二步中用到 $n = k-1, n = k$ 的结论,则在第一步中要证 $n = n_0$ 和 $n = n_0 + 1$ 时结论成立. 如果没有用第二步的假设条件而直接推导 $n = k+1$ 时命题成立,就不能算作数学归纳法. 通常第二步比第一步要困难些.

例 7 数列 $\{a_n\}$ 中,$a_1 = 1, a_2 = 2, a_3 = 3$,且满足
$$a_{n+1}a_{n-2} - a_n a_{n-1} = 7 \quad (n > 2),$$
试证 $a_n (n \in \mathbf{N}_+)$ 是正整数.

证明 $a_1 = 1, a_2 = 2, a_3 = 3$ 都是正整数,由 $a_4 a_1 - a_3 a_2 = 7$,得 $a_4 = 13 > 0$.

首先,设 a_{k-2}, a_{k-1}, a_k 均大于零,则由
$$a_{k+1}a_{k-2} - a_k a_{k-1} = 7$$
知 $a_{k+1} > 0$,由数学归纳法知 $a_n > 0 (n \in \mathbf{N}_+)$.

其次,由
$$a_{n+1}a_{n-2} - a_n a_{n-1} = a_n a_{n-3} - a_{n-1}a_{n-2},$$
$$a_{n+1}a_{n-2} + a_{n-1}a_{n-2} = a_n a_{n-1} + a_n a_{n-3},$$
得递推公式
$$\frac{a_{n+1} + a_{n-1}}{a_n} = \frac{a_{n-1} + a_{n-3}}{a_{n-2}}.$$

当 n 为偶数时,
$$\frac{a_{n+1}+a_{n-1}}{a_n}=\frac{a_{n-1}+a_{n-3}}{a_{n-2}}=\cdots=\frac{a_3+a_1}{a_2}=2.$$

当 n 为奇数时,
$$\frac{a_{n+1}+a_{n-1}}{a_n}=\frac{a_{n-1}+a_{n-3}}{a_{n-2}}=\cdots=\frac{a_4+a_2}{a_3}=5.$$

设 a_k, a_{k-1} 为整数,则由于 $\frac{a_{k+1}+a_{k-1}}{a_k}$ 为整数,所以 a_{k+1} 为整数,由数学归纳法知 $a_n(n\in \mathbf{N}_+)$ 为整数.

综上所述,$a_n(n\in \mathbf{N}_+)$ 是正整数. □

要想提高数学论证的能力,首先要精通学习过的数学理论,不但搞清它的来龙去脉,认准它的条件、结论,还要知道它的应用,学习时注意吸收处理问题的好方法. 在做习题时要合乎逻辑,注意形式. 同学间的辩论、研究、批判和反驳及自己的反复思考和实践,都是提高论证能力的有效途径.

网上更多……　　教学 PPT　　拓展练习

自测题

第五章 不定积分

5.1 原函数与不定积分

5.1.1 原函数与不定积分的概念

第三章里介绍了求已知函数的导数和微分的运算. 在科学和技术的许多问题中常常要解决相反的问题,就是已知导数或微分,求原来那个函数的问题. 例如:

1. 已知某曲线的切线斜率为 $2x$,求此曲线的方程.

2. 某质点作直线运动,已知运动速度函数 $v=at+v_0$,求路程函数.

这是微分运算的逆运算问题,是微积分学中另一个基本内容.

定义 5.1 如果在某区间 I 上,
$$F'(x)=f(x) \quad \text{或} \quad \mathrm{d}F(x)=f(x)\mathrm{d}x,$$
则称 $F(x)$ 为 $f(x)$ 在 I 上的一个**原函数**.

例如,由 $(\sin x)'=\cos x$,或由 $\mathrm{d}\sin x=\cos x\mathrm{d}x$ 知,$F(x)=\sin x$ 是 $f(x)=\cos x$ 在 $(-\infty,+\infty)$ 上的一个原函数. 不难看出 $F(x)+C=\sin x+C$ 也是 $f(x)=\cos x$ 的原函数,其中 C 为任意常数.

一般地说,若 $F(x)$ 为 $f(x)$ 的一个原函数,则 $F(x)+C$ 亦为 $f(x)$ 的原函数(C 为任意常数),这是因为
$$[F(x)+C]'=F'(x)=f(x).$$
由此可见,一个函数如果有原函数,就有无穷多个,并有结论:

定理 5.1 如果 $F(x)$ 是 $f(x)$ 在区间 I 上的一个原函数,则 $f(x)$ 在 I 上的任一原函数都可表示为 $F(x)+C$ 的形式,其中 C 为某一常数.

微视频
5.1.1 原函数与不定积分

这个定理表明:形如 $F(x)+C$ 的一族函数是 $f(x)$ 的全部原函数.

证明 设 $\Phi(x)$ 为 $f(x)$ 在区间 I 上的任一原函数,则
$$\Phi'(x)=f(x),$$
又因 $F'(x)=f(x)$,所以
$$[\Phi(x)-F(x)]'=\Phi'(x)-F'(x)=f(x)-f(x)\equiv 0, \quad \forall x\in I,$$
故 $\Phi(x)-F(x)=C$,即
$$\Phi(x)=F(x)+C. \quad \square$$

可见,只要找到 $f(x)$ 的一个原函数,就知道它的全部原函数.

定义 5.2 设 $F(x)$ 是 $f(x)$ 的任一原函数,则 $f(x)$ 的全部原函数的一般表达式
$$F(x)+C$$
称为函数 $f(x)$ 的**不定积分**,记作 $\int f(x)\mathrm{d}x$,即
$$\int f(x)\mathrm{d}x=F(x)+C.$$
其中,$\int$ 叫做**积分号**,$f(x)\mathrm{d}x$ 叫做**被积表达式**,$f(x)$ 叫做**被积函数**,x 叫做**积分变量**,任意常数 C 叫做**积分常数**.

要强调指出的是:(i) 被积函数是原函数的导数,被积表达式是原函数的微分.(ii) 不定积分表示那些导数等于被积函数的所有函数,或者说其微分等于被积表达式的所有函数,因此绝对不能漏写积分常数 C.(iii) 求已知函数的原函数或不定积分的运算称为积分运算,它是微分运算的逆运算.

例 1 $\int \cos x \mathrm{d}x = \sin x + C.$

例 2 $\int x^3 \mathrm{d}x = \dfrac{1}{4}x^4 + C.$

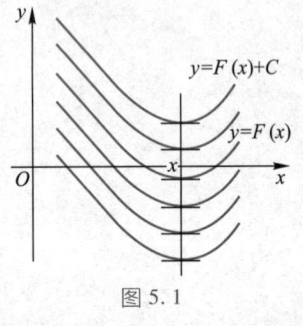

图 5.1

不定积分的几何意义:设 $F(x)$ 是 $f(x)$ 的一个原函数,则 $y=F(x)$ 的图形称为 $f(x)$ 的一条**积分曲线**.因为 $F'(x)=f(x)$,所以积分曲线上任一点 $(x,F(x))$ 处的切线斜率恰好等于 $f(x)$.若把这条积分曲线沿 y 轴方向平移 C 个单位,就得到另一条积分曲线 $y=F(x)+C$.所以不定积分就是这样一族积分曲线通用的方程.曲线族中各条曲线在横坐标相同的点处的切线平行(图 5.1).

在求原函数的实际问题中,有时要从全部原函数中确定出所需要的具有某种特性的一个原函数,这时应根据这个特性确定常数 C

的值,从而找出需要的原函数.

例 3 求通过点 $(2,5)$,且其切线斜率为 $2x$ 的曲线.

解 切线斜率为 $2x$,即 $y'=2x$ 的曲线族为
$$y=\int 2x\,dx=x^2+C,$$
又因所求曲线通过点 $(2,5)$,即当 $x=2$ 时,$y=5$,所以有
$$5=2^2+C,\quad C=1.$$
故所求的曲线方程为
$$y=x^2+1,$$
参看图 5.2.

例 4 已知物体运动速度 $v=at+v_0$,求路程函数.

解 因为 $\dfrac{ds}{dt}=v=at+v_0$,所以
$$s=\int(at+v_0)\,dt=\frac{1}{2}at^2+v_0t+s_0,$$
其中 s_0 为任意常数. 若 $t=0$ 时,$s=0$,则 $s_0=0$,这时路程函数为
$$s=\frac{1}{2}at^2+v_0t.$$

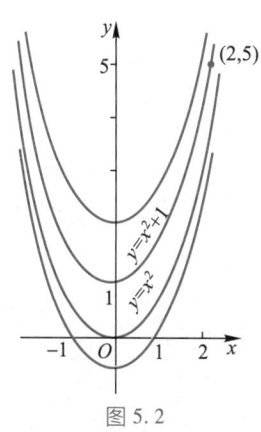

图 5.2

哪些函数有原函数? 又如何求其原函数呢? 第一个问题由下面的定理来回答.

定理 5.2 若 $f(x)\in C[a,b]$,则它必有原函数.

这个原函数存在性定理的证明将在下一章给出,至于第二个问题正是下面几节所要研究的. 顺便指出:不定积分与导数的定义方法大不相同,导数的定义是构造性的,定义本身就指明了计算方法;而不定积分的定义仅指出所要求的函数的特性,没有告诉我们如何寻找它,所以积分运算原则上比微分运算困难得多. 因此在学习中,应熟记基本积分公式,适当做些练习并不断总结、摸索求不定积分的方法和技巧.

5.1.2 不定积分的性质和基本公式

由不定积分的定义和微分法则,可以直接推出不定积分如下两条性质:

性质 1 $\left(\int f(x)\,dx\right)'=f(x)$ 或 $d\int f(x)\,dx=f(x)\,dx$;

$$\int f'(x)\,dx = f(x) + C \quad \text{或} \quad \int df(x) = f(x) + C,$$

即先积分后微分,则两个运算抵消;反之,先微分后积分,抵消后差一个常数项. 这就是所说的微分与积分互为逆运算的含义.

性质 2 若在同一区间上 $f(x)$, $g(x)$ 都有原函数,则

$$\int [af(x) + bg(x)]\,dx = a\int f(x)\,dx + b\int g(x)\,dx,$$

其中 a, b 是不同时为零的常数.

证明 由微分法则和性质 1,

$$\left[a\int f(x)\,dx + b\int g(x)\,dx\right]' = a\left[\int f(x)\,dx\right]' + b\left[\int g(x)\,dx\right]'$$
$$= af(x) + bg(x),$$

所以, $\left[a\int f(x)\,dx + b\int g(x)\,dx\right]$ 是 $af(x) + bg(x)$ 的原函数,且在不定积分中已含有任意常数,由不定积分定义知性质 2 成立. □

性质 2 称为积分的**线性性质**,它是和微分运算的线性性质相对应的.

根据微分基本公式,可直接得到如下的不定积分基本公式.

不定积分基本公式(Ⅰ)

(1) $\int 0\,dx = C$;

(2) $\int 1\,dx = x + C$;

(3) $\int x^{\mu}\,dx = \dfrac{1}{\mu+1}x^{\mu+1} + C \quad (\mu \neq -1)$;

(4) $\int \dfrac{1}{x}\,dx = \ln|x| + C$;

(5) $\int a^x\,dx = \dfrac{a^x}{\ln a} + C \quad (a > 0, a \neq 1)$;

(6) $\int e^x\,dx = e^x + C$;

(7) $\int \sin x\,dx = -\cos x + C$;

(8) $\int \cos x\,dx = \sin x + C$;

(9) $\int \sec^2 x\,dx = \int \dfrac{1}{\cos^2 x}\,dx = \tan x + C$;

(10) $\int \csc^2 x\,dx = \int \dfrac{1}{\sin^2 x}\,dx = -\cot x + C$;

微视频
5.1.2 不定积分的基本公式

(11) $\int \sec x \tan x \, dx = \sec x + C$;

(12) $\int \csc x \cot x \, dx = -\csc x + C$;

(13) $\int \dfrac{dx}{\sqrt{1-x^2}} = \arcsin x + C$;

(14) $\int \dfrac{dx}{1+x^2} = \arctan x + C$.

熟记基本积分公式，才可能顺利地进行积分运算. 现在可以利用不定积分的基本公式和线性性质，计算一些简单的不定积分.

例 5 $\int (e^x + 2\sin x) \, dx = \int e^x \, dx + 2 \int \sin x \, dx = e^x - 2\cos x + C$.

例 6 $\int x \left(\sqrt{x} - \dfrac{2}{x^2} \right) dx = \int \left(x^{\frac{3}{2}} - \dfrac{2}{x} \right) dx = \int x^{\frac{3}{2}} \, dx - 2 \int \dfrac{1}{x} \, dx$

$$= \dfrac{1}{\frac{3}{2}+1} x^{\frac{3}{2}+1} - 2\ln|x| + C = \dfrac{2}{5} x^{\frac{5}{2}} - 2\ln|x| + C.$$

计算积分时，常常将被积函数作适当的恒等变形，使之化为积分表中诸被积函数的线性组合的形式，然后用线性性质计算积分，称为**分项积分法**.

例 7 $\int \dfrac{x^2}{1+x^2} dx = \int \dfrac{1+x^2-1}{1+x^2} dx = \int 1 \, dx - \int \dfrac{dx}{1+x^2} = x - \arctan x + C$.

例 8 $\int \cot^2 x \, dx = \int (\csc^2 x - 1) \, dx = -\cot x - x + C$.

例 9 $\int \dfrac{1}{\sin^2 x \cos^2 x} dx = \int \dfrac{\sin^2 x + \cos^2 x}{\sin^2 x \cos^2 x} dx = \int \left(\dfrac{1}{\cos^2 x} + \dfrac{1}{\sin^2 x} \right) dx$

$$= \tan x - \cot x + C.$$

例 10 $\int \dfrac{1-\cos x}{1-\cos 2x} dx = \int \dfrac{1-\cos x}{2\sin^2 x} dx = \dfrac{1}{2} \int \left(\dfrac{1}{\sin^2 x} - \cot x \csc x \right) dx$

$$= \dfrac{1}{2} (-\cot x + \csc x) + C.$$

5.2 换元积分法

微分运算中有两个重要的法则：复合函数微分法和乘积的微分法. 在积分运算中，与它们对应的是本节和下节将要介绍的换元积分法和分部积分法.

微视频
5.2.1 第一换元积分法

换元积分公式 设 $f(x)$ 连续,$x=\varphi(t)$ 有连续的导数,则

$$\int f(\varphi(t))\varphi'(t)\mathrm{d}t = \int f(\varphi(t))\mathrm{d}\varphi(t) \xupreanumber{x=\varphi(t)} \int f(x)\mathrm{d}x. \tag{1}$$

证明 由于

$$f(\varphi(t))\varphi'(t)\mathrm{d}t = f(\varphi(t))\mathrm{d}\varphi(t) = f(x)\mathrm{d}x,$$

所以根据不定积分的定义知(1)式成立. □

第一换元积分法 若遇到积分 $\int f(\varphi(t))\varphi'(t)\mathrm{d}t$ 不易计算时,通过变换 $x=\varphi(t)$,由(1)式化为不定积分 $\int f(x)\mathrm{d}x$ 来计算,积分后再将 $x=\varphi(t)$ 代入.

第二换元积分法 若遇到积分 $\int f(x)\mathrm{d}x$ 不易计算时,可选取适当的变换 $x=\varphi(t)$,由(1)式化为不定积分 $\int f(\varphi(t))\varphi'(t)\mathrm{d}t$ 来计算. 由于积分之后还要将 t 换为 x 的函数,所以这时要求变换 $x=\varphi(t)$ 有反函数 $t=\varphi^{-1}(x)$.

换元积分法的基本思想是将被积表达式(原函数的微分)变形,因为原函数的微分等于它对自变量的导数乘自变量的微分,也等于它对中间变量的导数乘中间变量的微分. 把原函数的微分写成不同的形式,求原函数的难易程度是不同的.

先看第一换元积分法的例题.

例1 $\int 2x\mathrm{e}^{x^2}\mathrm{d}x = \int \mathrm{e}^{x^2}\mathrm{d}x^2 \xupreanumber{u=x^2} \int \mathrm{e}^u\mathrm{d}u = \mathrm{e}^u + C = \mathrm{e}^{x^2} + C.$

例2 $\int \dfrac{\ln x}{x}\mathrm{d}x = \int \ln x \mathrm{d}\ln x \xupreanumber{u=\ln x} \int u\mathrm{d}u = \dfrac{1}{2}u^2 + C = \dfrac{1}{2}(\ln x)^2 + C.$

做过一定数量的练习对第一换元积分法熟练后,可以不再写出中间变量,但需明白将积分公式中的积分变量换为可微函数时,公式依然成立.

例3 $\int \dfrac{\arctan x}{1+x^2}\mathrm{d}x = \int \arctan x \mathrm{d}\arctan x = \dfrac{1}{2}(\arctan x)^2 + C.$

△ **例4** $\int \dfrac{\mathrm{d}x}{\sqrt{a^2-x^2}} = \int \dfrac{\mathrm{d}x}{a\sqrt{1-\left(\dfrac{x}{a}\right)^2}} = \int \dfrac{\mathrm{d}\left(\dfrac{x}{a}\right)}{\sqrt{1-\left(\dfrac{x}{a}\right)^2}} = \arcsin \dfrac{x}{a} + C.$

其中 $a>0$.

△ **例5** $\int \tan x \mathrm{d}x = \int \dfrac{\sin x}{\cos x}\mathrm{d}x = -\int \dfrac{1}{\cos x}\mathrm{d}\cos x = -\ln|\cos x| + C.$

例6 $\int \sin^2 x \cos^3 x \, dx = \int \sin^2 x (1-\sin^2 x) \, d\sin x = \frac{1}{3}\sin^3 x - \frac{1}{5}\sin^5 x + C.$

例7 $\int \sin^2 x \, dx = \frac{1}{2}\int (1-\cos 2x) \, dx = \frac{1}{2}\int dx - \frac{1}{4}\int \cos 2x \, d(2x)$

$= \frac{x}{2} - \frac{1}{4}\sin 2x + C.$

由例6,例7知,$\sin^m x \cos^n x$ 的积分,当 m,n 有一个是奇数时,容易用第一换元积分法积分,当 m,n 都是偶数时,可选用倍角公式降幂,再积分.

例8 $\int \cos 3x \cos 2x \, dx = \frac{1}{2}\int (\cos x + \cos 5x) \, dx = \frac{1}{2}\sin x + \frac{1}{10}\sin 5x + C.$

不同角度的正弦函数、余弦函数之积的积分,通常用积化和差公式来拆项化简. 如果中间变量的导数是常数,很容易凑出它来.

△例9 $\int \frac{dx}{x^2-a^2} = \frac{1}{2a}\int \left(\frac{1}{x-a} - \frac{1}{x+a}\right) dx = \frac{1}{2a}\ln\left|\frac{x-a}{x+a}\right| + C \quad (a \neq 0).$

△例10 $\int \csc x \, dx = \int \frac{dx}{\sin x} = \int \frac{\sin x}{\sin^2 x} dx = \int \frac{d\cos x}{\cos^2 x - 1}$

$= \frac{1}{2}\ln\left|\frac{1-\cos x}{1+\cos x}\right| + C = \ln\left|\frac{1-\cos x}{\sin x}\right| + C$

$= \ln|\csc x - \cot x| + C.$

换个算法有

$\int \csc x \, dx = \int \frac{dx}{\sin x} = \int \frac{dx}{2\sin\frac{x}{2}\cos\frac{x}{2}} = \int \frac{1}{\tan\frac{x}{2}} d\tan\frac{x}{2}$

$= \ln\left|\tan\frac{x}{2}\right| + C.$

同一个积分用不同的方法计算,可能得到表面上不一致的结果,但实际上都表示同一族函数. 检验积分结果是否正确的方法是求其导数,看它是否与被积函数相等. 另外,由这几个例子看到,有时被积表达式内不明显含有 $\varphi'(t)$ 的因式,只要把被积函数作适当的变形,便可出现 $\varphi'(t)$.

例11 $\int \tan^3 x \, dx = \int \tan x (\sec^2 x - 1) \, dx = \int \tan x \sec^2 x \, dx - \int \tan x \, dx$

$= \int \tan x \, d\tan x + \ln|\cos x| = \frac{1}{2}\tan^2 x + \ln|\cos x| + C.$

例 12 $\int \sec^6 x \, dx = \int (\tan^2 x + 1)^2 \sec^2 x \, dx = \int (\tan^2 x + 1)^2 d\tan x$

$$= \int (\tan^4 x + 2\tan^2 x + 1) d\tan x$$

$$= \frac{1}{5}\tan^5 x + \frac{2}{3}\tan^3 x + \tan x + C.$$

例 13 $\int \tan^5 x \sec^3 x \, dx = \int \tan^4 x \sec^2 x \sec x \tan x \, dx$

$$= \int (\sec^2 x - 1)^2 \sec^2 x \, d\sec x$$

$$= \int (\sec^6 x - 2\sec^4 x + \sec^2 x) d\sec x$$

$$= \frac{1}{7}\sec^7 x - \frac{2}{5}\sec^5 x + \frac{1}{3}\sec^3 x + C.$$

例 14 $\int \dfrac{dx}{a^2 \sin^2 x + b^2 \cos^2 x} = \int \dfrac{dx}{\left[\left(\dfrac{a}{b}\tan x\right)^2 + 1\right] b^2 \cos^2 x}$

$$= \frac{1}{ab}\int \frac{d\left(\dfrac{a}{b}\tan x\right)}{\left(\dfrac{a}{b}\tan x\right)^2 + 1}$$

$$= \frac{1}{ab}\arctan\left(\frac{a}{b}\tan x\right) + C \quad (a, b \neq 0).$$

例 15 $\int \dfrac{\sin 2x}{\sqrt{1 - \cos^4 x}} dx = \int \dfrac{2\sin x \cos x}{\sqrt{1 - \cos^4 x}} dx = -\int \dfrac{d\cos^2 x}{\sqrt{1 - \cos^4 x}}$

$$= -\arcsin(\cos^2 x) + C.$$

例 16 $\int \dfrac{2x+3}{x^2+3x+8} dx = \int \dfrac{d(x^2+3x+8)}{x^2+3x+8} = \ln|x^2+3x+8| + C.$

注意:函数从微分号外移到微分号里要积分,而由微分号里移到微分号外要求导;在微分号里可随意加常数,$dx = d(x+C)$.

再看第二换元积分法的例题.

例 17 求 $\int \dfrac{1}{1+\sqrt{x}} dx$.

解 此题的难点在于有根式,为消除它,作变换,令 $t = \sqrt{x}$, 即 $x = t^2 (t \geq 0)$, 则 $dx = 2t \, dt$, 故

$$\int \frac{1}{1+\sqrt{x}} dx = \int \frac{2t}{1+t} dt = \int \left(2 - \frac{2}{1+t}\right) dt$$

$$= 2t - 2\ln(1+t) + C = 2\sqrt{x} - 2\ln(1+\sqrt{x}) + C.$$

例 18　求 $\int \dfrac{1}{\sqrt{\mathrm{e}^x-1}}\mathrm{d}x$.

解　设 $\sqrt{\mathrm{e}^x-1}=t$，即 $x=\ln(1+t^2)$（$t>0$），$\mathrm{d}x=\dfrac{2t}{1+t^2}\mathrm{d}t$，故

$$\int \dfrac{1}{\sqrt{\mathrm{e}^x-1}}\mathrm{d}x = \int \dfrac{1}{t}\dfrac{2t}{1+t^2}\mathrm{d}t = 2\int \dfrac{\mathrm{d}t}{1+t^2} = 2\arctan t + C$$

$$= 2\arctan\sqrt{\mathrm{e}^x-1} + C.$$

△ 例 19　求 $\int \sqrt{a^2-x^2}\,\mathrm{d}x$（$a>0$）.

解　设 $x=a\sin t$ $\left(-\dfrac{\pi}{2}\leqslant t \leqslant \dfrac{\pi}{2}\right)$，则 $\sqrt{a^2-x^2}=a\sqrt{1-\sin^2 t}=a\cos t$，$\mathrm{d}x=a\cos t\,\mathrm{d}t$，于是

$$\int \sqrt{a^2-x^2}\,\mathrm{d}x = \int a^2\cos^2 t\,\mathrm{d}t = a^2\int \dfrac{1+\cos 2t}{2}\mathrm{d}t$$

$$= \dfrac{a^2}{2}\left(t+\dfrac{1}{2}\sin 2t\right)+C$$

$$= \dfrac{a^2}{2}(t+\sin t\cos t)+C.$$

还需要将结果表示成原变量 x 的函数，由图 5.3 知，在三角变换 $\sin t=\dfrac{x}{a}$ 下，有

$$\cos t = \dfrac{\sqrt{a^2-x^2}}{a},\quad t=\arcsin\dfrac{x}{a},$$

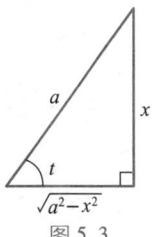

图 5.3

故

$$\int \sqrt{a^2-x^2}\,\mathrm{d}x = \dfrac{a^2}{2}\left(\arcsin\dfrac{x}{a}+\dfrac{x}{a}\dfrac{\sqrt{a^2-x^2}}{a}\right)+C$$

$$= \dfrac{a^2}{2}\arcsin\dfrac{x}{a}+\dfrac{x}{2}\sqrt{a^2-x^2}+C.$$

△ 例 20　求 $\int \dfrac{\mathrm{d}x}{\sqrt{x^2+a^2}}$（$a>0$）.

解　设 $x=a\tan t$ $\left(-\dfrac{\pi}{2}<t<\dfrac{\pi}{2}\right)$，则 $\sqrt{x^2+a^2}=a\sec t$，$\mathrm{d}x=a\sec^2 t\,\mathrm{d}t$，于是

$$\int \dfrac{\mathrm{d}x}{\sqrt{x^2+a^2}} = \int \dfrac{a\sec^2 t}{a\sec t}\mathrm{d}t = \int \sec t\,\mathrm{d}t = \ln|\sec t + \tan t| + C_1$$

$$= \ln\left|\dfrac{\sqrt{x^2+a^2}}{a}+\dfrac{x}{a}\right|+C_1 = \ln\left|x+\sqrt{x^2+a^2}\right|+C.$$

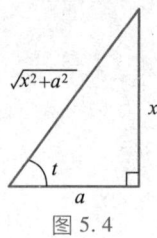

图 5.4

参看图 5.4，最后一步中把 $-\ln a$ 归入到任意常数 C 内.

相仿地，通过变换 $x = a\sec t$ 可算出

$$\int \frac{dx}{\sqrt{x^2-a^2}} = \ln\left|x+\sqrt{x^2-a^2}\right| + C.$$

对于什么样的积分，采用怎样的变换要具体问题具体分析，选择得好，可以积分出来，选取得不恰当，积不出来，就要再换其他的变换. 只有十分熟悉基本微分与积分公式，注意分析被积表达式的结构，多做练习，不断总结经验，才能提高计算不定积分的能力. 比如从前面几个例题知，当被积函数中：

(1) 含有 $\sqrt{a^2-x^2}$ 时，作变换 $x = a\sin t$；

(2) 含有 $\sqrt{x^2+a^2}$ 时，作变换 $x = a\tan t$；

(3) 含有 $\sqrt{x^2-a^2}$ 时，作变换 $x = a\sec t$；

(4) 含有 $\sqrt{ax+b}$ 时，作变换 $t = \sqrt{ax+b}$，即 $x = \dfrac{t^2-b}{a}$，常常是可行的.

最后，再举一个第二换元积分法的例子.

例 21 求 $\displaystyle\int \frac{\sqrt{a^2-x^2}}{x^4}dx \quad (x>0).$

解 作倒变换 $x = \dfrac{1}{t}$，则 $dx = -\dfrac{dt}{t^2}$，故

$$\int \frac{\sqrt{a^2-x^2}}{x^4}dx = \int \frac{\sqrt{a^2-\dfrac{1}{t^2}}}{\dfrac{1}{t^4}} \cdot \frac{-dt}{t^2} = -\int (a^2t^2-1)^{\frac{1}{2}} t\, dt$$

$$= -\frac{1}{3a^2}(a^2t^2-1)^{\frac{3}{2}} + C = -\frac{(a^2-x^2)^{\frac{3}{2}}}{3a^2x^3} + C.$$

一些情况下（如被积函数是分式，分母为次数较高的幂函数时），倒变换可以用来消去分母中的变量.

由本节的例题得到几个常用的积分基本公式汇集如下：

不定积分基本公式（Ⅱ）

(15) $\displaystyle\int \tan x\, dx = -\ln|\cos x| + C;$

(16) $\displaystyle\int \cot x\, dx = \ln|\sin x| + C;$

(17) $\displaystyle\int \sec x\, dx = \ln|\sec x + \tan x| + C;$

(18) $\int \csc x \, dx = \ln|\csc x - \cot x| + C$;

(19) $\int \dfrac{dx}{x^2+a^2} = \dfrac{1}{a}\arctan \dfrac{x}{a} + C$;

(20) $\int \dfrac{dx}{x^2-a^2} = \dfrac{1}{2a}\ln\left|\dfrac{x-a}{x+a}\right| + C$;

(21) $\int \dfrac{dx}{\sqrt{a^2-x^2}} = \arcsin \dfrac{x}{a} + C$;

(22) $\int \dfrac{dx}{\sqrt{x^2 \pm a^2}} = \ln\left|x+\sqrt{x^2 \pm a^2}\right| + C$;

(23) $\int \sqrt{a^2-x^2}\,dx = \dfrac{x}{2}\sqrt{a^2-x^2} + \dfrac{a^2}{2}\arcsin \dfrac{x}{a} + C$;

(24) $\int \sqrt{x^2 \pm a^2}\,dx = \dfrac{x}{2}\sqrt{x^2 \pm a^2} \pm \dfrac{a^2}{2}\ln\left|x+\sqrt{x^2 \pm a^2}\right| + C$.

以上各式中的 $a>0$.

5.3 分部积分法

我们知道,两个连续可微函数 $u=u(x)$, $v=v(x)$ 乘积的微分
$$d(uv) = u\,dv + v\,du,$$
从而有
$$u\,dv = d(uv) - v\,du,$$
两边取积分,根据不定积分性质1,性质2有
$$\int u\,dv = uv - \int v\,du, \tag{1}$$
亦即
$$\int uv'\,dx = uv - \int vu'\,dx. \tag{2}$$

积分公式(1)或(2)称为**分部积分公式**. 它把一个积分转换为另一个积分,用它计算不定积分的方法叫**分部积分法**：
$$\int uv'\,dx = \int u\,dv = uv - \int v\,du = uv - \int vu'\,dx.$$

例1 求 $\int x\cos x\,dx$.

解 设 $u=x$, $v'=\cos x$, 则
$$\int x\cos x\,dx = \int x\,d\sin x = x\sin x - \int \sin x\,dx = x\sin x + \cos x + C.$$
$\uparrow\ \uparrow \qquad \uparrow\ \uparrow \qquad \uparrow\ \uparrow \qquad \uparrow\ \uparrow$
$u\ v' \qquad u\ v \qquad u\ v \qquad v\ u$

微视频
5.3.1 分部积分法

微视频
5.3.2 典型的分部积分(1)
5.3.3 典型的分部积分(2)
5.3.4 其他类型的分部积分

例2 求 $\int x^2 \mathrm{e}^x \mathrm{d}x$.

解 设 $u = x^2, v' = \mathrm{e}^x$,则

$$\int x^2 \mathrm{e}^x \mathrm{d}x = \int x^2 \mathrm{d}\mathrm{e}^x = x^2 \mathrm{e}^x - \int \mathrm{e}^x \mathrm{d}x^2 = x^2 \mathrm{e}^x - 2\int x \mathrm{e}^x \mathrm{d}x.$$

对积分 $\int x\mathrm{e}^x \mathrm{d}x$ 再用分部积分法,有

$$\int x\mathrm{e}^x \mathrm{d}x = \int x\mathrm{d}\mathrm{e}^x = x\mathrm{e}^x - \int \mathrm{e}^x \mathrm{d}x = x\mathrm{e}^x - \mathrm{e}^x + C,$$

故

$$\int x^2 \mathrm{e}^x \mathrm{d}x = x^2 \mathrm{e}^x - 2x\mathrm{e}^x + 2\mathrm{e}^x + C = (x^2 - 2x + 2)\mathrm{e}^x + C.$$

此例说明,有时要多次应用分部积分法.

应用分部积分法时,需要把被积函数看作两个因式 u 及 v' 之积,如何选取 u 和 v' 是很关键的,选取不当,将使积分愈化愈繁.因为分部积分第一步要将 $v'\mathrm{d}x$ 变为 $\mathrm{d}v$,实质就是先积分 v',所以选取 v' 应使它好积.u 的选取应使其导数 u' 比 u 简单.两方面都要兼顾到.

例3 $\int x\tan^2 x \mathrm{d}x = \int x(\sec^2 x - 1)\mathrm{d}x = \int x\mathrm{d}\tan x - \int x\mathrm{d}x$

$$= x\tan x - \int \tan x \mathrm{d}x - \frac{1}{2}x^2$$

$$= x\tan x - \frac{x^2}{2} + \ln|\cos x| + C.$$

有时经过分部积分后又出现了原来的不定积分,这时可以通过解方程的方法得出所求的积分.此时,注意解出的不定积分必须加上任意常数 C.

例4 求 $\int \sec^3 x \mathrm{d}x$.

解 $\int \sec^3 x \mathrm{d}x = \int \sec x \sec^2 x \mathrm{d}x = \int \sec x \mathrm{d}\tan x$

$$= \sec x \tan x - \int \tan x \mathrm{d}\sec x$$

$$= \sec x \tan x - \int \tan^2 x \sec x \mathrm{d}x$$

$$= \sec x \tan x - \int (\sec^2 x - 1)\sec x \mathrm{d}x$$

$$= \sec x \tan x + \int \sec x \mathrm{d}x - \int \sec^3 x \mathrm{d}x$$

$$= \sec x \tan x + \ln|\sec x + \tan x| - \int \sec^3 x \mathrm{d}x.$$

由此解得
$$\int \sec^3 x \, dx = \frac{1}{2}\sec x \tan x + \frac{1}{2}\ln|\sec x + \tan x| + C.$$

熟悉了分部积分法后,对较简单的情况常常直接用公式(2),不必通过公式(1)转化.

△**例 5** 求 $\int \sqrt{x^2+a^2} \, dx$.

解 因为
$$\begin{aligned}\int \sqrt{x^2+a^2} \, dx &= x\sqrt{x^2+a^2} - \int \frac{x^2}{\sqrt{x^2+a^2}} dx \\ &= x\sqrt{x^2+a^2} - \int \sqrt{x^2+a^2} \, dx + a^2 \int \frac{dx}{\sqrt{x^2+a^2}} \\ &= x\sqrt{x^2+a^2} - \int \sqrt{x^2+a^2} \, dx + a^2 \ln(x+\sqrt{x^2+a^2}),\end{aligned}$$

所以
$$\int \sqrt{x^2+a^2} \, dx = \frac{x}{2}\sqrt{x^2+a^2} + \frac{a^2}{2}\ln(x+\sqrt{x^2+a^2}) + C.$$

例 6 求 $\int e^x \sin x \, dx$.

解 因为
$$\int e^x \sin x \, dx = e^x \sin x - \int e^x \cos x \, dx,$$
又
$$\int e^x \cos x \, dx = e^x \cos x + \int e^x \sin x \, dx,$$
所以,后式代入前式,解得
$$\int e^x \sin x \, dx = \frac{1}{2}e^x(\sin x - \cos x) + C,$$
若将前式代入后式,又可解得
$$\int e^x \cos x \, dx = \frac{1}{2}e^x(\sin x + \cos x) + C.$$

有一条经验值得一提,当被积函数形如
$$e^{ax}\sin bx, \quad e^{ax}\cos bx, \quad P_m(x)e^{ax}, \quad P_m(x)\sin bx,$$
$$P_m(x)\cos bx, \quad P_m(x)(\ln x)^n, \quad P_m(x)\arctan x, \quad \cdots$$
之一时,用分部积分法便可求出不定积分,其中 $P_m(x)$ 表示 m 次多项式.这些情况下,选取 v' 的顺序通常可为:指数函数、三角函数、幂函数（因为它们好积，特别是 e^{ax}），其余的因式作为 u；如果被积函数中含有对数函数、反三角函数因式，常常把它们取作 u（因为它们的导数比它们自己简单），其余因式作 v'.

例7 $\int \ln x \, dx = x\ln x - \int 1 \, dx = x\ln x - x + C.$

例8 $\int \dfrac{x \arctan x}{\sqrt{1+x^2}} dx = \int \dfrac{\arctan x}{2\sqrt{1+x^2}} d(1+x^2) = \int \arctan x \, d\sqrt{1+x^2}$

$$= \sqrt{1+x^2} \arctan x - \int \dfrac{dx}{\sqrt{1+x^2}}$$

$$= \sqrt{1+x^2} \arctan x - \ln\left|x + \sqrt{1+x^2}\right| + C.$$

利用分部积分法可以得到一些递推公式.

△**例9** 试证递推公式

$$\int \dfrac{dx}{(x^2+a^2)^{n+1}} = \dfrac{1}{2na^2} \dfrac{x}{(x^2+a^2)^n} + \dfrac{2n-1}{2na^2} \int \dfrac{dx}{(x^2+a^2)^n} \qquad (n=1,2,\cdots). \tag{3}$$

证明 设 $J_n = \int \dfrac{dx}{(x^2+a^2)^n}$，由分部积分法得

$$J_n = \dfrac{x}{(x^2+a^2)^n} - \int x \dfrac{-2nx}{(x^2+a^2)^{n+1}} dx$$

$$= \dfrac{x}{(x^2+a^2)^n} + 2n \int \dfrac{1}{(x^2+a^2)^n} dx - 2na^2 \int \dfrac{1}{(x^2+a^2)^{n+1}} dx$$

$$= \dfrac{x}{(x^2+a^2)^n} + 2n J_n - 2na^2 J_{n+1},$$

由此推出

$$J_{n+1} = \dfrac{1}{2na^2} \dfrac{x}{(x^2+a^2)^n} + \dfrac{2n-1}{2na^2} J_n \qquad (n=1,2,\cdots). \quad \square$$

利用这个递推公式及公式

$$J_1 = \int \dfrac{1}{x^2+a^2} dx = \dfrac{1}{a} \arctan \dfrac{x}{a} + C,$$

就可以求出每个积分 J_n. 例如

$$J_2 = \dfrac{1}{2a^2} \dfrac{x}{x^2+a^2} + \dfrac{1}{2a^3} \arctan \dfrac{x}{a} + C.$$

在积分过程中常常兼用各种积分方法.

例10 求 $\int \dfrac{\arcsin x}{\sqrt{(1-x^2)^3}} dx.$

解 令 $x = \sin t$,则 $\arcsin x = t$, $dx = \cos t\, dt$.

$$\int \frac{\arcsin x}{\sqrt{(1-x^2)^3}} dx = \int \frac{t}{\cos^2 t} dt = \int t\, d\tan t = t\tan t - \int \tan t\, dt$$

$$= t\tan t + \ln|\cos t| + C$$

$$= \frac{x\arcsin x}{\sqrt{1-x^2}} + \ln\sqrt{1-x^2} + C.$$

求不定积分的基本思路是:想方设法将被积函数化为积分表中被积函数的线性组合的形式,然后用积分公式和分部积分法计算不定积分.因此,积分公式和不定积分的线性性质是计算不定积分的基础,而换元积分法、分部积分法以及对被积函数作代数、三角恒等变形等,都是将被积表达式向已知积分公式转化的手段,这是非常灵活的,其技巧性很高.

顺便指出:初等函数的不定积分不一定是初等函数.例如,下列初等函数

$$\sqrt{1+x^3}, \quad e^{x^2}, \quad \frac{e^x}{x}, \quad \sin(x^2), \quad \frac{\sin x}{x}, \quad \frac{1}{\ln x}, \quad \sqrt{1-\varepsilon\sin^2 t} \quad (0<\varepsilon<1)$$

在其连续的区间上不定积分是存在的,但用初等函数却表达不出来,所以它们的不定积分是非初等函数,在我们学了定积分和函数项级数之后,在扩展的函数集之中,就可研究它们的积分问题.

5.4 几类函数的积分

5.4.1 有理函数的积分

有理函数是两个多项式的商所表示的函数

$$\frac{P(x)}{Q(x)} = \frac{a_0 x^n + a_1 x^{n-1} + \cdots + a_{n-1} x + a_n}{b_0 x^m + b_1 x^{m-1} + \cdots + b_{m-1} x + b_m}, \tag{1}$$

其中 m, n 均为正整数或零;$a_0, a_1, \cdots, a_n$ 及 $b_0, b_1, \cdots, b_m$ 都是实常数,并且 $a_0 \neq 0, b_0 \neq 0$.

当 $n<m$ 时,称(1)为**真分式**;当 $n \geq m$ 时,称(1)为**假分式**.因为任何一个假分式都可以表示为一个多项式与一个真分式之和,多项式的积分是容易计算的,所以,下面只讨论真分式的积分.

对一般有理真分式的积分,代数学中下述定理起着关键性的作用.

微视频
5.4.1 有理函数的积分

定理 5.3　任何既约有理真分式 $\dfrac{P(x)}{Q(x)}$ 均可表示为有限个最简分式之和. 如果分母多项式 $Q(x)$ 在实数域上的质因式分解式为

$$Q(x)=b_0(x-a)^\lambda\cdots(x^2+px+q)^\mu\cdots,$$

λ,μ 为正整数，则 $\dfrac{P(x)}{Q(x)}$ 可唯一地分解为

$$\frac{P(x)}{Q(x)}=\frac{A_1}{(x-a)^\lambda}+\frac{A_2}{(x-a)^{\lambda-1}}+\cdots+\frac{A_\lambda}{x-a}+\cdots+$$

$$\frac{M_1 x+N_1}{(x^2+px+q)^\mu}+\frac{M_2 x+N_2}{(x^2+px+q)^{\mu-1}}+\cdots+\frac{M_\mu x+N_\mu}{x^2+px+q}+\cdots,$$

其中诸 A_i,M_i,N_i 都是常数，可由待定系数法确定，式中每个分式叫做 $\dfrac{P(x)}{Q(x)}$ 的**部分分式**.

证明　（略）可查阅有关代数教材.

利用这个定理，有理函数的积分就容易计算了，且由下面的例题可以看出：有理函数的积分是初等函数.

例1　求 $\int\dfrac{x^3+x+1}{x+1}\mathrm{d}x$.

解　因为

$$\frac{x^3+x+1}{x+1}=x^2-x+2-\frac{1}{x+1},$$

所以

$$\int\frac{x^3+x+1}{x+1}\mathrm{d}x=\int(x^2-x+2)\mathrm{d}x-\int\frac{1}{x+1}\mathrm{d}x$$

$$=\frac{x^3}{3}-\frac{x^2}{2}+2x-\ln|x+1|+C.$$

这说明当被积函数是假分式时，应把它分为一个多项式和一个真分式，分别积分.

例2　求 $\int\dfrac{x^2+1}{x(x-1)^2}\mathrm{d}x$.

解　设

$$\frac{x^2+1}{x(x-1)^2}=\frac{A}{x}+\frac{B}{(x-1)^2}+\frac{D}{x-1},$$

通分、去分母，得

$$x^2+1=A(x-1)^2+Bx+Dx(x-1).$$

赋值，令 $x=0$，得 $A=1$；令 $x=1$，得 $B=2$；再令 $x=2$，并将 $A=1,B=2$ 代

微视频
5.4.2 有理函数的积分举例

入上式,得 $D=0$. 于是
$$\int \frac{x^2+1}{x(x-1)^2}dx = \int \frac{1}{x}dx + \int \frac{2}{(x-1)^2}dx = \ln|x| - \frac{2}{x-1} + C.$$

由此例可知,分母为一次质因式,分子为常数的最简分式的积分,可由幂函数积分公式直接算出.

例 3 求 $\int \frac{4dx}{x^3+2x^2+4x}$.

解 因 $x^3+2x^2+4x = x(x^2+2x+4)$,设
$$\frac{4}{x^3+2x^2+4x} = \frac{A}{x} + \frac{Bx+D}{x^2+2x+4}.$$

通分、去分母,得
$$4 = (A+B)x^2 + (2A+D)x + 4A.$$

比较 x 同次幂的系数,得
$$A+B=0, \quad 2A+D=0, \quad 4A=4.$$

由此解得
$$A=1, \quad B=-1, \quad D=-2.$$

所以
$$\begin{aligned}
\int \frac{4}{x^3+2x^2+4x}dx &= \int \frac{1}{x}dx - \int \frac{x+2}{x^2+2x+4}dx \\
&= \ln|x| - \frac{1}{2}\int \frac{2x+2}{x^2+2x+4}dx - \int \frac{1}{x^2+2x+4}dx \\
&= \ln|x| - \frac{1}{2}\ln(x^2+2x+4) - \int \frac{dx}{(x+1)^2+3} \\
&= \ln \frac{|x|}{\sqrt{x^2+2x+4}} - \frac{1}{\sqrt{3}}\arctan \frac{x+1}{\sqrt{3}} + C.
\end{aligned}$$

例 4 求 $\int \frac{5x-3}{(x^2-2x+2)^2}dx$.

解 因 $x^2-2x+2 = (x-1)^2+1$ 是二次质因式,被积函数不能再分解. 设 $u=x-1$,则 $x=u+1$,$dx=du$,于是
$$\begin{aligned}
\int \frac{5x-3}{(x^2-2x+2)^2}dx &= \int \frac{5u+2}{(u^2+1)^2}du = \frac{5}{2}\int \frac{d(u^2+1)}{(u^2+1)^2} + 2\int \frac{du}{(u^2+1)^2} \\
&= -\frac{5}{2}\frac{1}{u^2+1} + \frac{u}{u^2+1} + \arctan u + C \\
&= \frac{2x-7}{2(x^2-2x+2)} + \arctan(x-1) + C.
\end{aligned}$$

计算中用到了 5.3 节例 9 的递推公式.

分母为二次质因式,分子为一次式的最简分式的积分,可先将分子表示为分母的导数与常数的线性组合,拆项积分. 对分母为二次质因式,分子为常数的积分,可先将分母配方后,用 5.3 节例 9 的递推公式计算.

5.4.2 三角函数有理式的积分

对 $\sin x, \cos x$ 及常数只施行四则运算所构成的式子叫做**三角函数有理式**. 它的积分,在无简单方法的情况下,可以通过半角变换(或称万能代换)$u = \tan \dfrac{x}{2}$,将积分化为 u 的有理函数的积分. 这时

$$\sin x = 2\sin \frac{x}{2} \cos \frac{x}{2} = \frac{2\tan\left(\dfrac{x}{2}\right)}{\sec^2\left(\dfrac{x}{2}\right)} = \frac{2u}{1+u^2},$$

$$\cos x = \cos^2 \frac{x}{2} - \sin^2 \frac{x}{2} = \frac{1-\tan^2\left(\dfrac{x}{2}\right)}{\sec^2\left(\dfrac{x}{2}\right)} = \frac{1-u^2}{1+u^2},$$

$$\mathrm{d}x = \frac{2}{1+u^2}\mathrm{d}u.$$

例 5 求 $\displaystyle\int \frac{1+\sin x}{\sin x(1+\cos x)}\mathrm{d}x$.

解 设 $u = \tan \dfrac{x}{2}$,则

$$\int \frac{1+\sin x}{\sin x(1+\cos x)}\mathrm{d}x = \frac{1}{2}\int (u+2+u^{-1})\mathrm{d}u = \frac{1}{2}\left(\frac{u^2}{2}+2u+\ln|u|\right)+C$$

$$= \frac{1}{4}\tan^2 \frac{x}{2} + \tan \frac{x}{2} + \frac{1}{2}\ln\left|\tan \frac{x}{2}\right| + C.$$

例 6 求 $\displaystyle\int \frac{\mathrm{d}x}{5+4\sin 2x}$.

解 设 $u = \tan x$,则

$$\int \frac{\mathrm{d}x}{5+4\sin 2x} = \frac{1}{2}\int \frac{\mathrm{d}(2x)}{5+4\sin 2x} = \frac{1}{2}\int \frac{\dfrac{2}{1+u^2}}{5+4\dfrac{2u}{1+u^2}}\mathrm{d}u = \int \frac{\mathrm{d}u}{5u^2+8u+5}$$

$$= \frac{1}{5}\int \frac{\mathrm{d}u}{\left(u+\dfrac{4}{5}\right)^2+\left(\dfrac{3}{5}\right)^2} = \frac{1}{3}\arctan\left(\frac{u+\dfrac{4}{5}}{\dfrac{3}{5}}\right)+C$$

$$= \frac{1}{3}\arctan\left(\frac{5}{3}\tan x + \frac{4}{3}\right) + C.$$

5.4.3 简单无理函数的积分

当被积函数是 x 与 $\sqrt[n]{(ax+b)/(cx+d)}$ 的有理式时，采用变换 $u = \sqrt[n]{(ax+b)/(cx+d)}$，就可化为有理函数的积分.

例 7 求 $\displaystyle\int \frac{\sqrt{1+x}}{\sqrt{x^3}} dx$.

解 设 $u = \sqrt{\dfrac{1+x}{x}}$，即 $x = \dfrac{1}{u^2 - 1}$，则 $dx = \dfrac{-2u}{(u^2-1)^2} du$，故

$$\int \frac{\sqrt{1+x}}{\sqrt{x^3}} dx = \int \frac{1}{x}\sqrt{\frac{1+x}{x}} dx = -2\int \frac{u^2}{u^2-1} du$$

$$= -2u - \ln\left|\frac{u-1}{u+1}\right| + C = -2\sqrt{\frac{1+x}{x}} - \ln(\sqrt{1+x} - \sqrt{x})^2 + C.$$

当被积函数是 x 与 $\sqrt{ax^2+bx+c}$ 的有理式时，通常先将 ax^2+bx+c 配方，再用三角变换化为三角函数有理式的积分或直接利用积分公式计算.

例 8 求 $\displaystyle\int \frac{dx}{1+\sqrt{x^2+2x+2}}$.

解 因 $\sqrt{x^2+2x+2} = \sqrt{(x+1)^2+1}$，令 $x+1 = \tan t$ $\left(-\dfrac{\pi}{2} < t < \dfrac{\pi}{2}\right)$，则 $dx = \sec^2 t\, dt$，于是

$$\int \frac{dx}{1+\sqrt{x^2+2x+2}} = \int \frac{\sec^2 t}{1+\sec t} dt = \int \frac{dt}{\cos t(1+\cos t)}$$

$$= \int \left(\frac{1}{\cos t} - \frac{1}{1+\cos t}\right) dt$$

$$= \int \sec t\, dt - \frac{1}{2}\int \sec^2 \frac{t}{2} dt$$

$$= \ln|\sec t + \tan t| - \tan \frac{t}{2} + C$$

$$= \ln|x+1+\sqrt{x^2+2x+2}| - \frac{\sqrt{x^2+2x+2}-1}{x+1} + C.$$

运算中用到

$$\tan \frac{t}{2} = \frac{1-\cos t}{\sin t} = \frac{\sec t - 1}{\tan t}.$$

5.5 例 题

例 1 求 $\displaystyle\int \frac{x^2}{(1-x)^{100}}dx$.

解 这是有理函数的积分,但分母是 100 次多项式,按有理函数积分法运算,是很麻烦的. 如果作一个适当的变换,使分母为单项式,而分子为多项式,除一下,就化为和差的积分了.

令 $t=1-x$,即 $x=1-t$,则 $dx=-dt$,于是

$$\int \frac{x^2}{(1-x)^{100}}dx = \int \frac{-(1-t)^2}{t^{100}}dt = \int(-t^{-100}+2t^{-99}-t^{-98})dt$$

$$=\frac{1}{99t^{99}}-\frac{1}{49t^{98}}+\frac{1}{97t^{97}}+C$$

$$=\frac{1}{99(1-x)^{99}}-\frac{1}{49(1-x)^{98}}+\frac{1}{97(1-x)^{97}}+C.$$

例 2 求 $\displaystyle\int \frac{1-\sin x+\cos x}{1+\sin x-\cos x}dx$.

解 先将被积函数作恒等变形,把它写成函数和的形式(注意分母的简化),然后再积分. 因为

$$\frac{1-\sin x+\cos x}{1+\sin x-\cos x}=\frac{-(1+\sin x-\cos x)+2}{1+\sin x-\cos x}$$

$$=-1+\frac{2}{2\sin^2\frac{x}{2}+2\sin\frac{x}{2}\cos\frac{x}{2}}$$

$$=-1+\frac{1}{\tan\frac{x}{2}\left(\tan\frac{x}{2}+1\right)\cos^2\frac{x}{2}}$$

$$=-1+\left(\frac{1}{\tan\frac{x}{2}}-\frac{1}{\tan\frac{x}{2}+1}\right)\frac{1}{\cos^2\frac{x}{2}},$$

所以

$$\int\frac{1-\sin x+\cos x}{1+\sin x-\cos x}dx=\int(-1)dx+\int\left(\frac{1}{\tan\frac{x}{2}}-\frac{1}{\tan\frac{x}{2}+1}\right)\frac{dx}{\cos^2\frac{x}{2}}$$

$$=-x+2\int\left(\frac{1}{\tan\frac{x}{2}}-\frac{1}{\tan\frac{x}{2}+1}\right)d\tan\frac{x}{2}$$

$$= -x + 2\ln\left|\tan\frac{x}{2}\right| - 2\ln\left|\tan\frac{x}{2}+1\right| + C$$

$$= -x + \ln\frac{1-\cos x}{1+\sin x} + C.$$

例 3 求 $\int\dfrac{\mathrm{d}x}{(x+1)^3\sqrt{x^2+2x}}$.

解 求不定积分时,需要考虑到被积函数及原函数的定义域. 在前面几节中,为了集中精力研究积分方法,没有着重提出这一要求. 从现在开始,提醒大家注意它.

这里被积函数的定义域是 $\{x\mid x<-2\ \text{或}\ x>0\}$. 因为倒变换可以消除分母上的因式 $(x+1)^3$,故令 $t=\dfrac{1}{x+1}$,即 $x=\dfrac{1}{t}-1$,则 $\mathrm{d}x=-\dfrac{1}{t^2}\mathrm{d}t$,于是

$$\int\frac{\mathrm{d}x}{(x+1)^3\sqrt{x^2+2x}} = \int\frac{-\dfrac{1}{t^2}\mathrm{d}t}{\dfrac{1}{t^3}\sqrt{\dfrac{1}{t^2}-1}} = \int\frac{-t\,\mathrm{d}t}{\dfrac{1}{|t|}\sqrt{1-t^2}}$$

$$= \begin{cases} -\int\dfrac{t^2\mathrm{d}t}{\sqrt{1-t^2}}, & 0<t<1, \\ \int\dfrac{t^2\mathrm{d}t}{\sqrt{1-t^2}}, & -1<t<0. \end{cases}$$

由于

$$\int\frac{-t^2}{\sqrt{1-t^2}}\mathrm{d}t = \int\sqrt{1-t^2}\,\mathrm{d}t - \int\frac{1}{\sqrt{1-t^2}}\mathrm{d}t$$

$$= \frac{t|t|}{2}\sqrt{\frac{1}{t^2}-1} - \frac{1}{2}\arcsin t + C,$$

所以

$$\int\frac{\mathrm{d}x}{(x+1)^3\sqrt{x^2+2x}} = \begin{cases} \dfrac{1}{2(x+1)^2}\sqrt{x^2+2x} - \dfrac{1}{2}\arcsin\dfrac{1}{x+1} + C, & x>0, \\ \dfrac{1}{2(x+1)^2}\sqrt{x^2+2x} + \dfrac{1}{2}\arcsin\dfrac{1}{x+1} + C, & x<-2. \end{cases}$$

例 4 设 $f(x)=\begin{cases}\ln x, & x\geq 1,\\ \dfrac{1}{2}-\dfrac{1}{1+x^2}, & x<1,\end{cases}$ 求 $\int f(x)\mathrm{d}x$.

解 由于这个分段函数在 $(-\infty,+\infty)$ 上连续,所以原函数在 $(-\infty,+\infty)$ 上存在.

$$\int f(x)\mathrm{d}x = \begin{cases} \int \ln x\,\mathrm{d}x = x\ln x - x + C, & x \geq 1, \\ \int \left(\dfrac{1}{2} - \dfrac{1}{1+x^2}\right)\mathrm{d}x = \dfrac{x}{2} - \arctan x + C_1, & x < 1. \end{cases}$$

由于原函数可导,所以在 $x=1$ 处必连续,于是有

$$1 \cdot \ln 1 - 1 + C = \dfrac{1}{2} - \dfrac{\pi}{4} + C_1,$$

解得 $C_1 = C + \dfrac{\pi}{4} - \dfrac{3}{2}$,故

$$\int f(x)\mathrm{d}x = \begin{cases} x\ln x - x + C, & x \geq 1, \\ \dfrac{x}{2} - \arctan x + \dfrac{\pi}{4} - \dfrac{3}{2} + C, & x < 1. \end{cases}$$

例 5 设 $P(x)$ 为 n 次多项式,证明

$$\int P(x)\mathrm{e}^{ax}\mathrm{d}x = \left[\dfrac{P(x)}{a} - \dfrac{P'(x)}{a^2} + \cdots + (-1)^n \dfrac{P^{(n)}(x)}{a^{n+1}}\right]\mathrm{e}^{ax} + C.$$

证明 由分部积分公式得

$$\int P(x)\mathrm{e}^{ax}\mathrm{d}x = \dfrac{1}{a}\int P(x)\mathrm{d}\mathrm{e}^{ax} = \dfrac{1}{a}P(x)\mathrm{e}^{ax} - \dfrac{1}{a}\int P'(x)\mathrm{e}^{ax}\mathrm{d}x.$$

由于 $P'(x), P''(x), \cdots, P^{(n)}(x)$ 都是多项式,$\int P^{(k)}(x)\mathrm{e}^{ax}\mathrm{d}x$ ($k=1,\cdots,n$) 都可反复利用这个积分等式。又因 $P^{(n+1)}(x) \equiv 0$,所以 $\int P^{(n+1)}(x)\mathrm{e}^{ax}\mathrm{d}x = C$. 故有

$$\int P(x)\mathrm{e}^{ax}\mathrm{d}x = \left[\dfrac{P(x)}{a} - \dfrac{P'(x)}{a^2} + \cdots + (-1)^n \dfrac{P^{(n)}(x)}{a^{n+1}}\right]\mathrm{e}^{ax} + C. \quad \square$$

这个结果把 $P(x)\mathrm{e}^{ax}$ 的积分运算转化为微分运算,是很方便的.

比如,求 $\int \mathrm{e}^{-x}(x^2-2x+2)\mathrm{d}x$. 这里 $a=-1$,$P(x)=x^2-2x+2$,$P'(x)=2x-2$,$P''(x)=2$,故有

$$\int \mathrm{e}^{-x}(x^2-2x+2)\mathrm{d}x = \left[\dfrac{x^2-2x+2}{-1} - \dfrac{2x-2}{(-1)^2} + \dfrac{2}{(-1)^3}\right]\mathrm{e}^{-x} + C$$

$$= -(x^2+2)\mathrm{e}^{-x} + C.$$

多项式与正弦(或余弦)函数之积也有类似的性质,请读者自己推导.

例 6 确定系数 A, B,使下式成立:

$$\int \dfrac{\mathrm{d}x}{(a+b\cos x)^2} = \dfrac{A\sin x}{a+b\cos x} + B\int \dfrac{\mathrm{d}x}{a+b\cos x}.$$

解 所论等式等价于

$$\left(\frac{A\sin x}{a+b\cos x}+B\int\frac{\mathrm{d}x}{a+b\cos x}\right)'=\frac{1}{(a+b\cos x)^2},$$

即

$$\frac{A(a+b\cos x)\cos x+Ab\sin^2 x}{(a+b\cos x)^2}+\frac{B}{a+b\cos x}=\frac{1}{(a+b\cos x)^2},$$

亦即

$$Ab+Ba+(Aa+Bb)\cos x=1.$$

从而有

$$\begin{cases} Ab+Ba=1, \\ Aa+Bb=0. \end{cases}$$

当 $a^2\neq b^2$ 时,解得

$$A=-\frac{b}{a^2-b^2},\quad B=\frac{a}{a^2-b^2}.$$

当 $a^2=b^2$ 时,无解. 此时,题设等式不成立.

显然,掌握较多的不定积分公式会给不定积分运算带来方便,为此,人们把常用的积分公式汇集起来,按被积函数分类,列成表,叫做积分表,以便查阅. 在计算机上,使用数学软件包 Mathematica 可以实现大部分初等函数的积分运算,但求不定积分的基本方法还必须掌握.

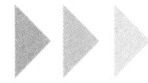

习题五

5.1

1. 写出下列函数的原函数:
   (1) $\sin 2x$; (2) a^{2x};
   (3) $(ax+b)^n$ $(n\neq -1)$.

2. 一条曲线通过点 $(\mathrm{e}^2,3)$,且其上任一点处的切线斜率等于该点横坐标的倒数,求该曲线方程.

3. 一物体由静止开始作直线运动,在时刻 t(单位:s) 的速度是 $3t^2$(单位:m/s),问
   (1) 到 $t=3$ 时物体离开出发点的距离是多少?
   (2) 物体走完 360 m 需要多少时间?

4. 求一曲线,使之通过点 $A(1,6)$ 和 $B(2,9)$,且其切线斜率与 x^3 成正比.

5. 证明:当 $0<x<\pi$ 时,有 $\ln\tan\frac{x}{2}-\ln(\csc x-\cot x)=a$,并求该常数 a.

6. 设 $f(x)$ 为可微函数,下列各式中正确的是( ).
   (A) $\mathrm{d}\int f(x)\mathrm{d}x=f(x)$
   (B) $\int f'(x)\mathrm{d}x=f(x)$

(C) $\left(\int f(x)\,\mathrm{d}x\right)' = f(x)$

(D) $\left(\int f(x)\,\mathrm{d}x\right)' = f(x) + C$

7. 应用基本积分表及分部积分法求下列不定积分：

(1) $\int (x^2 - 3x^{-0.7} + 1)\,\mathrm{d}x$;

(2) $\int \sqrt[m]{x^n}\,\mathrm{d}x$;

(3) $\int \sqrt{x\sqrt{x\sqrt{x}}}\,\mathrm{d}x$;

(4) $\int \dfrac{3x^4 + 3x^2 + 1}{x^2 + 1}\,\mathrm{d}x$;

(5) $\int 3^{2x} e^x\,\mathrm{d}x$;

(6) $\int \dfrac{2^x + 5^x}{10^x}\,\mathrm{d}x$;

(7) $\int \cos^2 \dfrac{x}{2}\,\mathrm{d}x$;

(8) $\int \tan^2 x\,\mathrm{d}x$;

(9) $\int \dfrac{\cos 2x}{\sin^2 x \cos^2 x}\,\mathrm{d}x$;

(10) $\int \dfrac{1 + \cos^2 x}{1 + \cos 2x}\,\mathrm{d}x$;

(11) $\int \left(\sin \dfrac{x}{2} - \cos \dfrac{x}{2}\right)^2\,\mathrm{d}x$;

(12) $\int \dfrac{\sqrt{1 + x^2}}{\sqrt{1 - x^4}}\,\mathrm{d}x$.

8. 试证

$$\int \dfrac{a_1 \sin x + b_1 \cos x}{a \sin x + b \cos x}\,\mathrm{d}x = Ax + B\ln|a\sin x + b\cos x| + C,$$

其中 $a^2 + b^2 \neq 0$, $A = \dfrac{aa_1 + bb_1}{a^2 + b^2}$, $B = \dfrac{ab_1 - a_1 b}{a^2 + b^2}$.

5.2

1. 用第一换元积分法计算下列积分：

(1) $\int \dfrac{\mathrm{d}x}{a - x}$;

(2) $\int \dfrac{1}{\sqrt{7 - 5x^2}}\,\mathrm{d}x$;

(3) $\int (ax + b)^{100}\,\mathrm{d}x$;

(4) $\int \dfrac{3 - 2x}{5x^2 + 7}\,\mathrm{d}x$;

(5) $\int \dfrac{1}{x} \sin(\lg x)\,\mathrm{d}x$;

(6) $\int \dfrac{e^{1/x}}{x^2}\,\mathrm{d}x$;

(7) $\int \dfrac{\sqrt{x}}{\sqrt{a^3 - x^3}}\,\mathrm{d}x$;

(8) $\int \dfrac{\arctan \sqrt{x}}{\sqrt{x}(1 + x)}\,\mathrm{d}x$;

(9) $\int \sqrt{\dfrac{\arcsin x}{1 - x^2}}\,\mathrm{d}x$;

(10) $\int \dfrac{x - \sqrt{\arctan 2x}}{1 + 4x^2}\,\mathrm{d}x$;

(11) $\int \dfrac{a^x}{1 + a^{2x}}\,\mathrm{d}x$;

(12) $\int \dfrac{1}{2^x + 3}\,\mathrm{d}x$;

(13) $\int \dfrac{1 + \sin 3x}{\cos^2 3x}\,\mathrm{d}x$;

(14) $\int \dfrac{\mathrm{d}x}{\sin x \cos x}$;

(15) $\int \tan^3 \dfrac{x}{3} \sec^2 \dfrac{x}{3}\,\mathrm{d}x$;

(16) $\int \sin^4 x\,\mathrm{d}x$;

(17) $\int \cos x \cos \dfrac{x}{2}\,\mathrm{d}x$;

(18) $\int \sin 5x \sin 7x\,\mathrm{d}x$;

(19) $\int \sec^4 x\,\mathrm{d}x$;

(20) $\int \tan^4 x\,\mathrm{d}x$;

(21) $\int \sec^3 x \tan x\,\mathrm{d}x$;

(22) $\int \dfrac{1 + \ln x}{(x \ln x)^2}\,\mathrm{d}x$;

(23) $\int \dfrac{\sin x - \cos x}{\sin x + \cos x}\,\mathrm{d}x$;

(24) $\int \dfrac{1 - \sin x}{x + \cos x}\,\mathrm{d}x$;

(25) $\int \dfrac{dx}{x(\ln x)(\ln \ln x)}$;

(26) $\int \dfrac{\cot x}{\ln \sin x}dx$;

(27) $\int \sqrt{1+3\cos^2 x}\sin 2x\,dx$;

(28) $\int \dfrac{\sin x\cos x}{\sqrt{a^2\cos^2 x+b^2\sin^2 x}}dx \quad (a^2\neq b^2)$;

(29) $\int \dfrac{dx}{1+\sin x}$;

(30) $\int \dfrac{\sin x+\cos x}{3+\sin 2x}dx$;

(31) $\int \dfrac{dx}{\sqrt{x-b}+\sqrt{x-a}} \quad (a\neq b)$;

(32) $\int \dfrac{x+1}{\sqrt{3+4x-4x^2}}dx$;

(33) $\int \dfrac{e^x(1+e^x)}{\sqrt{1-e^{2x}}}dx$;

(34) $\int \dfrac{x}{1-x\cot x}dx$.

2. 用第二换元积分法计算下列积分：

(1) $\int \dfrac{x^2}{(x-1)^{10}}dx$;　(2) $\int x(2x+5)^{10}dx$;

(3) $\int \dfrac{1}{1+\sqrt{1+x}}dx$;　(4) $\int \dfrac{\sqrt{x}}{\sqrt{x}-\sqrt[3]{x}}dx$;

(5) $\int \dfrac{1}{\sqrt{1+e^x}}dx$;　(6) $\int \dfrac{dx}{(x^2-a^2)^{3/2}}$;

(7) $\int \dfrac{x^2}{\sqrt{a^2-x^2}}dx$;　(8) $\int \dfrac{\sqrt{x^2+a^2}}{x^2}dx$;

(9) $\int \dfrac{\sqrt{x^2-a^2}}{x}dx$;　(10) $\int \dfrac{1}{x\sqrt{1-x^2}}dx$;

(11) $\int \dfrac{1}{x^2\sqrt{x^2+1}}dx$;　(12) $\int x^5(2-5x^3)^{2/3}dx$.

3. 若 $F(x)=\int \dfrac{x^3-a}{x-a}dx$ 为 x 的多项式，求 a 及 $F(x)$.

5.3

1. 利用分部积分法计算下列积分：

(1) $\int 3^x\cos x\,dx$;

(2) $\int x\sin x\,dx$;

(3) $\int (x^2+5x+6)\cos 2x\,dx$;

(4) $\int x\sin x\cos x\,dx$;

(5) $\int \dfrac{x}{\sin^2 x}dx$;

(6) $\int x\tan^2 x\,dx$;

(7) $\int x^3 e^{x^2}dx$;

(8) $\int x2^{-x}dx$;

(9) $\int (x^2-2x+5)e^{-x}dx$;

(10) $\int x^2\ln x\,dx$;

(11) $\int \ln^2 x\,dx$;

(12) $\int \ln(x+\sqrt{1+x^2})dx$;

(13) $\int \arctan x\,dx$;

(14) $\int x\arcsin x\,dx$;

(15) $\int \sin(\ln x)dx$;

(16) $\int \sin x\ln(\tan x)dx$;

(17) $\int \dfrac{\arcsin x}{\sqrt{1+x}}dx$;

(18) $\int (\arcsin x)^2 dx$;

(19) $\int \dfrac{\ln(1+e^x)}{e^x}dx$;

(20) $\int \dfrac{x\ln(x+\sqrt{1+x^2})}{(1-x^2)^2}dx$.

2. 设 $f'(e^x)=1+x$，求 $f(x)$.

3. 试证递推公式：

$$\int \sin^n x\,dx=-\dfrac{1}{n}\sin^{n-1}x\cos x+\dfrac{n-1}{n}\int \sin^{n-2}x\,dx.$$

4. 设 $I_n=\int \dfrac{dx}{\sin^n x}$，其中 n 为大于 2 的自然数，试导出 I_n 的递推公式.

5. 已知 $(1+\sin x)\ln x$ 是 $f(x)$ 的一个原函数,求 $\int xf'(x)\mathrm{d}x$.

6. 当 $x\geqslant 0$ 时,$F(x)$ 是 $f(x)$ 的一个原函数,已知 $f(x)F(x)=\sin^2(2x)$,且 $F(0)=1,F(x)\geqslant 0$,求函数 $f(x)$.

5.4

1. 计算下列有理函数的积分:

(1) $\int \dfrac{x^3}{x+3}\mathrm{d}x$;

(2) $\int \dfrac{2x+3}{x^2+3x-10}\mathrm{d}x$;

(3) $\int \dfrac{x+2}{x^2(x-1)}\mathrm{d}x$;

(4) $\int \dfrac{5x^2+6x+9}{(x-3)^2(x+1)^2}\mathrm{d}x$;

(5) $\int \dfrac{x^4}{x^4-1}\mathrm{d}x$;

(6) $\int \dfrac{x+1}{x^2+4x+13}\mathrm{d}x$;

(7) $\int \dfrac{4x}{(x+1)(x^2+1)^2}\mathrm{d}x$.

2. 计算下列三角函数有理式的积分:

(1) $\int \dfrac{1}{3+5\cos x}\mathrm{d}x$; (2) $\int \dfrac{1}{\cos x+2\sin x+3}\mathrm{d}x$;

(3) $\int \dfrac{1}{\sin x+\tan x}\mathrm{d}x$; (4) $\int \dfrac{1}{(\sin x+\cos x)^2}\mathrm{d}x$.

3. 计算下列无理函数的积分:

(1) $\int x\sqrt{3x+2}\,\mathrm{d}x$; (2) $\int \dfrac{x^{\frac{1}{3}}}{x^{\frac{3}{2}}+x^{\frac{4}{3}}}\mathrm{d}x$;

(3) $\int \sqrt{\dfrac{1-x}{1+x}}\dfrac{\mathrm{d}x}{x}$; (4) $\int \dfrac{\mathrm{d}x}{\sqrt[3]{(x-4)^4(x-2)^2}}$;

(5) $\int \dfrac{\mathrm{d}x}{\sqrt{5-4x+4x^2}}$; (6) $\int \dfrac{1-x+x^2}{\sqrt{1+x-x^2}}\mathrm{d}x$;

(7) $\int \dfrac{\sqrt{x^2+2x}}{x^2}\mathrm{d}x$.

5.5

1. 计算下列积分:

(1) $\int \sqrt{1+\csc x}\,\mathrm{d}x$;

(2) $\int \dfrac{x}{1-\cos x}\mathrm{d}x$;

(3) $\int \dfrac{\cos\sqrt{x}-1}{\sqrt{x}\sin^2\sqrt{x}}\mathrm{d}x$;

(4) $\int \dfrac{\ln x-1}{\ln^2 x}\mathrm{d}x$;

(5) $\int \dfrac{x^2+1}{x^4+1}\mathrm{d}x \quad (x\neq 0)$;

(6) $\int \dfrac{x^2-1}{x^4+1}\mathrm{d}x$;

(7) $\int \dfrac{2-\sin x}{2+\cos x}\mathrm{d}x$;

(8) $\int \dfrac{1+\sin x}{1+\cos x}e^x\mathrm{d}x$;

(9) $\int \dfrac{x}{\cos^2 x\tan^3 x}\mathrm{d}x$;

(10) $\int \dfrac{1}{\sqrt[4]{\sin^3 x\cos^5 x}}\mathrm{d}x$;

(11) $\int \dfrac{x\ln x}{(1+x^2)^2}\mathrm{d}x$;

(12) $\int \sqrt{\dfrac{\ln(x+\sqrt{1+x^2})}{1+x^2}}\,\mathrm{d}x$;

(13) $\int \dfrac{\mathrm{d}x}{x(x^6+4)}$;

(14) $\int \dfrac{x+1}{x(1+x\mathrm{e}^x)}\mathrm{d}x$;

(15) $\int \dfrac{\cos\sqrt{x}+\ln x}{\sqrt{x}}\mathrm{d}x$;

(16) $\int x^2(\mathrm{e}^{3x}-\sqrt{4-3x^3})\mathrm{d}x$;

(17) $\int \dfrac{x\cos x+\cot^{\frac{2}{3}}x}{\sin^2 x}\mathrm{d}x$;

(18) $\int \dfrac{\arctan \mathrm{e}^x}{\mathrm{e}^{2x}}\mathrm{d}x$;

(19) $\int \dfrac{x^2+\ln^4 x}{(x\ln x)^3}\mathrm{d}x$;

(20) $\int \dfrac{\mathrm{d}x}{\sin(x+\alpha)\sin(x+\beta)} \quad (\alpha\neq\beta)$;

(21) $\int \tan(x+\alpha)\tan(x+\beta)\mathrm{d}x \quad (\alpha\neq\beta)$;

(22) $\int \arcsin x \arccos x \, dx$;

(23) $\int \dfrac{\arcsin x}{x^2} \dfrac{1+x^2}{\sqrt{1-x^2}} dx$;

(24) $\int \sqrt{\tan x} \, dx \ \left(0<x<\dfrac{\pi}{2}\right)$.

2. 求下列两个函数在指定区间上的不定积分：

(1) $f(x) = \sqrt{1+\sin x}$, $x \in [0, 2\pi]$；

(2) $f(x) = \begin{cases} x^2, & -1 \leqslant x < 0, \\ \sin x, & 0 \leqslant x < 1. \end{cases}$

网上更多……　　教学 PPT　　拓展练习

自测题

第六章 定积分

6.1 定积分的概念与性质

6.1.1 定积分的概念

微视频
6.1.1 定积分的概念

定积分概念也是由大量的实际问题抽象出来的,现举两例.

1. 曲边梯形的面积

求由连续曲线 $y=f(x)>0$ 及直线 $x=a, x=b$ 和 $y=0$ 所围成的曲边梯形的面积 S.

当 $f(x) \equiv h$(h 为常数)时,由矩形面积公式知,$S=(b-a)h$. 对 $f(x)$ 的一般情况,曲线上各点处高度是变化的,我们采取下列步骤来求面积 S.

(1) 分割:用分点

$$a=x_1<x_2<\cdots<x_i<x_{i+1}<\cdots<x_n<x_{n+1}=b$$

把区间 $[a,b]$ 分为 n 个小区间,使每个小区间 $[x_i, x_{i+1}]$ 上 $f(x)$ 变化较小,记 $\Delta x_i = x_{i+1} - x_i$,用 ΔS_i 表示 $[x_i, x_{i+1}]$ 上对应的窄曲边梯形的面积(图 6.1).

(2) 作积:在每个区间 $[x_i, x_{i+1}]$ 内任取一点 ξ_i,以 $f(\xi_i)$ 为高,Δx_i 为底的矩形面积近似代替 ΔS_i,有

$$\Delta S_i \approx f(\xi_i) \Delta x_i, \quad i=1,2,\cdots,n.$$

(3) 求和:这些窄矩形面积之和可以作为曲边梯形面积 S 的近似值.

$$S \approx \sum_{i=1}^{n} f(\xi_i) \Delta x_i.$$

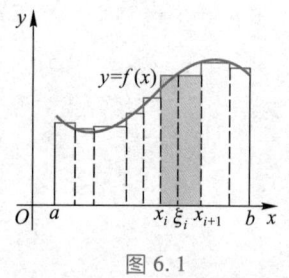

图 6.1

(4) 取极限：为得到 S 的精确值，让分割无限细密，设 $\lambda = \max\limits_{1\leqslant i\leqslant n}\{|\Delta x_i|\}$，令 $\lambda\to 0$（蕴含着 $n\to\infty$），取极限，极限值就是给定的图形的面积

$$S = \lim_{\lambda\to 0}\sum_{i=1}^{n}f(\xi_i)\Delta x_i.$$

可见，为了求曲边梯形的面积，需对 $f(x)$ 作如上的乘积和式的极限运算.

2. 变速直线运动的路程

已知某物体做直线运动，其速度 $v = v(t)$，求该物体从 $t=a$ 到 $t=b$ 时间间隔内走过的路程 s.

我们知道，匀速直线运动的路程等于速度乘时间. 现在遇到的是变速运动，在较大的时间范围内速度可能有较大的变化，但在很短的时间间隔内速度变化不会很大，所以在很短的时间范围内可以把变速运动近似地当作匀速运动处理.

(1) 分割：用分点

$$a = t_1 < t_2 < \cdots < t_i < t_{i+1} < \cdots < t_n < t_{n+1} = b$$

把时间区间 $[a,b]$ 分为 n 个小区间，记 $\Delta t_i = t_{i+1} - t_i$，$\Delta s_i$ 表示在时间区间 $[t_i, t_{i+1}]$ 内走过的路程.

(2) 作积：在每个区间 $[t_i, t_{i+1}]$ 内任取一时刻 ξ_i，以 ξ_i 时的瞬时速度 $v(\xi_i)$ 代替 $[t_i, t_{i+1}]$ 上各时刻的速度 $v(t)$，则有

$$\Delta s_i \approx v(\xi_i)\Delta t_i, \quad i = 1, 2, \cdots, n.$$

(3) 求和：各个小的时间区间内走过的路程的近似值累加起来，可以作为时间区间 $[a,b]$ 内走过路程的近似值.

$$s \approx \sum_{i=1}^{n}v(\xi_i)\Delta t_i.$$

(4) 取极限：为得到路程 s 的精确值，让分割无限细密，设 $\lambda = \max\limits_{1\leqslant i\leqslant n}\{|\Delta t_i|\}$，令 $\lambda\to 0$，就得到

$$s = \lim_{\lambda\to 0}\sum_{i=1}^{n}v(\xi_i)\Delta t_i.$$

同前一问题一样，最终归结为函数 $v(t)$ 在 $[a,b]$ 上的上述乘积和式的极限运算.

类似的例子很多，比如变力做功的计算，电容器充电量的计算，等等.

定义 6.1 设函数 $f(x)$ 在区间 $[a,b]$ 上有定义,用分点
$$a = x_1 < x_2 < \cdots < x_i < x_{i+1} < \cdots < x_n < x_{n+1} = b$$
将 $[a,b]$ 分为 n 个小区间 $[x_i, x_{i+1}]$,记 $\Delta x_i = x_{i+1} - x_i$,$\lambda = \max\limits_{1 \leq i \leq n} \{|\Delta x_i|\}$. 任取 $\xi_i \in [x_i, x_{i+1}]$,$i = 1, 2, \cdots, n$. 如果乘积的和式
$$\sum_{i=1}^{n} f(\xi_i) \Delta x_i$$
(称为**积分和**)的极限
$$\lim_{\lambda \to 0} \sum_{i=1}^{n} f(\xi_i) \Delta x_i$$
存在,且这个极限值与 x_i 和 ξ_i 的取法无关,则称 $f(x)$ 在 $[a,b]$ 上**可积**,并称此极限值为 $f(x)$ 在区间 $[a,b]$ 上由 a 到 b 的**定积分**,用记号 $\int_a^b f(x) \, dx$ 表示之,即
$$\int_a^b f(x) \, dx = \lim_{\lambda \to 0} \sum_{i=1}^{n} f(\xi_i) \Delta x_i.$$
称 $f(x)$ 为**被积函数**,$f(x) \, dx$ 为**被积表达式**,x 为积分变量,a 为积分**下限**,b 为积分上限,$[a,b]$ 为**积分区间**. 称 $\int$ 为积分号,它是由拉丁文"和"(summa)字的首字母 s 拉长而来的.

根据定积分定义,曲边梯形的面积等于曲边上的点的纵坐标在底边区间 $[a,b]$ 上的定积分,即
$$S = \int_a^b f(x) \, dx.$$
从 $t = a$ 到 $t = b$ 物体走过的路程,等于速度函数在时间区间 $[a,b]$ 上的定积分,即
$$s = \int_a^b v(t) \, dt.$$
总之,分布在某区间上的量的总量问题,当分布均匀时,只需用乘法(分布密度×区间的度量)便可解决,当分布非均匀时,就需要用定积分——分布密度函数在区间上的定积分来计算.

难怪有人说:定积分是常量数学中的乘法在变量数学中的发展. 在定积分的记号内,还保留着乘积的痕迹 $f(x) \, dx$,它来自第二步"作积",它是局部量的线性近似.

所以,在 x 轴方向上的变力 $F(x)$ 作用下,物体从 $x = a$ 移到 $x = b$,变力做的功 W 等于变力在路程区间 $[a,b]$ 上的定积分,即

$$W = \int_a^b F(x)\,\mathrm{d}x.$$

从时刻 t_1 到 t_2,电容器极板上增加的电荷量 Q 等于电流 $I(t)$ 在时间区间 $[t_1, t_2]$ 上的定积分

$$Q = \int_{t_1}^{t_2} I(t)\,\mathrm{d}t.$$

定积分的几何意义:当 $f(x) > 0$ 时,由前边的讨论知 $\int_a^b f(x)\,\mathrm{d}x$ 表示由曲线 $y = f(x)$ 和直线 $x = a, x = b$ 及 $y = 0$ 围成的曲边梯形的面积;当 $f(x) < 0$ 时,由于 $f(\xi_i)\Delta x_i < 0$,所以 $\int_a^b f(x)\,\mathrm{d}x$ 表示曲边梯形面积的负值. 所以对一般函数 $f(x)$,定积分 $\int_a^b f(x)\,\mathrm{d}x$ 的几何意义是:介于 x 轴,曲线 $y = f(x)$ 和直线 $x = a, x = b$ 之间的各部分图形面积的代数和——在 x 轴上方的图形面积与下方的图形面积数之差(图 6.2).

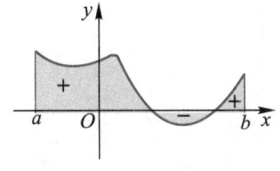

微视频
6.1.2 定积分的意义及可积准则

那么,哪些函数可积呢?

定理 6.1 如果 $f(x)$ 在 $[a,b]$ 上可积,则 $f(x)$ 在 $[a,b]$ 上必有界.

事实上,无界函数在任何一个分割下都至少有一个小区间 $[x_j, x_{j+1}]$,在其上函数无界,这样 $|f(\xi_j)\Delta x_j|$ 就可以任意大,所以积分和没有极限,即 $f(x)$ 在 $[a,b]$ 上不可积.

图 6.2

这个定理是说无界函数一定不可积. 但有界函数也未见得可积,例如狄利克雷函数 $D(x)$,虽然是有界的,但在任何区间 $[a,b]$ 上它都不是可积的. 这是因为无论怎样分割区间 $[a,b]$,只要选取 ξ_i 均为无理数,积分和就等于零,而选取 ξ_i 均为有理数时,积分和为 $b-a$,所以 $\lambda \to 0$ 时,积分和没有确定的极限.

定理 6.2 如果 $f(x) \in C[a,b]$,则 $f(x)$ 在 $[a,b]$ 上可积.

定理 6.3 如果 $f(x)$ 在 $[a,b]$ 上除有限个第一类间断点外处处连续,则 $f(x)$ 在 $[a,b]$ 上可积.

证明略(可参看本章附录Ⅳ). 由定理 6.3 知,函数在区间 $[a,b]$ 内个别点(属于第一类间断点)处无定义,不影响可积性.

6.1.2 定积分的简单性质

定积分是由被积函数与积分区间所确定的一个数

$$\int_a^b f(x)\,\mathrm{d}x = \lim_{\lambda \to 0} \sum_{i=1}^n f(\xi_i)\Delta x_i.$$

微视频
6.1.3 定积分的性质

由此不难得到下列性质. 在本段中, 假定所涉及的定积分都存在.

(1) $\int_b^a f(x)\,\mathrm{d}x = -\int_a^b f(x)\,\mathrm{d}x$ （**有向性**）.

(2) $\int_a^a f(x)\,\mathrm{d}x = 0$.

(3) $\int_a^b 1\,\mathrm{d}x = b - a$.

(4) $\int_a^b [kf(x) + lg(x)]\,\mathrm{d}x = k\int_a^b f(x)\,\mathrm{d}x + l\int_a^b g(x)\,\mathrm{d}x$ （k, l 为常数）.

这条性质称为定积分的**线性性质**.

(5) $\int_a^b f(x)\,\mathrm{d}x = \int_a^c f(x)\,\mathrm{d}x + \int_c^b f(x)\,\mathrm{d}x$, 其中 c 可以在区间 $[a, b]$ 内, 也可以在区间外, 此性质称为**区间可加性**.

若 c 在区间 $[a, b]$ 内, 只要将 c 取作一个分点, 将积分和按 c 点分成两部分, 再取极限就得到这条性质. 若 c 在区间 $[a, b]$ 外, 当 $c > b$ 时, 可将 $[a, c]$ 上的积分用 b 分为两部分; 当 $c < a$ 时, 可将 $[c, b]$ 上的积分用 a 分为两部分.

(6) 若在区间 $[a, b]$ 上 $f(x) \leqslant g(x)$, 则有

$$\int_a^b f(x)\,\mathrm{d}x \leqslant \int_a^b g(x)\,\mathrm{d}x \quad (\textbf{保序性}).$$

(7) 若在区间 $[a, b]$ 上, $m \leqslant f(x) \leqslant M$, 则有

$$m(b-a) \leqslant \int_a^b f(x)\,\mathrm{d}x \leqslant M(b-a).$$

利用性质 (3) 及 (4), (6) 便可推得这个积分的估值.

(8) $\left|\int_a^b f(x)\,\mathrm{d}x\right| \leqslant \int_a^b |f(x)|\,\mathrm{d}x \quad (a < b)$.

由不等式 $-|f(x)| \leqslant f(x) \leqslant |f(x)|$ 和性质 (6) 不难推出这个结果.

(9) 定积分值与积分变量的记号无关, 即

$$\int_a^b f(x)\,\mathrm{d}x = \int_a^b f(t)\,\mathrm{d}t.$$

(10) **定积分中值定理** 设 $f(x) \in C[a, b]$, 则至少存在一点 $\xi \in [a, b]$, 使得

$$\int_a^b f(x)\,\mathrm{d}x = f(\xi)(b - a).$$

证明 由 $f(x) \in C[a, b]$, 知 $f(x)$ 在区间 $[a, b]$ 上有最大值 M 和最小值 m, 由性质 (7) 得

$$m \leqslant \frac{1}{b-a}\int_a^b f(x)\,\mathrm{d}x \leqslant M.$$

根据闭区间上连续函数介值定理知,存在一点 $\xi \in [a,b]$,使得
$$f(\xi) = \frac{1}{b-a}\int_a^b f(x)\,\mathrm{d}x.\quad\square$$

这个定理告诉我们如何去掉积分号来表示积分值.

无论从几何上,还是从物理上,都容易理解 $f(\xi)$ 就是 $f(x)$ 在区间 $[a,b]$ 上的平均值(图 6.3),所以上式也叫做**平均值公式**. 求连续变量的平均值就要用到它.

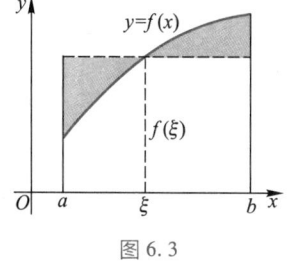

图 6.3

例 1 估计积分值 $\int_0^{\frac{1}{2}} \mathrm{e}^{-x^2}\,\mathrm{d}x$.

解 显然函数 e^{-x^2} 在区间 $\left[0,\dfrac{1}{2}\right]$ 上是单调下降的,因此有
$$\mathrm{e}^{-\frac{1}{4}} \leqslant \mathrm{e}^{-x^2} \leqslant 1, \quad \text{当 } x \in \left[0,\dfrac{1}{2}\right].$$

由性质(7)有估计式
$$\frac{1}{2}\mathrm{e}^{-\frac{1}{4}} \leqslant \int_0^{\frac{1}{2}} \mathrm{e}^{-x^2}\,\mathrm{d}x \leqslant \frac{1}{2}.$$

例 2 试证
$$\lim_{n\to\infty}\int_n^{n+a} \frac{\sin x}{x}\,\mathrm{d}x = 0.$$

证明 由积分中值定理有
$$\lim_{n\to\infty}\int_n^{n+a} \frac{\sin x}{x}\,\mathrm{d}x = \lim_{n\to\infty}\frac{\sin \xi_n}{\xi_n}a = 0 \quad (n \leqslant \xi_n \leqslant n+a).\quad\square$$

例 3 设函数 $f(x)$ 非负连续,则 $\int_a^b f(x)\,\mathrm{d}x = 0$ 的充要条件是 $f(x) \equiv 0, x \in [a,b]$.

证明 必要性. 若不然,则必有 $x_0 \in (a,b)$,使
$$f(x_0) = \lambda > 0.$$

由此及 $f(x)$ 的连续性知,存在 $\delta > 0$,使得 $[x_0-\delta, x_0+\delta] \subset [a,b]$,且当 $x \in [x_0-\delta, x_0+\delta]$ 时,有
$$f(x) > \frac{\lambda}{2},$$

于是由性质(5),(6)和(7)有
$$\int_a^b f(x)\,\mathrm{d}x = \int_a^{x_0-\delta} f(x)\,\mathrm{d}x + \int_{x_0-\delta}^{x_0+\delta} f(x)\,\mathrm{d}x + \int_{x_0+\delta}^b f(x)\,\mathrm{d}x$$
$$\geqslant \int_{x_0-\delta}^{x_0+\delta} f(x)\,\mathrm{d}x > \frac{\lambda}{2}2\delta > 0,$$

这与假设矛盾.

充分性. 由定积分定义或性质(7)知它是显然的. □

△例4 设 $f(x),g(x) \in C[a,b]$，证明**柯西不等式**
$$\left[\int_a^b f(x)g(x)\mathrm{d}x\right]^2 \leqslant \int_a^b f^2(x)\mathrm{d}x \int_a^b g^2(x)\mathrm{d}x \quad (a<b).$$

证明 分两种情况:

(1) 当 $\int_a^b f^2(x)\mathrm{d}x = 0$ 时，类似例3可知 $f(x) \equiv 0$，不等式显然成立.

(2) 当 $\int_a^b f^2(x)\mathrm{d}x \neq 0$ 时，对任意实数 λ 有
$$[\lambda f(x) - g(x)]^2 \geqslant 0.$$

从 a 到 b 积分，由线性性质得
$$\int_a^b [\lambda f(x) - g(x)]^2 \mathrm{d}x = \left(\int_a^b f^2(x)\mathrm{d}x\right)\lambda^2 - 2\left(\int_a^b f(x)g(x)\mathrm{d}x\right)\lambda + \int_a^b g^2(x)\mathrm{d}x \geqslant 0,$$

左边是 λ 的二次三项式. 这个不等式成立的充要条件是判别式
$$\left[\int_a^b f(x)g(x)\mathrm{d}x\right]^2 - \int_a^b f^2(x)\mathrm{d}x \int_a^b g^2(x)\mathrm{d}x \leqslant 0. \quad □$$

6.2 微积分学基本定理

由定积分的定义
$$\int_a^b f(x)\mathrm{d}x = \lim_{\lambda \to 0} \sum_{i=1}^n f(\xi_i)\Delta x_i,$$

计算定积分是非常困难的，甚至常常是不可能的. 历史上，由于微分学的研究远远晚于积分学，所以定积分计算问题长期未能解决，积分学的发展很缓慢. 直到17世纪最后30年，牛顿和莱布尼茨把两个貌似无关的微分问题和积分问题联系起来，建立了微积分学基本定理，才为定积分的计算提供了统一的简洁的方法.

微视频
6.2.1 微积分基本定理——微分部分

以路程问题为例. 如果已知某物体做直线运动，其速度为 $v(t)$，则在时间间隔 $[a,b]$ 内走过的路程 $s_{[a,b]} = \int_a^b v(t)\mathrm{d}t$. 如果知道该物体运动的路程函数 $s(t)$，则 $s_{[a,b]} = s(b) - s(a)$，可见如果能从 $v(t)$ 求出 $s(t)$，定积分 $\int_a^b v(t)\mathrm{d}t$ 运算就可化为减法 $s(b) - s(a)$ 运算. 这正是第五章已经解决了的微分运算的逆运算——不定积分问题，这启示我们：定积分的计算有捷径可循. 下面进行一般性的讨论.

设 $f(x)$ 在区间 $[a,b]$ 上可积,则对任一点 $x \in [a,b]$,定积分

$$\int_a^x f(t)\,dt$$

都有确定的值,所以这个定积分是上限 x 的函数,记为 $\Phi(x)$,即

$$\Phi(x) = \int_a^x f(t)\,dt \quad (a \leqslant x \leqslant b).$$

定理 6.4(微积分学基本定理第一部分) 设 $f(x) \in C[a,b]$,则积分上限函数

$$\Phi(x) = \int_a^x f(t)\,dt$$

在 $[a,b]$ 上连续可微,且对上限的导数等于被积函数在上限处的值,即

$$\Phi'(x) = \frac{d}{dx}\int_a^x f(t)\,dt = f(x) \quad (a \leqslant x \leqslant b). \tag{1}$$

证明 因为

$$\Phi(x+\Delta x) = \int_a^{x+\Delta x} f(t)\,dt,$$

所以由定积分性质(5)和积分中值定理有

$$\Delta\Phi = \Phi(x+\Delta x) - \Phi(x) = \int_a^{x+\Delta x} f(t)\,dt - \int_a^x f(t)\,dt = \int_x^{x+\Delta x} f(t)\,dt = f(\xi)\Delta x,$$

其中 ξ 介于 $x, x+\Delta x$ 之间. 因 $f(x)$ 连续,故

$$\Phi'(x) = \lim_{\Delta x \to 0} \frac{\Delta\Phi}{\Delta x} = \lim_{\Delta x \to 0} f(\xi) = f(x). \quad \square$$

这个定理指出积分运算和微分运算为逆运算的关系,它把微分和积分联结为一个有机的整体——微积分,所以它是微积分学基本定理.

它还说明,连续函数 $f(x)$ 一定有原函数,函数 $\Phi(x) = \int_a^x f(t)\,dt$ 就是 $f(x)$ 的一个原函数(这就证明了定理 5.2). 由此可见,连续函数 $f(x)$ 的不定积分和定积分有如下关系:

$$\int f(x)\,dx = \int_a^x f(t)\,dt + C. \tag{2}$$

它还说明:连续函数的定积分 $\int_a^b f(x)\,dx$ 的被积表达式 $f(x)\,dx$ 等于变上限积分函数 $\Phi(x)$ 的微分,即 $f(x)\,dx$ 是 $\Phi(x)$ 的增量 $\Delta\Phi$ 的线性主部. 将有关的实际问题化为定积分时,必须注意到这一点,本章第六节我们将用到它,人们习惯称 $f(x)\,dx$ 为微元.

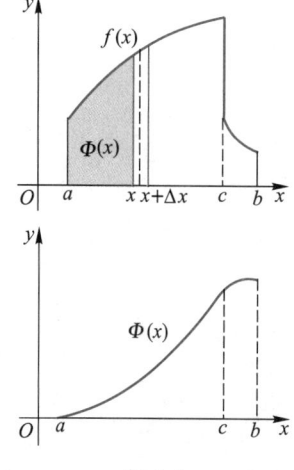

图 6.4

注意:这样定义的函数一定是 $[a,b]$ 上的连续函数(留作练习),这个函数的几何意义是图 6.4 中阴影部分的面积函数.

微视频
6.2.2 变限积分函数应用举例

例 1 $\left(\int_0^x e^{2t} dt\right)' = e^{2x}.$

$\left(\int_x^\pi \cos^2 t \, dt\right)' = \left(-\int_\pi^x \cos^2 t \, dt\right)' = -\cos^2 x.$

$\left(\int_x^{x^2} \ln t \, dt\right)' = \left(\int_x^1 \ln t \, dt + \int_1^{x^2} \ln t \, dt\right)' = -\ln x + 2x \ln x^2 = (4x-1)\ln x.$

定理 6.5（微积分学基本定理第二部分） 如果 $F(x)$ 是 $[a,b]$ 区间上连续函数 $f(x)$ 的一个原函数，则

$$\int_a^b f(x) \, dx = F(b) - F(a). \tag{3}$$

证明 因为 $F(x)$ 及 $\Phi(x) = \int_a^x f(t) \, dt$ 都是 $f(x)$ 在 $[a,b]$ 上的原函数，故有

$$\Phi(x) = F(x) + C, \quad \forall x \in [a,b],$$

C 是待定常数，即有

$$\int_a^x f(t) \, dt = F(x) + C, \quad \forall x \in [a,b].$$

令 $x = a$，由上式得 $0 = F(a) + C$，于是 $C = -F(a)$，可见

$$\int_a^x f(t) \, dt = F(x) - F(a), \quad \forall x \in [a,b].$$

特别，令 $x = b$，上式就变为公式(3). 公式(3)称为**牛顿-莱布尼茨**[①]**公式**. □

公式(3)表明了连续函数的定积分与不定积分之间的关系. 它把复杂的乘积和式的极限运算转化为被积函数的原函数在积分上下限 b, a 两点处函数值之差. 习惯用 $F(x)\Big|_a^b$ 表示 $F(b) - F(a)$，于是(3)式可写为

$$\int_a^b f(x) \, dx = F(x) \Big|_a^b = F(b) - F(a).$$

例 2 $\int_{-1}^1 \frac{1}{1+x^2} dx = \arctan x \Big|_{-1}^1 = \frac{\pi}{4} - \left(-\frac{\pi}{4}\right) = \frac{\pi}{2}.$

$\int_0^\pi \sin x \, dx = -\cos x \Big|_0^\pi = 1 - (-1) = 2.$

例 3 求极限 $\lim_{n\to\infty}\left(\frac{1}{n+1} + \frac{1}{n+2} + \cdots + \frac{1}{n+n}\right).$

解 此极限实为一积分和的极限，

$$\lim_{n\to\infty}\sum_{i=1}^n \frac{1}{n+i} = \lim_{n\to\infty}\sum_{i=1}^n \frac{1}{1+\frac{i}{n}} \cdot \frac{1}{n}$$

微视频
6.2.3 微积分基本定理——积分部分

① 莱布尼茨和牛顿同时在前人工作的基础上建立了微积分学，莱布尼茨是作为哲学家和几何学家对待这一问题，而牛顿是从运动学的需要研究问题. 莱布尼茨是 17 世纪的全才，法学家、外交官、哲学家，最伟大的符号学者，终生奋斗的主要目标是寻求一种可以获得知识和创造发明的普遍方法. 他多才多艺，研究工作涉及多个范畴.

微视频
6.2.4 定积分定义求极限

$$= \int_0^1 \frac{1}{1+x} dx = \ln(1+x) \Big|_0^1 = \ln 2.$$

注意:公式(3)要求被积函数连续,如果遇到分段连续函数 $f(x)$ 的积分,应将积分区间 $[a,b]$ 分为几个子区间 $[a,x_1]$, $[x_1,x_2]$, $\cdots$, $[x_n,b]$,使 $f(x)$ 在每个子区间上连续,根据定积分性质(5),有

$$\int_a^b f(x)dx = \int_a^{x_1} f(x)dx + \int_{x_1}^{x_2} f(x)dx + \cdots + \int_{x_n}^b f(x)dx,$$

右端的每个积分都可用牛顿-莱布尼茨公式计算了.

例 4 设 $f(x) = \begin{cases} 2x, & 0 \le x \le 1, \\ 5, & 1 < x \le 2, \end{cases}$ 求 $\int_0^2 f(x)dx$.

解

$$\int_0^2 f(x)dx = \int_0^1 2x\,dx + \int_1^2 5\,dx = x^2 \Big|_0^1 + 5x \Big|_1^2 = 1 + 5 = 6.$$

例 5 $\int_0^{\pi/2} \sqrt{1-\sin 2x}\,dx = \int_0^{\pi/2} \sqrt{(\cos x - \sin x)^2}\,dx = \int_0^{\pi/2} |\cos x - \sin x|\,dx$

$$= \int_0^{\pi/4} (\cos x - \sin x)dx + \int_{\pi/4}^{\pi/2} (\sin x - \cos x)dx$$

$$= 2\sqrt{2} - 2.$$

被积函数带有绝对值号时,应将积分区间分开,去掉绝对值号,再积分.

6.3 定积分的计算

在不定积分的计算中有两个重要的方法——换元积分法和分部积分法,在定积分计算中用到它们时,由于我们的目的是求积分值,所以又有新的特点,下面来介绍它们.

6.3.1 定积分的换元积分法

定理 6.6 设 $f(x) \in C[a,b]$,对变换 $x = \varphi(t)$,若有常数 α, β 满足:

(i) $\varphi(\alpha) = a, \varphi(\beta) = b$;

(ii) 在 α, β 界定的区间上,$a \le \varphi(t) \le b$;

(iii) 在 α, β 界定的区间上,$\varphi(t)$ 有连续的导数,

则

$$\int_a^b f(x)dx = \int_\alpha^\beta f[\varphi(t)]\varphi'(t)dt.$$

微视频
6.3.1 定积分的第一换元与分部积分法
6.3.2 定积分的第二换元积分法

证明 由于 $f(x) \in C[a,b]$，所以上式左边的积分存在. 由 $f(x) \in C[a,b]$ 及条件 (ii), (iii) 知右边积分也存在. 设 $F(x)$ 是 $f(x)$ 的一个原函数，则由复合函数求导法知，$F[\varphi(t)]$ 是 $f[\varphi(t)]\varphi'(t)$ 的原函数，于是由牛顿-莱布尼茨公式有

$$\int_a^b f(x)\,dx = F(b)-F(a),$$

$$\int_\alpha^\beta f[\varphi(t)]\varphi'(t)\,dt = F[\varphi(\beta)]-F[\varphi(\alpha)] = F(b)-F(a).$$

比较两式知结论成立. □

这个定理说明用换元积分法计算定积分时，应把积分上、下限同时换为新的积分变量的上、下限，通过新的积分算出积分值. 这样避免了求 $f(x)$ 的原函数，所以对变换 $x=\varphi(t)$ 也不要求它有反函数.

例 1 计算 $\int_0^a \sqrt{a^2-x^2}\,dx$ $(a>0)$.

解 令 $x=a\sin t$，当 $x=0$ 时，$t=0$，当 $x=a$ 时，$t=\dfrac{\pi}{2}$. 于是 $\sqrt{a^2-x^2}=a\cos t$, $dx=a\cos t\,dt$, 故

$$\int_0^a \sqrt{a^2-x^2}\,dx = a^2\int_0^{\pi/2}\cos^2 t\,dt = \frac{a^2}{2}\int_0^{\pi/2}(1+\cos 2t)\,dt$$

$$=\frac{a^2}{2}\left(t+\frac{1}{2}\sin 2t\right)\bigg|_0^{\pi/2} = \frac{1}{4}\pi a^2.$$

例 2 计算 $\int_0^4 \dfrac{x+2}{\sqrt{2x+1}}\,dx$.

解 令 $\sqrt{2x+1}=t$，即 $x=\dfrac{t^2-1}{2}$. 当 $x=0$ 时，$t=1$，当 $x=4$ 时，$t=3$，$dx=t\,dt$, 故

$$\int_0^4 \frac{x+2}{\sqrt{2x+1}}\,dx = \int_1^3 \frac{\frac{t^2-1}{2}+2}{t}t\,dt = \frac{1}{2}\int_1^3 (t^2+3)\,dt = \frac{22}{3}.$$

作变换时，必须满足定理的条件，特别是通过 $t=\psi(x)$ 引入新变量 t 时，要验证它的反函数是否满足定理的条件. 换元积分还可以证明一些定积分等式，通常由被积函数的变化和积分区间变化来确定变换. 下面几个例子也可作定积分公式使用.

△**例 3** 设 $f(x)$ 在区间 $[-a,a]$ 上连续，则

$$\int_{-a}^a f(x)\,dx = \int_0^a [f(x)+f(-x)]\,dx.$$

微视频
6.3.3 定积分的第二换元积分法举例

注：本题还可以用定积分的几何意义来计算. 易见，它是半径为 a 的四分之一圆的面积（留作习题）.

证明 由于
$$\int_{-a}^{a} f(x)\,dx = \int_{-a}^{0} f(x)\,dx + \int_{0}^{a} f(x)\,dx,$$
对积分 $\int_{-a}^{0} f(x)\,dx$ 作变换，令 $x=-t$，则
$$\int_{-a}^{0} f(x)\,dx = -\int_{a}^{0} f(-t)\,dt = \int_{0}^{a} f(-t)\,dt,$$
故有
$$\int_{-a}^{a} f(x)\,dx = \int_{0}^{a} [f(x)+f(-x)]\,dx. \quad \square$$

由定积分定义不难推证，对一般可积函数，例 3 中的公式也成立. 更重要的是下面两个结果：

(1) 若 $f(x)$ 为可积的偶函数，则 $\int_{-a}^{a} f(x)\,dx = 2\int_{0}^{a} f(x)\,dx.$

(2) 若 $f(x)$ 为可积的奇函数，则 $\int_{-a}^{a} f(x)\,dx = 0.$

利用这一结果计算：

$$\int_{-\pi/4}^{\pi/4} \frac{\cos x}{1+e^{-x}}\,dx = \int_{0}^{\pi/4} \left(\frac{\cos x}{1+e^{-x}} + \frac{\cos x}{1+e^{x}}\right)dx = \int_{0}^{\pi/4} \cos x\,dx = \frac{\sqrt{2}}{2}.$$

$$\int_{-1}^{2} x\sqrt{|x|}\,dx = \int_{-1}^{1} x\sqrt{|x|}\,dx + \int_{1}^{2} x\sqrt{|x|}\,dx = \int_{1}^{2} x^{\frac{3}{2}}\,dx = \frac{2}{5}(4\sqrt{2}-1).$$

$$\int_{-2}^{2} \frac{x^5+x^4-x^3-x^2-2}{1+x^2}\,dx = 2\int_{0}^{2} \frac{x^4-x^2-2}{1+x^2}\,dx = 2\int_{0}^{2} (x^2-2)\,dx = -\frac{8}{3}.$$

△**例 4** 设 $f(x)$ 是 $(-\infty, \infty)$ 上以 T 为周期的连续函数，则对任何实数 a，都有
$$\int_{a}^{a+T} f(x)\,dx = \int_{0}^{T} f(x)\,dx.$$

证明 由于
$$\int_{a}^{a+T} f(x)\,dx = \int_{a}^{0} f(x)\,dx + \int_{0}^{T} f(x)\,dx + \int_{T}^{a+T} f(x)\,dx,$$
对最后的积分用换元法，令 $x=t+T$，有
$$\int_{T}^{a+T} f(x)\,dx = \int_{0}^{a} f(t+T)\,dt = \int_{0}^{a} f(t)\,dt,$$
代入前式得
$$\int_{a}^{a+T} f(x)\,dx = \int_{0}^{T} f(x)\,dx. \quad \square$$

对一般可积的周期函数，例 4 中的公式也成立. 它说明可积的周期函数在任何一个长度为一个周期的区间上的积分值都是相等的.

△**例5** 设 $f(x) \in C[0,1]$，试证：

(1) $\int_0^{\pi/2} f(\sin x)\,dx = \int_0^{\pi/2} f(\cos x)\,dx$；

(2) $\int_0^{\pi} x f(\sin x)\,dx = \dfrac{\pi}{2}\int_0^{\pi} f(\sin x)\,dx = \pi\int_0^{\pi/2} f(\sin x)\,dx$.

证明

(1) $\int_0^{\pi/2} f(\sin x)\,dx \xlongequal{x=\frac{\pi}{2}-t} \int_{\pi/2}^{0} f(\cos t)(-dt) = \int_0^{\pi/2} f(\cos t)\,dt$.

(2) 留给读者. □

利用这一结果计算：

$$\int_0^{\pi}\frac{x\sin x}{1+\cos^2 x}\,dx = \pi\int_0^{\pi/2}\frac{\sin x}{1+\cos^2 x}\,dx = -\pi\arctan\cos x\Big|_0^{\pi/2} = \frac{\pi^2}{4}.$$

6.3.2 定积分的分部积分法

定理6.7 设 $u(x), v(x)$ 在区间 $[a,b]$ 上有连续的导数，则

$$\int_a^b u(x)v'(x)\,dx = u(x)v(x)\Big|_a^b - \int_a^b u'(x)v(x)\,dx.$$

由不定积分的分部积分法及牛顿-莱布尼茨公式，这是显然的.

例6 $\int_0^{\pi/2} x^2\sin x\,dx = -x^2\cos x\Big|_0^{\pi/2} + 2\int_0^{\pi/2} x\cos x\,dx$

$= 2x\sin x\Big|_0^{\pi/2} - 2\int_0^{\pi/2}\sin x\,dx = \pi + 2\cos x\Big|_0^{\pi/2} = \pi - 2.$

例7 $\int_0^1 x\arctan x\,dx = \dfrac{1}{2}x^2\arctan x\Big|_0^1 - \dfrac{1}{2}\int_0^1\dfrac{x^2}{1+x^2}\,dx$

$= \dfrac{\pi}{8} - \dfrac{1}{2}(x-\arctan x)\Big|_0^1 = \dfrac{\pi}{4} - \dfrac{1}{2}.$

△**例8** 试证对任何大于1的自然数 n，有

$$I_n = \int_0^{\pi/2}\sin^n x\,dx = \int_0^{\pi/2}\cos^n x\,dx = \begin{cases}\dfrac{(n-1)(n-3)\cdots 2}{n(n-2)\cdots 3}, & n\text{ 为奇数},\\[2mm] \dfrac{(n-1)(n-3)\cdots 1}{n(n-2)\cdots 2}\dfrac{\pi}{2}, & n\text{ 为偶数}.\end{cases}$$

证明 由例5(1)知上述两个积分相等.

当 $n \geq 2$ 时，有

$I_n = -\int_0^{\pi/2}\sin^{n-1} x\,d\cos x = -\cos x\sin^{n-1} x\Big|_0^{\pi/2} + (n-1)\int_0^{\pi/2}\sin^{n-2} x\cos^2 x\,dx$

$= (n-1)\int_0^{\pi/2}\sin^{n-2} x(1-\sin^2 x)\,dx = (n-1)I_{n-2} - (n-1)I_n.$

于是得到一个递推公式

$$I_n = \frac{n-1}{n} I_{n-2} \quad (n \geq 2).$$

又因为

$$I_0 = \int_0^{\pi/2} dx = \frac{\pi}{2}, \quad I_1 = \int_0^{\pi/2} \sin x \, dx = 1.$$

所以,当 n 为偶数时,

$$I_n = \frac{n-1}{n} I_{n-2} = \frac{n-1}{n} \cdot \frac{n-3}{n-2} I_{n-4} = \cdots = \frac{n-1}{n} \cdots \frac{3}{4} \cdot \frac{1}{2} I_0 = \frac{(n-1)(n-3)\cdots 1}{n(n-2)\cdots 2} \cdot \frac{\pi}{2}.$$

当 n 为大于 1 的奇数时,

$$I_n = \frac{n-1}{n} I_{n-2} = \frac{n-1}{n} \cdot \frac{n-3}{n-2} I_{n-4} = \cdots = \frac{n-1}{n} \cdots \frac{4}{5} \cdot \frac{2}{3} I_1 = \frac{(n-1)(n-3)\cdots 2}{n(n-2)\cdots 3}.$$ □

利用这个公式可直接计算出:

$$\int_0^{\pi/2} \cos^{10} x \, dx = \frac{9 \cdot 7 \cdot 5 \cdot 3 \cdot 1}{10 \cdot 8 \cdot 6 \cdot 4 \cdot 2} \cdot \frac{\pi}{2} = \frac{63}{512} \pi.$$

6.4 反常积分

定积分 $\int_a^b f(x) dx$ 受到两个限制,其一,积分区间 $[a,b]$ 是有限区间;其二,被积函数在积分区间上是有界函数.许多实际问题不满足这两个要求,为此需要引进新概念,解决新问题.

6.4.1 无穷区间上的反常积分

一个固定的点电荷 $+q$ 产生的电场,对场内其他电荷有作用力,由库隆(Coulomb)定律知,距 q 为 r 的单位正电荷受到的电场力,其方向与径向一致指向外,大小为

$$F = \frac{kq}{r^2} \quad (k \text{ 是常数}).$$

当单位正电荷从 $r=a$ 沿径向移到 $r=b$ 处时,电场力所做的功称为该电场在这两点处的电位差.

单位正电荷从 $r=a$ 移到无穷远时,电场力所需做的功称为该电场在点 a 处的电位.

例 1 试求 a,b 两点的电位差及 a 点的电位.

解 a,b 两点的电位差

$$V_{[a,b]} = \int_a^b \frac{kq}{r^2} dr = kq\left(-\frac{1}{r}\right)\bigg|_a^b = kq\left(\frac{1}{a} - \frac{1}{b}\right).$$

令 $b \to +\infty$，即得 a 点处的电位

$$V_a = \lim_{b \to +\infty} \int_a^b \frac{kq}{r^2} dr = \lim_{b \to +\infty} kq\left(\frac{1}{a} - \frac{1}{b}\right) = \frac{kq}{a}.$$

这里计算了一个上限无限增大的定积分的极限，类似的实例很多，如一些无界域的面积，第二宇宙速度问题，电容器放电问题，等等. 引入下面的反常积分概念.

定义 6.2 设对任何大于 a 的实数 b，$f(x)$ 在 $[a,b]$ 上均可积，则称极限

$$\lim_{b \to +\infty} \int_a^b f(x) \, dx$$

为 $f(x)$ 在无穷区间 $[a, +\infty)$ 上的**反常积分**（或**广义积分**），记为 $\int_a^{+\infty} f(x) \, dx$，即

$$\int_a^{+\infty} f(x) \, dx = \lim_{b \to +\infty} \int_a^b f(x) \, dx.$$

当这个极限存在时，则称反常积分 $\int_a^{+\infty} f(x) \, dx$ **收敛**（存在），否则称它**发散**.

类似地，定义反常积分

$$\int_{-\infty}^b f(x) \, dx = \lim_{a \to -\infty} \int_a^b f(x) \, dx;$$

$$\int_{-\infty}^{\infty} f(x) \, dx = \int_{-\infty}^c f(x) \, dx + \int_c^{+\infty} f(x) \, dx,$$

其中 c 为任一实常数. 反常积分 $\int_{-\infty}^{\infty} f(x) \, dx$ 收敛的充要条件是两个反常积分 $\int_{-\infty}^c f(x) \, dx$ 和 $\int_c^{+\infty} f(x) \, dx$ 均收敛.

若 $F(x)$ 是连续函数 $f(x)$ 的原函数，计算反常积分时，为书写方便，记

$$F(+\infty) = \lim_{x \to +\infty} F(x), \quad F(-\infty) = \lim_{x \to -\infty} F(x),$$

$$\int_a^{+\infty} f(x) \, dx = F(x)\big|_a^{+\infty} = F(+\infty) - F(a),$$

$$\int_{-\infty}^b f(x) \, dx = F(x)\big|_{-\infty}^b = F(b) - F(-\infty),$$

$$\int_{-\infty}^{+\infty} f(x) \, dx = F(x)\big|_{-\infty}^{+\infty} = F(+\infty) - F(-\infty).$$

这时反常积分的收敛与发散取决于 $F(+\infty)$ 和 $F(-\infty)$ 是否存在.

例 2
$$\int_0^{+\infty} \frac{\mathrm{d}x}{1+x^2} = \arctan x \Big|_0^{+\infty} = \frac{\pi}{2} - 0 = \frac{\pi}{2},$$

$$\int_{-\infty}^0 \frac{\mathrm{d}x}{1+x^2} = \arctan x \Big|_{-\infty}^0 = 0 - \left(-\frac{\pi}{2}\right) = \frac{\pi}{2},$$

$$\int_{-\infty}^{+\infty} \frac{\mathrm{d}x}{1+x^2} = \arctan x \Big|_{-\infty}^{+\infty} = \frac{\pi}{2} - \left(-\frac{\pi}{2}\right) = \pi.$$

这三个反常积分都收敛. 如果注意到第一个反常积分收敛和它的积分值, 以及被积函数为偶函数, 立刻就会得到后两个反常积分值.

△**例 3** 试证反常积分
$$\int_1^{+\infty} \frac{1}{x^p} \mathrm{d}x$$
当 $p>1$ 时收敛, 当 $p \leqslant 1$ 时发散.

证明 当 $p=1$ 时,
$$\int_1^{+\infty} \frac{1}{x^p} \mathrm{d}x = \int_1^{+\infty} \frac{1}{x} \mathrm{d}x = \ln x \Big|_1^{+\infty} = +\infty.$$

当 $p \neq 1$ 时,
$$\int_1^{+\infty} \frac{1}{x^p} \mathrm{d}x = \frac{x^{1-p}}{1-p} \Big|_1^{+\infty} = \begin{cases} +\infty, & p<1, \\ \dfrac{1}{p-1}, & p>1. \end{cases}$$

故当 $p>1$ 时, 反常积分 $\int_1^{+\infty} \frac{1}{x^p} \mathrm{d}x = \frac{1}{p-1}$ 收敛, 当 $p \leqslant 1$ 时, 它发散 (图 6.5). □

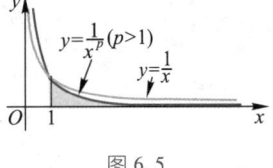

图 6.5

例 4 判断 $\int_{-\infty}^{\infty} \frac{\arctan x}{1+|x|} \mathrm{d}x$ 的敛散性.

解 当 $x \in [1, +\infty)$ 时,
$$\frac{\arctan x}{1+|x|} \geqslant \frac{\frac{\pi}{4}}{2x} = \frac{\pi}{8} \cdot \frac{1}{x} > 0.$$

由例 3 知反常积分 $\int_1^{+\infty} \frac{1}{x} \mathrm{d}x = +\infty$ 发散, 所以
$$\int_1^{+\infty} \frac{\arctan x}{1+|x|} \mathrm{d}x$$
发散, (为什么? 你能由此得到一个判定某类无穷区间上反常积分敛散性的方法吗?) 从而反常积分
$$\int_{-\infty}^{\infty} \frac{\arctan x}{1+|x|} \mathrm{d}x$$

奇函数在 $(-\infty, +\infty)$ 上的反常积分或者发散, 或者收敛到零.

发散.

6.4.2 无界函数的反常积分

微视频
6.4.2 瑕积分

定义 6.3 若 $\forall \varepsilon > 0, f(x)$ 在 $[a+\varepsilon, b]$ 上可积,在 a 点右邻域内 $f(x)$ 无界(称 a 为**瑕点**),称极限

$$\lim_{\varepsilon \to 0} \int_{a+\varepsilon}^{b} f(x) \mathrm{d}x$$

为无界函数 $f(x)$ 在 $(a,b]$ 上的**反常积分(或瑕积分)**,记为 $\int_{a}^{b} f(x) \mathrm{d}x$. 即

$$\int_{a}^{b} f(x) \mathrm{d}x = \lim_{\varepsilon \to 0} \int_{a+\varepsilon}^{b} f(x) \mathrm{d}x.$$

当这个极限存在时,则称反常积分 $\int_{a}^{b} f(x) \mathrm{d}x$ **收敛**,否则称它**发散**.

同样,若 $\forall \varepsilon > 0, f(x)$ 在 $[a, b-\varepsilon]$ 上可积,在 b 的左邻域内 $f(x)$ 无界(称 b 为瑕点),定义反常积分

$$\int_{a}^{b} f(x) \mathrm{d}x = \lim_{\varepsilon \to 0} \int_{a}^{b-\varepsilon} f(x) \mathrm{d}x.$$

若 $\forall \varepsilon_1, \varepsilon_2 > 0, f(x)$ 在 $[a, d-\varepsilon_1]$ 和 $[d+\varepsilon_2, b]$ 上都可积,在点 d 的邻域内 $f(x)$ 无界,定义反常积分

$$\int_{a}^{b} f(x) \mathrm{d}x = \int_{a}^{d} f(x) \mathrm{d}x + \int_{d}^{b} f(x) \mathrm{d}x = \lim_{\varepsilon_1 \to 0} \int_{a}^{d-\varepsilon_1} f(x) \mathrm{d}x + \lim_{\varepsilon_2 \to 0} \int_{d+\varepsilon_2}^{b} f(x) \mathrm{d}x.$$

这里,只有两个反常积分 $\int_{a}^{d} f(x) \mathrm{d}x$ 和 $\int_{d}^{b} f(x) \mathrm{d}x$ 都收敛时,反常积分 $\int_{a}^{b} f(x) \mathrm{d}x$ 才是收敛的.

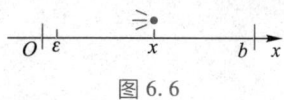

图 6.6

例 5 有一热电子 e 从原点处的阴极发出(图 6.6),射向 $x=b$ 处的板极,已知飞行速度 v 与飞过的距离的平方根成正比,即

$$\frac{\mathrm{d}x}{\mathrm{d}t} = k\sqrt{x},$$

其中 k 为常数,求热电子 e 从阴极到板极飞行的时间 T.

解 时间 t 花费在从 $x=0$ 到 $x=b$ 的路途上,在小路段 $[x, x+\mathrm{d}x]$ 上,用去时间

$$\mathrm{d}t = \frac{1}{k\sqrt{x}} \mathrm{d}x.$$

所以电子 e 从 $x=0$ 到 $x=b$ 飞行时间

$$T = \int_{0}^{b} \frac{1}{k\sqrt{x}} \mathrm{d}x = \lim_{\varepsilon \to 0^{+}} \int_{\varepsilon}^{b} \frac{\mathrm{d}x}{k\sqrt{x}} = \lim_{\varepsilon \to 0^{+}} \frac{2}{k}\sqrt{x} \Big|_{\varepsilon}^{b} = \frac{2}{k}\sqrt{b}.$$

当 $f(x) \in C[a,b)$，b 为瑕点，$F(x)$ 是 $f(x)$ 的原函数时，计算时为方便计，常把反常积分写为

$$\int_a^b f(x)\,dx = F(x)\Big|_a^{b^-} = F(b^-) - F(a).$$

如果 $f(x) \in C(a,b]$，a 为瑕点，则记

$$\int_a^b f(x)\,dx = F(x)\Big|_{a^+}^b = F(b) - F(a^+).$$

如果瑕点在积分区间内部，通常要用瑕点将区间分开，分别讨论各子区间上的反常积分，只要有一个反常积分发散，则整个反常积分发散. 但如果 $f(x)$ 的原函数 $F(x) \in C[a,b]$，则

$$\int_a^b f(x)\,dx = F(x)\Big|_a^b = F(b) - F(a). \text{（为什么？）}$$

例 6 $\int_0^a \dfrac{dx}{\sqrt{a^2-x^2}} = \arcsin \dfrac{x}{a}\Big|_0^{a^-} = \dfrac{\pi}{2}$.

△ **例 7** 试证积分 $\int_0^1 \dfrac{1}{x^q}\,dx$ 当 $q < 1$ 时收敛，当 $q \geq 1$ 时发散.

证明 当 $q = 1$ 时，

$$\int_0^1 \frac{1}{x^q}\,dx = \int_0^1 \frac{1}{x}\,dx = \ln x \Big|_{0^+}^1 = +\infty.$$

当 $q \neq 1$ 时，

$$\int_0^1 \frac{1}{x^q}\,dx = \frac{1}{1-q} x^{1-q} \Big|_{0^+}^1 = \begin{cases} \dfrac{1}{1-q}, & q < 1, \\ +\infty, & q > 1. \end{cases}$$

故当 $q < 1$ 时，反常积分 $\int_0^1 \dfrac{1}{x^q}\,dx$ 收敛，当 $q \geq 1$ 时发散. □

例 8 判定 $\int_0^{\pi/2} \dfrac{\cos x}{\sqrt{x}}\,dx$ 的敛散性.

解 当 $0 < x \leq 1$ 时，

$$0 < \frac{\cos x}{\sqrt{x}} \leq \frac{1}{\sqrt{x}},$$

由例 7 知 $\int_0^1 \dfrac{1}{\sqrt{x}}\,dx$ 收敛，根据反常积分定义知

$$\int_0^1 \frac{\cos x}{\sqrt{x}}\,dx$$

收敛，从而 $\int_0^{\pi/2} \dfrac{\cos x}{\sqrt{x}}\,dx$ 收敛.（为什么？）

例9 判定 $\int_{-1}^{1} \frac{1}{x} dx$ 的敛散性.

解 由于 $\int_{0}^{1} \frac{1}{x} dx$ 发散,所以 $\int_{-1}^{1} \frac{1}{x} dx$ 发散.

如果误认为 $\int_{-1}^{1} \frac{1}{x} dx$ 是定积分,则 $\int_{-1}^{1} \frac{1}{x} dx = 0$,或认为 $\int_{-1}^{1} \frac{1}{x} dx = \lim_{\varepsilon \to 0^{+}} \left(\int_{-1}^{-\varepsilon} \frac{1}{x} dx + \int_{\varepsilon}^{1} \frac{1}{x} dx \right) = 0$,得到的结果都是错误的!

例10 计算 $\int_{0}^{3a} \frac{2x dx}{(x^2 - a^2)^{2/3}}$.

解 $x = a$ 是被积函数在积分区间内的第二类间断点,但原函数 $3(x^2 - a^2)^{\frac{1}{3}}$ 在 $[0, 3a]$ 上连续,故

$$\int_{0}^{3a} \frac{2x dx}{(x^2 - a^2)^{2/3}} = 3(x^2 - a^2)^{\frac{1}{3}} \bigg|_{0}^{3a} = 9a^{\frac{2}{3}}.$$

*6.5 反常积分敛散性判别法,Γ函数

6.5.1 反常积分敛散性判别法

本节给出不通过求被积函数原函数来判定反常积分敛散性的方法,下面叙述各种判别法,不予证明.

首先讨论被积函数在积分区间上非负的情况.

比较原理 设函数 $f(x), g(x) \in C[a, +\infty)$,且 $0 \le f(x) \le g(x)$,则当 $\int_{a}^{+\infty} g(x) dx$ 收敛时,$\int_{a}^{+\infty} f(x) dx$ 也收敛;当 $\int_{a}^{+\infty} f(x) dx$ 发散时,$\int_{a}^{+\infty} g(x) dx$ 也发散.

因为反常积分

$$\int_{a}^{+\infty} \frac{1}{x^p} dx \quad (a > 0),$$

当 $p > 1$ 时收敛;当 $p \le 1$ 时发散,所以,若以 $\frac{M}{x^p}$ ($M > 0$, 常数) 为比较函数,就得到如下的比较判别法.

比较判别法 I 设 $f(x) \in C[a, +\infty)$ $(a > 0)$, $f(x) \ge 0$,

(1) 若存在 $M > 0, p > 1$,使 $f(x) \le \frac{M}{x^p}, x \in [a, +\infty)$,则反常积分

$\int_a^{+\infty} f(x)\mathrm{d}x$ 收敛;

(2) 若存在 $M>0, p \leqslant 1$, 使 $f(x) \geqslant \dfrac{M}{x^p}, x \in [a, +\infty)$, 则反常积分

$\int_a^{+\infty} f(x)\mathrm{d}x$ 发散;

例 1 判定反常积分 $\int_1^{+\infty} \dfrac{1}{\sqrt[3]{x^5+1}}\mathrm{d}x$ 的敛散性.

解 因

$$0 < \frac{1}{\sqrt[3]{x^5+1}} < \frac{1}{x^{5/3}}, \quad x \in [1, +\infty),$$

由比较判别法 I 知,这个反常积分收敛.

无穷小比较法 I 设函数 $f(x) \in C[a, +\infty)$ $(a>0), f(x) \geqslant 0$. 如果存在常数 $p>0$, 使 $\lim\limits_{x \to +\infty} x^p f(x) = C$, 则

(1) 当 $p>1$, 且 $0 \leqslant C < +\infty$ 时,反常积分 $\int_a^{+\infty} f(x)\mathrm{d}x$ 收敛;

(2) 当 $p \leqslant 1$, 且 $0 < C \leqslant +\infty$ 时,反常积分 $\int_a^{+\infty} f(x)\mathrm{d}x$ 发散.

例 2 判定下列反常积分的敛散性:

(1) $\int_1^{+\infty} \dfrac{1}{x\sqrt{1+x^2}}\mathrm{d}x$;   (2) $\int_1^{+\infty} \dfrac{\arctan x}{x}\mathrm{d}x$.

解 (1) 由于

$$\lim_{x \to +\infty} x^2 \frac{1}{x\sqrt{1+x^2}} = \lim_{x \to +\infty} \frac{1}{\sqrt{\frac{1}{x^2}+1}} = 1,$$

$p=2$, 故反常积分(1)收敛.

(2) 由于

$$\lim_{x \to +\infty} x \frac{\arctan x}{x} = \lim_{x \to +\infty} \arctan x = \frac{\pi}{2},$$

$p=1$, 故反常积分(2)发散.

对无界函数的反常积分,也有类似的判别法,其比较原理不再叙述,仅叙述比较判别法.

因为反常积分 $\int_a^b \dfrac{1}{(x-a)^q}\mathrm{d}x$, 当 $q<1$ 时收敛;当 $q \geqslant 1$ 时发散. 以此为标准比较,有:

比较判别法 II 设函数 $f(x) \in C(a, b]$, 且 $f(x) \geqslant 0, \lim\limits_{x \to a^+} f(x) = +\infty$,

(1) 若存在常数 $M>0$ 及 $q<1$, 使 $f(x) \leqslant \dfrac{M}{(x-a)^q}$ ($a<x\leqslant b$), 则反常积分 $\int_a^b f(x)\mathrm{d}x$ 收敛;

(2) 若存在常数 $M>0$ 及 $q\geqslant 1$, 使 $f(x) \geqslant \dfrac{M}{(x-a)^q}$ ($a<x\leqslant b$), 则反常积分 $\int_a^b f(x)\mathrm{d}x$ 发散.

无穷大比较法 II 设 $f(x)\in C(a,b]$, 且 $f(x)\geqslant 0$, $\lim\limits_{x\to a^+}f(x)=+\infty$, 如果存在 $q>0$, 使

$$\lim_{x\to a^+}(x-a)^q f(x)=l,$$

则

(1) 当 $0<q<1$, 且 $0\leqslant l<+\infty$ 时, 反常积分 $\int_a^b f(x)\mathrm{d}x$ 收敛;

(2) 当 $q\geqslant 1$, 且 $0<l\leqslant +\infty$ 时, 反常积分 $\int_a^b f(x)\mathrm{d}x$ 发散.

例 3 判断下列反常积分的敛散性:

(1) $\displaystyle\int_1^3 \dfrac{\mathrm{d}x}{\ln x}$; (2) $\displaystyle\int_0^1 \dfrac{\mathrm{d}x}{\sqrt{(1-x^2)(1-k^2x^2)}}$ ($k^2<1$).

解 (1) 由洛必达法则,

$$\lim_{x\to 1^+}(x-1)\dfrac{1}{\ln x}=\lim_{x\to 1^+}x=1>0,$$

$q=1$, 所以反常积分(1)发散.

(2) 这里瑕点是 $x=1$, 由

$$\lim_{x\to 1^-}(1-x)^{\frac{1}{2}}\dfrac{1}{\sqrt{(1-x^2)(1-k^2x^2)}}=\lim_{x\to 1^-}\dfrac{1}{\sqrt{(1+x)(1-k^2x^2)}}$$
$$=\dfrac{1}{\sqrt{2(1-k^2)}},$$

$q=\dfrac{1}{2}$, 故反常积分(2)收敛(此反常积分叫做椭圆积分, 因在椭圆弧长的计算时遇到它. 它的特点是被积函数含有无重根的三次或四次多项式的平方根).

被积函数在积分区间上可以取到不同符号的情况时, 有

绝对收敛定理 若 $\int_a^{+\infty}|f(x)|\mathrm{d}x$ 收敛, 则 $\int_a^{+\infty}f(x)\mathrm{d}x$ 也收敛. 这时称反常积分 $\int_a^{+\infty}f(x)\mathrm{d}x$ **绝对收敛**(或绝对可积).

例4 判定反常积分 $\int_0^{+\infty} e^{-ax}\sin(bx)dx$ ($a,b>0$ 为常数) 的敛散性.

解 因为
$$|e^{-ax}\sin(bx)| \leqslant e^{-ax},$$
且 $\int_0^{+\infty} e^{-ax}dx$ 收敛, 由比较原理知 $\int_0^{+\infty} |e^{-ax}\sin(bx)|dx$ 收敛, 从而所论反常积分绝对收敛.

6.5.2 Γ 函数

本段研究工程中主要的反常积分 $\int_0^{+\infty} e^{-t}t^{x-1}dt$, 因为
$$\int_0^{+\infty} e^{-t}t^{x-1}dt = \int_0^1 e^{-t}t^{x-1}dt + \int_1^{+\infty} e^{-t}t^{x-1}dt,$$
而积分 $\int_0^1 e^{-t}t^{x-1}dt$, 当 $x \geqslant 1$ 时, 它是定积分; 当 $x<1$ 时, $t=0$ 是瑕点, 它是反常积分, 由于
$$\lim_{t\to 0^+} t^{1-x}(e^{-t}t^{x-1}) = \lim_{t\to 0^+} e^{-t} = 1,$$
由无穷大比较法 II 知, 当 $0<x<1$ 时, 反常积分 $\int_0^1 e^{-t}t^{x-1}dt$ 收敛. 当 $x \leqslant 0$ 时, 由于
$$e^{-t}t^{x-1} \geqslant e^{-1}t^{x-1}, \quad t \in (0,1],$$
而 $x \leqslant 0$ 时, 反常积分 $\int_0^1 e^{-1}t^{x-1}dt$ 发散, 所以反常积分 $\int_0^1 e^{-t}t^{x-1}dt$ 在 $x \leqslant 0$ 时发散. 对于反常积分 $\int_1^{+\infty} e^{-t}t^{x-1}dt$, 由于 $x>0$ 时,
$$\lim_{t\to +\infty} t^2(e^{-t}t^{x-1}) = \lim_{t\to +\infty} e^{-t}t^{x+1} = 0,$$
所以反常积分 $\int_1^{+\infty} e^{-t}t^{x-1}dt$ 收敛. 总之, 当 $x>0$ 时, 反常积分 $\int_0^{+\infty} e^{-t}t^{x-1}dt$ 收敛, 其值与 x 有关, 称之为 **Γ 函数**, 记为 $\Gamma(x)$, 即

$$\Gamma(x) = \int_0^{+\infty} e^{-t}t^{x-1}dt \quad (x>0). \tag{1}$$

Γ 函数有如下重要性质:

性质 1 $\Gamma(1) = 1$.

由定义式 (1) 知, $\Gamma(1) = \int_0^{+\infty} e^{-t}dt = 1$.

性质 2 $\Gamma(x+1) = x\Gamma(x)$ ($x>0$).

由分部积分法

$$\Gamma(x+1) = \int_0^{+\infty} e^{-t} t^x dt$$

$$= -e^{-t} t^x \Big|_0^{+\infty} + x \int_0^{+\infty} e^{-t} t^{x-1} dt$$

$$= x \int_0^{+\infty} e^{-t} t^{x-1} dt = x\Gamma(x).$$

特别地,有

$$\Gamma(n+1) = n\Gamma(n)$$
$$= n(n-1)\Gamma(n-1)$$
$$= \cdots = n(n-1)\cdots\Gamma(1) = n!.$$

根据性质 2,又可将 Γ 函数拓广到负半轴上去,当 $x<0$ 时,定义

$$\Gamma(x) = \frac{\Gamma(x+1)}{x}.$$

这样,Γ 函数的定义应为

$$\Gamma(x) = \begin{cases} \int_0^{+\infty} e^{-t} t^{x-1} dt, & x>0; \\ \dfrac{\Gamma(x+1)}{x}, & x<0, x \neq -1, -2, \cdots, \end{cases}$$

其图形如图 6.7 所示.

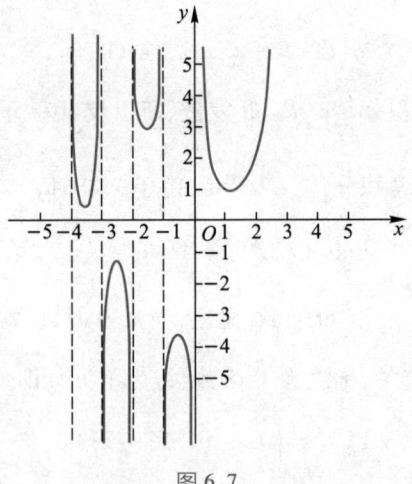

图 6.7

6.6 定积分的应用举例

定积分有着广泛的用途,本节与下节仅介绍它在几何、物理方面的简单应用,培养我们用数学知识来分析和解决实际问题的能力. 为

此,先介绍建立定积分的一种适用的简便方法——微元法.

6.6.1 微元法

由定积分的定义知,求分布在区间 $[a,b]$ 上的某一量的总量 S,如果这个量具有"可加性"(即总量 S 等于各个局部量 ΔS 之和),当量的分布均匀时(即同样大小的区间上,对应的局部量相等),总量 S 等于分布密度乘以区间 $[a,b]$ 的度量;当分布非均匀时,就得用分布密度函数在 $[a,b]$ 上的定积分来计算.

按定义建立定积分有四个步骤:"分割,作积,求和,取极限",得到

$$S = \int_a^b f(x)\,\mathrm{d}x = \lim_{\lambda \to 0} \sum_{i=1}^n f(\xi_i)\Delta x_i.$$

有了牛顿-莱布尼茨公式以后,这个复杂的极限运算问题基本上得到了解决,对应用问题来说关键就在于如何写出被积表达式. 由于被积表达式 $f(x)\mathrm{d}x$ 就是变上限积分函数 $S(x)=\int_a^x f(x)\mathrm{d}x$ 的微分,也就是 $S(x)$ 在小区间 $[x,x+\mathrm{d}x]$ 上的增量 ΔS 的线性主部,而 ΔS 又是总量 S 在 $[x,x+\mathrm{d}x]$ 上的局部量. 所以典型小区间 $[x,x+\mathrm{d}x]$ 上对应的局部量 ΔS 的线性主部,就是被积表达式(注意它与 ΔS 的差必须是 $\mathrm{d}x$ 的高阶无穷小),习惯上把它称为总量的微元. 微元在区间 $[a,b]$ 上的累积就是所求的总量 S. 这种建立定积分的方法叫做**微元法**.

6.6.2 平面区域的面积

我们知道,由曲线 $y=f(x)(f(x)>0)$,直线 $x=a,x=b$ 和 $y=0$ 围成的曲边梯形的面积为

$$S = \int_a^b f(x)\,\mathrm{d}x.$$

由一般曲线围成的区域的面积,也可以用定积分来计算.

设在区间 $[a,b]$ 上,曲线 $y=y_2(x)$ 位于曲线 $y=y_1(x)$ 的上方,即有 $y_2(x) \geq y_1(x)$,求这两条曲线及直线 $x=a,x=b$ 所围成的区域(称为 x-型区域)的面积 S(图6.8).

在 $[a,b]$ 上任取一个小区间 $[x,x+\mathrm{d}x]$,它对应的面积微元为

$$\mathrm{d}S = [y_2(x)-y_1(x)]\mathrm{d}x,$$

从 a 到 b 积分就得到所求的面积

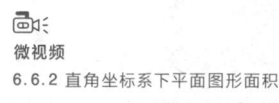

微视频
6.6.2 直角坐标系下平面图形面积

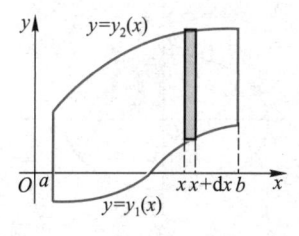

图6.8

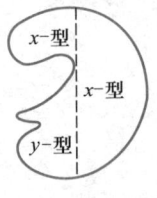

图 6.9

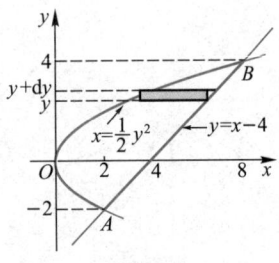

图 6.10

$$S = \int_a^b [y_2(x) - y_1(x)] dx. \qquad (1)$$

同样地，由曲线 $x = x_1(y)$, $x = x_2(y)$ ($x_2(y) \geqslant x_1(y)$) 和直线 $y = c$, $y = d$ 围成的区域（称为 y-型区域）的面积（图 6.9）

$$S = \int_c^d [x_2(y) - x_1(y)] dy. \qquad (2)$$

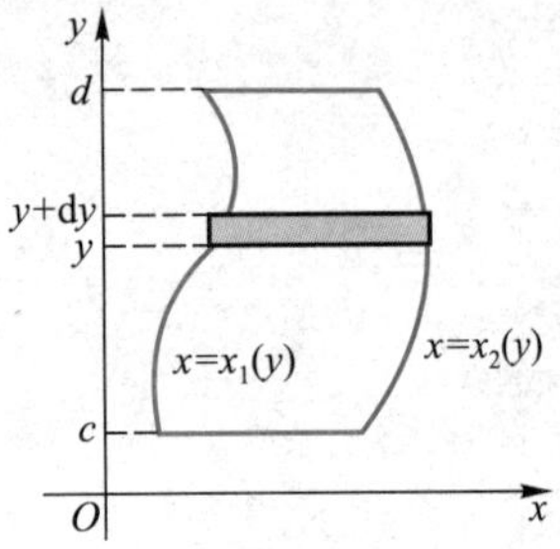

一般情况下，由曲线围成的有界区域，总可以分成若干块 x-型或 y-型区域，如图 6.10 所示，只要分别算出每块的面积再相加即可.

例 1 求抛物线 $y^2 = 2x$ 与直线 $y = x - 4$ 围成的有界域的面积.

解 由图 6.11 可见，宜取 y 为积分变量，即用公式 (2).

为确定积分区间，先求图形在 y 轴方向的顶点. 解联立方程

$$\begin{cases} y^2 = 2x, \\ y = x - 4, \end{cases}$$

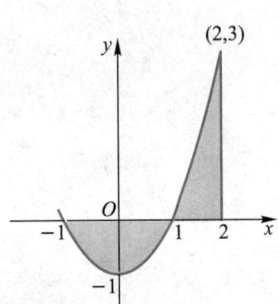

图 6.11

得交点 $A(2, -2)$, $B(8, 4)$. 所以图形夹在直线 $y = -2$ 和 $y = 4$ 之间，即积分区间是 $[-2, 4]$. 用公式 (2)，面积微元是

$$dS = \left[(y + 4) - \frac{1}{2} y^2 \right] dy,$$

故所求面积

$$S = \int_{-2}^4 \left(y + 4 - \frac{1}{2} y^2 \right) dy = \left(\frac{y^2}{2} + 4y - \frac{y^3}{6}\right) \bigg|_{-2}^4 = 18.$$

此例若以 x 为积分变量，则因为这时区域下方边界曲线方程是两个函数，故需分两块计算.

例 2 求抛物线 $y = x^2 - 1$ 与 x 轴及直线 $x = 2$ 围成的有界域的面积.

解 由图 6.12 可见所围区域有两块，

$$S = \int_{-1}^1 [0 - (x^2 - 1)] dx + \int_1^2 [(x^2 - 1) - 0] dx$$

$$= \left(x - \frac{x^3}{3}\right) \bigg|_{-1}^1 + \left(\frac{x^3}{3} - x\right) \bigg|_1^2 = \frac{8}{3}.$$

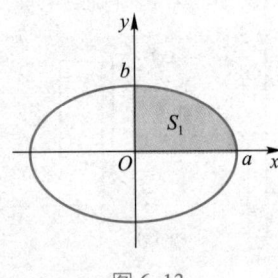

图 6.12

例 3 求长半轴为 a，短半轴为 b 的椭圆的面积.

解 椭圆的标准方程为

$$\frac{x^2}{a^2} + \frac{y^2}{b^2} = 1,$$

其图形关于两个坐标轴对称，所以只需计算第一象限中图形的面积 S_1（图 6.13），然后四倍之就得到总面积

图 6.13

$$S = 4S_1 = 4\int_0^a y\,dx.$$

由于上半椭圆的方程是 $y = b\sqrt{1-\left(\dfrac{x}{a}\right)^2}$，于是

$$S = 4\int_0^a b\sqrt{1-\left(\dfrac{x}{a}\right)^2}\,dx.$$

令 $x = a\cos t$，则 $y = b\sin t$. 当 $x = 0$ 时，$t = \dfrac{\pi}{2}$，当 $x = a$ 时，$t = 0$. $dx = -a\sin t\,dt$，故

$$S = 4\int_{\pi/2}^0 b\sin t\,d(a\cos t) = 4ab\int_0^{\pi/2}\sin^2 t\,dt = 4ab\cdot\dfrac{1}{2}\cdot\dfrac{\pi}{2} = \pi ab.$$

当 $a = b(=r)$ 时，椭圆变成了圆，其面积就是熟知的 πr^2.

在例 3 的计算中，相当于用椭圆的参数方程求其面积. 一般来说，如果在 $[a,b]$ 上，曲边梯形的曲边由参数方程

$$l: x = x(t),\quad y = y(t) \geq 0$$

给出，$y(t)\in C[t_1,t_2]$，$x(t)\in C^1[t_1,t_2]$①，且 $x(t_1) = a$，$x(t_2) = b$，则曲边梯形的面积

$$S = \int_{t_1}^{t_2} y(t)x'(t)\,dt, \tag{3}$$

其中 t_1 和 t_2 是曲边的起点和终点对应的参数值.

再考虑由极坐标方程 $r = r_1(\theta)$，$r = r_2(\theta)$（$r_1 \leq r_2$）给出的两条平面曲线和射线 $\theta = \alpha$，$\theta = \beta$（$\alpha < \beta$）所围成的图形的面积 S（图 6.14）.

因为图形在极角区间 $[\alpha,\beta]$ 上，从中任取一个小的极角区间 $[\theta, \theta+d\theta]$，对应的面积微元

$$dS = \dfrac{1}{2}\left[r_2^2(\theta) - r_1^2(\theta)\right]d\theta,$$

从而所求的面积

$$S = \dfrac{1}{2}\int_\alpha^\beta \left[r_2^2(\theta) - r_1^2(\theta)\right]d\theta. \tag{4}$$

例 4 求对数螺线段

$$r = ae^{b\theta},\quad 0\leq \theta \leq \pi\quad (a,b\text{ 为正常数})$$

与 x 轴围成的图形的面积（图 6.15）.

解 由公式 (4)

$$S = \dfrac{1}{2}\int_0^\pi a^2 e^{2b\theta}\,d\theta = \dfrac{a^2}{4b}e^{2b\theta}\bigg|_0^\pi = \dfrac{a^2}{4b}(e^{2b\pi} - 1).$$

① 用记号 C^n 表示 n 次连续可微的函数类，即 n 阶导数连续的所有函数.

微视频
6.6.3 极坐标系下平面图形面积

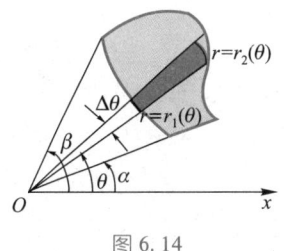

图 6.14

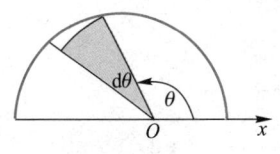

图 6.15

用定积分计算图形面积时,首先应画出图形,然后选取积分变量,确定积分区间,最后写出面积微元,进行积分.

例 5 设 $a>1$,当 $x\in[a,b]$ 时,有
$$kx+q\geqslant \ln x.$$
求使积分
$$I=\int_a^b(kx+q-\ln x)\,dx$$
取最小值的 k 与 q 之值.

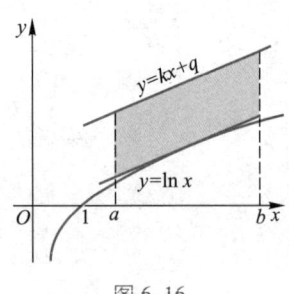

图 6.16

解 由公式(1)知,I 表示图 6.16 中阴影区域的面积. 要 I 最小,首先对固定的 k,应取 q 使直线 $y=kx+q$ 与曲线 $y=\ln x$ 相切. 因为 $y'=(\ln x)'=\dfrac{1}{x}=k\left(\dfrac{1}{b}\leqslant k\leqslant \dfrac{1}{a}\right)$,所以切点是 $\left(\dfrac{1}{k},-\ln k\right)$,代入切线方程知 $q=-1-\ln k$. 从而切线方程为
$$y=kx-1-\ln k.$$
此时,
$$I(k)=\int_a^b(kx-1-\ln k-\ln x)\,dx$$
$$=k\frac{b^2-a^2}{2}-(b-a)\ln k-\int_a^b(1+\ln x)\,dx,$$
$$I'(k)=\frac{b^2-a^2}{2}-\frac{b-a}{k}.$$

令 $I'(k)=0$,得到唯一极值嫌疑点
$$k=\frac{2}{a+b}.$$

因这个问题最小值是存在的,故当
$$k=\frac{2}{a+b},\quad q=\ln\frac{a+b}{2}-1$$
时,I 取最小值.

6.6.3 立体体积

已知平行截面面积的立体的体积也可以用定积分来计算.

设有一立体,我们选取适当的直线作 x 轴(图 6.17),若用垂直于 x 轴的平面族截该立体,截面面积为一已知函数 $S(x)$,又知立体位于平面 $x=a$ 和 $x=b$ 之间,求它的体积 V.

任取一小区间 $[x,x+dx]\subset[a,b]$,相应的立体是一个厚度为 dx

的薄片,其体积近似等于以 $S(x)$ 为底 dx 为高的柱体体积,即体积微元是

$$dV=S(x)\,dx,$$

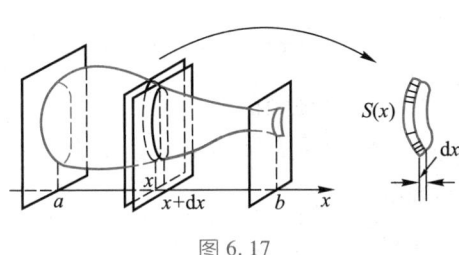

图 6.17

从 a 到 b 积分,便得到体积公式

$$V=\int_a^b S(x)\,dx. \tag{5}$$

例 6　设有一正劈锥体(图 6.18),其底是以 a 为半径的圆,高为 h,顶刃宽等于底圆直径,求它的体积.

图 6.18

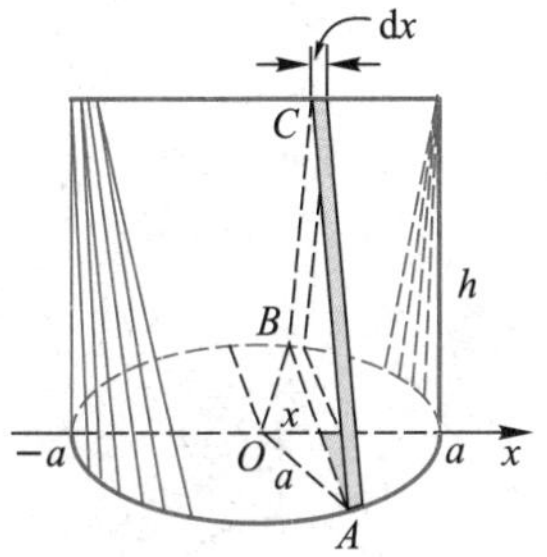

解　设顶刃在底圆上的正投影在 x 轴上,底圆的圆心为坐标原点. 过点 x 作垂直于坐标轴的平面,截正劈锥体,截面为等腰三角形 $\triangle ABC$,显然,高为 h,底边

$$AB=2\sqrt{a^2-x^2},$$

故 $\triangle ABC$ 的面积

$$S(x)=\frac{1}{2}h\cdot AB=h\sqrt{a^2-x^2}.$$

于是由公式(5)得正劈锥体体积

$$\begin{aligned}V&=\int_{-a}^{a}h\sqrt{a^2-x^2}\,dx=2h\int_0^a\sqrt{a^2-x^2}\,dx\\&=2h\,\frac{\pi a^2}{4}=\frac{1}{2}\pi a^2h.\end{aligned}$$

可见,这个体积是同底等高圆柱体体积的一半.

公式(5)常常用来求旋转体体积.

图 6.19

设有一连续曲线 $y=f(x)$ 与直线 $x=a$, $x=b$ 以及 x 轴围成的平面区域,绕 x 轴旋转一周形成一旋转体(图 6.19). 由于垂直 x 轴(旋转轴)的截面都是圆,因此在 x 处截面面积为

$$S(x)=\pi y^2=\pi f^2(x),$$

根据公式(5)得旋转体体积公式

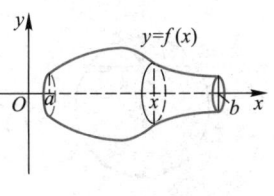

$$V = \pi \int_a^b f^2(x)\,dx. \tag{6}$$

用微元法不难推出这个旋转体的侧面积(曲线 $y=f(x)$ 的旋转面面积)公式

$$S = 2\pi \int_a^b |f(x)|\sqrt{1+(f'(x))^2}\,dx. \tag{7}$$

留给读者推证,并对 $f(x)$ 加适当的条件.

例 7 求星形线 $x^{\frac{2}{3}} + y^{\frac{2}{3}} = a^{\frac{2}{3}}$ 所围区域绕 x 轴旋转一周得到的旋转体(图 6.20)的体积.

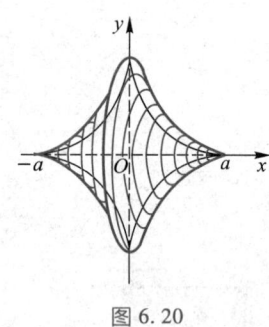

图 6.20

解 由于 $y^2 = (a^{\frac{2}{3}} - x^{\frac{2}{3}})^3$,所以

$$V = 2\pi \int_0^a (a^{\frac{2}{3}} - x^{\frac{2}{3}})^3\,dx$$

$$= 2\pi \int_0^a (a^2 - 3a^{\frac{4}{3}}x^{\frac{2}{3}} + 3a^{\frac{2}{3}}x^{\frac{4}{3}} - x^2)\,dx$$

$$= \frac{32}{105}\pi a^3.$$

例 8 求半径为 r 的圆绕同平面内圆外一条直线旋转成的圆环体的体积,设圆心到直线的距离为 $R(R \geq r)$.

解法 1 取坐标如图 6.21 所示. 圆的方程为

$$x^2 + (y-R)^2 = r^2.$$

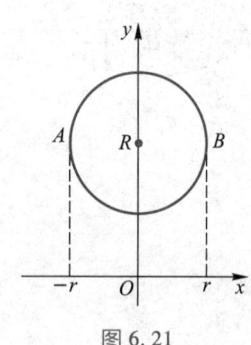

图 6.21

所求的圆环体体积可以看作是上半圆下的曲边梯形和下半圆下的曲边梯形各绕 x 轴旋转一周,得到的两个旋转体体积之差,故

$$V = \pi \int_{-r}^{r} (R + \sqrt{r^2-x^2})^2\,dx - \pi \int_{-r}^{r} (R - \sqrt{r^2-x^2})^2\,dx$$

$$= 4\pi R \int_{-r}^{r} \sqrt{r^2-x^2}\,dx = 8\pi R \cdot \frac{\pi r^2}{4} = 2\pi R \cdot \pi r^2.$$

解法 2 我们也可不用薄圆环片作体积微元,即不用旋转体体积公式(6),而用薄壁筒作体积微元,沿径向积分,求旋转体体积. 如本例,取 y 为积分变量,在区间 $[R-r, R+r]$ 内,任取一区间微元 $[y, y+dy]$,把圆在 $[y, y+dy]$ 上的窄曲边梯形(图 6.22 中阴影部分)绕 x 轴旋转得到的薄壁圆筒视为 $[y, y+dy]$ 上的立体,于是对应的体积微元

$$dV = 2\pi y \cdot 2x\,dy = 4\pi y \sqrt{r^2 - (y-R)^2}\,dy.$$

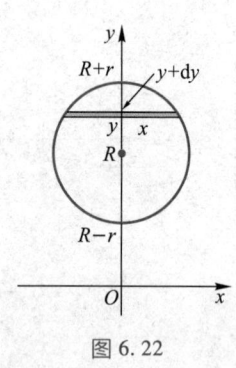

图 6.22

故所求旋转体体积为

$$V = \int_{R-r}^{R+r} 4\pi y \sqrt{r^2 - (y-R)^2}\,dy \xlongequal{t=y-R} 4\pi \int_{-r}^{r} (R+t)\sqrt{r^2-t^2}\,dt$$

$$= 4\pi R \int_{-r}^{r} \sqrt{r^2-t^2}\,dt = 2\pi R \cdot \pi r^2.$$

例9 有一自动注水容器,其内壁是由曲线 $y=\arcsin x(0\leqslant x\leqslant 1)$ 绕 y 轴旋转一周形成的. 现向内注水,注水速度为 $\frac{\pi}{2}-y$,其中 y 是容器内液面高度,求液面升到容器高度的一半时液面上升的速度.

解 当液面高为 y 时,容器内液体体积(图 6.23)

$$V=\pi\int_0^y \sin^2 h\,\mathrm{d}h.$$

由于

$$\frac{\mathrm{d}V}{\mathrm{d}t}=\frac{\mathrm{d}V}{\mathrm{d}y}\frac{\mathrm{d}y}{\mathrm{d}t}=\pi\sin^2 y\,\frac{\mathrm{d}y}{\mathrm{d}t},$$

从而

$$\frac{\pi}{2}-y=\pi\sin^2 y\,\frac{\mathrm{d}y}{\mathrm{d}t}.$$

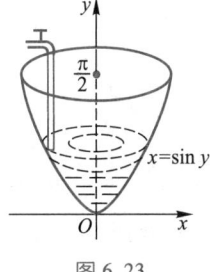

图 6.23

由于容器高为 $\frac{\pi}{2}$,故所求的速度为

$$\left.\frac{\mathrm{d}y}{\mathrm{d}t}\right|_{y=\frac{\pi}{4}}=\left.\frac{\frac{\pi}{2}-y}{\pi\sin^2 y}\right|_{y=\frac{\pi}{4}}=\frac{1}{2}.$$

6.6.4 平均值

求某一区间上连续变化量的平均值,譬如,求曲边梯形的平均高度,变速运动的平均速度等,在数学上就是求一个连续函数 $y=f(x)$ 在区间 $[a,b]$ 上的平均值问题. 积分中值定理已指出这个平均值就是

$$\bar{y}=\frac{1}{b-a}\int_a^b f(x)\,\mathrm{d}x. \tag{8}$$

用定积分定义也容易推出这一结果,事实上,将 $[a,b]$ 等分为 n 个小区间,小区间长 $\Delta x=\frac{b-a}{n}$,则有

$$\int_a^b f(x)\,\mathrm{d}x=\lim_{n\to\infty}\sum_{i=1}^n f(\xi_i)\Delta x=(b-a)\lim_{n\to\infty}\frac{\sum_{i=1}^n f(\xi_i)}{n}.$$

从而

$$\frac{1}{b-a}\int_a^b f(x)\,\mathrm{d}x=\lim_{n\to\infty}\frac{\sum_{i=1}^n f(\xi_i)}{n}.$$

例10 已知自由落体降落速度 $v=gt$,求在时间区间 $[0,T]$ 上的平均速度 $\bar{v}$.

解 由公式(8),有

$$\bar{v} = \frac{1}{T-0}\int_0^T gt\,dt = \frac{1}{T}\cdot\frac{1}{2}gt^2\Big|_0^T = \frac{1}{2}gT.$$

例11 求正弦电流 $i = I_m \sin \omega t$ 在半个周期 $\frac{\pi}{\omega}$ 之内的平均电流 $\bar{I}$ (图6.24).

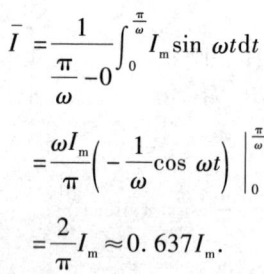

图 6.24

解 由(8)式知,

$$\bar{I} = \frac{1}{\frac{\pi}{\omega}-0}\int_0^{\frac{\pi}{\omega}} I_m \sin \omega t\,dt$$

$$= \frac{\omega I_m}{\pi}\left(-\frac{1}{\omega}\cos \omega t\right)\Big|_0^{\frac{\pi}{\omega}}$$

$$= \frac{2}{\pi}I_m \approx 0.637 I_m.$$

同样,正弦交流电压 $U = U_m \sin \omega t$ 及正弦交流电动势 $E = E_m \sin \omega t$ 在半个周期 $\frac{\pi}{\omega}$ 内的平均值分别为

$$\bar{U} = \frac{2}{\pi}U_m \approx 0.637 U_m,$$

$$\bar{E} = \frac{2}{\pi}E_m \approx 0.637 E_m.$$

6.6.5 平面曲线的弧长

微视频
6.6.6 曲线弧长的计算

设起点 A,终点为 B 的曲线 $y = f(x), a \leq x \leq b$. 若 $f(x)$ 在 $[a,b]$ 上连续可微,则称此曲线是光滑的. 我们已在第四章4.6节得到光滑曲线的弧长微元

$$ds = \sqrt{1+(y')^2}\,dx,$$

从而在 $[a,b]$ 上作定积分,得到弧 $\overset{\frown}{AB}$ 的长度

$$s = \int_a^b \sqrt{1+y'^2}\,dx; \tag{9}$$

当弧 $\overset{\frown}{AB}$ 由参数方程 $x = \varphi(t), y = \psi(t), \alpha \leq t \leq \beta$ 表示时,得

$$s = \int_\alpha^\beta \sqrt{[\varphi'(t)]^2 + [\psi'(t)]^2}\,dt; \tag{10}$$

当弧 $\overset{\frown}{AB}$ 由极坐标方程 $r = r(\theta), \alpha \leq \theta \leq \beta$ 表示时,得

$$s = \int_\alpha^\beta \sqrt{[r(\theta)]^2 + [r'(\theta)]^2}\,d\theta. \tag{11}$$

例 12 求悬链线（图 6.25）

$$y = \frac{a}{2}(e^{\frac{x}{a}} + e^{-\frac{x}{a}}) \quad (a>0)$$

的顶点 $A(0,a)$ 到其上另一点 $M(x,y)$ 的弧长 $|\widehat{AM}|$.

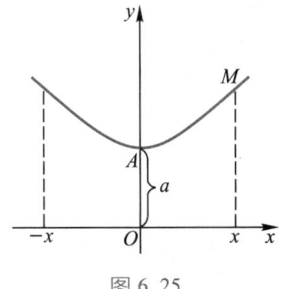

图 6.25

解 由于 $y' = \frac{1}{2}(e^{\frac{x}{a}} - e^{-\frac{x}{a}})$，故

$$\sqrt{1+y'^2} = \frac{1}{2}(e^{\frac{x}{a}} + e^{-\frac{x}{a}}).$$

代入公式(9)得

$$|\widehat{AM}| = \int_0^x \frac{1}{2}(e^{\frac{u}{a}} + e^{-\frac{u}{a}}) du = \frac{a}{2}(e^{\frac{x}{a}} - e^{-\frac{x}{a}}).$$

当曲线 l 由参数方程

$$x = x(t), \quad y = y(t), \quad t_1 \leq t \leq t_2$$

给出时，设 $x(t), y(t)$ 有连续的导数，由于 $dx = x'(t)dt, dy = y'(t)dt$，代入第四章 4.6 节公式(2)得弧微分公式

$$ds = \sqrt{x'^2(t) + y'^2(t)} dt \tag{12}$$

及弧长公式

$$s = \int_{t_1}^{t_2} \sqrt{x'^2(t) + y'^2(t)} dt. \tag{13}$$

例 13 求摆线（旋轮线）$x = a(t-\sin t), y = a(1-\cos t)$ 的一拱之长（图 6.26）.

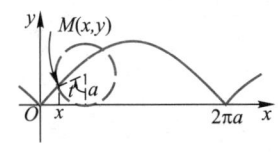

图 6.26

解 因旋轮滚动一周，即 t 从 0 变到 2π，旋轮轮周上定点走过的曲线段就是摆线的一拱，又 $x'_t = a(1-\cos t), y'_t = a\sin t$，故

$$\sqrt{x'^2_t + y'^2_t} = \sqrt{a^2(1-\cos t)^2 + a^2 \sin^2 t} = 2a\sin\frac{t}{2}, \quad 0 \leq t \leq 2\pi.$$

从而，摆线一拱长为

$$s = \int_0^{2\pi} 2a\sin\frac{t}{2} dt = -4a\cos\frac{t}{2}\Big|_0^{2\pi} = 8a.$$

当曲线 l 由极坐标方程

$$r = r(\theta), \quad \alpha \leq \theta \leq \beta$$

给出时，设 $r(\theta)$ 有连续的导数，则关系式

$$x = r\cos\theta, \quad y = r\sin\theta$$

可以看作是曲线的参数方程，极角 θ 为参数. 因为

$$x'_\theta = r'\cos\theta - r\sin\theta, \quad y'_\theta = r'\sin\theta + r\cos\theta,$$

$$x_\theta'^2 + y_\theta'^2 = r^2 + r'^2,$$

所以在极坐标系下,曲线的弧微分公式为

$$ds = \sqrt{r^2 + r'^2}\, d\theta, \tag{14}$$

弧长公式为

$$s = \int_\alpha^\beta \sqrt{r^2 + r'^2}\, d\theta. \tag{15}$$

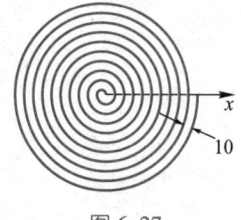

图 6.27

例 14 一根弹簧按等距螺线 $r = a\theta$ 盘绕,共 10 圈,螺距为 10,求弹簧长度(图 6.27).

解 将第一圈终点坐标 $(10, 2\pi)$ 代入方程,有 $2\pi a = 10$,得 $a = \dfrac{5}{\pi}$,故

$$r = \frac{5}{\pi}\theta.$$

因弹簧盘绕 10 圈,所以极角 $\theta \in [0, 20\pi]$,又

$$\sqrt{r^2 + r'^2} = \sqrt{\left(\frac{5}{\pi}\theta\right)^2 + \left(\frac{5}{\pi}\right)^2} = \frac{5}{\pi}\sqrt{\theta^2 + 1},$$

代入公式(14)得弹簧长为

$$s = \int_0^{20\pi} \frac{5}{\pi}\sqrt{\theta^2 + 1}\, d\theta = \frac{5}{\pi} \cdot \frac{1}{2}\left[\theta\sqrt{\theta^2+1} + \ln(\theta + \sqrt{\theta^2+1})\right]\Big|_0^{20\pi}$$

$$= \frac{5}{2\pi}\left[20\pi\sqrt{400\pi^2 + 1} + \ln(20\pi + \sqrt{400\pi^2 + 1})\right] \approx 3\ 145.$$

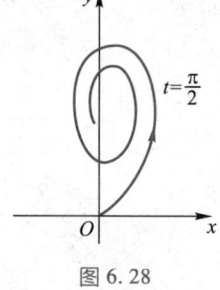

图 6.28

例 15 求曲线

$$x = \int_1^t \frac{\cos \mu}{\mu}\, d\mu, \quad y = \int_1^t \frac{\sin \mu}{\mu}\, d\mu \quad (t \geq 1 \text{ 为参数})$$

自原点到第一个具有铅直切线的点间的弧长 l(图 6.28).

解 $t = 1$ 时,曲线过原点. 因为 $\dfrac{dy}{dx} = \dfrac{y'(t)}{x'(t)} = \dfrac{\frac{\sin t}{t}}{\frac{\cos t}{t}} = \tan t$,所以当 $t = \dfrac{\pi}{2}$ 时,对应第一个具有铅直切线的点,所以

$$l = \int_1^{\frac{\pi}{2}} \sqrt{x'^2(t) + y'^2(t)}\, dt = \int_1^{\frac{\pi}{2}} \sqrt{\frac{\cos^2 t}{t^2} + \frac{\sin^2 t}{t^2}}\, dt$$

$$= \int_1^{\frac{\pi}{2}} \frac{1}{t}\, dt = \ln \frac{\pi}{2}.$$

6.6.6 功的计算

设某物体在变力作用下沿 Ox 轴由点 a 移动到点 b,变力在 Ox 方向的分量为连续函数 $F(x)$(图 6.29),求力所做的功 W.

任取一小区间 $[x,x+\mathrm{d}x]\subset[a,b]$,对应的功微元为
$$\mathrm{d}W=F(x)\mathrm{d}x,$$
故变力做的功
$$W=\int_a^b F(x)\mathrm{d}x. \tag{16}$$

例 16 由胡克(Hooke)定律:弹簧的弹性力与变形量成正比,力的方向指向平衡位置:
$$F=-kx,$$
其中 k 是弹簧的劲度系数,设有一弹簧,$k=10^5$ N/m,被拉长了 0.05 m,求克服弹力做的功.

解 由(16)式知
$$W=\int_0^{0.05}kx\mathrm{d}x=\int_0^{0.05}10^5 x\mathrm{d}x=10^5\left.\frac{x^2}{2}\right|_0^{0.05}=125 \text{ J}.$$

例 17 有一圆柱形贮水池深 4 m,底圆半径为 10 m,贮满了水,要把水全部抽到田地里需做功多少?

解 把不同深度的水抽出来,需做的功不同.取坐标如图 6.30 所示,任取一水深小区间 $[x,x+\mathrm{d}x]\subset[0,4]$,设水的密度为 10^3 kg/m³,重力加速度取为 10 m/s²,则这层水重为 $10^6\pi\mathrm{d}x$,抽出这层水所需的功微元为
$$\mathrm{d}W=10^6\pi x\mathrm{d}x,$$
故把贮水池内的水全部抽出需做功
$$W=\int_0^4 10^6\pi x\mathrm{d}x=10^6\pi\left.\frac{x^2}{2}\right|_0^4=8\pi\times10^6 \text{ J}.$$

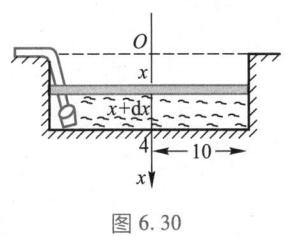

图 6.30

6.6.7 力与力矩的计算

例 18 有一梯形水闸闸门,上边宽 6 m,下边宽 2 m,高 10 m,试求水面与上边平齐时闸门受到的总压力.

解 取坐标如图 6.31 所示.闸门右边线 AB 的方程为
$$y=-\frac{x}{5}+3.$$

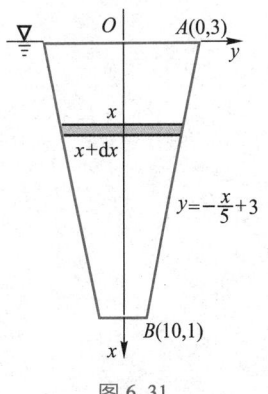

图 6.31

设水的密度为 10^3 kg/m^3,重力加速度取为 10 m/s^2,任取一小区间 $[x, x+dx] \subset [0, 10]$,对应的闸门面积微元为

$$dS = 2\left(3 - \frac{x}{5}\right)dx,$$

所受的压力微元为

$$dP = 10^4 x dS = 2 \times 10^4 x\left(3 - \frac{x}{5}\right)dx,$$

故闸门受到的总压力

$$P = 2 \times 10^4 \int_0^{10} x\left(3 - \frac{x}{5}\right)dx = \frac{5}{3} \times 10^6 \text{ N}.$$

例 19 有一质量为 M,长为 l 的均质细棒,在细棒的延长线上有一质量为 m 的质点,与棒的距离为 a,K 为引力系数,求细棒与质点间的万有引力 F 的大小.

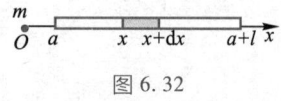

图 6.32

解 取坐标如图 6.32 所示. 由于细棒的线密度为 $\frac{M}{l}$,故小区间 $[x, x+dx] \subset [a, a+l]$ 对应的细棒段对 m 的引力微元为

$$dF = K\frac{m}{x^2} \cdot \frac{M}{l}dx,$$

所以总引力

$$F = \int_a^{a+l} \frac{KmM}{l x^2}dx = \frac{K}{l}mM\left(-\frac{1}{x}\right)\bigg|_a^{a+l} = K\frac{mM}{a(a+l)}.$$

例 20 已知摩擦离合器的摩擦片内径为 r_1,外径为 r_2,摩擦系数为 f,轴向压力为 F_Q,求两片摩擦片之间所能传递的最大力矩 M (图 6.33).

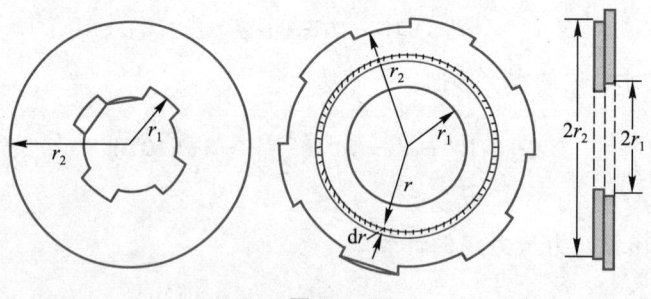

图 6.33

解 我们知道,对作用在一个点上的力来说,力矩 = 力×力臂. 而摩擦片上的摩擦力是连续分布在摩擦片上,力臂也是变的,所以力矩的计算需要用定积分. 在半径区间 $[r_1, r_2]$ 内取一小区间 $[r, r+dr]$,对应的窄圆环面积微元

$$dS = 2\pi r dr.$$

由于摩擦片受到的正压力 F_Q 均匀分布在摩擦片上,所以压强

$$P = \frac{F_Q}{S} = \frac{F_Q}{\pi(r_2^2 - r_1^2)}.$$

故有摩擦力微元

$$dF = \frac{fF_Q}{\pi(r_2^2 - r_1^2)} 2\pi r dr = \frac{2fF_Q r}{r_2^2 - r_1^2} dr,$$

因此力矩微元为

$$dM = \frac{2fF_Q r^2}{r_2^2 - r_1^2} dr.$$

从 r_1 到 r_2 积分,得到两个摩擦片所能传递的最大力矩为

$$M = \int_{r_1}^{r_2} \frac{2fF_Q r^2}{r_2^2 - r_1^2} dr = \frac{2fF_Q}{r_2^2 - r_1^2} \frac{r^3}{3}\bigg|_{r_1}^{r_2} = \frac{2}{3} fF_Q \frac{r_2^3 - r_1^3}{r_2^2 - r_1^2} = \frac{2}{3} fF_Q \frac{r_2^2 - r_2 r_1 + r_1^2}{r_2 + r_1}.$$

*6.7 微积分学在经济学中的应用

6.7.1 简单的经济函数

人们在生产和经营活动中,希望在保证质量的条件下尽可能降低产品的成本,增加收入与利润. 而成本 C,收入 R 和利润 L 这些经济变量都与产品的产量或销售量 x 有关,经抽象简化,可以把它们看成 x 的函数,分别称为**总成本函数**,记为 $C(x)$;**总收入函数**,记为 $R(x)$;**总利润函数**,记为 $L(x)$.

一般地说,总成本由固定成本和可变成本两部分组成. 固定成本与产量 x 无关,如厂房、设备、企业管理费等;可变成本随产量 x 的增加而增加,如原材料费、动力费、工时费、运输费等. 因此成本函数 $C(x)$ 是产量 x 的单增函数,最简单的成本函数为线性函数:

$$C(x) = a + bx,$$

其中 a, b 为正的常数,a 为固定成本.

如果产品的单位售价为 p,销售量为 x,则总收入函数为

$$R(x) = px.$$

总利润等于总收入减去总成本,故总利润函数为(设产销平衡)

$$L(x) = R(x) - C(x).$$

例1 设某厂每天生产 x 件产品的总成本为 $C(x)=2.5x+300$（单位：元），假若每天至少能卖出 150 件产品，为了不亏本，单位售价至少应定为多少元？

解 为了不亏本，必须使每天售出的 150 件产品的总收入与总成本相等，设此时的价格为 p，则应有
$$150p = 2.5 \times 150 + 300 = 675,$$
解得 $p=4.5$. 因此，为了不亏本，价格不能少于 4.5 元.

例2 设某商店以每件 a 元的价格出售某种商品，但若顾客一次购买 50 件以上，则超出 50 件的部分以每件 $0.9a$ 元的优惠价出售，试将一次成交的销售收入 R 表示成销售量 x 的函数.

解 由题意可知，一次售 50 件以内的收入为
$$R(x) = ax \quad (0 \leqslant x \leqslant 50),$$
而一次售出超过 50 件时，收入为
$$R(x) = 50a + 0.9a(x-50) \quad (x>50),$$
所以，一次成交的销售收入 R 是销售量 x 的分段函数
$$R(x) = \begin{cases} ax, & 0 \leqslant x \leqslant 50, \\ 50a + 0.9a(x-50), & x > 50. \end{cases}$$

下面再来介绍需求律和供给律，它们是经济学研究中的基本规律.

一种商品的市场需求量 Q 与该商品的价格 p 密切相关，降价使需求量增加，涨价使需求量减少. 如果不考虑其他影响需求的因素，需求量 Q 可以看成是价格 p 的一元函数，称为**需求函数**，记为
$$Q = Q(p).$$
需求函数 $Q(p)$ 为价格 p 的单调减少函数. 最简单、最常见的需求函数是线性需求函数
$$Q = a - bp,$$
其中 a,b 为正的常数，a 是价格为零时的最大需求量，a/b 为最大销售价格（这个价格下，需求量为零）.

一种商品的市场供给量 S 也受商品价格 p 的制约. 价格高，将刺激生产者向市场提供更多的产品，使供给量增加；反之，价格低将使供给量减少. 所以，供给量 S 也是价格 p 的一元函数，称为**供给函数**，记为
$$S = S(p).$$

供给函数 $S(p)$ 为价格 p 的单调增加函数,最简单的供给函数为线性供给函数:
$$S = -c + dp,$$
其中 c,d 为正的常数.

使一种商品的市场需求量与供给量相等的价格,称为**均衡价格**,记为 p_0.

当市场价格 p 高于均衡价格 p_0 时,供给量将增加,而需求量则相应地减少;反之,市场价格低于均衡价格时,供给量减少,而需求量增加.市场价格的调节就是这样按照需求律和供给律来实现的.如图 6.34 所示.

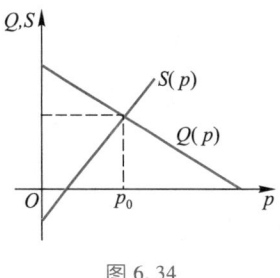

图 6.34

例 3 已知鸡蛋每千克 6 元,每月能收购 10 000 kg,若收购价每千克提高 0.2 元,则收购量可增加 1 000 kg,求鸡蛋的线性供给函数.

解 设鸡蛋的线性供给函数为
$$S = -c + dp,$$
其中 S 为收购量,p 为收购价格,由题意有
$$10\,000 = -c + 6d,$$
$$11\,000 = -c + 6.2d.$$
解得 $d = 5\,000, c = 20\,000$,从而所求供给函数为
$$S = -20\,000 + 5\,000p.$$

例 4 已知某商品需求函数和供给函数分别为
$$Q = 14 - 1.5p, \quad S = -5 + 4p,$$
求该商品的均衡价格 p_0.

解 由供需均衡条件 $Q = S$,有
$$14 - 1.5p = -5 + 4p,$$
得均衡价格为
$$p_0 = \frac{19}{5.5} \approx 3.45.$$

6.7.2 导数概念在经济学中的应用

下面介绍导数概念在经济学中的两个应用——边际分析和弹性分析.

1. 边际与边际分析

边际概念是经济学中的一个重要概念,通常指经济变量的变化

率,利用导数研究经济变量的边际变化的方法,即边际分析方法,是经济理论中的一个重要分析方法.

(1) 边际成本

在经济学中,边际成本定义为产量增加一个单位时所增加的总成本.

设某产品产量为 x 单位时所需的总成本为 $C=C(x)$,称 $C(x)$ 为**总成本函数**,简称**成本函数**,当产量由 x 变为 $x+\Delta x$ 时,总成本函数的增量为

$$\Delta C = C(x+\Delta x) - C(x).$$

这时,总成本函数的平均变化率为

$$\frac{\Delta C}{\Delta x} = \frac{C(x+\Delta x)-C(x)}{\Delta x},$$

这表示产量由 x 变到 $x+\Delta x$ 时,在平均意义下的边际成本.

当总成本函数 $C(x)$ 可导时,其变化率

$$C'(x) = \lim_{\Delta x \to 0} \frac{\Delta C}{\Delta x} = \lim_{\Delta x \to 0} \frac{C(x+\Delta x)-C(x)}{\Delta x}$$

表示该产品产量为 x 时的边际成本,即**边际成本**是总成本函数关于产量的导数. 其经济意义是: $C'(x)$ 近似等于产量为 x 时再生产一个单位产品所需增加的成本,这是因为

$$C(x+1) - C(x) = \Delta C(x) \approx C'(x).$$

(2) 边际收入

在经济学中,边际收入定义为多销售一个单位产品所增加的销售总收入.

设某产品的销售量为 x 时的总收入 $R=R(x)$,称 $R(x)$ 为**总收入函数**,简称**收入函数**,当 $R(x)$ 可导时,收入函数的变化率

$$R'(x) = \lim_{\Delta x \to 0} \frac{\Delta R}{\Delta x} = \lim_{\Delta x \to 0} \frac{R(x+\Delta x)-R(x)}{\Delta x}$$

称为当销售量为 x 时该产品的**边际收入**,它近似等于销售量为 x 时再销售一个单位产品所增加的收入.

(3) 边际利润

设某产品销售量为 x 时的总利润 $L=L(x)$,称 $L(x)$ 为**总利润函数**,简称**利润函数**,当 $L(x)$ 可导时,称 $L'(x)$ 为当销售量为 x 时的**边际利润**,它近似等于销售量为 x 时再多销售一个单位产品所增加的利润.

由于总利润为总收入与总成本之差,即有
$$L(x) = R(x) - C(x).$$
由导数运算法则可知
$$L'(x) = R'(x) - C'(x),$$
即边际利润为边际收入与边际成本之差.

例 5 设某厂每月生产产品的固定成本为 1 000 元,生产 x 单位产品的可变成本为 $0.01x^2 + 10x$(单位:元). 如果每单位产品的销售价为 30 元. 试求:边际成本、利润函数及边际利润为零时的产量.

解 总成本为可变成本与固定成本之和,依题设,总成本函数为
$$C(x) = 0.01x^2 + 10x + 1\ 000,$$
于是,边际成本函数为
$$C'(x) = 0.02x + 10.$$
总收入函数为 $R(x) = px = 30x$,故总利润函数为
$$L(x) = R(x) - C(x) = -0.01x^2 + 20x - 1\ 000,$$
于是,边际利润函数为
$$L'(x) = 0.02(1\ 000 - x).$$
可见,当月产量为 1 000 个单位时,边际利润为零,说明当月产量达 1 000 个单位时,再多生产一个单位产品不会增加利润.

例 6 设某产品的需求函数为 $x = 100 - 5p$,其中 p 为价格,x 为需求量,求边际收入函数,以及 $x = 20$、50 和 70 时的边际收入,并解释所得结果的经济意义.

解 总收入函数为 $R(x) = px$,而由题设的需求函数有 $p = \frac{1}{5}(100 - x)$,于是,总收入函数为
$$R(x) = px = \frac{1}{5}(100 - x)x,$$
所以,边际收入函数为
$$R'(x) = \frac{1}{5}(100 - 2x).$$
$$R'(20) = 12, \quad R'(50) = 0, \quad R'(70) = -8.$$

由所得结果可知,通过调整价格促销时,当销售量即需求量为 20 个单位时,再增加销售可使总收入增加,再多销售一个单位产品,总收入约增加 12 个单位;当销售量为 50 个单位时,总收入达到最大值,再扩大销售总收入不会再增加;当销售量为 70 个单位时,再多销

售一个单位产品,反而使总收入约减少 8 个单位,或者说,再少销售一个单位产品,将使总收入少损失 8 个单位.

2. 弹性与弹性分析

弹性概念是经济学中的另一个重要概念,用来定量地描述一个经济变量对另一个经济变量变化的反应程度,或者说,一个经济变量变动百分之一会使另一个经济变量变动百分之几.

我们先给出一般函数的弹性定义如下:

定义 6.4 设函数 $y=f(x)$ 在点 $x_0(x_0\neq 0)$ 的某邻域内有定义,且 $f(x_0)\neq 0$,如果极限

$$\lim_{\Delta x\to 0}\frac{\Delta y/f(x_0)}{\Delta x/x_0}=\lim_{\Delta x\to 0}\frac{[f(x_0+\Delta x)-f(x_0)]/f(x_0)}{\Delta x/x_0}$$

存在,则称此极限值为函数 $y=f(x)$ 在点 x_0 处的**点弹性**,记为 $\left.\dfrac{Ey}{Ex}\right|_{x=x_0}$;而称比值

$$\frac{\Delta y/f(x_0)}{\Delta x/x_0}=\frac{f(x_0+\Delta x)-f(x_0)}{\Delta x}\frac{x_0}{f(x_0)}$$

为函数 $y=f(x)$ 在点 x_0 与点 $x_0+\Delta x$ 之间的**弧弹性**.

由定义可知

$$\left.\frac{Ey}{Ex}\right|_{x=x_0}=\frac{x_0}{f(x_0)}\left.\frac{\mathrm{d}y}{\mathrm{d}x}\right|_{x=x_0},$$

且当 $|\Delta x|$ 很小时,有

$$\left.\frac{Ey}{Ex}\right|_{x=x_0}\approx\frac{\Delta y/f(x_0)}{\Delta x/x_0}=弧弹性.$$

如果函数 $y=f(x)$ 在区间 (a,b) 内可导,且 $f(x)\neq 0$,则称

$$\frac{Ey}{Ex}=\frac{xf'(x)}{f(x)}$$

为函数 $y=f(x)$ 在区间 (a,b) 内的**点弹性函数**,简称为**弹性函数**.

由定义可知,函数的弹性(点弹性与弧弹性)与量纲无关,即与各有关变量所用的计量单位无关. 这使弹性概念在经济学中得到广泛的应用,因为经济中各种商品的计量单位不尽相同,比较不同商品的弹性时,可不受计量单位的限制.

下面介绍需求对价格的弹性.

定义 6.5 设某商品的市场需求量为 Q,价格为 p,需求函数 $Q=Q(p)$ 可导,则称

$$\frac{EQ}{Ep} = \frac{p}{Q(p)} \frac{dQ}{dp}$$

为该商品的**需求价格弹性**,简称为**需求弹性**,常记为 ε_p.

需求弹性 ε_p 表示某商品需求量 Q 对价格 p 变动的反应程度. 由于需求函数为价格的减函数,故需求函数的弧弹性为负值,从而当 $\Delta x \to 0$ 时,需求弧弹性的极限一般也为负值,即需求价格弹性 ε_p 一般为负值. 因此,在经济学中,比较商品需求弹性的大小时,是指弹性的绝对值 $|\varepsilon_p|$. 当我们说某商品的需求价格弹性大时,是指其绝对值大.

当 $\varepsilon_p = -1$(即 $|\varepsilon_p| = 1$)时,称为**单位弹性**,此时商品需求量变动的百分比与价格变动的百分比相等;当 $\varepsilon_p < -1$ 时(即 $|\varepsilon_p| > 1$ 时),称为**高弹性**,此时商品需求量变动的百分比高于价格变动的百分比,价格的变动对需求量的影响较大;当 $-1 < \varepsilon_p < 0$(即 $|\varepsilon_p| < 1$ 时),称为**低弹性**,此时商品需求量变动的百分比低于价格变动的百分比,价格的变动对需求量的影响不大.

在商品经济中,商品经营者关心的是提价($\Delta p > 0$)或降价($\Delta p < 0$)对总收益的影响,利用需求弹性的概念,可以得出价格变动如何影响销售收益的结论. 事实上,由于

$$\varepsilon_p = \frac{p}{Q} \frac{dQ}{dp} \quad \text{或} \quad pdQ = \varepsilon_p Q dp,$$

可见,由价格 p 的微小变化($|\Delta p|$ 很小时)而引起的销售收益 $R = Qp$ 的增量为

$$\Delta R = \Delta(Qp) \approx d(Qp)$$
$$= Qdp + pdQ = (1 + \varepsilon_p) Qdp.$$

由 $\varepsilon_p < 0$ 知,$\varepsilon_p = -|\varepsilon_p|$,于是有

$$\Delta R \approx (1 - |\varepsilon_p|) Qdp \approx (1 - |\varepsilon_p|) Q\Delta p.$$

由此可知,当 $|\varepsilon_p| > 1$(高弹性)时,降价($\Delta p < 0$)可使总收益增加($\Delta R > 0$),薄利多销多收益;提价($\Delta p > 0$)将使总收益减少($\Delta R < 0$);当 $|\varepsilon_p| < 1$(低弹性)时,降价使总收益减少,提价使总收益增加;当 $|\varepsilon_p| = 1$(单位弹性)时,总收益的增量 ΔR 是价格增量 Δp 的高阶无穷小量,提价或降价对总收益没有明显的影响.

例7 设某商品的需求函数为

$$Q = 400 - 100p,$$

求 $p=1,2,3$ 时的需求价格弹性,并给以适当的经济解释.

解 由 $\dfrac{dQ}{dp}=-100$,可得

$$\varepsilon_p=\frac{p}{Q}\frac{dQ}{dp}=\frac{-100p}{400-100p}.$$

当 $p=1$ 时,$|\varepsilon_p|=\dfrac{1}{3}<1$ 为低弹性,此时降价将使总收益减少,提价使总收益增加;

当 $p=2$ 时,$|\varepsilon_p|=1$ 为单位弹性,此时提价或降价对总收益没有明显影响;

当 $p=3$ 时,$|\varepsilon_p|=3>1$ 为高弹性,此时降价将使总收益增加,提价使总收益减少.

例8 已知某企业某种产品的需求弹性在 $1.3\sim 2.1$ 之间,如果该企业准备明年将价格降低 10%,问这种商品的销售量预期会增加多少? 总收益预期会增加多少?

解 由前面的分析可知

$$\frac{\Delta Q}{Q}\approx\varepsilon_p\frac{\Delta p}{p},$$

$$\frac{\Delta R}{R}\approx\frac{(1-|\varepsilon_p|)Q\Delta p}{Qp}=(1-|\varepsilon_p|)\frac{\Delta p}{p}.$$

于是有:

当 $|\varepsilon_p|=1.3$ 时,

$$\frac{\Delta Q}{Q}\approx(-1.3)\times(-0.1)=13\%,$$

$$\frac{\Delta R}{R}\approx(1-1.3)\times(-0.1)=3\%.$$

当 $|\varepsilon_p|=2.1$ 时,

$$\frac{\Delta Q}{Q}\approx(-2.1)\times(-0.1)=21\%,$$

$$\frac{\Delta R}{R}\approx(1-2.1)\times(-0.1)=11\%.$$

可见,明年降价 10% 时,企业销售量预期将增加约 $13\%\sim 21\%$;总收益预期将增加 $3\%\sim 11\%$.

在经济学中,除研究需求价格弹性外,还要研究需求的收入弹性(因需求量与消费者收入有关),供给弹性,生产量关于资本、劳力的

弹性等弹性概念. 读者不妨根据上面介绍的需求弹性, 对其他经济变量的弹性进行类似的讨论.

6.7.3 定积分在经济学中的应用

1. 已知总产量变化率求总产量

已知某产品的总产量 Q 的变化率是时间 t 的连续函数 $f(t)$, 即 $Q'(t)=f(t)$, 则该产品的总产量函数为

$$Q(t)=Q(t_0)+\int_{t_0}^{t}f(u)\mathrm{d}u, \quad t\geq t_0,$$

其中 $t_0\geq 0$ 为某个规定的初始时刻. 通常取 $t_0=0$, 这时 $Q(0)=0$, 即刚投产时总产量为零.

由上式可知, 从 t_0 到 $t_1(0\leq t_0\leq t_1)$ 内, 总产量的增量为

$$\Delta Q=Q(t_1)-Q(t_0)=\int_{t_0}^{t_1}f(u)\mathrm{d}u.$$

例9 设某产品的总产量变化率为

$$f(t)=100+10t-0.45t^2 \quad (单位: t/h),$$

求: (1) 总产量函数 $Q(t)$; (2) 从 $t_0=4$ 到 $t_1=8$ 这段时间内的总产量(增量).

解 (1) 总产量函数为

$$Q(t)=\int_{0}^{t}f(u)\mathrm{d}u=\int_{0}^{t}(100+10u-0.45u^2)\mathrm{d}u$$
$$=100t+5t^2-0.15t^3 \text{ t}.$$

(2) 从 $t_0=4$ 到 $t_1=8$ 这段时间内的总产量为

$$Q(8)-Q(4)=(100\times 8+5\times 8^2-0.15\times 8^3)-(100\times 4+5\times 4^2-0.15\times 4^3)$$
$$=572.8 \text{ t}.$$

2. 已知边际函数求总量函数

这是定积分在经济应用中最典型、最常见的一类情形. 例如, 已知边际成本求总成本, 已知边际收益求总收益, 已知边际利润求总利润等.

例10 已知生产某产品 x 单位(百台)的边际成本函数和边际收益函数分别为

$$C'(x)=3+\frac{1}{3}x \quad (单位: 万元/百台),$$

$$R'(x)=7-x \quad (单位: 万元/百台).$$

(1) 若固定成本 $C(0) = 1$ 万元,求总成本函数、总收益函数和总利润函数;

(2) 当产量从 1 百台增加到 5 百台时,求总成本与总收益;

(3) 产量为多少时,总利润最大?最大总利润为多少?

解 (1) 总成本为固定成本与可变成本之和,即

$$C(x) = C(0) + \int_0^x C'(x) \, dx = 1 + \int_0^x \left(3 + \frac{1}{3}x\right) dx$$

$$= 1 + 3x + \frac{1}{6}x^2.$$

总收益函数为

$$R(x) = R(0) + \int_0^x R'(x) \, dx = 0 + \int_0^x (7-x) \, dx$$

$$= 7x - \frac{1}{2}x^2.$$

注意,产量为零,总收入为零. 总利润为总收益与总成本之差,即总利润函数为

$$L(x) = R(x) - C(x) = \left(7x - \frac{1}{2}x^2\right) - \left(1 + 3x + \frac{1}{6}x^2\right)$$

$$= -1 + 4x - \frac{2}{3}x^2.$$

(2) 产量由 1 百台增加到 5 百台时,总成本与总收益分别为

$$C(5) - C(1) = \left(1 + 3 \cdot 5 + \frac{1}{6} \cdot 5^2\right) - \left(1 + 3 \cdot 1 + \frac{1}{6} \cdot 1^2\right) = 16 \text{ 万元},$$

$$R(5) - R(1) = \left(7 \cdot 5 - \frac{1}{2} \cdot 5^2\right) - \left(7 \cdot 1 - \frac{1}{2} \cdot 1^2\right) = 16 \text{ 万元}.$$

(3) 由 $L'(x) = 4 - \frac{4}{3}x = 0$,得唯一的驻点 $x = 3$,而 $L''(x) = -\frac{4}{3} < 0$,故 $x = 3$ 时,总利润取极大值,亦即最大值,最大总利润为

$$L(3) = -1 + 4 \cdot 3 - \frac{2}{3} \cdot 3^2 = 5 \text{ 万元}.$$

6.8 例 题

例1 已知 $f(x) = x + \int_0^1 x f(x) \, dx$,求 $f(x)$.

解 因为定积分是个数,设 $\int_0^1 x f(x) \, dx = A$,则

$$f(x) = x + A.$$

因此

$$A = \int_0^1 xf(x)\,dx = \int_0^1 (x^2 + Ax)\,dx = \frac{1}{3} + \frac{A}{2}.$$

解得 $A = \frac{2}{3}$，故

$$f(x) = x + \frac{2}{3}.$$

例2 设 $f(x) \in C(-\infty, +\infty)$，且 $f(x+2\pi) = f(x)$，$f(-x) = -f(x)$，计算

$$\int_a^{a+2\pi} \sin^4 x(1+f(x))\,dx.$$

解 由 6.3 节的例 3，例 4，例 8 的公式，有

$$\int_a^{a+2\pi} \sin^4 x(1+f(x))\,dx = \int_{-\pi}^{\pi} \sin^4 x(1+f(x))\,dx.$$

$$= 4\int_0^{\pi/2} \sin^4 x\,dx = 4 \cdot \frac{3 \cdot 1}{4 \cdot 2} \cdot \frac{\pi}{2} = \frac{3\pi}{4}.$$

例3 计算 $\int_0^{\pi/4} \frac{1-\sin 2x}{1+\sin 2x}\,dx$.

解法 1 作变换，令 $t = a-x$，容易证明有公式

$$\int_0^a f(x)\,dx = \int_0^a f(a-x)\,dx.$$

利用这一公式

$$\int_0^{\pi/4} \frac{1-\sin 2x}{1+\sin 2x}\,dx = \int_0^{\pi/4} \frac{1-\sin 2\left(\frac{\pi}{4}-x\right)}{1+\sin 2\left(\frac{\pi}{4}-x\right)}\,dx = \int_0^{\pi/4} \frac{1-\cos 2x}{1+\cos 2x}\,dx$$

$$= \int_0^{\pi/4} \frac{2\sin^2 x}{2\cos^2 x}\,dx = \int_0^{\pi/4} \tan^2 x\,dx$$

$$= \int_0^{\pi/4} (\sec^2 x - 1)\,dx = (\tan x - x)\Big|_0^{\pi/4} = 1 - \frac{\pi}{4}.$$

解法 2

$$原式 = \int_0^{\pi/4} \left(-1 + \frac{2}{1+\sin 2x}\right)\,dx = -\frac{\pi}{4} + 2\int_0^{\pi/4} \frac{dx}{(\sin x + \cos x)^2}$$

$$= -\frac{\pi}{4} + 2\int_0^{\pi/4} \frac{d\tan x}{(1+\tan x)^2} = 1 - \frac{\pi}{4}.$$

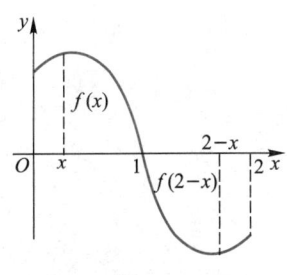

图 6.35

例4 设 $y = f(x) \in C[0,2]$，且其图形关于点 $(1,0)$ 对称（图 6.35），即有

$$f(x) = -f(2-x),$$

计算

$$I = \int_0^{\pi} f(1+\cos x)\,dx.$$

解法 1

$$I = \int_0^{\frac{\pi}{2}} f(1+\cos x)\,dx + \int_{\frac{\pi}{2}}^{\pi} f(1+\cos x)\,dx.$$

对右边的第二个积分作变换,令 $x = \pi - t$,并注意到 $f(x)$ 的性质得

$$\int_{\frac{\pi}{2}}^{\pi} f(1+\cos x)\,dx = -\int_{\frac{\pi}{2}}^{0} f(1+\cos(\pi-t))\,dt$$

$$= \int_0^{\frac{\pi}{2}} f(1-\cos t)\,dt = \int_0^{\frac{\pi}{2}} -f(2-(1-\cos t))\,dt$$

$$= -\int_0^{\frac{\pi}{2}} f(1+\cos t)\,dt,$$

由此可见

$$I = 0.$$

解法 2 作变换,令 $x = t + \dfrac{\pi}{2}$,即 $t = x - \dfrac{\pi}{2}$,则

$$I = \int_{-\frac{\pi}{2}}^{\frac{\pi}{2}} f\left(1+\cos\left(t+\frac{\pi}{2}\right)\right)dt = \int_{-\frac{\pi}{2}}^{\frac{\pi}{2}} f(1-\sin t)\,dt = 0,$$

最后一步用到 $f(1-\sin t)$ 是奇函数,这是因为

$$f(1-\sin(-t)) = f(1+\sin t) = -f(2-(1+\sin t)) = -f(1-\sin t).$$

例 5 设

$$f(x) = \begin{cases} e^{-x}, & x \geq 0, \\ 0, & x < 0, \end{cases} \qquad \varphi(x) = \begin{cases} \sin x, & 0 \leq x \leq \dfrac{\pi}{2}, \\ 0, & x < 0 \text{ 或 } x > \dfrac{\pi}{2}, \end{cases}$$

求

$$F(a) = \int_{-\infty}^{+\infty} f(x)\varphi(a-x)\,dx.$$

解 由于 $x < 0$ 时,$f(x) = 0$,所以

$$F(a) = \int_0^{+\infty} e^{-x}\varphi(a-x)\,dx \xlongequal{u=a-x} \int_{-\infty}^{a} e^{u-a}\varphi(u)\,du.$$

当 $a \leq 0$ 时,

$$F(a) = \int_{-\infty}^{a} e^{u-a} \cdot 0\,du = 0.$$

当 $0 < a \leq \dfrac{\pi}{2}$ 时,

$$F(a)=\int_0^a \mathrm{e}^{u-a}\sin u\,\mathrm{d}u=\frac{1}{2}(\sin a-\cos a+\mathrm{e}^{-a}).$$

当 $a>\dfrac{\pi}{2}$ 时,

$$F(a)=\int_0^{\frac{\pi}{2}} \mathrm{e}^{u-a}\sin u\,\mathrm{d}u=\frac{1}{2}\mathrm{e}^{-a}(1+\mathrm{e}^{\frac{\pi}{2}}).$$

变限的积分是给定函数的一种新方式,其中有许多非初等函数,例如 $\int_0^x \dfrac{\sin t}{t}\mathrm{d}t$,$\int_0^x \mathrm{e}^{t^2}\mathrm{d}t$,$\int_x^1 \sqrt{1-t^3}\,\mathrm{d}t$ 等. 变限积分函数也有极限、连续、导数与微分、单调性、积分等问题,为了对这类函数有个深刻的印象,用变上限积分定义一个我们熟悉的函数,并讨论其性质.

例 6 用变上限积分 $\int_1^x \dfrac{1}{t}\mathrm{d}t$ 定义对数函数 $\ln x(x>0)$,试证加法定理

$$\ln(ab)=\ln a+\ln b\quad(a,b>0).$$

证明 按这里的对数定义,就是要证

$$\int_1^{ab}\frac{1}{t}\mathrm{d}t=\int_1^a\frac{1}{t}\mathrm{d}t+\int_1^b\frac{1}{t}\mathrm{d}t.$$

移项,并根据定积分性质(5),即要证

$$\int_b^{ab}\frac{1}{t}\mathrm{d}t=\int_1^a\frac{1}{t}\mathrm{d}t.$$

对左边的积分作变换,令 $u=\dfrac{t}{b}$,则当 $t=b$ 时,$u=1$;$t=ab$ 时,$u=a$,且 $t=bu$,$\mathrm{d}t=b\mathrm{d}u$,于是,由定积分换元积分法有

$$\int_b^{ab}\frac{1}{t}\mathrm{d}t=\int_1^a\frac{1}{u}\mathrm{d}u,$$

由于定积分与积分变量的记号无关,所以

$$\int_b^{ab}\frac{1}{t}\mathrm{d}t=\int_1^a\frac{1}{t}\mathrm{d}t.\quad\square$$

还可以证明:$\ln a^b=b\ln a$(留给读者).

例 7 设 $f(x)\in C[a,b]$ 且单增,证明

$$(a+b)\int_a^b f(x)\mathrm{d}x<2\int_a^b xf(x)\mathrm{d}x.$$

证明 设 $F(x)=(a+x)\int_a^x f(t)\mathrm{d}t-2\int_a^x tf(t)\mathrm{d}t$,则

$$F'(x) = \int_a^x f(t)\,dt + (a+x)f(x) - 2xf(x)$$

$$= \int_a^x f(t)\,dt + (a-x)f(x) = \int_a^x f(t)\,dt - \int_a^x f(x)\,dt$$

$$= \int_a^x [f(t) - f(x)]\,dt < 0 \quad (x > a),$$

所以 $F(x)\downarrow$,又 $F(a)=0$,因此 $F(b)<0$,即有

$$(a+b)\int_a^b f(x)\,dx < 2\int_a^b xf(x)\,dx. \quad \square$$

例8 设 $f(x)$ 在点 a 的某邻域 $|x-a|<\delta$ 内具有连续的 $n+1$ 阶导数,试证有如下的积分型余项的泰勒公式,即 $f(x)$ 可表示为

$$f(x) = \sum_{k=0}^{n} \frac{1}{k!} f^{(k)}(a)(x-a)^k + \frac{1}{n!}\int_a^x f^{(n+1)}(t)(x-t)^n\,dt.$$

证明 用分部积分法得

$$f(x) - f(a) = \int_a^x f'(t)\,dt = -\int_a^x f'(t)\,d(x-t)$$

$$= [-(x-t)f'(t)]\Big|_{t=a}^{t=x} + \int_a^x (x-t)f''(t)\,dt$$

$$= f'(a)(x-a) - \frac{1}{2}\int_a^x f''(t)\,d(x-t)^2$$

$$= f'(a)(x-a) + \frac{1}{2!}f''(a)(x-a)^2 + \frac{1}{2!}\int_a^x (x-t)^2 f'''(t)\,dt,$$

继续用分部积分法,用到第 n 次便得到积分型余项的泰勒公式

$$f(x) = f(a) + f'(a)(x-a) + \frac{1}{2!}f''(a)(x-a)^2 + \cdots +$$

$$\frac{1}{n!}f^{(n)}(a)(x-a)^n + \frac{1}{n!}\int_a^x f^{(n+1)}(t)(x-t)^n\,dt.$$

$$= \sum_{k=0}^{n} \frac{1}{k!} f^{(k)}(a)(x-a)^k + \frac{1}{n!}\int_a^x f^{(n+1)}(t)(x-t)^n\,dt. \quad \square$$

例9 在原点附近,试用一个二次多项式近似代替函数

$$f(x) = 3 + \int_0^x \frac{1+\sin t}{2+t^2}\,dt.$$

解 这实际上是求函数 $f(x)$ 在零点展开的二阶泰勒多项式,由于

$$f(0) = 3, \quad f'(0) = \frac{1+\sin x}{2+x^2}\bigg|_{x=0} = \frac{1}{2},$$

$$f''(0) = \frac{(2+x^2)\cos x - 2x(1+\sin x)}{(2+x^2)^2}\bigg|_{x=0} = \frac{1}{2},$$

所以
$$f(x) \approx P_2(x) = 3 + \frac{1}{1!}\frac{1}{2}x + \frac{1}{2!}\frac{1}{2}x^2 = 3 + \frac{1}{2}x + \frac{1}{4}x^2.$$

例 10 设 $f(x) \in C[0,1]$，非负，且满足 $xf'(x) = f(x) + \frac{3a}{2}x^2$（$a$ 为常数），又曲线 $y=f(x)$ 与 $x=1, y=0$ 所围的图形 S 的面积为 2，求函数 $y=f(x)$. 并问 a 为何值时，图形 S 绕 x 轴旋转一周所得的旋转体的体积最小.

解 由题设，当 $x \neq 0$ 时
$$\left[\frac{f(x)}{x}\right]' = \frac{xf'(x)-f(x)}{x^2} = \frac{3a}{2}.$$

据此并由 $f(x)$ 的连续性，得
$$f(x) = \frac{3a}{2}x^2 + Cx, \quad x \in [0,1].$$

又由已知条件
$$2 = \int_0^1 \left(\frac{3a}{2}x^2 + Cx\right)\mathrm{d}x = \left(\frac{a}{2}x^3 + \frac{C}{2}x^2\right)\bigg|_0^1 = \frac{a}{2} + \frac{C}{2},$$

故 $C = 4-a$. 因此，
$$f(x) = \frac{3}{2}ax^2 + (4-a)x.$$

由旋转体的体积公式
$$V(a) = \pi \int_0^1 [f(x)]^2 \mathrm{d}x = \frac{\pi}{3}\left(\frac{1}{10}a^2 + a + 16\right),$$
$$V'(a) = \frac{\pi}{3}\left(\frac{1}{5}a + 1\right),$$
$$V''(a) = \frac{\pi}{15} > 0,$$

故 $a = -5$ 时，旋转体体积最小.

例 11 在抛物线 $y = -x^2+1\ (x>0)$ 上找一点 $P(x_0, y_0)$ 作切线，使抛物线与切线和两个坐标轴所围成的面积 S 最小（图 6.36），并求这个最小值.

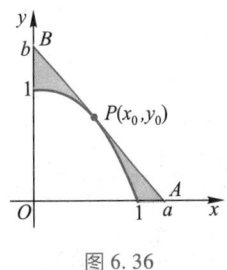

图 6.36

解 因为 $y'\big|_{x=x_0} = -2x_0$，$y_0 = -x_0^2+1$，所以切线 AB 的方程为
$$y = -2x_0 x + x_0^2 + 1.$$

令 $y=0$，得到切线的横截距 $a = \frac{1}{2}\left(x_0 + \frac{1}{x_0}\right)$；令 $x=0$，得到切线的纵截

距 $b = x_0^2 + 1$. 图形的面积

$$S = \frac{1}{2}ab - \int_0^1 (-x^2 + 1)\,\mathrm{d}x = \frac{1}{4}\left(x_0^3 + 2x_0 + \frac{1}{x_0}\right) - \frac{2}{3}.$$

它关于 x_0 的导数是

$$\frac{\mathrm{d}S}{\mathrm{d}x_0} = \frac{1}{4}\left(3x_0^2 + 2 - \frac{1}{x_0^2}\right) = \frac{1}{4}\left(3x_0 - \frac{1}{x_0}\right)\left(x_0 + \frac{1}{x_0}\right).$$

令 $\dfrac{\mathrm{d}S}{\mathrm{d}x_0} = 0$, 求得驻点 $x_0 = \dfrac{1}{\sqrt{3}}$. 又因

$$\frac{\mathrm{d}^2 S}{\mathrm{d}x_0^2} = \frac{1}{4}\left(6x_0 + \frac{2}{x_0^3}\right) > 0 \quad (x_0 > 0),$$

所以当 $x_0 = \dfrac{1}{\sqrt{3}}$ 时, 面积函数 S 取极小值. 由于在区间 $(0, +\infty)$ 上它是唯一的极值, 所以它就是最小值

$$S_{\min} = \frac{4\sqrt{3} - 6}{9}.$$

例 12 用铁锤将一铁钉钉入木板, 设木板对铁钉的阻力与铁钉进入木板内部的长度成正比. 设第一锤将铁钉击入 1 cm, 如果每锤所做的功相等, 问第二锤能将铁钉击入多长?

解 由于木板的阻力 F 与进入木板内部铁钉的长度 x 成正比, 所以

$$F = kx.$$

第一锤所做的功

$$W_1 = \int_0^1 kx\,\mathrm{d}x = \frac{k}{2}.$$

设两锤后, 铁钉共进入木板 H cm, 则第二锤做的功为

$$W_2 = \int_1^H kx\,\mathrm{d}x = \frac{k}{2}(H^2 - 1).$$

因为每锤做的功相等, 故

$$\frac{k}{2} = \frac{k}{2}(H^2 - 1),$$

所以

$$H = \sqrt{2},$$

即第二锤能将铁钉击入 $(\sqrt{2} - 1)$ cm.

例 13 某水库有一闸门, 其水下部分为半径等于 1 的半圆形. 今以匀速 a 垂直提起, 求 $t = 0$ 时, 闸门受到的水的压力的变化速度 (设

水的密度 ρ 为 10^3 kg/m^3，重力加速度 g 取为 10 m/s^2).

解 如图 6.37，将坐标系取在闸门上. 到 t 时刻，闸门上升了 at，这时闸门受到的压力

$$F(t) = 2\rho g \int_{at}^{1} \sqrt{1-y^2}\,(y-at)\,\mathrm{d}y$$
$$= 2\rho g \int_{at}^{1} \sqrt{1-y^2}\,y\,\mathrm{d}y - 2at\rho g \int_{at}^{1} \sqrt{1-y^2}\,\mathrm{d}y,$$

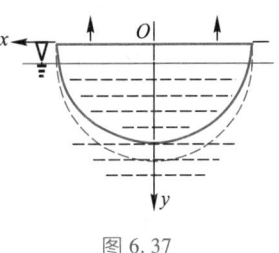

图 6.37

所以

$$F'(t) = -2\rho g \sqrt{1-a^2t^2} \cdot at \cdot a - 2a\rho g \int_{at}^{1} \sqrt{1-y^2}\,\mathrm{d}y + 2at\rho g \sqrt{1-a^2t^2} \cdot a$$
$$= -2a\rho g \int_{at}^{1} \sqrt{1-y^2}\,\mathrm{d}y.$$

故所求的变化速度是

$$F'(0) = -2a\rho g \int_{0}^{1} \sqrt{1-y^2}\,\mathrm{d}y = -2a\rho g \frac{\pi}{4} = -\frac{\pi a}{2} \times 10^4.$$

例 14 有一细杆 AB，距离 A 点为 x 处的线密度 $\rho_1 = 2-x$. 另一细杆 CD，距离 C 点为 y 处的线密度 $\rho_2 = 3+y$. 杆 AB 长为 2，CD 长为 1，按 AB, CD 顺序把它们放在一条直线上，点 B 到点 C 的距离为 1，K 为万有引力常数，求两细杆间的万有引力 F(图 6.38).

解 在 CD 上取一微元区间 $[y, y+\mathrm{d}y]$，对应的质量微元是

$$\mathrm{d}m_2 = (3+y)\mathrm{d}y.$$

为求杆 AB 对质量微元 $\mathrm{d}m_2$ 的引力，在 AB 上取微元区间 $[x, x+\mathrm{d}x]$，对应的质量微元

$$\mathrm{d}m_1 = (2-x)\mathrm{d}x.$$

两个质量微元 $\mathrm{d}m_1$, $\mathrm{d}m_2$ 之间的引力微元是

$$K \frac{\mathrm{d}m_1 \mathrm{d}m_2}{(3+y-x)^2} = K \frac{(2-x)\mathrm{d}x \cdot (3+y)\mathrm{d}y}{(3+y-x)^2},$$

所以细杆 AB 对 $\mathrm{d}m_2$ 的引力微元是

$$\int_{0}^{2} K \frac{2-x}{(3+y-x)^2}\mathrm{d}x \cdot (3+y)\mathrm{d}y.$$

故细杆 AB 对 CD 的引力是

$$F = K \int_{0}^{1} (3+y) \left(\int_{0}^{2} \frac{2-x}{(3+y-x)^2}\mathrm{d}x \right) \mathrm{d}y$$
$$= K \int_{0}^{1} [-2 + (y+3)\ln(y+3) - (y+3)\ln(y+1)]\mathrm{d}y$$
$$= K \left(-1 + 10\ln 2 - \frac{9}{2}\ln 3 \right).$$

最后,举一个经济学上的应用题.

例 15 某种商品进货为 x 个单位时,直至销售完之前的总费用(成本费、库存费、运输费等)的变化率 $f(x) = 0.04x + 120$(单位:元/单位),求总费用. 如果这种商品的销售单价是 150 元,且有 4% 的商品要八折处理,问每批进货为多少时利润最大.

解 因为总费用是总费用的变化率的原函数,而且 $x = 0$ 时,总费用应为零,所以总费用可以用变上限定积分表示为

$$F(x) = \int_0^x (0.04t + 120) dt = 0.02x^2 + 120x.$$

销售完 x 个单位的商品的总收入为

$$R(x) = 150 \times \frac{96}{100}x + 150 \times \frac{80}{100} \times \frac{4}{100}x = 148.8x.$$

总利润

$$L(x) = R(x) - F(x) = 28.8x - 0.02x^2.$$

由于

$$L'(x) = 28.8 - 0.04x,$$

令 $L'(x) = 0$,得唯一的驻点 $x = 720$. 因为这个实际问题必有最大利润,所以当 $x = 720$ 时,利润最大,且

$$L_{\max} = 28.8 \times 720 - 0.02 \times 720^2 = 10\ 368\ \text{元}.$$

习题六

6.1

1. 用定积分定义计算 $\int_1^{10} (1+x) dx$.

2. 将下列各题表示为定积分,不必计算.

(1) 在原点处,有一电荷量为 q 的正电荷,由电学知识,离原点 x 处的电场力的大小为 $F(x) = \dfrac{q}{x^2}$,求单位正电荷在 x 轴上从点 a 移动到点 b 时,电场力做的功 W;

(2) 有一长为 l 的细杆,1° 如果其线密度 $\rho = 2$,求细杆的质量 m;2° 如果细杆上各点处线密度不同,是到某一端点距离 x 的函数 $\rho = 2 + x^2/l^2$,求细杆质量;

(3) 某产品的生产速度为 $V(t) = 100 + 12t - 0.6t^2$(单位:t/h),求从 $t = 2$ 到 $t = 4$ 这两个小时内的总产量 P;

(4) 已知圆的周长公式 $l = 2\pi r$,如何求半径为 a 的圆的面积 S.

3. 写出下列各积分的定义式:

(1) $\int_a^b 2 dx$; (2) $\int_0^1 \dfrac{dx}{1+x^2}$; (3) $\int_0^\pi \sin x dx$.

4. 比较下列各组积分的大小,指明较大的一个:

(1) $\int_0^1 x^2 dx$ 与 $\int_0^1 x^3 dx$; (2) $\int_1^2 x^2 dx$ 与 $\int_1^2 x^3 dx$;

(3) $\int_1^2 \ln x dx$ 与 $\int_1^2 x dx$; (4) $\int_0^\pi \sin x dx$ 与 $\int_0^{2\pi} \sin x dx$.

5. 估计积分值 $I = \int_{\pi/2}^{\pi} \frac{\sin x}{x} dx$.

6. 试证：如果 $f(x), g(x)$ 在区间 $[a,b]$ 上连续，$f(x) \geq g(x)$，但 $f(x) \not\equiv g(x)$，则
$$\int_a^b f(x) dx > \int_a^b g(x) dx.$$

7. 设 $f(x)$ 连续，且极限 $\lim_{x \to +\infty} f(x)$ 存在，试证
$$\lim_{h \to +\infty} \int_h^{h+a} \frac{f(x)}{x} dx = 0.$$

8. （积分中值定理）设 $f(x), g(x) \in C[a,b]$，$g(x)$ 不变号（即 $g(x) \geq 0$ 或 $g(x) \leq 0$），试证在 $[a,b]$ 上至少存在一点 ξ，使
$$\int_a^b f(x) g(x) dx = f(\xi) \int_a^b g(x) dx.$$

9. 选择题.

(1) 设 $f(x) \in C[a,b]$，且 $\int_a^b f(x) dx = 0$，则在 $[a,b]$ 上（　　）.

(A) 必有 x_1, x_2，使 $f(x_1) f(x_2) < 0$

(B) $f(x) \equiv 0$

(C) 必有 x_0，使 $f(x_0) = 0$

(D) $f(x) \neq 0$

(2) 设 $f(x), g(x)$ 在 $[a,b]$ 上有界，在 (a,b) 内可导，且 $f(x) < g(x)$，则在 (a,b) 区间上，有不等式（　　）.

(A) $f'(x) < g'(x)$　　　　(B) $\lim_{x \to a^+} f(x) < \lim_{x \to a^+} g(x)$

(C) $\int f(x) dx < \int g(x) dx$　　(D) $\int_a^x f(t) dt < \int_a^x g(t) dt$

(3) $f(x) \in C[a,b]$ 的充分条件是在 $[a,b]$ 上（　　）.

(A) $f(x)$ 处处有定义，且有界

(B) $f(x)$ 可微

(C) $\forall x_0$，极限 $\lim_{x \to x_0} f(x)$ 都存在

(D) $f(x)$ 可积

10. 设 $f(x) = \begin{cases} 1, & 0 \leq x \leq 1/2, \\ 0, & 1/2 < x \leq 1, \end{cases}$ 是否存在 $\xi \in [0,1]$，使
$$f(\xi) = \int_0^1 f(x) dx?$$

11. 设 $f(x), g(x) \in C[a,b]$，证明
$$\int_a^b [f(x) + g(x)]^2 dx \leq \left[\left(\int_a^b f^2(x) dx \right)^{\frac{1}{2}} + \left(\int_a^b g^2(x) dx \right)^{\frac{1}{2}} \right]^2.$$

12. 设 $f(x) \in C[a,b]$，证明
$$\left(\int_a^b f(x) dx \right)^2 \leq (b-a) \int_a^b f^2(x) dx.$$

13. 设 $f(x)$ 在点 $x=0$ 的某邻域内有连续的导数，证明
$$\lim_{a \to 0^+} \frac{1}{4a^2} \int_{-a}^{a} [f(t+a) - f(t-a)] dt = f'(0).$$

14. 设 $f(x) \in C[0,1]$，且在开区间 $(0,1)$ 内可导，又 $\int_0^1 f(x) dx = 2 \int_0^{\frac{1}{2}} f(x) dx$，证明：$\exists \xi \in (0,1)$，使得 $f'(\xi) = 0$.

6.2

1. 求下列函数的导数：

(1) $\int_1^x \frac{\sin t}{t} dt \; (x > 0)$；　　(2) $\int_x^0 \sqrt{1+t^4} dt$；

(3) $\int_0^{x^2} \frac{t \sin t}{1+\cos^2 t} dt$；　　(4) $\int_x^{x^2} e^{-t^2} dt$；

(5) $\sin\left(\int_0^x \frac{dt}{1+\sin^2 t} \right)$；　(6) $\int_0^x x f(t) dt$.

2. 求由 $\int_0^y e^{t^2} dt + \int_0^x \cos t \, dt = 0$ 所确定的隐函数 y 关于 x 的导数.

3. 求由参数方程 $x = \int_0^{t^2} u \ln u \, du, y = \int_{t^2}^1 u^2 \ln u \, du$ 所给定的函数 y 关于 x 的导数.

4. 设 $f(x)$ 连续，且 $\int_0^x f(t) dt = x^2(1+x)$，求 $f(x)$ 及 $f(2)$.

5. 求下列极限：

(1) $\lim_{x \to 0^+} \dfrac{\int_0^{\sin x} \sqrt{\tan t} \, dt}{\int_0^{\tan x} \sqrt{\sin t} \, dt}$；

(2) $\lim_{x \to a} \dfrac{x^2}{x-a} \int_a^x f(t) dt$　（$f(t)$ 连续）.

6. 选择题.

(1) 设 $\alpha(x) = \int_0^{ex} \frac{\sin t}{t} dt, \beta(x) = \int_0^{\sin x} (1+t)^{\frac{1}{t}} dt$，

当 $x\to 0$ 时,$\alpha(x)$ 是 $\beta(x)$ 的( ).

(A) 高阶无穷小　　　　(B) 低阶无穷小

(C) 同阶但非等价无穷小　(D) 等价无穷小

(2) 已知 $\alpha(x)$ 在原点的某一去心邻域内连续,且当 $x\to 0$ 时,$\alpha(x)\sim x^2$,则 $\beta(x)=\int_0^x \alpha(t)dt$ 是 x 的 ( ).

(A) 一阶无穷小　　　　(B) 二阶无穷小

(C) 三阶无穷小　　　　(D) 四阶无穷小

7. 当 $x>0$ 时,$f(x)>0$,且连续,试证函数
$$\varphi(x)=\int_0^x tf(t)dt \Big/ \int_0^x f(t)dt,\ x>0$$
单调上升.

8. 设 $f(x)\in C[a,b]$,且 $f(x)$ 单调下降,试证函数
$$g(x)=\frac{1}{x-a}\int_a^x f(t)dt,\ a<x\leq b$$
单调下降.

9. 用牛顿-莱布尼茨公式计算下列定积分:

(1) $\int_0^3 2x dx$;　　　(2) $\int_0^1 \frac{dx}{1+x^2}$;

(3) $\int_0^{\pi/2} \cos x dx$;　(4) $\int_1^0 e^x dx$;

(5) $\int_{\pi/4}^{\pi/2} \frac{1}{\sin^2 x}dx$;　(6) $\int_{-1/2}^{1/2} \frac{dx}{\sqrt{1-x^2}}$;

(7) $\int_1^2 \frac{dx}{x+x^3}$;　(8) $\int_1^e \frac{1+\ln x}{x}dx$.

10. 计算下列定积分:

(1) $\int_0^2 |1-x|\sqrt{(x-4)^2}dx$;

(2) $\int_0^1 x|x-a|dx\ (a>0)$;

(3) $\int_0^\pi \sqrt{1+\cos 2x}\,dx$.

11. 设 $f(x)=\begin{cases} x^2, & 0\leq x<1 \\ 1+x, & 1\leq x\leq 2 \end{cases}$, 求 $\int_{1/2}^{3/2} f(x)dx$.

12. 求下列极限:

(1) $\lim\limits_{n\to\infty} \frac{1}{n\sqrt{n}}(\sqrt{1}+\sqrt{2}+\cdots+\sqrt{n})$;

(2) $\lim\limits_{n\to\infty} \frac{1}{n}\left[\sin a+\sin\left(a+\frac{b}{n}\right)+\sin\left(a+\frac{2b}{n}\right)+\cdots+\sin\left(a+\frac{(n-1)b}{n}\right)\right]$;

(3) $\lim\limits_{n\to\infty}\int_0^1 \frac{x^n}{1+x}dx$;

(4) 设 $a_n=\frac{3}{2}\int_0^{\frac{n}{n+1}} x^{n-1}\sqrt{1+x^n}\,dx$,求 $\lim\limits_{n\to\infty} na_n$.

13. 设 $f(x),g(x)\in C[a,b]$,且 $g(x)\neq 0$,证明存在点 $\xi\in(a,b)$,使
$$\frac{\int_a^b f(x)dx}{\int_a^b g(x)dx}=\frac{f(\xi)}{g(\xi)}.$$

14. 已知 $f(x)\in C[-1,1]$,$f(x)=3x-\sqrt{1-x^2}\int_0^1 f^2(x)dx$,求 $f(x)$.

15. 设 $f(x)$ 在区间 $[a,b]$ 上可积,证明函数
$$\Phi(x)=\int_a^x f(t)dt$$
在区间 $[a,b]$ 上连续.

16. 设 $f(x)\in C^1[a,b]$,且 $f(a)=f(b)=0$,证明:
$$\left|\int_a^b f(x)dx\right|\leq \frac{(b-a)^2}{4}\max_{a<x<b}|f'(x)|.$$

6.3

1. 计算下列积分:

(1) $\int_4^9 \frac{\sqrt{x}}{\sqrt{x}-1}dx$;　(2) $\int_0^{\ln 2} \sqrt{e^x-1}\,dx$;

(3) $\int_{1/\sqrt{2}}^1 \frac{\sqrt{1-x^2}}{x^2}dx$;　(4) $\int_{-\sqrt{2}}^{-2} \frac{dx}{x\sqrt{x^2-1}}$;

(5) $\int_0^{-a} \sqrt{x^2+a^2}\,dx\ (a>0)$;　(6) $\int_0^{\pi/2} \frac{dx}{2+\sin x}$;

(7) $\int_0^1 \frac{\ln(1+x)}{1+x^2}dx$;　(8) $\int_0^1 x(1-x^4)^{3/2}dx$.

2. 计算下面两个定积分时,能否用题后指定的变换,为什么?

(1) $\int_0^2 \sqrt[3]{1-x^2}\,dx$,$x=\cos t$;

(2) $\int_0^\pi \frac{dx}{1+\sin^2 x}$,$\tan x=t$.

3. 证明下列积分等式：

(1) $\int_x^1 \dfrac{\mathrm{d}x}{1+x^2} = \int_1^{1/x} \dfrac{\mathrm{d}x}{1+x^2}$ $(x>0)$;

(2) $\int_0^a x^3 f(x^2)\mathrm{d}x = \dfrac{1}{2}\int_0^{a^2} xf(x)\mathrm{d}x$ $(a>0, f$ 连续$)$;

(3) $\int_0^a f(x)\mathrm{d}x = \int_0^a f(a-x)\mathrm{d}x$ $(f$ 连续$)$，并求
$\int_0^{\pi/2} \dfrac{\sin^2 x}{\sin x + \cos x}\mathrm{d}x$;

(4) $\int_0^a \dfrac{f(x)}{f(x)+f(a-x)}\mathrm{d}x = \dfrac{a}{2}$ $(a>0, f$ 连续，积分存在$)$.

4. 设 $f(x) \in C(-\infty, +\infty), f(x)>0$，证明
$$\int_0^1 \ln f(x+t)\mathrm{d}t = \int_0^x \ln \dfrac{f(u+1)}{f(u)}\mathrm{d}u + \int_0^1 \ln f(u)\mathrm{d}u.$$

5. 设 $f(x) \in C(-\infty, +\infty)$，试证函数
$$F(x) = \int_0^1 f(x+t)\mathrm{d}t$$
可导，并求 $F'(x)$.

6. 设 $f(x) \in C(-\infty, +\infty)$，试证：

(1) 当 $f(x)$ 为奇函数时，$\int_0^x f(t)\mathrm{d}t$ 是偶函数，且 $f(x)$ 的所有原函数皆为偶函数；

(2) 当 $f(x)$ 为偶函数时，$\int_0^x f(t)\mathrm{d}t$ 是奇函数，且 $f(x)$ 仅有这一个原函数是奇函数.

7. 计算下列积分：

(1) $\int_0^{\pi/2} x\sin^2 x\mathrm{d}x$;   (2) $\int_0^{\pi/2} \mathrm{e}^{2x}\cos x\mathrm{d}x$;

(3) $\int_0^{\sqrt{3}} x\arctan x\mathrm{d}x$;   (4) $\int_0^1 x^3 \mathrm{e}^{2x}\mathrm{d}x$;

(5) $\int_{1/\mathrm{e}}^{\mathrm{e}} |\ln x|\mathrm{d}x$;   (6) $\int_{1/2}^2 \left(1+x-\dfrac{1}{x}\right)\mathrm{e}^{x+\frac{1}{x}}\mathrm{d}x$.

8. 已知 $f(\pi)=1$，且 $\int_0^\pi [f(x)+f''(x)]\sin x\mathrm{d}x = 3$，求 $f(0)$.

9. 已知 $f(x)$ 的一个原函数是 $\sin x\ln x$，求 $\int_1^\pi xf'(x)\mathrm{d}x$.

10. 设 $f(x) = \int_1^{x^2} \mathrm{e}^{-t^2}\mathrm{d}t$，求 $\int_0^1 xf(x)\mathrm{d}x$.

11. 计算下列积分：

(1) $\int_{-\pi/8}^{\pi/8} x^{88}\sin^{99} x\mathrm{d}x$;

(2) $\int_{-1/2}^{1/2} \cos x\ln \dfrac{1+x}{1-x}\mathrm{d}x$;

(3) $\int_{-\pi/2}^{\pi/2} \dfrac{\mathrm{d}x}{1+\cos x}$;

(4) $\int_{-2}^3 (|x|+x)\mathrm{e}^{|x|}\mathrm{d}x$;

(5) $\int_{-\pi/2}^{\pi/2} (x+\cos^2 x)\sin^2 x\mathrm{d}x$;

(6) $\int_0^{2\pi} x\sin^8 \dfrac{x}{2}\mathrm{d}x$;

(7) $\int_{-2}^3 |x^2+2|x|-3|\mathrm{d}x$;

(8) $\int_{100}^{100+2\pi} \tan^2 x\sin^2 2x\mathrm{d}x$;

(9) $\int_{-2}^2 \min\left\{\dfrac{1}{|x|}, x^2\right\}\mathrm{d}x$.

12. 设 $f(x)$ 在区间 $[a,b]$ 上有连续的导数，且 $f(x) \not\equiv 0, f(a)=f(b)=0$，试证
$$\int_a^b xf(x)f'(x)\mathrm{d}x < 0.$$

13. 证明 $\int_0^1 x^m(1-x)^n\mathrm{d}x = \int_0^1 x^n(1-x)^m\mathrm{d}x = \dfrac{m!\,n!}{(m+n+1)!}$，其中 m, n 均为自然数.

14. 选择题.

(1) 设 $f(x)$ 连续，$I = t\int_0^{\frac{s}{t}} f(tx)\mathrm{d}x$，其中 $t>0, s>0$，则 I 的值（   ）.

(A) 依赖 s，不依赖 t　　(B) 依赖 t，不依赖 s

(C) 依赖 s 和 t　　　　(D) 依赖 s, t 和 x

(2) $P = \int_{-a}^a \dfrac{1}{1+x^2}\cos^6 x\mathrm{d}x$，$Q = \int_{-a}^a (\sin^3 x + \cos^6 x)\mathrm{d}x$，

$R = \int_{-a}^a (x^2\sin^3 x - \cos^6 x)\mathrm{d}x, a>0$，则有（   ）.

(A) $P<Q<R$　　　　(B) $Q<R<P$

(C) $R<P<Q$　　　　(D) $R<Q<P$

(3) 设 $F(x) = \int_x^{x+2\pi} \mathrm{e}^{\sin t}\sin t\mathrm{d}t$，则 $F(x)$（   ）.

(A) 为正常数　　　　(B) 为负常数

(C) 恒为零　　　　　(D) 不为常数

6.4

1. 讨论下列反常积分的敛散性,若收敛,求其值:

   (1) $\int_1^{+\infty} \dfrac{1}{x^4} dx$;

   (2) $\int_{-\infty}^{+\infty} \dfrac{dx}{x^2+2x+2}$;

   (3) $\int_0^{+\infty} e^{-kx}\cos x \, dx$;

   (4) $\int_{-2}^{2} \dfrac{dx}{x^2-1}$;

   (5) $\int_0^2 \dfrac{dx}{x\ln x}$;

   (6) $\int_1^e \dfrac{dx}{x\sqrt{1-\ln^2 x}}$;

   (7) $\int_2^6 \dfrac{dx}{\sqrt[3]{(4-x)^2}}$;

   (8) $\int_1^{+\infty} \dfrac{dx}{x\sqrt{x^2-1}}$;

   (9) $\int_e^{+\infty} \dfrac{dx}{x\ln^k x}$;

   (10) $\int_3^{+\infty} \dfrac{dx}{(x-1)^4\sqrt{x^2-2x}}$.

2. 试证:

   (1) $\int_0^1 \ln^n x \, dx = (-1)^n n!$ ($n \in \mathbf{N}_+$);

   (2) $\int_0^{+\infty} e^{-x} x^m \, dx = m!$ ($m \in \mathbf{N}_+$).

3. 设 $f(x) \geqslant g(x) > 0$,当 $x \in [a, +\infty)$ 时,猜想两个反常积分

   $$\int_a^{+\infty} f(x) dx \quad \text{和} \quad \int_a^{+\infty} g(x) dx$$

   在敛散性方面是否有某种必然关系,证明你的猜想,并讨论下列反常积分的敛散性:

   (1) $\int_1^{+\infty} \dfrac{\sin^2 x + \sqrt{x}}{x^2+x+2} dx$;

   (2) $\int_1^{+\infty} \dfrac{4}{x^{\frac{1}{2}} + x^{\frac{2}{3}} + x^{\frac{3}{4}} + x^{\frac{4}{5}}} dx$;

   (3) $\int_{-\infty}^{+\infty} \dfrac{\arctan x}{x} dx$.

4. 已知 $x \geqslant 0$ 时,函数 $f(x)$ 满足 $f'(x) = \dfrac{1}{x^2+f^2(x)}$,且 $f(0) = a > 0$,试证:$\lim\limits_{x \to +\infty} f(x)$ 存在,且小于 $a + \dfrac{\pi}{2a}$.

6.5

判定下列反常积分的敛散性:

(1) $\int_0^{+\infty} \dfrac{x^2}{x^4+x^2+1} dx$;

(2) $\int_1^{+\infty} \dfrac{dx}{x^3\sqrt{x^2+1}}$;

(3) $\int_1^2 \dfrac{dx}{(\ln x)^3}$;

(4) $\int_1^2 \dfrac{dx}{\sqrt[3]{x^2-3x+2}}$;

(5) $\int_2^{+\infty} \dfrac{dx}{x^3\sqrt{x^2-3x+2}}$;

(6) $\int_0^{\frac{\pi}{2}} \dfrac{dx}{\sin^p x \cos^q x}$ ($p, q > 0$).

6.6

1. 求曲线 $ax = y^2$ 及 $ay = x^2$ 围成的图形的面积($a > 0$).

2. 求曲线 $y = x(x-1)(x-2)$ 和 x 轴围成图形的面积.

3. 试确定闭曲线 $y^2 = (1-x^2)^3$ 所围图形的面积.

4. 求曲线 $\sqrt{x} + \sqrt{y} = \sqrt{a}$ ($a > 0$) 与坐标轴所围图形的面积.

5. 求摆线 $x = a(t-\sin t), y = a(1-\cos t)$ 的一拱与 x 轴围成的图形的面积.

6. 求星形线 $x = a\cos^3 t, y = a\sin^3 t$ 所围图形的面积.

7. 求阿基米德螺线 $r = a\theta$ 的第一圈与极轴所围图形的面积.

8. 求 $r = \sqrt{2}\sin\theta$ 及 $r^2 = \cos 2\theta$ 围成图形的公共部分的面积.

9. 求抛物线 $y = -x^2+4x-3$ 及其在点 $(0, -3), (3, 0)$ 处的两条切线所围图形的面积.

10. 求抛物线 $y^2 = 4ax$ 与过焦点的弦所围成的图形的面积的最小值.

11. 求箕舌线 $y = \dfrac{a^3}{x^2+a^2}$ 和 x 轴之间区域的面积.

12. 求曲线 $y = xe^{-\frac{x^2}{2}}$ 与其渐近线之间的面积.

13. 求曲线 $y=\ln x, y=0, y=2$ 和 y 轴所围成的图形分别绕 x 轴、y 轴和直线 $x=-1$ 旋转得到的旋转体体积.

14. 计算由 $y=x^2$ 及 $x^3=y^2$ 围成的图形绕 x 轴旋转得到的旋转体的体积,要求分别用下面两个途径计算它:
    (1) 取 x 为积分变量(体积微元为薄圆环片);
    (2) 取 y 为积分变量(体积微元为薄壁圆筒).

15. 求摆线 $x=a(t-\sin t), y=a(1-\cos t)$ 一拱绕 x 轴旋转得到的旋转体的体积.

16. 两个半径为 R 的圆柱中心线垂直相交,求其公共部分的体积,并画出图形.

17. 证明底面积为 S,高为 h 的锥体体积公式是 $V=\dfrac{1}{3}hS$.

18. 将椭圆 $x^2+\dfrac{y^2}{4}=1$ 绕长轴旋转得到的椭球体沿长轴方向穿心打一圆孔,使剩下部分的体积恰好等于椭球体积的一半,试求圆孔的直径.

19. 已知正弦电压经全波整流后,得出输出电压 $U_{\text{out}}=\sqrt{2}\,|\sin\omega t|$,求其在 $\left[0,\dfrac{2\pi}{\omega}\right]$ 内的平均值.

20. 求曲线 $y=\ln(1-x^2)$ 在区间 $\left[0,\dfrac{1}{2}\right]$ 上的弧长.

21. 求抛物线 $6y=x^2$ 自原点到点 $\left(4,\dfrac{8}{3}\right)$ 之间的一段弧长.

22. 求星形线 $x=a\cos^3 t, y=a\sin^3 t\,(a>0)$ 的全长.

23. 在摆线 $x=a(t-\sin t), y=a(1-\cos t)$ 上求一点,将摆线第一拱的弧长分为 $1:3$.

24. 求心形线 $r=a(1+\cos\theta)$ 的全长.

25. 求曲线 $r\theta=1$ 自 $\theta=\dfrac{3}{4}$ 至 $\theta=\dfrac{4}{3}$ 一段的弧长.

26. 修建江桥的桥墩时,先要下围囹,并抽尽其中的水以便施工.已知围囹的直径为 20 m,水深 27 m,围囹高出水面 3 m,问抽尽其中的水需要做功多少(设水的密度 ρ 为 10^3 kg/m^3,重力加速度 g 取为 10 m/s^2)?

27. 我国第一颗人造地球卫星质量为 173 kg,在离地面 6.3×10^5 m 处进入轨道,问把这颗卫星从地面送入 6.3×10^5 m 的高空处,克服地球引力要做多少功? 已知地球半径为 6.37×10^6 m,万有引力常数 $K=6.67\times10^{-11}$ N·m^2/kg^2,地球质量 $M=5.98\times10^{24}$ kg.

28. 长 $l=80$ cm,直径 $D=20$ cm 的有活塞的圆柱体内充满了压力 $P=100$ N/cm^2 的蒸气,温度不变(平稳过程),为使蒸气体积减小二分之一,要做多少功?

29. 某实验反应堆的水池水深 8 m,在其底部侧壁上有一个 1 m^2 的正方形通道,供实验物品出入,求通道挡板所受水的压力.

30. 设有半径为 R 的半圆弧,其线密度为常数 ρ,在半圆弧的圆心处放置一质量为 m 的质点,求半圆弧对质点的引力.

31. 设有两个带电细棒位于同一条直线上,相距为 d,甲棒长为 l_1,电荷非均匀分布,电荷线密度 δ_1 与左端的距离成正比;乙棒位于甲棒右边,棒长为 l_2,电荷均匀分布,其线密度为 δ_2,求两个带电细棒间的作用力.

6.7

1. 当某商品销售量为 x 时,边际收入(即总收入的变化率)$C'(x)=200-\dfrac{x}{50}$,求销售量为 2 000 时的平均单位收入.

2. 某产品的总成本 C(单位:万元)的变化率是产量 x(单位:百台)的函数 $C'(x)=4+\dfrac{x}{4}$,固定成本为 1 万元. 总收入 R 的变化率是产量 x 的函数 $R'(x)=8-x$. 问产量为多少时,总利润 $L=R-C$ 最大,并求出这个最大利润.

6.8

1. 求下列极限:
   (1) $\lim\limits_{n\to\infty}\left[\dfrac{(2n)!}{n!\,n^n}\right]^{\frac{1}{n}}$;

(2) $\lim_{n\to\infty}\left(\dfrac{\sin\dfrac{\pi}{n}}{n+1}+\dfrac{\sin\dfrac{2\pi}{n}}{n+\dfrac{1}{2}}+\cdots+\dfrac{\sin\pi}{n+\dfrac{1}{n}}\right)$.

2. 计算下列积分：

(1) $\int_{-2}^{2}\max\{1,x^2\}dx$;

(2) $\int_{-\pi/2}^{\pi/2}\dfrac{e^x}{1+e^x}\sin^4 x\,dx$;

(3) $\int_{0}^{\pi/2}\dfrac{\sin x}{\sin x+\cos x}dx$;

(4) $\int_{0}^{\pi/4}\ln(1+\tan x)dx$;

(5) $\int_{0}^{+\infty}\dfrac{dx}{(1+x^2)(1+x^\alpha)}$;

(6) $\int_{1}^{2}\arctan\sqrt{x-1}\,dx$.

3. 设 $x>0$ 时，可微函数 $f(x)$ 的反函数为 $f^{-1}(x)$，$f(x_0)=1$，且有

$$\int_{1}^{f(x)}f^{-1}(t)dt=\dfrac{1}{3}(x^{\frac{3}{2}}-8),$$

求函数 $f(x)$.

4. 设 $f(x)$ 连续，试证：

$$\int_{0}^{x}\left[\int_{0}^{u}f(t)dt\right]du=\int_{0}^{x}(x-u)f(u)du.$$

5. 若 $f(x)$ 在 $[0,1]$ 上连续可微，且 $f(1)-f(0)=1$，试证

$$\int_{0}^{1}[f'(x)]^2 dx\geqslant 1.$$

6. 设 $f(x)\in C[a,b]$，且 $f(x)>0$，试证：

$$\int_{a}^{b}f(x)dx\cdot\int_{a}^{b}\dfrac{1}{f(x)}dx\geqslant(b-a)^2.$$

7. 设 n 为自然数，试证：

(1) $\int_{0}^{\pi/2}\sin^n x\cos^n x\,dx=2^{-n}\int_{0}^{\pi/2}\cos^n x\,dx$;

(2) $\int_{0}^{\pi/2}\cos^n x\sin nx\,dx=\dfrac{1}{2^{n+1}}\left(\dfrac{2}{1}+\dfrac{2^2}{2}+\dfrac{2^3}{3}+\cdots+\dfrac{2^n}{n}\right)$.

8. 设 $f(x)$ 连续，且 $\lim\limits_{x\to 0}\dfrac{f(x)}{x}=A$（$A$ 为常数），$\varphi(x)=\int_{0}^{1}f(xt)dt$，求 $\varphi'(x)$，并讨论 $\varphi'(x)$ 在 $x=0$ 处的连续性.

9. 设 $f(x)\in C[a,b]$，且 $f(x)>0$，证明方程

$$\int_{a}^{x}f(t)dt+\int_{b}^{x}\dfrac{1}{f(t)}dt=0$$

在开区间 (a,b) 内有且仅有一个根.

10. 设 $f(x)\in C[0,1]$，且 $f(x)\geqslant 0$. (1) 试证 $\exists x_0\in(0,1)$，使得在区间 $[0,x_0]$ 上以 $f(x_0)$ 为高的矩形面积，等于在区间 $[x_0,1]$ 上以 $y=f(x)$ 为曲边的曲边梯形面积；(2) 又设 $f(x)$ 在区间 $(0,1)$ 内可导，且 $f'(x)>-\dfrac{2f(x)}{x}$，证明 (1) 中的 x_0 是唯一的.

11. 设 $f(x),g(x)\in C[a,b]$，证明 $\exists\xi\in(a,b)$，使得

$$f(\xi)\int_{\xi}^{b}g(x)dx=g(\xi)\int_{a}^{\xi}f(x)dx.$$

12. 设 $f(x)\in C[0,1]$，且 $\int_{0}^{1}f(x)dx=\int_{0}^{1}xf(x)dx=0$，证明在开区间 $(0,1)$ 内至少存在两个不相等的点 ξ_1 和 ξ_2，使得

$$f(\xi_1)=f(\xi_2)=0.$$

如果还有 $\int_{0}^{1}x^2 f(x)dx=0$，你猜想 $f(x)$ 在区间 $(0,1)$ 内至少有几个零点，请证明. 是否有进一步的猜想？

13. 讨论函数 $f(x)=\int_{0}^{x}e^{-\frac{t^2}{2}}dt$ 在 $(-\infty,+\infty)$ 上的单调性、奇偶性和有界性.

14. 设 O 为坐标原点，$A(1,0)$，$B(1,1)$，$C(0,1)$. 求边长为 1 的正方形 $OABC$ 内，位于曲线 $y=x^2+t$（t 为实数）下方的图形的面积 $S(t)$. 讨论函数 $S(t)$ 在区间 $-1\leqslant t\leqslant 1$ 上是否满足拉格朗日中值定理的条件.

15. 设有一正椭圆柱体，其底面的长、短半轴分别为 a，b，用过此柱体底面的短轴且与底面成 α 角 $\left(0<\alpha<\dfrac{\pi}{2}\right)$ 的平面截此柱体，求底面与平面之间的楔形体的体积.

16. 对以 xOy 平面上曲线 $y=x^2$ 和 $y=8-x^2$ 所围成的区域为底，垂直于 x 轴的截面为正方形的立

体,求其体积.

17. 一个均质的物体,高 4 m,水平截面面积是高度 h(从底部算起)的函数 $S=20+3h^2$. 已知物体的密度与水的密度同为 10^3 kg/m^3,此物体沉在水中,上表面与水面平齐,问将此物体水平打捞出水,需做功多少(设重力加速度 $g=10$ m/s^2)?

18. 一块 1 000 kg 的冰块要被吊起 30 m 高,而这块冰以 0.02 kg/s 的速度溶化,假设冰块以 0.1 m/s 的速度被吊起,吊索的线密度为 4 kg/m.求把这块冰吊到指定高度需做的功.

19. 把质量为 M 的冰块沿地面匀速地推过距离 s,速度是 v_0,冰块的质量在每单位时间减少 m,设摩擦系数为 μ,问在整个过程中克服摩擦力做了多少功?

20. 气缸内的压缩气体推动活塞移动,使气体体积从 V_1 变大到 V_2,求气体压力做的功(等温过程).

21. 1998 年,长江抗洪大军在荆江大坝上筑起了子堤,8 月 17 日洪水高出大坝 2.4 m,求每延长 1 m 子堤受到洪水的静压力(设水的密度 ρ 为 10^3 kg/m^3,重力加速度 g 为 10 m/s^2).

22. 求连续曲线段 $y=f(x)>0$, $x\in[a,b]$,绕 x 轴旋转一周得到的旋转面的面积 S,并用半径为 r 的球面积公式验证你的结果.

23. 设有曲线 $y=\sqrt{x-1}$,过原点作其切线,求此曲线、切线及 x 轴围成的平面图形绕 x 轴旋转一周所得到的旋转体的表面积.

24. 长为 0.3 m,线密度为 3 kg/m 的细杆,一端固定于 O 点,在水平面内转动,已知角速度是 10π/s,求杆的动能.

25. 油通过油管时,中间流速大,越靠近管壁流速越小. 实验测定:油管横截面的某点处的流速 v 与该处到油管中心距离 r 之间有如下关系:$v=K(a^2-r^2)$,其中 K 为比例常数,a 为油管半径,求单位时间内通过油管的油的流量 Q.

26. 平面上什么曲线旋转得到的旋转体的容器才能使流体从底部小孔流出时液面下降是匀速的(提示:液体从容器小孔流出的速度 $v=c\sqrt{2gh}$,h 为液面到孔口的高度,$c=0.6$).

27. 在研究汽车的动力特性时,常常作出专门形式的图表:横坐标为速度 v,纵坐标为相应的加速度 a 的倒数,证明:由此曲线弧及铅直线 $v=v_1$,$v=v_2$ 和横坐标轴围成的图形的面积,在数量上等于汽车行驶速度由 v_1 增加到 v_2 所需要的时间(增速时间).

28. 有一半径为 R,高为 H 的圆柱形无盖容器,由于容器放置倾斜,其轴线与水平面的倾角 $\alpha\geqslant \arctan\dfrac{2R}{H}$,问容器此时所盛的液体的体积.

附录Ⅳ 达布和与可积函数类

附录Ⅳ中将引入积分理论中十分重要的达布(Darboux)上和与达布下和的概念,并由此导出判定定积分存在的准则.

一、达布和及其性质

在定积分定义当中,由于积分和 $\sum_{i=1}^{n}f(\xi_i)(x_i-x_{i-1})$ 这个变量的变化较复杂,它不仅与分法 T 有关,还与点 ξ_i 的取法有关,这自然给我们讨论积分和的变化趋势带来一定的困难.为此,首先讨论对掌握积分和的变化非常有用的达布上和与达布下和的概念及其性质.

设函数 $f(x)$ 是区间 $[a,b]$ 上的有界函数,在此区间上它的上确界与下确界分别记为 M 与 m,即

$$M = \sup_{a \leqslant x \leqslant b} \{f(x)\}, \quad m = \inf_{a \leqslant x \leqslant b} \{f(x)\}.$$

T 表示区间 $[a,b]$ 的一个由分点

$$a = x_0 < x_1 < x_2 < \cdots < x_n = b$$

所确定的分法.在每个小区间 $[x_{i-1}, x_i]$ 上任取一点 ξ_i,并构成积分和

$$\sigma(T) = \sum_{i=1}^{n} f(\xi_i) \Delta x_i,$$

其中,$\Delta x_i = x_i - x_{i-1}$.又设函数 $f(x)$ 在小区间 $[x_{i-1}, x_i]$ 上的上确界与下确界分别为 M_i 与 m_i,即

$$M_i = \sup_{x_{i-1} \leqslant x \leqslant x_i} \{f(x)\}, \quad m_i = \inf_{x_{i-1} \leqslant x \leqslant x_i} \{f(x)\}.$$

因此,又可以引出下面两个和数:

$$S(T) = \sum_{i=1}^{n} M_i \Delta x_i, \quad s(T) = \sum_{i=1}^{n} m_i \Delta x_i.$$

它们分别称为对应于分法 T 的**达布上和**与**达布下和**,简称为上和与下和,总称**达布和**.由于当分法 T 给定之后,函数 $f(x)$ 在每个小区间上的上确界与下确界是唯一的,因此上和 $S(T)$ 与下和 $s(T)$ 也就随分法 T 而确定,即它们都只与分法 T 有关.而积分和不仅与分法 T 有关,还与 ξ_i 的选取有关.但对任意的积分和 $\sigma(T)$,显然有

$$s(T) \leqslant \sigma(T) \leqslant S(T).$$

若对 $[a,b]$ 中所有可能的分法 T,总有

$$m \leqslant m_i \leqslant f(\xi_i) \leqslant M_i \leqslant M,$$

或

$$m(b-a) = m \sum_{i=1}^{n} \Delta x_i \leqslant s(T) \leqslant \sigma(T) \leqslant S(T) \leqslant M \sum_{i=1}^{n} \Delta x_i = M(b-a),$$

即

$$m(b-a) \leqslant s(T) \leqslant \sigma(T) \leqslant S(T) \leqslant M(b-a).$$

故数集 $\{S(T)\}$ 与 $\{s(T)\}$ 是有界的.

下面将继续讨论这三个和之间的关系.

性质 1 设 T 是区间 $[a,b]$ 上的一个分法,则其上和是对应于这个分法的全部积分和的上确界,下和是对应于这个分法的全部积分

和的下确界,即
$$S(T) = \sup_{\xi_i}\{\sigma(T)\}, \quad s(T) = \inf_{\xi_i}\{\sigma(T)\}.$$

证明 由下确界的定义,对任意的正数 ε,在每个小区间 $[x_{i-1}, x_i]$ 上必存在一点 ξ_i,使得
$$m_i \leq f(\xi_i) < m_i + \varepsilon \quad (i = 1, 2, \cdots, n).$$
因而
$$\sum_{i=1}^n m_i \Delta x_i \leq \sum_{i=1}^n f(\xi_i) \Delta x_i < \sum_{i=1}^n m_i \Delta x_i + \varepsilon \sum_{i=1}^n \Delta x_i,$$
即
$$s(T) \leq \sum_{i=1}^n f(\xi_i) \Delta x_i < s(T) + \varepsilon(b-a),$$
从而得到
$$s(T) = \inf_{\xi_i}\{\sigma(T)\}.$$
同理
$$S(T) = \sup_{\xi_i}\{\sigma(T)\}. \quad \Box$$

性质 2 设在分法 T 中加入新的分点后所得分法为 T',则
$$s(T) \leq s(T') \leq S(T') \leq S(T).$$
即当添加新分点时,上和不增加,下和不减少.

证明 不失一般性,只需讨论在分法 T 的基础上仅增加一个新分点 x' 的情形. 设新增加的一个分点 x' 位于分法 T 的第 i 个小区间 $[x_{i-1}, x_i]$ 内,即 $x_{i-1} < x' < x_i$,并用 T' 表示这个分法. 在两个下和 $s(T)$ 与 $s(T')$ 中,不相同的项仅可能在 $[x_{i-1}, x_i]$ 上出现,下和 $s(T)$ 在 $[x_{i-1}, x_i]$ 上的项是 $m_i(x_i - x_{i-1})$,下和 $s(T')$ 在 $[x_{i-1}, x_i]$ 上的项是 $m_i'(x' - x_{i-1}) + m_i''(x_i - x')$,其中,$m_i'$ 与 m_i'' 分别是函数 $f(x)$ 在 $[x_{i-1}, x']$ 与 $[x', x_i]$ 上的下确界. 因为
$$m_i \leq m_i', \quad m_i \leq m_i'',$$
所以
$$\begin{aligned}m_i(x_i - x_{i-1}) &= m_i(x_i - x') + m_i(x' - x_{i-1}) \\ &\leq m_i''(x_i - x') + m_i'(x' - x_{i-1}).\end{aligned}$$
再对 i 求和,即有
$$s(T) \leq s(T').$$
同样,也有
$$S(T') \leq S(T).$$

但
$$s(T') \leqslant S(T'),$$
故有
$$s(T) \leqslant s(T') \leqslant S(T') \leqslant S(T). \quad \square$$

性质 3 设 T 与 T' 是区间 $[a,b]$ 上的任意两个分法,则总有
$$s(T') \leqslant S(T), \quad s(T) \leqslant S(T').$$
即任一下和不大于任一上和.

证明 现将区间 $[a,b]$ 上的两个分法 T 与 T' 的分点放在一起,构成 $[a,b]$ 上的一个新的分法,用 T'' 表示. 于是,分法 T'' 的分点是在分法 T(或 T')的分点的基础上增加分法 T'(或 T)的分点所构成的. 由性质 2 知,有
$$s(T) \leqslant s(T''), \quad S(T'') \leqslant S(T').$$
再由性质 1 知,对分法 T'',有
$$s(T'') \leqslant S(T'').$$
故有
$$s(T) \leqslant s(T'') \leqslant S(T'') \leqslant S(T'),$$
即
$$s(T) \leqslant S(T').$$
同样可得
$$s(T') \leqslant S(T). \quad \square$$

性质 4 对区间 $[a,b]$ 上的各种可能的分法 T,下和的上确界不超过上和的下确界,即
$$l = \sup_T \{s(T)\} \leqslant \inf_T \{S(T)\} = L.$$

证明 由性质 3 知,对区间 $[a,b]$ 上的各种可能的分法 T 的下和集合 $\{s(T)\}$ 有上界,即任意一个上和都是它的上界. 再由确界定理知,下和集合 $\{s(T)\}$ 必有上确界,记为 l.

已知对任意的上和,总有 $l \leqslant S(T)$,即 l 是上和集合 $\{S(T)\}$ 的下界. 于是,上和集合 $\{S(T)\}$ 必有下确界,记为 L,即有
$$l = \sup_T \{s(T)\} \leqslant \inf_T \{S(T)\} = L. \quad \square$$

二、定积分存在的准则

现在利用前面叙述的上和与下和的性质证明判别函数可积性的

一个重要准则.

定理 1 设函数 $f(x)$ 是定义在区间 $[a,b]$ 上的有界函数,则 $f(x)$ 在区间 $[a,b]$ 上可积的充要条件是

$$\lim_{\lambda(T)\to 0}[S(T)-s(T)]=0.$$

证明 必要性. 设函数 $f(x)$ 在区间 $[a,b]$ 上是可积的,并以 I 表示它的定积分,即有

$$\lim_{\lambda(T)\to 0}\sigma(T)=I.$$

于是,对任给的正数 ε,总存在正数 δ,对任意的分法 T,当 $\lambda(T)<\delta$ 时,对任意 $\xi_i \in [x_{i-1},x_i]$ $(i=1,2,\cdots,n)$,有

$$|\sigma(T)-I|<\varepsilon$$

或

$$I-\varepsilon<\sigma(T)<I+\varepsilon$$

成立. 根据性质1,下和 $s(T)$ 与上和 $S(T)$ 分别是积分和 $\sigma(T)$ 的下确界与上确界,故当 $\lambda(T)<\delta$ 时,有

$$I-\varepsilon \leqslant s(T) \leqslant S(T) \leqslant I+\varepsilon.$$

因此,当 $\lambda(T)<\delta$ 时,有

$$0 \leqslant S(T)-s(T) \leqslant 2\varepsilon,$$

从而得到

$$\lim_{\lambda(T)\to 0}[S(T)-s(T)]=0.$$

充分性. 若 $\lim_{\lambda(T)\to 0}[S(T)-s(T)]=0$,即对任给的正数 ε,总存在正数 δ,对任意的分法 T,当 $\lambda(T)<\delta$ 时,有

$$S(T)-s(T)<\varepsilon.$$

由性质4知,当 $\lambda(T)<\delta$ 时,有

$$s(T) \leqslant l \leqslant L \leqslant S(T)$$

或

$$0 \leqslant L-l \leqslant S(T)-s(T)<\varepsilon.$$

令 $\lambda(T)\to 0$,由于差 $S(T)-s(T)\to 0$,所以

$$l=L=I.$$

于是,对任意的分法 T,都有

$$s(T) \leqslant I \leqslant S(T).$$

而由性质1知,又有

$$s(T) \leqslant \sigma(T) \leqslant S(T),$$

其中 $\sigma(T)$ 是对应于分法 T 的任意一个积分和. 由这两个不等式就得到
$$|\sigma(T)-I| \leq S(T)-s(T) < \varepsilon,$$
故有
$$\lim_{\lambda(T) \to 0} \sigma(T) = I.$$
从而证明了函数 $f(x)$ 在区间 $[a,b]$ 上是可积的,且定积分为
$$I = L = l. \quad \square$$

定义 若函数 $f(x)$ 在区间 $[a,b]$ 上有定义且有界,记 $M = \sup\limits_{a \leq x \leq b} \{f(x)\}$, $m = \inf\limits_{a \leq x \leq b} \{f(x)\}$,则称 $\omega = M - m$ 是函数 $f(x)$ 在区间 $[a,b]$ 上的振幅.

对于区间 $[a,b]$ 上的一个确定的分法 T,$\omega_i = M_i - m_i$ 是函数 $f(x)$ 在小区间 $[x_{i-1}, x_i]$ 上的振幅,其中,$m_i = \inf\limits_{x_{i-1} \leq x \leq x_i} \{f(x)\}$,$M_i = \sup\limits_{x_{i-1} \leq x \leq x_i} \{f(x)\}$ $(i = 1, 2, \cdots, n)$.

推论 设函数 $f(x)$ 是定义在区间 $[a,b]$ 上的有界函数,则 $f(x)$ 在区间 $[a,b]$ 上可积的充要条件是
$$\lim_{\lambda(T) \to 0} \sum_{i=1}^{n} \omega_i \Delta x_i = 0,$$
其中 ω_i 是函数 $f(x)$ 在小区间 $[x_{i-1}, x_i]$ 上的振幅 $(i = 1, 2, \cdots, n)$.

应用上面的定理及推论可以证明本章 6.1 节的定理 6.2 和定理 6.3.

定理 2(6.1 节定理 6.2) 若 $f(x) \in C[a,b]$,则 $f(x)$ 在 $[a,b]$ 上可积.

证明 根据假设,函数 $f(x)$ 在闭区间 $[a,b]$ 上连续,故它在这个区间上一致连续. 于是,对任给的正数 ε,总存在正数 δ,使在 $[a,b]$ 上的任意两点 x' 与 x'',只要 $|x'-x''| < \delta$,就有
$$|f(x') - f(x'')| < \varepsilon.$$
用分法 T 将 $[a,b]$ 分成 n 个小区间 $[x_{i-1}, x_i]$ $(i = 1, 2, \cdots, n)$,并使 $\lambda(T) < \delta$. 由于函数 $f(x)$ 是连续的,故它在每个小区间 $[x_{i-1}, x_i]$ 上必取到最大值 $f(\xi_i')$ 与最小值 $f(\xi_i'')$,而且有 $M_i = f(\xi_i')$,$m_i = f(\xi_i'')$,其中,$\xi_i', \xi_i'' \in [x_{i-1}, x_i]$. 因为 $\lambda(T) < \delta$,所以 $|\xi_i' - \xi_i''| \leq x_i - x_{i-1} < \delta$,故有
$$\omega_i = M_i - m_i = f(\xi_i') - f(\xi_i'') < \varepsilon \quad (i = 1, 2, \cdots, n).$$
从而得到

$$\sum_{i=1}^{n}\omega_i\Delta x_i<\varepsilon\sum_{i=1}^{n}\Delta x_i=\varepsilon(b-a).$$

根据可积准则的充分性,就证明了连续函数 $f(x)$ 在 $[a,b]$ 上可积. □

定理 3(6.1 节定理 6.3) 如果 $f(x)$ 在 $[a,b]$ 上除有限个第一类间断点外处处连续,则 $f(x)$ 在 $[a,b]$ 上可积.

证明 为了叙述简便且易于掌握,又不失一般性,可设函数 $f(x)$ 在区间 $[a,b]$ 上只有一个间断点 c. 对任给的正数 ε,以点 c 为中心作长度为 2ε 的区间 $[a_1,b_1]$,即 $a_1=c-\varepsilon, b_1=c+\varepsilon$. 在区间 $[a,a_1]$ 与 $[b_1,b]$ 上函数 $f(x)$ 都连续,因此 $f(x)$ 在 $[a,a_1]$ 与 $[b_1,b]$ 上都一致连续. 这时,总存在正数 δ,对属于 $[a,a_1]$ 与 $[b_1,b]$ 的任意小区间,只要它的长度小于 δ,则函数 $f(x)$ 在其上的振幅就小于 ε.

设 T 是区间 $[a,b]$ 上的任意一个使 $\lambda(T)<\delta$ 的分法. 这时,可把由这个分法分成的小区间 $[x_{i-1},x_i]$ 分成两类:一类是整个属于区间 $[a,a_1]$ 或 $[b_1,b]$ 的小区间;另一类是与区间 $[a_1,b_1]$ 有公共点的小区间. 于是,和数

$$\sum_{i=1}^{n}\omega_i\Delta x_i=\sum{'}\omega_i\Delta x_i+\sum{''}\omega_i\Delta x_i,$$

其中 $\sum'$ 是全部包含在 $[a,a_1]$ 与 $[b_1,b]$ 内的小区间作出的和,$\sum''$ 是与 $[a_1,b_1]$ 有公共点的小区间作出的和. 由于 $\lambda(T)<\delta$,因此对任何包含在 $[a,a_1]$ 与 $[b_1,b]$ 内的小区间 $[x_{i-1},x_i]$,都有 $\omega_i<\varepsilon$,即

$$\sum{'}\omega_i\Delta x_i<\varepsilon\sum{'}\Delta x_i\leqslant\varepsilon\sum_{i=1}^{n}\Delta x_i=\varepsilon(b-a).$$

因为与 $[a_1,b_1]$ 有公共点的小区间全部位于区间 $[a_1-\delta,b_1+\delta]$ 上,其长度为 $b_1+\delta-(a_1-\delta)=b_1-a_1+2\delta=2\varepsilon+2\delta$. 若取 $\delta<\varepsilon$,故总长度小于 4ε,又因为有界函数 $f(x)$ 在任何小区间 $[x_{i-1},x_i]$ 上的振幅都不超过它在整区间 $[a,b]$ 上的振幅,即 $\omega_i=M_i-m_i\leqslant M-m$,故有

$$\sum{''}\omega_i\Delta x_i\leqslant(M-m)\sum{''}\Delta x_i\leqslant 4(M-m)\varepsilon.$$

于是有

$$\sum_{i=1}^{n}\omega_i\Delta x_i<\varepsilon[b-a+4(M-m)].$$

由可积性定理的推论知,函数 $f(x)$ 在 $[a,b]$ 上是可积的. □

除了上述两定理之外,还可以得到以下的一个结论.

定理 4 设 $f(x)$ 是定义在区间 $[a,b]$ 上的单调有界函数,则 $f(x)$ 在区间 $[a,b]$ 上可积.

证明 为确定起见,不妨设函数 $f(x)$ 在区间 $[a,b]$ 上是单调不减的. 则对于区间 $[a,b]$ 上的任意分法 T,单调不减函数 $f(x)$ 在每个小区间 $[x_{i-1},x_i]$ 上的上确界与下确界显然分别为

$$M_i = f(x_i), \quad m_i = f(x_{i-1}) \quad (i=1,2,\cdots,n).$$

从而

$$\sum_{i=1}^{n} \omega_i \Delta x_i = \sum_{i=1}^{n} (M_i - m_i) \Delta x_i = \sum_{i=1}^{n} [f(x_i) - f(x_{i-1})] \Delta x_i.$$

对任给的正数 ε,取正数 $\delta = \varepsilon$,对 $[a,b]$ 上的任意分法 T,当 $\lambda(T) < \delta$ 时,有

$$\sum_{i=1}^{n} \omega_i \Delta x_i = \sum_{i=1}^{n} [f(x_i) - f(x_{i-1})] \Delta x_i$$

$$< \delta \sum_{i=1}^{n} [f(x_i) - f(x_{i-1})]$$

$$= \delta [f(x_n) - f(x_0)]$$

$$= \varepsilon [f(b) - f(a)].$$

根据可积准则的充分性, 任何单调有界函数 $f(x)$ 在 $[a,b]$ 上可积. □

注意: 在区间 $[a,b]$ 上的单调有界函数, 可以存在无穷多个间断点.

例如, 函数

$$f(x) = \begin{cases} 0, & x = 0, \\ \dfrac{1}{n}, & \dfrac{1}{n+1} < x \leqslant \dfrac{1}{n}. \end{cases}$$

显然, 它在区间 $[0,1]$ 上是单调不减的有界函数, 并以

$$\frac{1}{2}, \frac{1}{3}, \frac{1}{4}, \cdots$$

为间断点. 但是由定理 4 知, 这个函数在区间 $[0,1]$ 上可积.

网上更多······ 　教学 PPT　　拓展练习

自测题

第七章 微分方程

我们知道,利用函数关系可以对客观事物做定量分析,但是在许多实际问题中,不能直接找出所需要的函数关系,而根据问题所服从的客观规律,只能列出含有未知函数的导数或微分的方程,把这样的方程称为**微分方程**.对它进行研究确定出未知函数的过程就是解微分方程.

微分方程是数学的重要分支之一,是数学科学理论联系实际的一个重要途径.它几乎和微积分同时产生,牛顿和莱布尼茨确立的微积分运算的互逆性,实际上就解决了最简单的微分方程 $y'=f(x)$ 的求解问题.学习本章内容必须具备微积分学和代数学的基础.

7.1 微分方程的基本概念

微视频
7.1.1 微分方程的概念

先看几个例题:

例1 已知曲线 $y=f(x)$ 上任一点 $M(x,y)$ 处的切线斜率等于其横坐标的倒数 $\dfrac{1}{x}$,且该曲线通过点 $(1,1)$,求此曲线方程.

解 根据导数的几何意义,所求曲线 $y=f(x)$ 应满足方程
$$\frac{\mathrm{d}y}{\mathrm{d}x}=\frac{1}{x}. \tag{1}$$
积分得
$$y=\ln|x|+C, \tag{2}$$
其中 C 为任意常数.(2)式就是满足方程(1)的所有曲线的方程,可见满足方程(1)的曲线有无穷多,它们是一族曲线(图7.1).

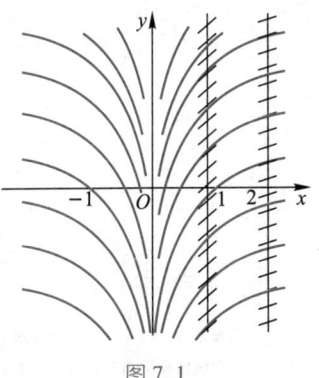

图 7.1

由于所求曲线还通过点 $(1,1)$，即

$$y\Big|_{x=1} = 1. \tag{3}$$

将条件(3)代入(2)式得 $C=1$，从而得到所求的曲线方程为(此时 $x>0$)

$$y = \ln x + 1. \tag{4}$$

例2 质量为 m 的物体受重力作用自由落下，已知初速度为 v_0，求物体降落的规律．

解 设 s 表示物体下落的距离，t 表示下落时间．这里要求的是 s 与 t 的函数关系．由运动学的牛顿第二定律知

$$F = ma = m\frac{d^2 s}{dt^2}.$$

因物体仅受重力 mg 作用（不计空气阻力），于是 $s(t)$ 应满足方程

$$\frac{d^2 s}{dt^2} = g. \tag{5}$$

此外，根据初始状态，$s(t)$ 还应满足条件

$$\begin{cases} s(0) = 0, \\ s'(0) = v(0) = v_0. \end{cases} \tag{6}$$

将方程(5)两边积分一次得

$$v = s' = gt + C_1, \tag{7}$$

再积分一次得

$$s = \frac{1}{2}gt^2 + C_1 t + C_2, \tag{8}$$

其中 C_1, C_2 是两个任意常数，(8)式就是满足方程(5)的全部函数．由于物体还受到初始状态的限制，我们从满足方程(5)的所有函数(8)式中挑选出满足条件(6)的函数．为此，将 $s'(0) = v_0$ 代入(7)式得

$$C_1 = v_0.$$

将 $s(0) = 0$ 代入(8)式得

$$C_2 = 0.$$

于是

$$s = \frac{1}{2}gt^2 + v_0 t \tag{9}$$

是所求的物体降落规律．这个结果与物理实验完全相符．

定义7.1 含有未知函数的导数或微分的，联系着自变量、未知函数及其导数或微分的方程叫做**微分方程**[①]．

[①] 未知函数仅依赖一个自变量的微分方程，叫做**常微分方程**．未知函数依赖多个自变量的微分方程叫做**偏微分方程**，这里仅讨论常微分方程．

如(1)式,(5)式都是微分方程. 微分方程中可以不明显出现自变量和未知函数,但必须含有未知函数的导数或微分. 方程 $x^2+y^2=1$ 就不是微分方程,而是一个隐函数方程.

在微分方程中出现的未知函数的导数的最高阶数,称为微分方程的**阶**. 如方程(1)是一阶微分方程,方程(5)是二阶的,方程 $x^2y'''+4(y')^4=x$ 是三阶的. n 阶微分方程的一般形式为
$$F(x,y,y',\cdots,y^{(n)})=0, \tag{10}$$
这是联系着 $x,y,y',\cdots,y^{(n)}$ 的关系式,式中 $y^{(n)}$ 必须出现.

定义 7.2 凡满足微分方程的函数(即把它和它的导数代入微分方程后,能使方程变为恒等式)都叫做该微分方程的**解**.

对 n 阶微分方程,含有 n 个彼此独立的任意常数①的解,叫做该微分方程的**通解**.

不含任意常数的解,叫做**特解**.

例如,函数(2)和(4)都是方程(1)的解,函数(8)和(9)都是方程(5)的解;但函数(2)和(8)是相应方程的通解,而函数(4)和(9)是其特解. 一般地说,通解和特解是一般与特殊的关系.

微分方程的特解的几何图形叫做**积分曲线**. 通解的几何图形是**积分曲线族**.

微分方程只反映实际问题中变量的变化应服从的一般规律,所以它们的解有无穷多(通解). 要得到完全确定的函数关系(特解),还应看到具体问题中未知函数的特性,比如初值条件、边界条件. 用这些条件可以从通解中选出所需的特解,这种特定的条件叫做定解条件.

定义 7.3 当自变量取某值时,要求未知函数及其导数取给定值的条件叫做**初值条件(初始条件)**.

例如,(3)式和(6)式便是相应问题的初值条件.

因为 n 阶微分方程的通解中含有 n 个任意常数,要想得到确定的解,必须且只需有 n 个定解条件,所以 n 阶微分方程(10)的初值条件应为
$$y(x_0)=y_0,\quad y'(x_0)=y_0',\quad \cdots,\quad y^{(n-1)}(x_0)=y_0^{(n-1)}, \tag{11}$$
其中 $y_0,y_0',\cdots,y_0^{(n-1)}$ 是 n 个数值.

求微分方程满足初值条件的解的问题,叫做**初值问题**或**柯西问题**.

最后,看一个相反的问题:

注意,在微分方程中,未知且待求的是函数,而不是数值.

① 所谓"含有 n 个彼此独立的任意常数的解"是指:含 n 个任意常数的解经任何恒等变形也不能使任意常数的个数 n 减少. 例如,$y=C_1x+C_2$ 中的两个任意常数 C_1,C_2 是独立的,而 $y=C_1\sin x+C_2\cdot 2\sin x$ 中的两个任意常数 C_1,C_2 就不是独立的,因为
$$y=C_1\sin x+C_2\cdot 2\sin x$$
$$=(C_1+2C_2)\sin x$$
$$=C\sin x,$$
实际只有一个任意常数.

例3 问含有两个任意常数 C_1, C_2 的曲线族

$$y = C_1 e^{-x} + C_2 e^{2x} \tag{12}$$

是哪一个微分方程的通解.

解 将(12)式求导得

$$y' = -C_1 e^{-x} + 2C_2 e^{2x},$$

$$y'' = C_1 e^{-x} + 4C_2 e^{2x}.$$

将 y, y', y'' 的式子联立,消去 C_1, C_2,便得到所求的微分方程

$$y'' - y' - 2y = 0. \tag{13}$$

要想验证(12)式是方程(13)的解,只需把(12)式和它的导数代入方程(13),看是否得到恒等式即可.

建立微分方程是解决实际问题的关键步骤,一般是根据具体问题服从的客观规律(如几何关系、物理定律或有关的专业知识),通过代数的或分析的方法来确定,像例1、例2那样.读者应从本章的实际问题里注意学习.

7.2 一阶微分方程

7.2.1 可分离变量的方程

微视频
7.2.1 可分离变量方程

如果一阶微分方程可以写成

$$g(y)\,dy = f(x)\,dx \tag{1}$$

的形式,其中等式的每一边仅是一个变量的函数与该变量的微分之积,则说这个方程是**可分离变量的方程**.

如

$$\frac{dy}{dx} = f(x) h(y)$$

和

$$M_1(x) M_2(y)\,dx + N_1(x) N_2(y)\,dy = 0$$

都是可分离变量的方程.

可分离变量的方程求通解的步骤是:

1. 分离变量,把方程化为(1)的形式.

2. 将(1)式两边积分

$$\int g(y)\,dy = \int f(x)\,dx + C, \tag{2}$$

其中 C 为任意常数. 由(2)式确定的函数 $y=y(x,C)$ 就是方程的通解.

这种解方程的方法称为**分离变量法**.

例1 求微分方程 $2xy'=y$ 的通解.

解 将方程分离变量得

$$\frac{2}{y}dy = \frac{1}{x}dx,$$

两边积分得通解

$$2\ln|y| = \ln|x| + C_1,$$

即

$$y^2 = Cx \quad (C = \pm e^{C_1}).$$

显然 $y \equiv 0$ 也是方程的解,在分离变量时被丢掉,应补上,所以上式中的 C 也可取零值,因此通解 $y^2 = Cx$ 中的 C 是任意常数.

例2 解方程 $dy = \sqrt{1-y^2}\,dx$.

解 分离变量得

$$\frac{dy}{\sqrt{1-y^2}} = dx,$$

两边积分得通解 $\arcsin y = x + C$,即

$$y = \sin(x+C), \quad x \in \left(-C-\frac{\pi}{2}, -C+\frac{\pi}{2}\right).$$

显然 $y = \pm 1$ 也是方程的解,但它未包含在通解表达式中. 这说明微分方程的通解和全部解是有区别的,但许多情况下,它们又是一致的.

> 在解初值问题时,如果从通解中找不到满足初值条件的特解,应考虑求解过程中是否丢掉了某些解.

7.2.2 一阶线性微分方程

形如

$$\frac{dy}{dx} + P(x)y = Q(x) \tag{3}$$

的方程称为**一阶线性微分方程**. 它是未知函数及其导数的一次方程,其中 $P(x), Q(x)$ 为某区间上的已知函数. 当 $Q(x) \equiv 0$ 时,方程

$$\frac{dy}{dx} + P(x)y = 0 \tag{4}$$

称为**一阶齐次线性方程**,相应地把 $Q(x) \not\equiv 0$ 的方程(3)称为**一阶非齐次线性方程**.

一阶齐次线性方程(4)是可分离变量的方程,分离变量得

微视频
7.2.2 一阶线性齐次方程

$$\frac{dy}{y} = -P(x)dx,$$

积分并化简得方程(4)的通解为

$$y = Ce^{-\int P(x)dx}, \tag{5}$$

其中 C 为任意常数.

齐次线性方程(4)是一般线性方程(3)的特殊情况.(4)式的通解是任意常数 C 与指数函数 $e^{-\int P(x)dx}$ 之积,显然非齐次线性方程的解不会如此,但它们之间应存在某种共性.故可设想方程(3)的解呈

$$y = C(x)e^{-\int P(x)dx} \tag{6}$$

型,代入方程(3),得

$$C'(x)e^{-\int P(x)dx} - C(x)e^{-\int P(x)dx}P(x) + P(x)C(x)e^{-\int P(x)dx} = Q(x),$$

从而 $C(x)$ 满足方程

$$C'(x) = Q(x)e^{\int P(x)dx}.$$

积分得

$$C(x) = \int Q(x)e^{\int P(x)dx}dx + C,$$

于是一阶非齐次线性方程(3)的通解公式为

$$y = e^{-\int P(x)dx}\left(C + \int Q(x)e^{\int P(x)dx}dx\right). \tag{7}$$

微视频
7.2.3 一阶线性非齐次方程

把齐次线性方程的通解中的任意常数变易为待定函数 $C(x)$,视为非齐次线性方程的通解,代入方程确定 $C(x)$,从而得到求非齐次线性方程的通解的方法叫做**常数变易法**,这是一个重要的数学思想和方法.

公式(7)说明:非齐次线性方程的通解等于对应的齐次线性方程的通解 $Ce^{-\int P(x)dx}$ 与它自己的一个特解 $e^{-\int P(x)dx}\int Q(x)e^{\int P(x)dx}dx$ 之和.

例3 解初值问题

$$\begin{cases}(x^2-1)y' + 2xy - \cos x = 0, \\ y|_{x=0} = 1.\end{cases}$$

解 将方程写为标准形式

$$y' + \frac{2x}{x^2-1}y = \frac{\cos x}{x^2-1},$$

这是 $P(x) = \dfrac{2x}{x^2-1}, Q(x) = \dfrac{\cos x}{x^2-1}$ 的一阶非齐次线性方程.由公式(7)得

通解

$$y = e^{-\int \frac{2x}{x^2-1}dx}\left(C + \int \frac{\cos x}{x^2-1}e^{\int \frac{2x}{x^2-1}dx}dx\right)$$

$$= \frac{1}{x^2-1}(C+\sin x).$$

由初值条件 $y\big|_{x=0}=1$，确定 $C=-1$，于是初值问题的解为

$$y=\frac{1-\sin x}{1-x^2}.$$

例 4 解方程

$$y\ln y\,dx+(x-\ln y)dy=0.$$

解 若将方程写成

$$\frac{dy}{dx}=-\frac{y\ln y}{x-\ln y},$$

则它既不是线性方程，又不能分离变量. 若将方程写为

$$\frac{dx}{dy}=-\frac{x}{y\ln y}+\frac{1}{y},$$

就是以 x 为未知函数，y 为自变量的一阶非齐次线性方程，且 $P(y)=\frac{1}{y\ln y}$，$Q(y)=\frac{1}{y}$，由公式(7)得通解

$$x = e^{-\int \frac{1}{y\ln y}dy}\left(C + \int \frac{1}{y}e^{\int \frac{1}{y\ln y}dy}dy\right) = \frac{1}{2}\ln y + \frac{C}{\ln y}.$$

此外，$y=1$ 也是原方程的解.

7.2.3 变量代换

变量代换在数学的各个方面都是极重要的，在极限运算和积分运算中已看到了变换的作用. 下面用变量代换的方法来简化、求解两类微分方程，我们关键要掌握变换的思想方法.

1. 如果一阶微分方程可以写成

$$\frac{dy}{dx}=g\left(\frac{y}{x}\right) \tag{8}$$

的形式，则称之为**齐次方程**.

作变换，令 $u=\frac{y}{x}$，即 $y=ux$，则 $\frac{dy}{dx}=u+x\frac{du}{dx}$，代入方程(8)便得到 u

> 解微分方程时，通常不计较哪个是自变量哪个是因变量，视方便而定，关键在于找到两个变量间的函数关系. 解可以是显函数，也可以是隐函数，甚至是参数形式的.

微视频
7.2.4 齐次方程

满足的方程

$$u+x\frac{\mathrm{d}u}{\mathrm{d}x}=g(u),$$

即

$$\frac{\mathrm{d}u}{\mathrm{d}x}=\frac{g(u)-u}{x}.$$

这是可分离变量的方程. 求出通解后, 用 $\frac{y}{x}$ 替代 u, 就得到原方程的通解.

例 5 求解方程

$$\frac{\mathrm{d}y}{\mathrm{d}x}=\frac{y}{x}+\tan\frac{y}{x}.$$

解 令 $u=\frac{y}{x}$, 方程变为

$$u+x\frac{\mathrm{d}u}{\mathrm{d}x}=u+\tan u,$$

即

$$\frac{\mathrm{d}u}{\tan u}=\frac{\mathrm{d}x}{x}.$$

积分得

$$\ln|\sin u|=\ln|x|+C_1,$$

故原方程的通解为

$$\sin\frac{y}{x}=Cx,$$

C 为任意常数 (因 $y=k\pi x$ 也是解).

例 6 解方程

$$xy\,\mathrm{d}x-(x^2-y^2)\,\mathrm{d}y=0.$$

解 将方程写为

$$\frac{\mathrm{d}y}{\mathrm{d}x}=\frac{xy}{x^2-y^2}=\frac{\frac{y}{x}}{1-\left(\frac{y}{x}\right)^2},$$

可见它是齐次方程, 令 $u=\frac{y}{x}$, 方程变为

$$u+x\frac{\mathrm{d}u}{\mathrm{d}x}=\frac{u}{1-u^2},$$

即
$$\frac{1-u^2}{u^3}du = \frac{1}{x}dx.$$

积分得
$$-\frac{1}{2u^2} - \ln|u| = \ln|x| + C_1,$$

去对数,化简得
$$ux = C\exp\left(-\frac{1}{2u^2}\right),$$

C 为任意常数,故原方程的通解是
$$y = C\exp\left(-\frac{x^2}{2y^2}\right).$$

由此例可以看出,形如
$$M(x,y)dx + N(x,y)dy = 0$$

的方程,当 $M(x,y)$ 和 $N(x,y)$ 为 x,y 的同次齐次多项式时,方程就是齐次的.

2. 形如
$$\frac{dy}{dx} + P(x)y = Q(x)y^n \quad (n \neq 0,1) \tag{9}$$

微视频
7.2.5 伯努利方程

的方程叫做**伯努利方程**. 它不是线性方程,但可通过变换化为线性方程.

事实上,用 y^n 除方程(9)的两边,得
$$y^{-n}\frac{dy}{dx} + P(x)y^{1-n} = Q(x),$$

即
$$\frac{1}{1-n}\frac{dy^{1-n}}{dx} + P(x)y^{1-n} = Q(x).$$

可见只要作变换,令 $z = y^{1-n}$,方程(9)就可化为 z 的一阶线性方程
$$\frac{dz}{dx} + (1-n)P(x)z = (1-n)Q(x).$$

求出它的通解后,再用 y^{1-n} 代替 z,就得到伯努利方程(9)的通解.

例7 解方程
$$\frac{dy}{dx} - \frac{4}{x}y = x\sqrt{y}.$$

解 这是 $n = \frac{1}{2}$ 的伯努利方程,作变换,令 $z = y^{\frac{1}{2}}$,则方程化为

$$\frac{\mathrm{d}z}{\mathrm{d}x} - \frac{2}{x}z = \frac{x}{2}.$$

它的通解为

$$z = \mathrm{e}^{\int \frac{2}{x}\mathrm{d}x}\left(C + \int \frac{x}{2}\mathrm{e}^{-\int \frac{2}{x}\mathrm{d}x}\mathrm{d}x\right) = x^2\left(C + \frac{1}{2}\ln|x|\right),$$

故原方程通解为

$$y = x^4\left(C + \frac{1}{2}\ln|x|\right)^2.$$

熟悉求解方法后,也可以不引入新变量,而直接按上述方法求解.

例 8 解方程

$$\frac{\mathrm{d}y}{\mathrm{d}x} = \frac{1}{xy + x^2 y^3}.$$

解 这不是线性方程,也不是伯努利方程. 但若把 y 视为自变量,将方程写为

$$\frac{\mathrm{d}x}{\mathrm{d}y} = xy + x^2 y^3,$$

就是 $n=2$ 的伯努利方程,两边除以 x^2 得

$$-\frac{\mathrm{d}x^{-1}}{\mathrm{d}y} = yx^{-1} + y^3.$$

故所求方程的通解为

$$x^{-1} = \mathrm{e}^{-\int y\mathrm{d}y}\left(C - \int y^3 \mathrm{e}^{\int y\mathrm{d}y}\mathrm{d}y\right) = \mathrm{e}^{-\frac{y^2}{2}}\left(C - \int y^3 \mathrm{e}^{\frac{y^2}{2}}\mathrm{d}y\right)$$

$$= \mathrm{e}^{-\frac{y^2}{2}}\left[C - \mathrm{e}^{\frac{y^2}{2}}(y^2 - 2)\right] = C\mathrm{e}^{-\frac{y^2}{2}} + 2 - y^2.$$

7.2.4 应用实例

例 9(放射性元素的衰变与考古问题) 考证 1972 年 8 月出土的长沙马王堆一号墓埋葬的年限.

解 由生物学知,活着的生物通过新陈代谢体内 $^{14}\mathrm{C}$(碳-14)的含量不变,死亡后,新陈代谢停止,由于 $^{14}\mathrm{C}$ 是放射性物质,随着时间的增加,体内 $^{14}\mathrm{C}$ 将逐渐减少. 物理学家卢瑟福(Rutherford)指出,放射性元素的衰变速度与现有量成正比. 设 $x = x(t)$ 表示生物死亡后 t 年体内 $^{14}\mathrm{C}$ 的含量,因为衰变速度为 $-\dfrac{\mathrm{d}x}{\mathrm{d}t}$,所以 $x(t)$ 满足方程

$$-\frac{\mathrm{d}x}{\mathrm{d}t} = kx,$$

其中 $k>0$ 称为衰变常数(单位:1/年). 设生物死亡时($t=0$)体内 ^{14}C 含量为 x_0, 所以 $x(t)$ 是初值问题

$$\begin{cases} \dfrac{dx}{dt} = -kx, \\ x(0) = x_0 \end{cases} \tag{10}$$

的解.

由分离变量法求得方程的通解

$$x = Ce^{-kt}.$$

代入初值条件得 $C = x_0$,故初值问题的解为

$$x = x_0 e^{-kt}. \tag{11}$$

由此得到

$$t = \frac{1}{k} \ln \frac{x_0}{x}. \tag{12}$$

因为 ^{14}C 的半衰期(衰减为原有量的一半所需的时间) $T = 5\,730$ 年,代入(12)式确定 $k = \dfrac{\ln 2}{T}$. 又因为 x_0 与 x 比值的测定比其衰变速度的测定困难,测得墓中出土的木炭标本 ^{14}C 平均原子衰变速度为 29.78 次/min,而新砍伐木材的木炭中 ^{14}C 平均原子衰变速度 38.37 次/min. 由(10)知

$$\frac{x'(0)}{x'(t)} = \frac{x(0)}{x(t)},$$

所以

$$t = \frac{1}{k} \ln \frac{x_0}{x} = \frac{T}{\ln 2} \ln \frac{x'(0)}{x'(t)}$$

$$= \frac{5\,730}{0.693\,2} \ln \frac{38.37}{29.78} \approx 2\,095 \text{ 年}.$$

因此马王堆一号墓大约是 2 000 多年前的汉墓.

此例中的初值问题(10)是服从"变化率与现有量成比例(即相对变化率为常数)"规律的一类实际问题的数学模型,只是不同的问题方程右端的符号有正有负. 例如,一定时期内,人口的增长、生物的增长、细菌的繁殖、存款的复利,都是依指数规律变化的. 此外,知识经济中的一个典型法则,即摩尔法则也是如此. 这也就看出无理数 e 为什么重要,以 e 为底的对数为什么叫自然对数.

例 10 某池塘最多能养 1 000 条鱼,开始池塘内有 100 条鱼,鱼

的繁殖速度与鱼的条数 x 和 $1\,000-x$ 的乘积成比例,三个月后池塘内有鱼 250 条,问六个月时池塘内鱼的数量.

解 由题意知池塘内鱼的条数 $x(t)$ 是初值问题

$$\begin{cases} \dfrac{\mathrm{d}x}{\mathrm{d}t}=kx(1\,000-x), \\ x(0)=100 \end{cases} \tag{13}$$

的解. 由分离变量法得通解

$$\frac{x}{1\,000-x}=C\exp(1\,000kt).$$

代入初值条件 $x(0)=100$,得 $C=\dfrac{1}{9}$. 又因为 $x(3)=250$,可确定 $k=\dfrac{\ln 3}{3\,000}$. 所以,池塘内鱼的条数 x 满足

$$\frac{x}{1\,000-x}=\frac{1}{9}\cdot 3^{\frac{t}{3}},$$

即条数为

$$x=\frac{1\,000}{1+3^{2-\frac{t}{3}}}.$$

> 如果计划将来每个月打捞一次鱼,请您指点:从何时开始打捞,一次打捞多少条鱼为好.

所以六个月时池塘内有鱼 $x(6)=500$ 条.

生活空间有限的生物种群个体数的变化、新技术的推广、传染病的传播、小道消息的传播等都服从(13)的数学模型,称为逻辑斯谛模型.

例 11(质量浓度问题) 设容器内盛有 100 L 盐溶液,质量浓度为 10%(即含净盐 10 kg),今以 3 L/min 的速度注入清水,冲淡溶液,同时以 2 L/min 的速度放出盐水.容器内有搅拌器搅拌,使溶液的质量浓度随时在各处都相同,问 50 min 时容器中还有多少净盐,溶液的质量浓度为多少?

解 设 t(单位:min)时容器内溶液含净盐 $x=x(t)$,这时容器中溶液量为

$$100+3t-2t=100+t,$$

其质量浓度为

$$\frac{x}{100+t}.$$

由于质量浓度是连续变化的,在时间间隔 $[t,t+\mathrm{d}t]$ 内放出盐溶液 $2\mathrm{d}t$,

所以容器内净盐微元是
$$dx = \frac{-2x}{100+t}dt,$$
这就是 $x(t)$ 满足的微分方程. $x(t)$ 的初值条件是
$$x\big|_{t=0} = 10.$$
将方程分离变量,并根据初值条件作定积分
$$\int_{10}^{x}\frac{dx}{x} = \int_{0}^{t}-\frac{2}{100+t}dt,$$
便得到初值问题的解为
$$\ln x - \ln 10 = -2[\ln(100+t) - \ln 100],$$
即
$$x = \frac{10^5}{(100+t)^2}.$$
因此,50 min 时容器中净盐量为
$$x\big|_{t=50} = \frac{10^5}{150^2} \approx 4.44 \text{ kg}.$$
溶液的质量浓度略低于 3%.

湖水和房间内空气的污染问题、污染的治理、输液过程中血液内药物的质量浓度等问题都可以归结为本例的数学模型.

"微元法"在某些实际问题建模时,也是一个重要的方法.

例 12 求图 7.2 所示的电阻 R,电感 L 和电源 $E = E_m \sin \omega t$ 构成的回路的电流.

解 根据电学的基尔霍夫(kirchhoff)第二定律(回路电压定律)有
$$L\frac{di}{dt} + Ri = E_m \sin \omega t,$$
这是线性方程,由公式(7)得
$$i = e^{-\int \frac{R}{L}dt}\left(C + \int \frac{E_m}{L}\sin \omega t \, e^{\int \frac{R}{L}dt}dt\right)$$
$$= e^{-\frac{R}{L}t}\left(C + \frac{E_m}{L}\int e^{\frac{R}{L}t}\sin \omega t\, dt\right).$$

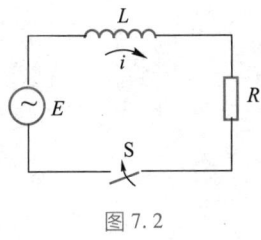

图 7.2

通过分部积分得到
$$i(t) = Ce^{-\frac{R}{L}t} + \frac{E_m}{R^2+\omega^2 L^2}(R\sin \omega t - \omega L\cos \omega t).$$

因为 $i(0) = 0$,故

$$C = \frac{\omega L E_m}{R^2 + \omega^2 L^2}.$$

从而

$$i(t) = \frac{\omega L E_m}{R^2 + \omega^2 L^2} e^{-\frac{R}{L}t} + \frac{E_m}{\sqrt{R^2 + \omega^2 L^2}} \sin(\omega t - \varphi),$$

$$\varphi = \arctan \frac{\omega L}{R}.$$

其中第一项按指数规律很快衰减趋于零，称为**暂态分量**；第二项按电源频率振荡，仅差一个相角 φ，称为**稳态分量**.

7.3 几种可积的高阶微分方程

二阶及二阶以上的微分方程称为**高阶微分方程**. 除了后面几节要介绍的常系数线性方程之外，一般高阶方程求解很困难，而且没有普遍适用的方法. 本节介绍几种常见的简单的高阶微分方程的解法，由于主要靠降低方程阶数来求解，所以称为**降阶法**.

微视频
7.3.1 可降阶的高阶微分方程（1）

7.3.1 $y^{(n)} = f(x)$ 型方程

这是最简单的高阶微分方程，只需积分 n 次便可得到通解. 事实上，积分一次得

$$y^{(n-1)} = \int f(x)\,dx + C_1,$$

再积分得

$$y^{(n-2)} = \iint f(x)(dx)^2 + C_1 x + C_2,$$

一直积分到第 n 次，得到通解

$$y = \overbrace{\int \cdots \int}^{n\text{个}} f(x)(dx)^n + \frac{C_1}{(n-1)!} x^{n-1} + \frac{C_2}{(n-2)!} x^{n-2} + \cdots + C_{n-1} x + C_n,$$

其中 $C_1, C_2, \cdots, C_n$ 为 n 个任意常数. 显然这个通解也可写为

$$y = \int \cdots \int f(x)(dx)^n + C_1 x^{n-1} + C_2 x^{n-2} + \cdots + C_{n-1} x + C_n.$$

如 7.1 节例 2.

7.3.2 $y'' = f(x, y')$ 型方程

这是不含未知函数 y 的方程. 只要作变换，令 $z = y'$，则 $z' = y''$，于

是方程化为一阶方程
$$z' = f(x, z).$$
如果其通解为 $z = z(x, C_1)$,则由 $y' = z(x, C_1)$ 再积分一次,可求出原方程的通解
$$y = \int z(x, C_1)\,dx + C_2.$$

例1 解初值问题
$$\begin{cases}(1+x^2)y'' = 2xy', \\ y|_{x=0} = 1,\ y'|_{x=0} = 3.\end{cases}$$

解 因方程中不含未知函数 y,令 $z = y'$,方程化为 z 的可分离变量的一阶方程
$$(1+x^2)\frac{dz}{dx} = 2xz.$$
由分离变量法解得
$$z = C_1(1+x^2),$$
从而有
$$y' = C_1(1+x^2).$$
由初值条件 $y'|_{x=0} = 3$,知 $C_1 = 3$,所以
$$y' = 3(1+x^2).$$
积分得
$$y = x^3 + 3x + C_2.$$
再由初值条件 $y|_{x=0} = 1$,知 $C_2 = 1$. 故所求初值问题的解为
$$y = x^3 + 3x + 1.$$

对于不含 $y, y', \cdots, y^{(k-1)}$ 的 n 阶方程
$$F(x, y^{(k)}, \cdots, y^{(n)}) = 0,$$
只需作变换,令 $z = y^{(k)}$,方程就可化为 $n-k$ 阶方程
$$F(x, z, \cdots, z^{(n-k)}) = 0.$$
求出其通解后,再积分 k 次,即可求得原方程的通解.

例2 解方程 $y^{(5)} - \dfrac{1}{x}y^{(4)} = 0.$

解 令 $z = y^{(4)}$,则方程变为
$$z' - \frac{1}{x}z = 0,$$
由分离变量法解得

$$z = Cx.$$

于是
$$y^{(4)} = Cx,$$

所以原方程的通解为
$$y = C_1 x^5 + C_2 x^3 + C_3 x^2 + C_4 x + C_5.$$

7.3.3 $y'' = f(y, y')$ 型方程

这个方程中未出现自变量. 作变换, 令 $z = y'$ 作新的未知函数, 而把 y 视为自变量, 则方程可化为 z 的一阶方程. 因为
$$\frac{d^2 y}{dx^2} = \frac{dz}{dx} = \frac{dz}{dy} \frac{dy}{dx} = z \frac{dz}{dy},$$

所以方程变为
$$z \frac{dz}{dy} = f(y, z).$$

如果其通解为 $z = z(y, C_1)$, 再解可分离变量的方程
$$y' = z(y, C_1),$$

就得到原方程的通解.

例 3 解方程 $yy'' - (y')^2 - (y')^4 = 0$.

解 令 $z = y'$, 则 $y'' = z \dfrac{dz}{dy}$, 方程化为
$$yz \frac{dz}{dy} - z^2 - z^4 = 0.$$

由分离变量法得
$$\frac{z^2}{1+z^2} = (C_1 y)^2,$$

即有
$$\frac{dx}{dy} = \frac{1}{z} = \frac{\sqrt{1-(C_1 y)^2}}{C_1 y}.$$

积分, 得到通解
$$x = \frac{1}{C_1} \left[\sqrt{1-(C_1 y)^2} + \ln \frac{1 - \sqrt{1-(C_1 y)^2}}{C_1 y} \right] + C_2.$$

此外, $z = y' = 0$, 即 $y = C$ 也是方程的解.

7.3.4 应用实例

例 4 质量为 m 的质点受 Ox 轴向力 $F=F(t)$ 的作用,沿 Ox 轴作直线运动.已知 $F(0)=F_0, F(t_1)=0$,随时间 t 的增大,$F(t)$ 匀速地减小.$t=0$ 时,质点静止于原点,求质点在 $[0,t_1]$ 上的运动规律.

解 设 $x=x(t)$ 表示质点在 t 时的位置,由运动学牛顿第二定律得方程
$$mx''=F(t).$$
由题意,力 $F=F(t)$ 在 t-F 平面上的图形是过点 $(0,F_0)$ 和 $(t_1,0)$ 的直线,故
$$F=F_0\left(1-\frac{t}{t_1}\right), \quad t\in[0,t_1].$$
因此 $x(t)$ 是初值问题
$$\begin{cases} x''=\dfrac{F_0}{m}\left(1-\dfrac{t}{t_1}\right), \\ x(0)=x'(0)=0 \end{cases}$$
的解.因此
$$x=\int_0^t\int_0^t\frac{F_0}{m}\left(1-\frac{t}{t_1}\right)(\mathrm{d}t)^2=\frac{F_0}{m}\int_0^t\left(t-\frac{t^2}{2t_1}\right)\mathrm{d}t=\frac{F_0}{m}\left(\frac{t^2}{2}-\frac{t^3}{6t_1}\right),$$
即
$$x(t)=\frac{F_0}{2m}t^2\left(1-\frac{t}{3t_1}\right), \quad t\in[0,t_1]$$
为所求的质点运动规律.

例 5 设有一均匀柔软无伸缩性的绳索,两端固定,绳索仅受重力作用而自然下垂,试求该绳索在平衡态时的曲线方程.

解 取坐标如图 7.3,A 为绳索最低点,显然曲线在 A 点处的切线斜率为零,$|OA|$ 待定.设曲线方程为 $y=y(x)$.

绳索上点 A 到另一点 $M(x,y)$ 间的弧 $\overparen{AM}$ 受力分析:设 $\overparen{AM}$ 长为 s,并设单位长的绳索重力为 ρ,则 $\overparen{AM}$ 所受重力为 ρs;$\overparen{AM}$ 还受到两个张力作用,在 A 点处的张力沿水平切线方向,其大小记为 H;在 M 点处的张力沿该点的切线方向,与水平线夹角记为 θ,其大小记为 T.根据平衡条件得
$$T\sin\theta=\rho s, \quad T\cos\theta=H.$$

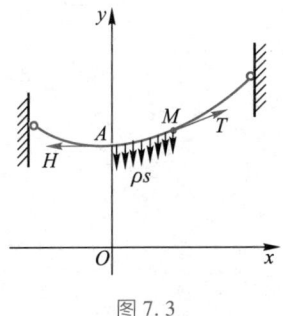

图 7.3

两式相除,得
$$\tan\theta = \frac{1}{a}s,$$

其中常数 $a = \frac{H}{\rho}$. 由于 $y' = \tan\theta$, 故有
$$y' = \frac{1}{a}s.$$

两边关于 x 求导得 $y'' = \frac{1}{a}s'$. 利用弧微分公式 $\mathrm{d}s = \sqrt{1+y'^2}\,\mathrm{d}x$, 便得到绳索曲线所满足的微分方程
$$y'' = \frac{1}{a}\sqrt{1+y'^2}.$$

取 $|OA| = a$, 则曲线满足初值条件
$$y\big|_{x=0} = a, \quad y'\big|_{x=0} = 0.$$

下面我们来解这个初值问题,由于方程中不含 y, 设 $z = y'$, 则方程化为
$$\frac{\mathrm{d}z}{\mathrm{d}x} = \frac{1}{a}\sqrt{1+z^2}.$$

分离变量并积分得
$$\ln(z+\sqrt{1+z^2}) = \frac{x}{a} + C_1.$$

由初值条件 $z\big|_{x=0} = y'\big|_{x=0} = 0$, 代入上式知 $C_1 = 0$, 故有
$$z + \sqrt{1+z^2} = \mathrm{e}^{\frac{x}{a}}.$$

从而
$$z - \sqrt{1+z^2} = \frac{-1}{z+\sqrt{1+z^2}} = -\mathrm{e}^{-\frac{x}{a}},$$

于是
$$z = \frac{1}{2}(\mathrm{e}^{\frac{x}{a}} - \mathrm{e}^{-\frac{x}{a}}),$$

故
$$y' = \frac{1}{2}(\mathrm{e}^{\frac{x}{a}} - \mathrm{e}^{-\frac{x}{a}}).$$

积分得
$$y = \frac{a}{2}(\mathrm{e}^{\frac{x}{a}} + \mathrm{e}^{-\frac{x}{a}}) + C_2.$$

由条件 $y|_{x=0}=a$，知 $C_2=0$，从而绳索曲线方程为

$$y=\frac{a}{2}(\mathrm{e}^{\frac{x}{a}}+\mathrm{e}^{-\frac{x}{a}})=a\operatorname{ch}\frac{x}{a}.$$

此曲线称为**悬链线**.

例6（第二宇宙速度问题） 用火箭将一质量为 m 的航天器送入太空，问航天器与火箭分离时，航天器获得的初速度 v_0 为多少才能脱离地球引力的束缚，遨游太空.

解 航天器与火箭分离的高度通常远远小于地球的半径 $R=6.4\times10^6\mathrm{m}$，故可认为分离时（$t=0$）航天器到地心的距离为 R，但这个高度以上空气稀薄，可不考虑空气阻力. 分离后，航天器仅受地球引力 $F=G\dfrac{m_1 m}{r^2}$ 作用，其中 G 为万有引力常数，m_1 为地球的质量，$r=r(t)$ 是 t 时刻航天器到地心的距离. 根据牛顿第二定律 $F=ma=m\dfrac{\mathrm{d}^2 r}{\mathrm{d}t^2}$，所以 $r=r(t)$ 是初值问题

$$\begin{cases}\dfrac{\mathrm{d}^2 r}{\mathrm{d}t^2}=-G\dfrac{m_1}{r^2},\\ r(0)=R, r'(0)=v_0\end{cases}$$

的解. 问题变为：确定 v_0 的值，使 $r\to+\infty$（当 $t\to+\infty$）.

令 $v=\dfrac{\mathrm{d}r}{\mathrm{d}t}$，视 r 为自变量，则 $\dfrac{\mathrm{d}^2 r}{\mathrm{d}t^2}=\dfrac{\mathrm{d}v}{\mathrm{d}t}=\dfrac{\mathrm{d}v}{\mathrm{d}r}\dfrac{\mathrm{d}r}{\mathrm{d}t}=v\dfrac{\mathrm{d}v}{\mathrm{d}r}$，方程降阶为可分离变量的一阶微分方程

$$v\frac{\mathrm{d}v}{\mathrm{d}r}=-\frac{Gm_1}{r^2},$$

其通解为

$$v^2=\frac{2Gm_1}{r}+C_1.$$

由初值条件 $t=0$ 时，$r=R$，$v=r'=v_0$，确定 $C_1=v_0^2-\dfrac{2Gm_1}{R}$，因此

$$v^2=\frac{2Gm_1}{r}+v_0^2-\frac{2Gm_1}{R}.$$

由此可见，要保证 $r\to+\infty$，必有

$$v_0^2\geqslant\frac{2Gm_1}{R},$$

由于在地球表面上，物体与地球间的万有引力等于重力，即 $G\dfrac{m_1 m}{R^2} = mg$，所以

$$Gm_1 = R^2 g.$$

代入上式得

$$v_0 \geqslant \sqrt{2gR} \approx \sqrt{2 \times 9.8 \times 6.4 \times 10^6} = 11.2 \times 10^3 \text{ m/s}.$$

7.4 线性微分方程及其通解的结构

7.4.1 两个实例

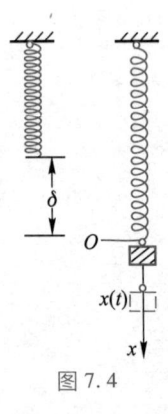

图 7.4

例 1 机械振动问题：设有一弹簧，上端固定，下端悬挂一质量为 m 的物体，物体受到一垂直干扰力 $F_s = H\sin pt$ 的作用，求物体运动规律．

解 取 x 轴垂直向下，系统的平衡位置为原点，如图 7.4 所示．为确定物体运动规律，先分析它在位置 $x(t)$ 处受力情况．

(1) 弹簧弹性力 F，与弹簧变形量成正比，指向平衡位置，故

$$F = -c(\delta + x),$$

其中 c 为劲度系数，δ 为弹簧在物体的重力作用下的伸长量．

(2) 介质阻力 F_R 与物体运动速度成正比（速度不大时），与运动方向相反，

$$F_R = -\mu v = -\mu \dfrac{dx}{dt},$$

其中 μ 为常数，称为阻尼系数．

(3) 重力

$$P = mg.$$

(4) 垂直干扰力

$$F_s = H\sin pt.$$

这些力的合力使物体改变运动状态，由牛顿第二定律得方程

$$m\dfrac{d^2 x}{dt^2} = -c(\delta + x) - \mu \dfrac{dx}{dt} + mg + H\sin pt.$$

由于在系统的平衡位置处，弹性力 $-c\delta$ 与重力 mg 平衡，故有 $-c\delta + mg = 0$．于是方程变为

$$m\frac{d^2x}{dt^2}+\mu\frac{dx}{dt}+cx=H\sin pt.$$

若记 $\frac{\mu}{m}=2n, \frac{c}{m}=k^2, \frac{H}{m}=h$，则方程写成

$$\frac{d^2x}{dt^2}+2n\frac{dx}{dt}+k^2x=h\sin pt. \tag{1}$$

这就是物体运动规律 $x=x(t)$ 所满足的微分方程，叫做强迫振动微分方程.

如果物体振动过程中，未受到干扰力的作用，即 $F_s=0$，则运动微分方程

$$\frac{d^2x}{dt^2}+2n\frac{dx}{dt}+k^2x=0, \tag{2}$$

叫做自由振动微分方程.

例2 设有一个由电阻 R，自感 L，电容 C 和电源 E 串联组成的电路，其中 R, L 及 C 为常数，电源电动势是时间 t 的函数：$E=E_m\sin\omega t$，这里 E_m 及 ω 也是常数（图7.5）.

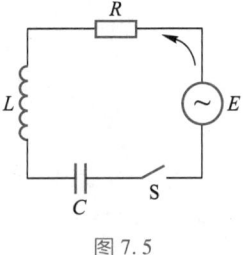

图 7.5

解 设电路中的电流为 $i(t)$，电容器极板上的电量为 $q(t)$，两极板间的电压为 U_C，自感电动势为 E_L，由电学知道

$$i=\frac{dq}{dt}, \quad U_C=\frac{q}{C}, \quad E_L=-L\frac{di}{dt}.$$

根据回路电压定律，得

$$E-L\frac{di}{dt}-\frac{q}{C}-Ri=0.$$

即

$$LC\frac{d^2U_C}{dt^2}+RC\frac{dU_C}{dt}+U_C=E_m\sin\omega t.$$

或写成

$$\frac{d^2U_C}{dt^2}+2\beta\frac{dU_C}{dt}+\omega_0^2 U_C=\frac{E_m}{LC}\sin\omega t. \tag{3}$$

式中 $\beta=\frac{R}{2L}, \omega_0=\frac{1}{\sqrt{LC}}$. 这就是串联电路的振荡方程.

如果电容器经充电后撤去电源（$E=0$），则方程(3)成为

$$\frac{d^2U_C}{dt^2}+2\beta\frac{dU_C}{dt}+\omega_0^2 U_C=0. \tag{4}$$

例1和例2虽然是两个不同的实际问题，但方程(1)和(3)可以

归结为同一个形式

$$\frac{d^2y}{dx^2}+p(x)\frac{dy}{dx}+q(x)y=f(x). \tag{5}$$

而方程(2)和(4)都是方程(5)的特殊情形：$f(x)\equiv 0$. 在工程技术的其他许多问题中，也会遇到上述类型的微分方程.

一般地，形如

$$y^{(n)}+a_1(x)y^{(n-1)}+a_2(x)y^{(n-2)}+\cdots+a_n(x)y=f(x) \tag{6}$$

的方程称为 n **阶线性微分方程**. 当 $f(x)\equiv 0$ 时，

$$y^{(n)}+a_1(x)y^{(n-1)}+a_2(x)y^{(n-2)}+\cdots+a_n(x)y=0. \tag{7}$$

称为**齐次线性微分方程**；当 $f(x)\not\equiv 0$ 时，称为**非齐次线性微分方程**.

> 微视频
> 7.4.1 线性微分方程通解结构(1)

7.4.2 线性微分方程通解的结构

下面首先以二阶线性微分方程为例讨论方程解的性质，进而将其推广到 n 阶线性方程.

先讨论二阶齐次线性方程

$$y''+p(x)y'+q(x)y=0. \tag{8}$$

定理 7.1（叠加原理） 设函数 $y_1(x)$ 与 $y_2(x)$ 是方程(8)的两个解，则 $y=C_1y_1(x)+C_2y_2(x)$ 也是(8)的解，其中 C_1,C_2 是任意常数.

证明 将 $y=C_1y_1(x)+C_2y_2(x)$ 代入(8)式左端，得

$$[C_1y_1''+C_2y_2'']+p(x)[C_1y_1'+C_2y_2']+q(x)[C_1y_1+C_2y_2]$$
$$=C_1[y_1''+p(x)y_1'+q(x)y_1]+C_2[y_2''+p(x)y_2'+q(x)y_2]$$
$$=C_1\cdot 0+C_2\cdot 0$$
$$=0.$$

所以 $y(x)$ 是方程(8)的解. □

为了从方程(8)的无穷多个解中理出一个头绪来，需要引进函数线性相关和线性无关的概念.

设 $y_1(x),y_2(x),\cdots,y_n(x)$ 为定义在区间 I 上的 n 个函数，如果存在 n 个不全为零的常数 $k_1,k_2,\cdots,k_n$，使得

$$k_1y_1(x)+k_2y_2(x)+\cdots+k_ny_n(x)\equiv 0,\forall x\in I,$$

则称这 n 个函数在区间 I 上**线性相关**，否则称**线性无关**.

例如，函数组 $1,\cos^2 x,\sin^2 x$ 在整个数轴上是线性相关的. 因为

$$1+(-1)\cos^2 x+(-1)\sin^2 x\equiv 0,$$

即取 $k_1=1, k_2=k_3=-1$ 时,上式对任何 x 都成立. 而函数组 $1, \cos x$, $\sin x$ 在整个数轴上是线性无关的. 因为若有

$$k_1 \cdot 1 + k_2 \cos x + k_3 \sin x \equiv 0$$

对任意的 x 成立,则分别令 $x=0, \dfrac{\pi}{2}, \pi$,就得到

$$k_1+k_2=0, \quad k_1+k_3=0, \quad k_1-k_2=0,$$

解得 $k_1=k_2=k_3=0$. 因此, $1, \cos x, \sin x$ 不可能线性相关.

现考虑区间 I 上的两个线性相关函数 $y_1(x), y_2(x)$. 若存在不全为零的数 k_1, k_2,使得

$$k_1 y_1(x) + k_2 y_2(x) = 0$$

在区间 I 上恒成立,将上述等式对 x 求导,又得

$$k_1 y_1'(x) + k_2 y_2'(x) = 0.$$

这两个等式组成的方程组是关于 k_1 和 k_2 的线性齐次代数方程组,并且它有非零解,所以应有

$$W(x) = \begin{vmatrix} y_1(x) & y_2(x) \\ y_1'(x) & y_2'(x) \end{vmatrix} \equiv 0.$$

$W(x)$ 称为函数 $y_1(x)$ 与 $y_2(x)$ 的朗斯基行列式[①]. 如果 $y_1(x)$, $y_2(x)$ 是方程(8)的解,容易证明 $y_1(x)$ 与 $y_2(x)$ 线性无关的充要条件是朗斯基行列式 $W(x_0) \neq 0$, $\exists x_0 \in I$.

有了线性无关的概念后,我们有如下关于二阶齐次线性微分方程(8)通解结构的定理.

定理 7.2 如果 $y_1(x)$ 与 $y_2(x)$ 是方程(8)的两个线性无关的特解,则 $y = C_1 y_1(x) + C_2 y_2(x)$ 是方程(7)的通解,其中 C_1, C_2 是任意常数.

在本章 7.2 节中我们已经看到,一阶非齐次线性微分方程的通解由两部分构成:一部分是对应的齐次方程的通解,另一部分是非齐次方程本身的一个特解. 不仅一阶非齐次线性微分方程的通解具有这样的结构,更高阶的非齐次线性微分方程也如此.

定理 7.3 设 $y^*(x)$ 是非齐次线性微分方程

$$y'' + p(x) y' + q(x) y = f(x) \tag{5'}$$

的一个特解, $Y(x)$ 是与(5')对应的齐次方程(8)的通解,则 $y(x) = y^*(x) + Y(x)$ 是二阶非齐次线性微分方程(5')的通解.

证明 把 $y(x) = y^*(x) + Y(x)$ 代入方程(5')的左端,得

[①] 朗斯基(Wronski H J M, 1776—1853),波兰数学家和哲学家.

微视频
7.4.2 线性微分方程通解结构(2)

$$(Y''+y^{*''})+p(x)(Y'+y^{*'})+q(x)(Y+y^*)$$
$$=[Y''+p(x)Y'+q(x)Y]+[y^{*''}+p(x)y^{*'}+q(x)y^*]$$
$$=f(x),$$

故 $y(x)$ 是方程 $(5')$ 的解. 又由于对应的齐次方程 (8) 的通解 $Y=C_1y_1+C_2y_2$ 中含有两个任意相互独立的常数,所以 $y=Y+y^*$ 中也含有两个任意相互独立的常数,从而它就是二阶非齐次线性方程 $(5')$ 的通解. □

非齐次线性微分方程 $(5')$ 的特解有时可用下述定理来求出.

定理 7.4 设 $y_1^*(x)$ 与 $y_2^*(x)$ 依次是方程
$$y''+p(x)y'+q(x)y=f_1(x),$$
$$y''+p(x)y'+q(x)y=f_2(x)$$
的解,则 $y=y_1^*(x)+y_2^*(x)$ 是方程
$$y''+p(x)y'+q(x)y=f_1(x)+f_2(x) \tag{9}$$
的解.

证明 将 $y=y_1^*+y_2^*$ 代入方程 (9) 的左端,得
$$(y_1^*+y_2^*)''+p(x)(y_1^*+y_2^*)'+q(x)(y_1^*+y_2^*)$$
$$=[y_1^{*''}+p(x)y_1^{*'}+q(x)y_1^*]+[y_2^{*''}+p(x)y_2^{*'}+q(x)y_2^*]$$
$$=f_1(x)+f_2(x).$$

因此, $y_1^*+y_2^*$ 是方程 (9) 的一个特解. □

这一定理通常称为非齐次线性微分方程解的**叠加原理**.

将定理 7.2 与定理 7.3 分别推广到 n 阶齐次线性微分方程 (7) 和 n 阶非齐次线性微分方程 (6),可以得到有关线性微分方程通解结构的定理.

定理 7.5(齐次线性微分方程通解结构) 设 $y_1(x),y_2(x),\cdots,y_n(x)$ 是 n 阶齐次线性微分方程 (7) 的 n 个线性无关的解,则方程 (7) 的通解为 $y(x)=C_1y_1(x)+C_2y_2(x)+\cdots+C_ny_n(x)$,其中 $C_1,C_2,\cdots,C_n$ 为任意常数.

定理 7.6(非齐次线性微分方程通解结构) 设 $y^*(x)$ 是非齐次方程 (6) 的一个特解, $y_1(x),y_2(x),\cdots,y_n(x)$ 是与 (6) 对应的齐次方程 (7) 的 n 个线性无关的解,则方程 (6) 的通解为 $y(x)=y^*(x)+C_1y_1(x)+C_2y_2(x)+\cdots+C_ny_n(x)$,其中 $C_1,C_2,\cdots,C_n$ 为任意常数.

其他相应定理的推广这里不再赘述.

7.5 常系数线性微分方程

7.5.1 常系数齐次线性微分方程

当 $a_i(i=1,2,\cdots,n)$ 均为常数时,称

$$y^{(n)}+a_1 y^{(n-1)}+\cdots+a_n y=0 \tag{1}$$

为**常系数齐次线性微分方程**. 本段的目的是求方程(1)的 n 个线性无关的解,得到(1)的通解. 在本章 7.2 节中,得到一阶齐次线性方程的解是指数函数. 根据方程(1)的特点,设想(1)也有形如

$$y=\mathrm{e}^{\lambda x} \tag{2}$$

的解,λ 为待定常数,将(2)代入(1),消去 $\mathrm{e}^{\lambda x}$,得

$$\lambda^n+a_1\lambda^{n-1}+\cdots+a_n=0. \tag{3}$$

所以,函数(2)是方程(1)的解的充要条件是:λ 为代数方程(3)的根.

称(3)式为方程(1)的**特征方程**,并称其根为**特征值**.

(1) 当特征方程(3)有 n 个互异的根 $\lambda_1,\lambda_2,\cdots,\lambda_n$ 时,则

$$\mathrm{e}^{\lambda_1 x},\quad \mathrm{e}^{\lambda_2 x},\quad \cdots,\quad \mathrm{e}^{\lambda_n x} \tag{4}$$

就是常系数齐次线性微分方程(1)的一个基本解组.

值得注意的是,对实系数的齐次线性微分方程(1),若有复特征值,必是成对的共轭复数. 比如 $\lambda_k=\alpha+\mathrm{i}\beta$,$\lambda_{k+1}=\alpha-\mathrm{i}\beta$,由欧拉公式[①]

$$\mathrm{e}^{\mathrm{i}\theta}=\cos\theta+\mathrm{i}\sin\theta,$$
$$\mathrm{e}^{-\mathrm{i}\theta}=\cos\theta-\mathrm{i}\sin\theta$$

知,解

$$\mathrm{e}^{\lambda_k x}=\mathrm{e}^{(\alpha+\mathrm{i}\beta)x}=\mathrm{e}^{\alpha x}(\cos\beta x+\mathrm{i}\sin\beta x),$$
$$\mathrm{e}^{\lambda_{k+1} x}=\mathrm{e}^{(\alpha-\mathrm{i}\beta)x}=\mathrm{e}^{\alpha x}(\cos\beta x-\mathrm{i}\sin\beta x).$$

根据叠加原理知

$$\frac{1}{2}(\mathrm{e}^{\lambda_k x}+\mathrm{e}^{\lambda_{k+1} x})=\mathrm{e}^{\alpha x}\cos\beta x,$$
$$\frac{1}{2\mathrm{i}}(\mathrm{e}^{\lambda_k x}-\mathrm{e}^{\lambda_{k+1} x})=\mathrm{e}^{\alpha x}\sin\beta x$$

是(1)的两个实值解. 用它们代替(4)中的 $\mathrm{e}^{\lambda_k x}$,$\mathrm{e}^{\lambda_{k+1} x}$,便可得到(1)的实值的基本解组.

(2) 当特征方程(3)有重根时,设 λ_j 是 k 重根,则不难验证

---

① 这里用到的欧拉公式 $\mathrm{e}^{\mathrm{i}\theta}=\cos\theta+\mathrm{i}\sin\theta$,$\mathrm{e}^{-\mathrm{i}\theta}=\cos\theta-\mathrm{i}\sin\theta$ 将在无穷级数一章介绍. 欧拉(Euler L, 1707—1783),瑞士数学家、物理学家. 他著述如林,涉猎面广,一生发表了 500 多种论著,在他 59 岁双目失明后,还以坚忍的毅力奋斗拼搏,口述了 400 篇左右的论文和几本专著,被称为"数学家中的英雄". 他的著作不但包含许多开创性的成果,而且在表述上思路清晰,极富启发性,行文优美流畅,将其丰富的思想表达得淋漓尽致,且妙趣横生,充分显示出数学美,因而他被誉为"数学界的莎士比亚". 他品德高尚,重视培养人才,被当时欧洲的数学家们尊称为"老师". 欧拉认为一个科学家"如果做出了给科学宝库增加财富的发现,而未能坦率阐明那些引导他做出发现的思想,那就没有给科学做出足够的工作".

$$e^{\lambda_j x}, \quad xe^{\lambda_j x}, \quad \cdots, \quad x^{k-1}e^{\lambda_j x}$$

是方程(1)的 k 个线性无关的解. 这样得到的所有解共 n 个,构成(1)的基本解组.

以下列出了方程(1)的特征根与基本解组中相关的解.

特征根情况	基本解组中相关的解	
k 重实根 λ	$e^{\lambda x}, \quad xe^{\lambda x}, \quad \cdots, \quad x^{k-1}e^{\lambda x}$ （共 k 个）	
k 重共轭复根 $\lambda = \alpha \pm i\beta$	$e^{\alpha x}\cos\beta x, \quad xe^{\alpha x}\cos\beta x, \quad \cdots, \quad x^{k-1}e^{\alpha x}\cos\beta x$ $e^{\alpha x}\sin\beta x, \quad xe^{\alpha x}\sin\beta x, \quad \cdots, \quad x^{k-1}e^{\alpha x}\sin\beta x$	（共 $2k$ 个）

对常系数齐次线性微分方程,只要知道它的特征值及其重数,根据这个表就可直接得到它的通解.

例 1 解方程 $y'' - 2y' - 3y = 0$.

解 因特征方程 $\lambda^2 - 2\lambda - 3 = 0$ 的根 $\lambda_1 = -1, \lambda_2 = 3$ 互异,故方程的通解为

$$y = C_1 e^{-x} + C_2 e^{3x}.$$

例 2 解方程 $y'' - 2y' + 5y = 0$.

解 因特征方程 $\lambda^2 - 2\lambda + 5 = 0$ 的根 $\lambda = 1 \pm 2i$,故方程的通解为

$$y = e^x (C_1 \cos 2x + C_2 \sin 2x).$$

例 3 解初值问题

$$\begin{cases} 16y'' - 24y' + 9y = 0, \\ y\big|_{x=0} = 4, \quad y'\big|_{x=0} = 2. \end{cases}$$

解 特征方程 $16\lambda^2 - 24\lambda + 9 = (4\lambda - 3)^2 = 0$ 的根 $\lambda = \dfrac{3}{4}$（二重根）,所以方程的通解是

$$y = (C_1 + C_2 x) e^{\frac{3}{4}x}.$$

将初值条件 $y\big|_{x=0} = 4$ 代入,得 $C_1 = 4$,从而

$$y = (4 + C_2 x) e^{\frac{3}{4}x},$$

两边求导,得

$$y' = \left(3 + C_2 + \frac{3}{4}C_2 x\right) e^{\frac{3}{4}x}.$$

将条件 $y'\big|_{x=0} = 2$ 代入,确定 $C_2 = -1$,于是所求之特解为

$$y = (4 - x) e^{\frac{3}{4}x}.$$

例 4 解方程 $y^{(5)} + y^{(4)} + 2y''' + 2y'' + y' + y = 0$.

解 特征方程为
$$\lambda^5+\lambda^4+2\lambda^3+2\lambda^2+\lambda+1=(\lambda+1)(\lambda^2+1)^2=0,$$
故特征值 $\lambda_1=-1$（单根），$\lambda_{2,3}=\pm\mathrm{i}$（二重共轭复根），于是函数
$$y_1=\mathrm{e}^{-x},\quad y_2=\cos x,\quad y_3=x\cos x,\quad y_4=\sin x,\quad y_5=x\sin x$$
构成基本解组，所以通解为
$$y=C_1\mathrm{e}^{-x}+(C_2+C_3 x)\cos x+(C_4+C_5 x)\sin x.$$

7.5.2 常系数非齐次线性微分方程

当 $a_i(i=1,2,\cdots,n)$ 均为常数，且 $f(x)\neq 0$ 时，称
$$y^{(n)}+a_1 y^{(n-1)}+\cdots+a_n y=f(x) \tag{5}$$
为**常系数非齐次线性微分方程**.

有了上节的讨论，求非齐次线性方程(5)的通解关键在于找到它的一个特解. 下面介绍一类常见的常系数非齐次线性微分方程(5)求特解的重要方法——**待定系数法**.

当方程(5)的右端函数 $f(x)$ 是多项式、正弦函数、余弦函数、指数函数或它们的和与积时，由于它们的导数是自封闭的①，而方程(5)又是常系数线性的，可以想到，此时方程有与右端函数属同一类函数的特解. 具体方法如下：

设方程(5)的右端函数
$$f(x)=\mathrm{e}^{\alpha x}[P(x)\cos\beta x+Q(x)\sin\beta x], \tag{6}$$
其中 $P(x),Q(x)$ 是多项式，m 是它们的次数的最大值. 如果 $\alpha+\mathrm{i}\beta$ 是方程(1)的 k 重特征值（不是特征值时，认为 $k=0$），则非齐次方程(5)有特解形如
$$y_*(x)=x^k\mathrm{e}^{\alpha x}[R(x)\cos\beta x+S(x)\sin\beta x], \tag{7}$$
其中 $R(x),S(x)$ 是 m 次待定的多项式. 将(7)式代入方程(5)，比较同类项的系数来确定两个多项式的系数. 这种求特解的方法叫做**待定系数法**.

(6)式包含了工程问题中常见的一大类函数，比如，$\alpha=\beta=0$ 时，$f(x)$ 是多项式；$\alpha=0$ 时，$f(x)$ 是多项式与正弦函数、余弦函数之积；$\beta=0$ 时，$f(x)$ 是多项式与指数函数之积等.

例5 求方程 $y''+y'=x-2$ 的通解.

解 特征方程 $\lambda^2+\lambda=0$，特征值为 $\lambda_1=0,\lambda_2=-1$，故对应的齐次线性方程通解为

① 自封闭是指集合中的任意两个元素作某种运算后，运算结果仍在该集合内

$$y_H = C_1 + C_2 e^{-x}.$$

$f(x) = x-2$,相当于(6)中的 $\alpha = 0, \beta = 0, m = 1$. 由于 $\alpha + i\beta = 0 = \lambda_1$ 是单特征值,所以 $k=1$,故设

$$y_* = x(b_0 x + b_1),$$

代入方程得

$$2b_0 + 2b_0 x + b_1 = x-2,$$

比较 x 同次幂的系数得

$$2b_0 = 1, \quad 2b_0 + b_1 = -2,$$

故 $b_0 = \dfrac{1}{2}, b_1 = -3$,特解

$$y_* = \frac{1}{2}x^2 - 3x.$$

方程的通解为

$$y = C_1 + C_2 e^{-x} + \frac{1}{2}x^2 - 3x.$$

例 6 解方程 $y''' - 3y'' + 3y' - y = e^x$.

解 特征方程 $\lambda^3 - 3\lambda^2 + 3\lambda - 1 = (\lambda-1)^3 = 0$,特征值 $\lambda_1 = 1$(三重),故

$$y_H = (C_1 + C_2 x + C_3 x^2) e^x.$$

因为 $f(x) = e^x$,故 $\alpha = 1, \beta = 0, m = 0$. $\alpha + i\beta = 1 = \lambda_1$(三重),所以 $k=3$. 设

$$y_* = x^3 b_0 e^x,$$

代入方程解得 $b_0 = \dfrac{1}{6}$,故

$$y_* = \frac{1}{6}x^3 e^x.$$

方程的通解为

$$y = \left(C_1 + C_2 x + C_3 x^2 + \frac{1}{6}x^3\right) e^x.$$

例 7 解方程 $y'' - 5y' + 6y = (x+1) e^{4x}$.

解 特征方程 $\lambda^2 - 5\lambda + 6 = 0$ 的根 $\lambda_1 = 2, \lambda_2 = 3$,故

$$y_H = C_1 e^{2x} + C_2 e^{3x}.$$

因为 $f(x) = (x+1) e^{4x}$,故 $\alpha = 4, \beta = 0, m = 1$. 而 $\alpha + i\beta = 4$ 不是特征根,所以 $k=0$. 设

$$y_* = (b_0 x + b_1)e^{4x},$$

代入方程,消去 e^{4x} 得

$$2b_0 x + 2b_1 + 3b_0 = x + 1,$$

故 $b_0 = \dfrac{1}{2}, b_1 = -\dfrac{1}{4}$,即

$$y_* = \left(\dfrac{1}{2}x - \dfrac{1}{4}\right)e^{4x}.$$

方程的通解为

$$y = C_1 e^{2x} + C_2 e^{3x} + \dfrac{1}{4}(2x - 1)e^{4x}.$$

例 8 解方程 $y'' - y' = \sin x$.

解 特征方程 $\lambda^2 - \lambda = 0$ 的根 $\lambda_1 = 0, \lambda_2 = 1$,故

$$y_H = C_1 + C_2 e^x.$$

因为 $f(x) = \sin x$,故 $\alpha = 0, \beta = 1, m = 0$,从而 $\alpha + i\beta = i$ 不是特征根,所以 $k = 0$. 设

$$y_* = b_0 \cos x + d_0 \sin x,$$

代入方程得

$$(b_0 - d_0)\sin x - (b_0 + d_0)\cos x = \sin x,$$

比较同类项系数得 $b_0 = \dfrac{1}{2}, d_0 = -\dfrac{1}{2}$,故

$$y_* = \dfrac{1}{2}(\cos x - \sin x).$$

方程的通解为

$$y = C_1 + C_2 e^x + \dfrac{1}{2}(\cos x - \sin x).$$

例 9 指出下列常系数非齐次线性方程特解形式(不必确定多项式系数):

(1) $y'' + 2y' + 2y = e^{-x}(x\cos x + 3\sin x)$;   (2) $y'' + y' = x - 2 + 3e^{2x}$.

解 (1) 特征方程 $\lambda^2 + 2\lambda + 2 = 0$ 的根 $\lambda_{1,2} = -1 \pm i$.

因为 $\alpha = -1, \beta = 1, m = 1$,所以 $\alpha + i\beta = -1 + i = \lambda_1$,故 $k = 1$,从而有特解形如

$$y_* = x e^{-x}\left[(b_0 x + b_1)\cos x + (d_0 x + d_1)\sin x\right].$$

(2) 设 $f_1(x) = x - 2, f_2(x) = 3e^{2x}$. 由叠加原理知方程有特解形如

$$y_* = x(b_0 x + b_1) + d_0 e^{2x}.$$

7.5.3 欧拉方程

形如

$$x^n y^{(n)} + a_1 x^{n-1} y^{(n-1)} + \cdots + a_{n-1} x y' + a_n y = f(x) \qquad (8)$$

的方程称为**欧拉方程**,其中 $a_i (i=1,2,\cdots,n)$ 均为常数. 它是线性微分方程,但不是常系数的. 它的特点是系数为 x 的幂函数,幂函数与未知函数 y 的导数的阶数相等. 容易想到:齐次欧拉方程有幂函数 $y = x^\lambda$ 形式解. 作自变量变换,令 $x = e^t$,这个解化为指数函数 $y = e^{\lambda t}$,方程就化为常系数线性方程. 事实上,由于 $t = \ln x$,则

$$\frac{dy}{dx} = \frac{dy}{dt} \frac{dt}{dx} = \frac{dy}{dt} \frac{1}{x},$$

$$\frac{d^2 y}{dx^2} = \frac{d}{dx}\left(\frac{1}{x} \frac{dy}{dt}\right) = \frac{1}{x^2}\left(\frac{d^2 y}{dt^2} - \frac{dy}{dt}\right),$$

$$\frac{d^3 y}{dx^3} = \frac{1}{x^3}\left(\frac{d^3 y}{dt^3} - 3 \frac{d^2 y}{dt^2} + 2 \frac{dy}{dt}\right),$$

$$\cdots\cdots$$

如果采用算子 D 表示关于 t 的导数运算 $\dfrac{d}{dt}$,则由上述结果得到

$$xy' = Dy,$$
$$x^2 y'' = D(D-1) y,$$
$$x^3 y''' = D(D-1)(D-2) y,$$
$$\cdots\cdots$$
$$x^n y^{(n)} = D(D-1)\cdots(D-n+1) y,$$

代入欧拉方程(8),便得到以 t 为自变量的常系数线性方程. 求出通解后,将 $t = \ln x$ 代入,就得到欧拉方程(8)的通解.

例 10 求解方程 $x^3 y''' + x^2 y'' - 4xy' = 3x^2$.

解 设 $x = e^t$,即 $t = \ln x$,方程变为

$$D(D-1)(D-2) y + D(D-1) y - 4Dy = 3e^{2t},$$

即

$$D(D+1)(D-3) y = 3e^{2t}. \qquad (9)$$

特征方程 $\lambda(\lambda+1)(\lambda-3) = 0$ 的根 $\lambda_1 = 0, \lambda_2 = -1, \lambda_3 = 3$,故相应的齐次线性方程通解为

$$y_H = C_1 + C_2 e^{-t} + C_3 e^{3t}.$$

设方程(9)的特解 $y_* = ae^{2t}$,代入方程(9)确定 $a = -\dfrac{1}{2}$,故

$$y_* = -\frac{1}{2}e^{2t}.$$

因此,方程(9)的通解为

$$y = C_1 + C_2 e^{-t} + C_3 e^{3t} - \frac{1}{2}e^{2t}.$$

由于 $x = e^t$,所以原方程通解为

$$y = C_1 + C_2 \frac{1}{x} + C_3 x^3 - \frac{1}{2}x^2.$$

例 11 解初值问题

$$\begin{cases} x^2 y'' - xy' + y = x\ln x, \\ y\big|_{x=1} = 1,\ y'\big|_{x=1} = 1. \end{cases} \tag{10}$$

解 令 $x = e^t$,即 $t = \ln x$,方程化为

$$[D(D-1) - D + 1]y = te^t,$$

即

$$(D-1)^2 y = te^t. \tag{11}$$

故方程(11)的特征值 $\lambda = 1$(二重),对应齐次方程通解为

$$y_H = (C_1 + C_2 t)e^t.$$

设方程(11)的特解为

$$y_* = t^2(b_0 t + b_1)e^t,$$

代入方程(11)解得 $b_0 = \dfrac{1}{6}, b_1 = 0$,故

$$y_* = \frac{1}{6}t^3 e^t.$$

因此原方程的通解为

$$y = C_1 x + C_2 x\ln x + \frac{1}{6}x\ln^3 x.$$

由初值条件知 $C_1 = 1, C_2 = 0$,故初值问题(10)的解为

$$y = x + \frac{1}{6}x\ln^3 x.$$

本段讨论中,所取的变换 $t = \ln x$ 限定了解的范围是 $x > 0$ 的. 怎样求 $x < 0$ 部分上的解呢? 请读者自己分析.

7.6 线性微分方程组

在本章 7.4 节和 7.5 节中,我们介绍了高阶线性微分方程解的

结构及求解方法. 本节将讨论高阶微分方程组的基本形式、解的结构及常系数线性微分方程组的部分常用求解方法.

7.6.1 线性微分方程组

对于 n 阶线性微分方程

$$y^{(n)}+a_1(x)y^{(n-1)}+a_2(x)y^{(n-2)}+\cdots+a_n(x)y=f(x), \tag{1}$$

若令 $y'=y_1, y''=y_2, \cdots, y^{(n-1)}=y_{n-1}$,则(1)式化为"等价的"方程组

$$\begin{cases} y'=y_1, \\ y'_1=y_2, \\ \cdots\cdots\cdots \\ y'_{n-2}=y_{n-1}, \\ y'_{n-1}=-a_n(x)y-a_{n-1}(x)y_1-\cdots-a_1(x)y_{n-1}+f(x). \end{cases}$$

它以 $y,y_1,\cdots,y_{n-1}$ 为未知函数,其中 y 就是方程(1)的解. 这样我们就把线性微分方程化为只出现未知函数一阶导数的方程组.

形如

$$\begin{cases} y'_1=a_{11}(x)y_1+a_{12}(x)y_2+\cdots+a_{1n}(x)y_n+f_1(x), \\ y'_2=a_{21}(x)y_1+a_{22}(x)y_2+\cdots+a_{2n}(x)y_n+f_2(x), \\ \cdots\cdots\cdots \\ y'_n=a_{n1}(x)y_1+a_{n2}(x)y_2+\cdots+a_{nn}(x)y_n+f_n(x) \end{cases} \tag{2}$$

的微分方程组称为(标准的)一阶线性微分方程组. (2)式的通解是含有 n 个独立的任意常数的函数组

$$y_i=y_i(x,C_1,C_2,\cdots,C_n), i=1,2,\cdots,n.$$

(2)式的初值条件为

$$y_i(x_0)=y_i^{[0]}, \quad i=1,2,\cdots,n, \tag{3}$$

其中 $y_i^{[0]}(i=1,2,\cdots,n)$ 为给定的常数.

进一步,为了简化(2)和(3),我们用向量和矩阵来表示,令

$$\boldsymbol{y}=\begin{pmatrix} y_1 \\ \vdots \\ y_n \end{pmatrix}, \quad \boldsymbol{A}(x)=\begin{pmatrix} a_{11}(x) & \cdots & a_{1n}(x) \\ \vdots & & \vdots \\ a_{n1}(x) & \cdots & a_{nn}(x) \end{pmatrix}, \quad \boldsymbol{f}(x)=\begin{pmatrix} f_1(x) \\ \vdots \\ f_n(x) \end{pmatrix},$$

并规定向量函数和矩阵函数的连续、导数和积分是对它们的每个元素而言的. 则(2),(3)式可简记为

$$\boldsymbol{y}'=\boldsymbol{A}(x)\boldsymbol{y}+\boldsymbol{f}(x), \tag{2'}$$

$$\boldsymbol{y}(x_0) = \boldsymbol{y}^{[0]}. \tag{3'}$$

若 $\boldsymbol{f}(x) \not\equiv \boldsymbol{0}$ 时,称 (2') 式为**非齐次线性微分方程组**,$\boldsymbol{f}(x)$ 称为**非齐次项**;当 $\boldsymbol{f}(x) \equiv \boldsymbol{0}$ 时,

$$\boldsymbol{y}' = \boldsymbol{A}(x)\boldsymbol{y} \tag{4}$$

称为**齐次线性微分方程组**. 这样,(2') 或 (4) 式的解是 n 维向量函数 $\boldsymbol{y} = \boldsymbol{y}(x)$.

7.6.2 线性微分方程组通解结构

下面我们将线性微分方程解的结构推广至微分方程组.

定理 7.7(存在唯一性定理) 若 $\boldsymbol{A}(x), \boldsymbol{f}(x)$ 在区间 I 上连续,则对任一 $x_0 \in I$ 和任一 n 维常向量 $\boldsymbol{y}^{[0]}$,一阶线性微分方程组的初值问题 (2'),(3') 有唯一的解 $\boldsymbol{y} = \boldsymbol{y}(x)$,且此解在整个区间 I 上有定义.

证明略.

定理 7.8(叠加原理) 设 $\boldsymbol{y}^{[1]}, \boldsymbol{y}^{[2]}$ 依次是方程组

$$\boldsymbol{y}' = \boldsymbol{A}(x)\boldsymbol{y} + \boldsymbol{f}^{[1]}(x),$$
$$\boldsymbol{y}' = \boldsymbol{A}(x)\boldsymbol{y} + \boldsymbol{f}^{[2]}(x)$$

的解,则

$$\boldsymbol{y} = a\boldsymbol{y}^{[1]} + b\boldsymbol{y}^{[2]}$$

是方程组

$$\boldsymbol{y}' = \boldsymbol{A}(x)\boldsymbol{y} + [a\boldsymbol{f}^{[1]}(x) + b\boldsymbol{f}^{[2]}(x)]$$

的解,其中 a, b 为常数.

证明

$$\begin{aligned}
\boldsymbol{y}' &= a(\boldsymbol{y}^{[1]})' + b(\boldsymbol{y}^{[2]})' \\
&= a[\boldsymbol{A}(x)\boldsymbol{y}^{[1]} + \boldsymbol{f}^{[1]}(x)] + b[\boldsymbol{A}(x)\boldsymbol{y}^{[2]} + \boldsymbol{f}^{[2]}(x)] \\
&= \boldsymbol{A}(x)(a\boldsymbol{y}^{[1]} + b\boldsymbol{y}^{[2]}) + [a\boldsymbol{f}^{[1]}(x) + b\boldsymbol{f}^{[2]}(x)] \\
&= \boldsymbol{A}(x)\boldsymbol{y} + [a\boldsymbol{f}^{[1]}(x) + b\boldsymbol{f}^{[2]}(x)]. \quad \square
\end{aligned}$$

由叠加原理知,若 $\boldsymbol{y}^{[1]}, \boldsymbol{y}^{[2]}$ 是齐次线性微分方程组 (4) 的任意两个解,则它们的线性组合

$$\boldsymbol{y} = C_1 \boldsymbol{y}^{[1]} + C_2 \boldsymbol{y}^{[2]}$$

也是 (4) 的解. 这说明齐次线性微分方程组 (4) 的所有解构成一个线性空间. 下面证明它是 n 维的. 为此先将线性相关,线性无关的概念推广:

设 $\boldsymbol{\varphi}^{[1]}(x), \boldsymbol{\varphi}^{[2]}(x), \cdots, \boldsymbol{\varphi}^{[m]}(x)$ 是区间 I 上的 m 个向量函数,若

有 m 个不全为零的常数 $k_1, k_2, \cdots, k_m$，使

$$k_1 \boldsymbol{\varphi}^{[1]}(x) + k_2 \boldsymbol{\varphi}^{[2]}(x) + \cdots + k_m \boldsymbol{\varphi}^{[m]}(x) \equiv \boldsymbol{0}, \quad \forall x \in I,$$

则称这 m 个向量函数在区间 I 上**线性相关**，否则称它们**线性无关**.

在区间 I 上，只要在一点 x_0 处，常向量组 $\boldsymbol{\varphi}^{[1]}(x_0), \boldsymbol{\varphi}^{[2]}(x_0), \cdots, \boldsymbol{\varphi}^{[m]}(x_0)$ 线性无关，则在区间 I 上向量函数组 $\boldsymbol{\varphi}^{[1]}(x), \boldsymbol{\varphi}^{[2]}(x), \cdots, \boldsymbol{\varphi}^{[m]}(x)$ 就线性无关.

定理 7.9（齐次线性微分方程组通解结构） 若方程组(4)有 n 个线性无关的解 $\boldsymbol{y}^{[1]}(x), \boldsymbol{y}^{[2]}(x), \cdots, \boldsymbol{y}^{[n]}(x)$，则(4)式的通解 $\boldsymbol{y}(x)$ 都可表示为

$$\boldsymbol{y}(x) = C_1 \boldsymbol{y}^{[1]}(x) + C_2 \boldsymbol{y}^{[2]}(x) + \cdots + C_n \boldsymbol{y}^{[n]}(x),$$

其中 $C_1, C_2, \cdots, C_n$ 为 n 个常数.

证明 任取 n 个线性无关的 n 维常向量 $\boldsymbol{y}_0^{[1]}, \boldsymbol{y}_0^{[2]}, \cdots, \boldsymbol{y}_0^{[n]}$，则(4)式分别满足初值条件

$$\boldsymbol{y}^{[1]}(x_0) = \boldsymbol{y}_0^{[1]}, \quad \boldsymbol{y}^{[2]}(x_0) = \boldsymbol{y}_0^{[2]}, \quad \cdots, \quad \boldsymbol{y}^{[n]}(x_0) = \boldsymbol{y}_0^{[n]}, \quad x_0 \in I$$

的 n 个解 $\boldsymbol{y}^{[1]}(x), \boldsymbol{y}^{[2]}(x), \cdots, \boldsymbol{y}^{[n]}(x)$ 就是线性无关的.

设 $\boldsymbol{y}(x)$ 是(4)式的任一解，满足 $\boldsymbol{y}(x_0) = \boldsymbol{y}^{[0]}$，必有常数 $C_1, C_2, \cdots, C_n$，使

$$\boldsymbol{y}^{[0]} = C_1 \boldsymbol{y}_0^{[1]} + C_2 \boldsymbol{y}_0^{[2]} + \cdots + C_n \boldsymbol{y}_0^{[n]}.$$

由叠加原理知 $C_1 \boldsymbol{y}^{[1]}(x) + C_2 \boldsymbol{y}^{[2]}(x) + \cdots + C_n \boldsymbol{y}^{[n]}(x)$ 是(4)式的解，上式表明它与解 $\boldsymbol{y}(x)$ 满足同一初值条件，由解的唯一性有

$$\boldsymbol{y}(x) = C_1 \boldsymbol{y}^{[1]}(x) + C_2 \boldsymbol{y}^{[2]}(x) + \cdots + C_n \boldsymbol{y}^{[n]}(x). \quad \square$$

若

$$\boldsymbol{y}^{[1]}(x) = \begin{pmatrix} y_1^{[1]}(x) \\ \vdots \\ y_n^{[1]}(x) \end{pmatrix}, \quad \cdots, \quad \boldsymbol{y}^{[n]}(x) = \begin{pmatrix} y_1^{[n]}(x) \\ \vdots \\ y_n^{[n]}(x) \end{pmatrix}$$

是方程组(4)的 n 个线性无关的解，记

$$\boldsymbol{Y}(x) = \begin{pmatrix} y_1^{[1]}(x) & \cdots & y_1^{[n]}(x) \\ \vdots & & \vdots \\ y_n^{[1]}(x) & \cdots & y_n^{[n]}(x) \end{pmatrix}, \quad \boldsymbol{C} = \begin{pmatrix} C_1 \\ \vdots \\ C_n \end{pmatrix},$$

则(4)式的通解可写为

$$\boldsymbol{y} = \boldsymbol{Y}(x) \boldsymbol{C}.$$

称 $\boldsymbol{y}^{[1]}(x), \cdots, \boldsymbol{y}^{[n]}(x)$ 为(4)式的一个**基本解组**，$\boldsymbol{Y}(x)$ 为**基本解矩**

阵. 容易证明 $\boldsymbol{y}^{[1]}(x),\cdots,\boldsymbol{y}^{[n]}(x)$ 线性无关的充要条件是朗斯基行列式

$$W(x_0) = \begin{vmatrix} y_1^{[1]}(x_0) & \cdots & y_1^{[n]}(x_0) \\ \vdots & & \vdots \\ y_n^{[1]}(x_0) & \cdots & y_n^{[n]}(x_0) \end{vmatrix} \neq 0,$$

x_0 是区间 I 内任一点.

定理 7.10(非齐次线性微分方程组通解结构) 设 $\boldsymbol{y}^{[*]}(x)$ 是非齐次线性微分方程组($2'$)的一个特解,而 $\boldsymbol{y}^{[1]}(x),\cdots,\boldsymbol{y}^{[n]}(x)$ 是对应的齐次线性微分方程组(4)的一个基本解组,则($2'$)的通解为

$$\boldsymbol{y}(x) = C_1\boldsymbol{y}^{[1]}(x) + C_2\boldsymbol{y}^{[2]}(x) + \cdots + C_n\boldsymbol{y}^{[n]}(x) + \boldsymbol{y}^{[*]}(x),$$

其中 $C_1, C_2, \cdots, C_n$ 为 n 个任意常数.

这是定理 7.8 和定理 7.9 的推论. 它说明:为了求非齐次线性微分方程组($2'$)的解,只需求对应的齐次线性微分方程组(4)的一个基本解组和非齐次方程组($2'$)的一个特解. 下面介绍一个由(4)的基本解组求($2'$)的特解的方法——**常数变易法**.

设 $\boldsymbol{Y}(x)$ 是(4)的一个基本解矩阵,将(4)的通解 $\boldsymbol{y} = \boldsymbol{Y}(x)\boldsymbol{C}$ 中的常向量 $\boldsymbol{C}$ 变易为 x 的待定向量函数 $\boldsymbol{C}(x)$,设($2'$)有特解

$$\boldsymbol{y}^{[*]} = \boldsymbol{Y}(x)\boldsymbol{C}(x), \tag{5}$$

代入($2'$)得

$$\boldsymbol{Y}'(x)\boldsymbol{C}(x) + \boldsymbol{Y}(x)\boldsymbol{C}'(x) = \boldsymbol{A}(x)\boldsymbol{Y}(x)\boldsymbol{C}(x) + \boldsymbol{f}(x).$$

因为 $\boldsymbol{Y}'(x) = \boldsymbol{A}(x)\boldsymbol{Y}(x)$,故

$$\boldsymbol{Y}(x)\boldsymbol{C}'(x) = \boldsymbol{f}(x),$$

左乘 $\boldsymbol{Y}(x)$ 的逆 $\boldsymbol{Y}^{-1}(x)$,得

$$\boldsymbol{C}'(x) = \boldsymbol{Y}^{-1}(x)\boldsymbol{f}(x),$$

积分得

$$\boldsymbol{C}(x) = \int_{x_0}^{x} \boldsymbol{Y}^{-1}(t)\boldsymbol{f}(t)\,\mathrm{d}t,$$

其中 x_0 为 $\boldsymbol{A}(x)$ 和 $\boldsymbol{f}(x)$ 都连续的区间 I 内任一定点. 代入(5)式得($2'$)的一个特解

$$\boldsymbol{y}^{[*]} = \boldsymbol{Y}(x)\int_{x_0}^{x} \boldsymbol{Y}^{-1}(t)\boldsymbol{f}(t)\,\mathrm{d}t,$$

从而非齐次线性微分方程组($2'$)的通解可表示为

$$\boldsymbol{y} = \boldsymbol{Y}(x)\left[\boldsymbol{C} + \int_{x_0}^{x} \boldsymbol{Y}^{-1}(t)\boldsymbol{f}(t)\,\mathrm{d}t\right].$$

7.6.3 常系数齐次线性微分方程组

当 A 为 $n\times n$ 阶常数矩阵时,称
$$y' = Ay \tag{6}$$
为**常系数齐次线性微分方程组**. 设想(6)有形如
$$y = v\mathrm{e}^{\lambda x} \tag{7}$$
的解,其中 λ 是待定的常数,$v = (v_1,\cdots,v_n)^\mathrm{T}$ 是待定的非零常向量. 将(7)代入方程组(6)得
$$v\lambda \mathrm{e}^{\lambda x} = Av\mathrm{e}^{\lambda x},$$
消去 $\mathrm{e}^{\lambda x}$,得
$$(\lambda E_n - A)v = 0, \tag{8}$$
E_n 是 n 阶单位矩阵.(8)是齐次线性代数方程组,有非零解的充要条件是
$$\det(\lambda E_n - A) = 0. \tag{9}$$
由此可见,向量函数(7)是微分方程组(6)的解的充要条件是:λ 为系数矩阵 A 的特征值,v 是与 λ 相应的特征向量.

称(9)式为方程组(6)的**特征方程**.

(1) 当矩阵 A 有 n 个互异的特征值 $\lambda_1,\lambda_2,\cdots,\lambda_n$ 时,因相应的特征向量 $v^{[1]},v^{[2]},\cdots,v^{[n]}$ 线性无关,所以
$$v^{[1]}\mathrm{e}^{\lambda_1 x},\quad v^{[2]}\mathrm{e}^{\lambda_2 x},\quad \cdots,\quad v^{[n]}\mathrm{e}^{\lambda_n x}$$
是方程组(6)的一个基本解组.

(2) 当矩阵 A 有重特征值时,需要用到较深入的代数知识,讨论比较复杂,这里仅给出求基本解组的方法. 设特征值 λ_j 是 k 重的,则方程组(6)有形如
$$y = \begin{pmatrix} v_{11} + v_{12}x + \cdots + v_{1k}x^{k-1} \\ \vdots \\ v_{n1} + v_{n2}x + \cdots + v_{nk}x^{k-1} \end{pmatrix} \mathrm{e}^{\lambda_j x}$$
的 k 个线性无关的解. 将它代入方程组(6),得到 v_{ij} 的代数方程组,v_{ij} 中有 k 个可任取. 每选取这一组数——一个 k 维向量,就相应得到方程组(6)的一个解. 选取 k 个线性无关的 k 维向量,就得到方程组(6)的 k 个线性无关的解.

例 1　解初值问题
$$y' = \begin{pmatrix} 1 & -5 \\ 2 & -1 \end{pmatrix} y, \quad y(0) = \begin{pmatrix} 1 \\ 0 \end{pmatrix}.$$

解　特征方程
$$\begin{vmatrix} \lambda-1 & 5 \\ -2 & \lambda+1 \end{vmatrix} = \lambda^2 + 9 = 0.$$

特征值 $\lambda_1 = -3i, \lambda_2 = 3i$，相应的特征向量为 $(5, 1+3i)^T, (5, 1-3i)^T$，故基本解组为

$$y^{[1]} = \begin{pmatrix} 5 \\ 1+3i \end{pmatrix} e^{-i3x} = \left[\begin{pmatrix} 5 \\ 1 \end{pmatrix} + i \begin{pmatrix} 0 \\ 3 \end{pmatrix} \right] (\cos 3x - i\sin 3x)$$

$$= \begin{pmatrix} 5\cos 3x \\ \cos 3x + 3\sin 3x \end{pmatrix} - i \begin{pmatrix} 5\sin 3x \\ \sin 3x - 3\cos 3x \end{pmatrix},$$

$$y^{[2]} = \begin{pmatrix} 5\cos 3x \\ \cos 3x + 3\sin 3x \end{pmatrix} + i \begin{pmatrix} 5\sin 3x \\ \sin 3x - 3\cos 3x \end{pmatrix}.$$

因为方程组是实的，自然希望找到实值基本解组. 这只需取解 $\frac{1}{2}(y^{[1]} + y^{[2]})$ 和 $-\frac{1}{2i}(y^{[1]} - y^{[2]})$，即 $y^{[1]}, y^{[2]}$ 的实部和虚部

$$\begin{pmatrix} 5\cos 3x \\ \cos 3x + 3\sin 3x \end{pmatrix}, \quad \begin{pmatrix} 5\sin 3x \\ \sin 3x - 3\cos 3x \end{pmatrix}$$

为实值基本解组. 故通解为

$$y = C_1 \begin{pmatrix} 5\cos 3x \\ \cos 3x + 3\sin 3x \end{pmatrix} + C_2 \begin{pmatrix} 5\sin 3x \\ \sin 3x - 3\cos 3x \end{pmatrix}.$$

将初值条件 $y(0) = (1, 0)^T$ 代入，得

$$C_1 \begin{pmatrix} 5 \\ 1 \end{pmatrix} + C_2 \begin{pmatrix} 0 \\ -3 \end{pmatrix} = \begin{pmatrix} 1 \\ 0 \end{pmatrix},$$

解得 $C_1 = \frac{1}{5}, C_2 = \frac{1}{15}$，故初值问题的解为

$$y = \begin{pmatrix} \cos 3x + \dfrac{1}{3}\sin 3x \\ \dfrac{2}{3}\sin 3x \end{pmatrix}.$$

例 2　解方程组
$$y' = \begin{pmatrix} 1 & 1 \\ -1 & 3 \end{pmatrix} y.$$

解 特征方程

$$\begin{vmatrix} \lambda-1 & -1 \\ 1 & \lambda-3 \end{vmatrix} = (\lambda-2)^2 = 0,$$

特征值 $\lambda = 2$(二重). 设

$$\boldsymbol{y} = \begin{pmatrix} v_{11}+v_{12}x \\ v_{21}+v_{22}x \end{pmatrix} e^{2x}$$

是方程组的解,代入方程组,消去 e^{2x},得

$$\begin{pmatrix} v_{12}+2v_{11}+2v_{12}x \\ v_{22}+2v_{21}+2v_{22}x \end{pmatrix} = \begin{pmatrix} v_{11}+v_{21}+v_{12}x+v_{22}x \\ -v_{11}+3v_{21}-v_{12}x+3v_{22}x \end{pmatrix}.$$

比较 x 同次幂的系数得

$$\begin{cases} v_{11}+v_{12}=v_{21}, \\ v_{12}=v_{22}. \end{cases}$$

取 $v_{11}=1, v_{12}=0$,则 $v_{21}=1, v_{22}=0$. 因此,微分方程组有一个解为

$$\boldsymbol{y}^{[1]} = \begin{pmatrix} 1 \\ 1 \end{pmatrix} e^{2x}.$$

取 $v_{11}=0, v_{12}=1$,则 $v_{21}=1, v_{22}=1$. 于是得到微分方程组另一个解

$$\boldsymbol{y}^{[2]} = \begin{pmatrix} x \\ 1+x \end{pmatrix} e^{2x}.$$

$\boldsymbol{y}^{[1]}, \boldsymbol{y}^{[2]}$ 构成方程组的基本解组,所以,方程组的通解为

$$\boldsymbol{y} = C_1 \begin{pmatrix} 1 \\ 1 \end{pmatrix} e^{2x} + C_2 \begin{pmatrix} x \\ 1+x \end{pmatrix} e^{2x} = \begin{pmatrix} C_1+C_2x \\ C_1+C_2+C_2x \end{pmatrix} e^{2x}.$$

7.6.4 常系数非齐次线性微分方程组

当 A 为 $n \times n$ 阶常数矩阵,且 n 维向量函数 $\boldsymbol{f}(x) \not\equiv \boldsymbol{0}$ 时,称

$$\boldsymbol{y}' = A\boldsymbol{y} + \boldsymbol{f}(x) \tag{10}$$

为常系数非齐次线性微分方程组.

1. 用常数变易法公式求解

例3 解初值问题

$$\begin{cases} y_1' = y_2, \; y_2' = -y_1 + \dfrac{1}{\cos x}, \\ y_1 \big|_{x=0} = 0, \; y_2 \big|_{x=0} = 1. \end{cases}$$

解 特征方程

$$\begin{vmatrix} \lambda & -1 \\ 1 & \lambda \end{vmatrix} = \lambda^2 + 1 = 0,$$

特征根为 $\lambda = \pm i$,对应的特征向量为 $(1, \pm i)^T$. 故复值基本解组为

$$\boldsymbol{y}^{[1]} = \begin{pmatrix} 1 \\ i \end{pmatrix} e^{ix}, \quad \boldsymbol{y}^{[2]} = \begin{pmatrix} 1 \\ -i \end{pmatrix} e^{-ix},$$

实值基本解组为

$$\bar{\boldsymbol{y}}^{[1]} = \begin{pmatrix} \cos x \\ -\sin x \end{pmatrix}, \quad \bar{\boldsymbol{y}}^{[2]} = \begin{pmatrix} \sin x \\ \cos x \end{pmatrix},$$

基本解矩阵

$$\boldsymbol{Y}(x) = \begin{pmatrix} \cos x & \sin x \\ -\sin x & \cos x \end{pmatrix}.$$

又

$$\boldsymbol{Y}^{-1}(x) = \begin{pmatrix} \cos x & -\sin x \\ \sin x & \cos x \end{pmatrix},$$

故有特解

$$\boldsymbol{y}^{[*]} = \begin{pmatrix} \cos x & \sin x \\ -\sin x & \cos x \end{pmatrix} \int_0^x \begin{pmatrix} \cos t & -\sin t \\ \sin t & \cos t \end{pmatrix} \begin{pmatrix} 0 \\ \dfrac{1}{\cos t} \end{pmatrix} dt$$

$$= \begin{pmatrix} \cos x \ln(\cos x) + x \sin x \\ -\sin x \ln(\cos x) + x \cos x \end{pmatrix}.$$

所以,方程组的通解为

$$\begin{cases} y_1 = C_1 \cos x + C_2 \sin x + \cos x \ln(\cos x) + x \sin x, \\ y_2 = -C_1 \sin x + C_2 \cos x - \sin x \ln(\cos x) + x \cos x. \end{cases}$$

代入初值条件得 $C_1 = 0, C_2 = 1$,故初值问题的解为

$$\begin{cases} y_1 = \sin x + \cos x \ln(\cos x) + x \sin x, \\ y_2 = \cos x - \sin x \ln(\cos x) + x \cos x, \end{cases} \quad x \in \left(-\dfrac{\pi}{2}, \dfrac{\pi}{2} \right).$$

2. 消元法

例4 解方程组

$$\begin{cases} \dfrac{dy}{dx} + \dfrac{dz}{dx} = -y + z + 2, & (11) \\ \dfrac{dy}{dx} - \dfrac{dz}{dx} = y + z - 2. & (12) \end{cases}$$

解 由(11)+(12),(11)-(12)得

$$\begin{cases} \dfrac{dy}{dx}=z, & (13) \\ \dfrac{dz}{dx}=-y+2. & (14) \end{cases}$$

将(13)代入(14)得

$$\frac{d^2y}{dx^2}=-y+2,$$

解得

$$y(x)=C_1\cos x+C_2\sin x+2.$$

代入(13)得

$$z(x)=-C_1\sin x+C_2\cos x.$$

这种类似解代数方程组的消元法,把微分方程组化为一个未知函数的高阶方程式来求解的方法也叫做消元法. 有时为了表述方便,我们在解题过程中常用算子形式来表示.

例5 解方程组

$$\begin{cases} \dfrac{dx}{dt}-\dfrac{dy}{dt}+x=-t, \\ \dfrac{d^2x}{dt^2}-\dfrac{dy}{dt}+3x-y=e^{2t}. \end{cases} \quad (15)$$

解 用算子 $D=\dfrac{d}{dt},D^2=\dfrac{d^2}{dt^2}$ 将(15)表示为

$$\begin{cases} (D+1)x-Dy=-t, & (16) \\ (D^2+3)x-(D+1)y=e^{2t}. & (17) \end{cases}$$

以 $(D+1)$ 作用于方程(16),以 D 作用于方程(17),然后相减得

$$(D^3-D^2+D-1)x=2e^{2t}+t+1.$$

这是未知函数 x 的三阶常系数线性方程,其通解为

$$x=C_1e^t+C_2\cos t+C_3\sin t+\frac{2}{5}e^{2t}-2-t. \quad (18)$$

因为(18)中已出现了三个任意常数,不便再用上面的方法求 y. 为了求 y,由(16),(17)两式之差,得

$$y=(D^2-D+2)x-t-e^{2t},$$

将(18)代入,得

$$y=2C_1e^t+(C_2-C_3)\cos t+(C_2+C_3)\sin t+\frac{3}{5}e^{2t}-3-3t. \quad (19)$$

(18),(19)联合构成方程组(15)的通解.

7.7 例 题

例1 求解微分方程$(x^2-y^2-2y)\mathrm{d}x+(x^2+2x-y^2)\mathrm{d}y=0$.

解 将方程因式分解得

$$[(x+y)(x-y)-(x+y)+(x-y)]\mathrm{d}x+ \\ [(x+y)(x-y)+(x+y)+(x-y)]\mathrm{d}y=0. \qquad(1)$$

令 $x+y=u, x-y=v$,则

$$2\mathrm{d}x=\mathrm{d}u+\mathrm{d}v, \quad 2\mathrm{d}y=\mathrm{d}u-\mathrm{d}v.$$

代入(1)式,得

$$(u+1)v\mathrm{d}u-u\mathrm{d}v=0.$$

当 $uv\neq 0$ 时,

$$\frac{u+1}{u}\mathrm{d}u=\frac{1}{v}\mathrm{d}v,$$

则

$$v=Cu\mathrm{e}^u \quad (C\neq 0).$$

显然 $v=0$ 也是方程的解,故上式中 C 也可取零.故方程的解为

$$x-y=C(x+y)\mathrm{e}^{x+y}.$$

例2 求微分方程 $\dfrac{\mathrm{d}y}{\mathrm{d}x}=\dfrac{2x^3+3xy^2-7x}{3x^2y+2y^3-8y}$ 的通解.

解 原方程化为

$$\frac{y\mathrm{d}y}{x\mathrm{d}x}=\frac{2x^2+3y^2-7}{3x^2+2y^2-8}.$$

即

$$\frac{\mathrm{d}y^2}{\mathrm{d}x^2}=\frac{2x^2+3y^2-7}{3x^2+2y^2-8}.$$

令 $x^2=u+2, y^2=v+1$,得齐次微分方程

$$\frac{\mathrm{d}v}{\mathrm{d}u}=\frac{2u+3v}{3u+2v}.$$

再令 $\eta=\dfrac{v}{u}$,有 $\dfrac{\mathrm{d}v}{\mathrm{d}u}=\eta+u\dfrac{\mathrm{d}\eta}{\mathrm{d}u}$.故

$$\eta+u\frac{\mathrm{d}\eta}{\mathrm{d}u}=\frac{2+3\eta}{3+2\eta}.$$

化简得
$$\frac{3+2\eta}{2(1-\eta^2)}\mathrm{d}\eta = \frac{\mathrm{d}u}{u}.$$

解得
$$\frac{3}{4}\ln\left|\frac{1+\eta}{1-\eta}\right| - \frac{1}{2}\ln|1-\eta^2| = \ln|u| + C.$$

故方程的通解为
$$\frac{3}{4}\ln\left|\frac{x^2+y^2-3}{x^2-y^2-1}\right| - \frac{1}{2}\ln\left|1-\left(\frac{y^2-1}{x^2-2}\right)^2\right| = \ln|x^2-2| + C.$$

例 3 若 $\dfrac{\mathrm{d}^2 x}{\mathrm{d}y^2} + (y+\sin x)\left(\dfrac{\mathrm{d}x}{\mathrm{d}y}\right)^3 = 0$,将它化为 $y=y(x)$ 满足的微分方程. 若 $y(0)=0, y'(0)=\dfrac{3}{2}$,求解 $y(x)$.

解 $\dfrac{\mathrm{d}x}{\mathrm{d}y} = \dfrac{1}{\dfrac{\mathrm{d}y}{\mathrm{d}x}} = \dfrac{1}{y'},$

$$\frac{\mathrm{d}^2 x}{\mathrm{d}y^2} = \frac{\mathrm{d}}{\mathrm{d}y}\left(\frac{\mathrm{d}x}{\mathrm{d}y}\right) = \frac{\mathrm{d}}{\mathrm{d}y}\left(\frac{1}{y'}\right) = \frac{\mathrm{d}}{\mathrm{d}x}\left(\frac{1}{y'}\right)\frac{\mathrm{d}x}{\mathrm{d}y} = -\frac{y''}{(y')^2}\cdot\frac{1}{y'} = -\frac{y''}{(y')^3}.$$

代入原方程,得
$$-\frac{y''}{(y')^3} + (y+\sin x)\left(\frac{1}{y'}\right)^3 = 0,$$

即
$$y'' - y = \sin x.$$

可知此方程所对应的齐次方程的通解为 $y = C_1 \mathrm{e}^x + C_2 \mathrm{e}^{-x}$.

设非齐次方程的特解
$$y^* = A\sin x + B\cos x.$$

由待定系数法可得 $A = -\dfrac{1}{2}, B = 0$. 故非齐次方程通解为
$$y = C_1 \mathrm{e}^x + C_2 \mathrm{e}^{-x} - \frac{1}{2}\sin x.$$

由 $y(0)=0, y'(0)=\dfrac{3}{2}$,有 $C_1 = 1, C_2 = -1$. 故所求解
$$y(x) = \mathrm{e}^x - \mathrm{e}^{-x} - \frac{1}{2}\sin x.$$

例 4 解微分方程 $y'' + 4y' + a^2 y = \mathrm{e}^{-2x}$,其中 a 为实数(特解中待定系数不必求出).

解 齐次方程对应的特征方程为
$$\lambda^2 + 4\lambda + a^2 = 0,$$
$$\lambda_{1,2} = -2 \pm \sqrt{4-a^2}.$$

以下用 Y 表示相应齐次方程通解,y^* 表示方程特解,y 表示方程通解,则

(1) $|a| = 2$ 时,
$$\lambda_{1,2} = -2, \quad Y = C_1 e^{-2x} + C_2 x e^{-2x}, \quad y^* = bx^2 e^{-2x},$$
故
$$y = e^{-2x}(C_1 + C_2 x + bx^2).$$

(2) $|a| < 2$ 时,
$$\lambda_{1,2} = -2 \pm \sqrt{4-a^2} \quad (\text{实根})$$
$$Y = C_1 e^{-2x + \sqrt{4-a^2}\,x} + C_2 e^{-2x - \sqrt{4-a^2}\,x}, \quad y^* = b e^{-2x},$$
故
$$y = e^{-2x}(C_1 e^{\sqrt{4-a^2}\,x} + C_2 e^{-\sqrt{4-a^2}\,x} + b).$$

(3) $|a| > 2$ 时,
$$\lambda_{1,2} = -2 \pm i\sqrt{a^2-4} \quad (\text{复根}),$$
$$Y = C_1 e^{-2x}\cos\sqrt{a^2-4}\,x + C_2 e^{-2x}\sin\sqrt{a^2-4}\,x,$$
$$y^* = b e^{-2x},$$
故
$$y = e^{-2x}\left(C_1 \cos\sqrt{a^2-4}\,x + C_2 \sin\sqrt{a^2-4}\,x + b\right).$$

例 5 设当 $x > -1$ 时可微函数 $f(x)$ 满足
$$f'(x) + f(x) - \frac{1}{x+1}\int_0^x f(x)\,\mathrm{d}x = 0, \tag{2}$$

且 $f(0) = 1$,则当 $x \geq 0$ 时,$e^{-x} \leq f(x) \leq 1$.

解 由于 $f(x)$ 的可微,将(2)式两边同乘 $x+1$ 再求导,整理得
$$(x+1)f''(x) + (x+2)f'(x) = 0.$$

令 $u = f'(x)$,上式化为
$$\frac{u'}{u} = -\frac{x+2}{x+1}.$$

则有
$$\ln|u| = -x - \ln|x+1| + C.$$

由于 $f'(0) = -f(0) = -1$,即 $u|_{x=0} = -1$,则 $C = 0$. 故

$$f'(x) = -\frac{e^{-x}}{x+1}.$$

当 $x \geq 0$ 时,$f'(x) < 0$,故 $f(x) \leq f(0) = 1$.

当 $x \geq 0$ 时,还可推出 $f'(x) \geq -e^{-x}$.

故
$$\int_0^x f'(x)\,dx \geq \int_0^x (-e^{-x})\,dx \quad (x>0).$$

即
$$f(x) - f(0) \geq e^{-x} - 1.$$

故有
$$f(x) \geq e^{-x}.$$

例 6 已知函数 $y(x)(x>0)$ 具有二阶导数,且 $y'(x)>0$,$y(1)=1$. 记曲线 $y=y(x)(x>0)$ 上任一点 $M(x,y)$ 处的切线与 y 轴,及过点 M 的水平直线围成的三角形的面积记为 S_1;在 $[0,x]$ 区间上,以曲线 $y=y(x)$ 为曲边的曲边梯形的面积为 S_2,若 $S_1=3S_2$,求函数 $y(x)$.

解 曲线 $y=y(x)$ 在点 $M(x,y)$ 处的切线方程为
$$Y - y = y'(X - x),$$
可知切线与 y 轴交点为 $(0, y-xy')$,所以
$$S_1 = \frac{1}{2}[y-(y-xy')]x = \frac{1}{2}x^2 y'.$$

又
$$S_2 = \int_0^x y(t)\,dt,$$

故由 $S_1 = 3S_2$ 得
$$x^2 y' = 6\int_0^x y(t)\,dt, \tag{3}$$

两边关于 x 求导,得欧拉方程
$$x^2 y'' + 2xy' - 6y = 0. \tag{4}$$

令 $x = e^t$,方程化为二阶常系数齐次线性微分方程,其特征方程为
$$\lambda(\lambda-1) + 2\lambda - 6 = \lambda^2 + \lambda - 6 = 0,$$

特征值 $\lambda_1 = 2, \lambda_2 = -3$. 故欧拉方程的通解为
$$y = C_1 e^{2t} + C_2 e^{-3t} = C_1 x^2 + C_2 x^{-3} \quad (x>0). \tag{5}$$

由于 $\int_0^x t^{-3}\,dt$ 发散 ($t=0$ 是瑕点),所以 $C_2 \neq 0$ 时,$\int_0^x y(t)\,dt$ 发散. 此时 (5) 不能满足方程 (3),故 $C_2 = 0$,即 (3) 的通解为
$$y = C_1 x^2.$$

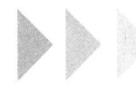

习题七

7.1

1. 求下列曲线族满足的微分方程:
   (1) $y = Cx + C^2$;
   (2) $xy = C_1 e^x + C_2 e^{-x}$;
   (3) $(x - C_1)^2 + (y - C_2)^2 = 1$;
   (4) $x = \dfrac{1}{t} + C, y = \dfrac{1}{t} - t$.

2. 给定一阶微分方程 $\dfrac{dy}{dx} = 2x$,求:(1)通解;(2)满足初值条件 $y|_{x=1} = 4$ 的特解;(3)与直线 $y = 2x + 3$ 相切的积分曲线;(4)使 $\int_0^1 y \, dx = 2$ 的解.

3. 求下列初值问题的解:
   (1) $\begin{cases} y' = \sin x, \\ y|_{x=0} = 1; \end{cases}$
   (2) $\begin{cases} y'' = 6x, \\ y|_{x=0} = 0, y'|_{x=0} = 2. \end{cases}$

7.2

1. 求下列方程的通解:
   (1) $y' = e^{2x-y}$;
   (2) $y' = \sqrt{\dfrac{1-y^2}{1-x^2}}$;
   (3) $(y+3) dx + \cot x \, dy = 0$;
   (4) $y - xy' = a(y^2 + y')$,a 为常数.

2. 解下列初值问题:
   (1) $\begin{cases} y' \sin x = y \ln y, \\ y|_{x=\pi/2} = e; \end{cases}$
   (2) $\begin{cases} y^2 dx + (x+1) dy = 0, \\ y|_{x=0} = 1; \end{cases}$
   (3) $\begin{cases} \dfrac{dy}{dx} = \cos \dfrac{x+y}{2} - \cos \dfrac{x-y}{2}, \\ y(0) = \pi. \end{cases}$

3. 设降落伞受到的空气阻力与它的速度成正比,比例常数为 k,求降落速度函数.

4. 求一条曲线,通过点 $(-1, 1)$,且其上任一点处的切线在 x 轴的截距等于切点横坐标的平方.

5. 一曲线与其上任意两点的向径构成的扇形面积的值等于曲线在这两点间的弧长的一半,求此曲线方程.

6. 圆柱形桶内有 40 000 cm³ 盐溶液,其质量浓度为 0.2 kg/L. 现以 4 000 cm³/min 的速度加入质量浓度为 0.3 kg/L 的盐溶液,同时等量地放出混合液,求桶内盐量与时间的关系.

7. 求下列方程的通解:
   (1) $y' = 2xy - x^3 + x$;
   (2) $\cos^2 x \dfrac{dy}{dx} + y = \tan x$;
   (3) $\dfrac{dy}{dx} + y \dfrac{d\varphi}{dx} = \varphi(x) \dfrac{d\varphi}{dx}$,其中 $\varphi(x)$ 是已知的具有连续导数的函数.

8. 有一个电阻 $R = 10 \ \Omega$,电感 $L = 2$ H 和电源电压 $E = 20 \sin 5t$ V 串联的电路,求开关闭合后电路中电流 I 与时间 t 的关系.

9. 解下列方程:
   (1) $\dfrac{dy}{dx} = 2\sqrt{\dfrac{y}{x}} + \dfrac{y}{x}$;
   (2) $(xy - y^2) dx - (x^2 - 2xy) dy = 0$;
   (3) $(x+y) y' + (x-y) = 0$;
   (4) $dy = \left(x^2 y^6 - \dfrac{y}{x} \right) dx$;
   (5) $y' + \dfrac{2}{x} y = 3x^2 y^{\frac{4}{3}}$;
   (6) $xy' + y = xy^2 \ln x$.

10. 求解下列积分方程:
    (1) $\int_0^x xy \, dx = x^2 + y$;

(2) $f(x) = e^x + e^x \int_0^x f^2(t)\,dt$.

11. 解下列方程：

(1) $y' = (x+y)^2$；

(2) $xy' + y = y(\ln x + \ln y)$；

(3) $\dfrac{dy}{dx} = \dfrac{y}{2x} + \dfrac{1}{2y}\tan\dfrac{y^2}{x}$；

(4) $y' = \dfrac{y+x+1}{y-x+5}$；

(5) $xy'(\ln x)\sin y + \cos y(1 - x\cos y) = 0$；

(6) $\sqrt{1+x^2}\, y'\sin 2y = 2x\sin^2 y + e^{2\sqrt{1+x^2}}$.

12. 求曲线族 $A: x^2 + y^2 = 2Cx$ 的**正交曲线族** B. 所谓两个曲线族 A, B 正交是指通过同一点的分属两族曲线的两条曲线在该点的切线相互垂直.

13. 2000 年我国人口数为 12.95 亿，人口增长率为百分之一，预算 2020 年我国人口数.

14. 一次凶案后，警员在下午 7 时到现场测得尸体的温度为 33 ℃. 1 小时后，尸体的温度变为 32 ℃，现场的温度一直在 20 ℃，计算凶案发生的时间.

15. 某一新品牌商品开始在市场上的售价为 p 元，如果价格定高了，社会需求就少，导致供给大于需求，必然要降价；如果价格低了，厂商供货小，社会需求大，必然要提价. 最终有一个供需平衡的价格，记为 p_0. 市场上价格的变化率与当时的销售价同平衡价格之差成正比，写出售价 $p = p(t)$ 满足的微分方程.

16. 在某些化学反应中，某种物质的数量随时间的变化率与它的现有量成正比. δ-葡糖内酯变成葡糖酸的过程就符合这种规律. 问如果 100 g 的 δ-葡糖内酯在反应开始后 1 h 减为 54.9 g，那么 10 h 后还剩下多少？

17. 某湖泊的水量为 V，每年排入湖泊内含污染物 A 的污水量为 $\dfrac{V}{6}$，流入湖泊内不含 A 的水量为 $\dfrac{V}{6}$，流出湖泊的水量为 $\dfrac{V}{3}$，已知 1999 年底湖中 A 的含量为 $5m_0$，超过国家规定指标. 为了治理污染，从 2000 年初起，限定排入湖泊中含 A 污水的浓度不超过 $\dfrac{m_0}{V}$，问至多需经过多少年，湖泊中污染物 A 的含量降至 m_0 以内？（注：设湖水中 A 的浓度是均匀的.）

18. 在某一人群中推广新技术是通过其中已掌握新技术的人进行的，设该人群的总人数为 N，在 $t = 0$ 时刻已掌握新技术的人数为 x_0，在任意时刻 t 已掌握新技术的人数为 $x(t)$（将 $x(t)$ 视为连续可微变量），其变化率与已掌握新技术人数和未掌握新技术人数之积成正比，比例常数 $k > 0$，求 $x(t)$.

19. 在制造探照灯的反射镜面时，要求将点光源射出的光线平行地反射出去，以保证探照灯有良好的方向性，试求反射镜面的几何形状.

20. 设曲线 $y = y(x)$ 上点 $M(x, y)$ 处的切线与 y 轴交于点 A，已知 $\triangle OAM$ 为等腰三角形，求曲线方程.

21. 设 $f(x)$ 为连续函数，(1) 求初值问题 $\begin{cases} y' + \alpha y = f(x), \\ y|_{x=0} = 0 \end{cases}$ 的解 $y(x)$，其中 $\alpha > 0$ 为常数；

(2) 若 $|f(x)| \le k$ (k 为常数)，证明：当 $x \ge 0$ 时，有 $|y(x)| \le \dfrac{k}{\alpha}(1 - e^{-\alpha x})$.

22. 切尔诺贝利核泄漏的主要污染物之一是 $^{90}\mathrm{Sr}$（锶-90），它以每年 2.47% 的速率连续衰减，初步估计核泄漏被控制后，该地区需要 100 年才能再次成为人类居住的安全区，问到那时原泄漏的 $^{90}\mathrm{Sr}$ 还有百分之几？

7.3

1. 解下列方程：

(1) $xy'' = \ln x$；

(2) $y'' = -(1 + y'^2)^{3/2}$；

(3) $\dfrac{d^2 x}{dt^2} = \dfrac{1}{2}\dfrac{dt}{dx}$；

(4) $y'' + \dfrac{2}{1-y}y'^2 = 0$；

(5) $(x+1)y''+y'=\ln(x+1)$;

(6) $yy''-y'^2=0$.

2. 解下列初值问题:

(1) $\begin{cases}(1+x^2)y''=1,\\ y|_{x=0}=1, y'|_{x=0}=-1;\end{cases}$

(2) $\begin{cases}y''-e^{2y}=0,\\ y|_{x=0}=0, y'|_{x=0}=1;\end{cases}$

(3) $\begin{cases}y''=3\sqrt{y},\\ y|_{x=1}=1, y'|_{x=1}=2.\end{cases}$

3. 在上半平面求一条下凸曲线,使其上任一点 $P(x,y)$ 处的曲率等于此曲线在该点的法线段 PQ 长度值的倒数(Q 是法线与 x 轴的交点),且曲线在点 $(1,1)$ 处的切线与 x 轴平行.

4. 敌方导弹 A 沿 y 轴正向,以匀速 v 飞行,经过点 $(0,0)$ 时,我方设在点 $(16,0)$ 处的导弹 B 起飞追击,导弹 B 飞行的方向始终指向 A,速度的大小为 $2v$,求导弹 B 的追踪曲线和导弹 A 被击中点.

5. 已知曲线 $y=f(x)(x>0)$ 上点 $(x,f(x))$ 处的切线在 y 轴上的截距等于函数 $f(x)$ 在区间 $[0,x]$ 上的平均值,求 $f(x)$ 的一般表达式.

6. 已知 $y(x)$ 是具有二阶导数的上凸函数,且曲线 $y=y(x)$ 上任意一点 (x,y) 处的曲率为 $\dfrac{1}{\sqrt{1+y'^2}}$, 曲线上点 $(0,1)$ 处的切线方程为 $y=x+1$,求该曲线方程,并求函数 $y(x)$ 的极值.

7. 从船上向海中沉放某种探测仪器,按探测要求,需确定仪器的下沉深度 y(从海平面算起)与下沉速度 v 之间的函数关系. 设仪器在重力作用下,从海平面由静止开始铅直下沉,在下沉过程中还受到阻力和浮力的作用. 设仪器的质量为 m,体积为 B,海水密度为 ρ,仪器所受的阻力与下沉速度成正比,比例系数为 $k(k>0)$. 试建立 y 与 v 所满足的微分方程,并求出函数关系式 $y=y(v)$.

8. 设函数 $y(x)(x\geq 0)$ 有二阶导数,且 $y'(x)>0$, $y(0)=1$. 过曲线 $y=y(x)$ 上任意一点 $P(x,y)$ 作该曲线的切线及 x 轴的垂线,上述两直线与 x 轴所围成的三角形的面积记为 S_1,区间 $[0,x]$ 上以 $y=y(x)$ 为曲边的曲边梯形面积记为 S_2,并设 $2S_1-S_2$ 恒为 1,求此曲线 $y=y(x)$ 的方程.

9. 假设某宇宙飞船的返回舱距离地面 1.5 m 时,下降速度为 14 m/s,为平稳软着陆,返回舱底部的着陆缓冲发动机喷出烈焰,产生反推力 $F=ky$,y 为喷焰后下落的距离,使返回舱作减速直线运动,设返回舱质量为 2 400 kg,问 k 为多大时才能使返回舱着陆时速度为零.

7.4

1. 下列函数组在其定义区间内哪些是线性无关的?

(1) x, x^2;   (2) $x, 2x$;

(3) $e^{2x}, 3e^{2x}$;   (4) e^{-x}, e^x;

(5) $\sin 2x, \cos x\sin x$;   (6) $e^x\cos 2x, e^x\sin 2x$;

(7) $\ln x, x\ln x$;   (8) $e^{ax}, e^{bx}(a\neq b)$.

2. 验证 $y_1=x-1, y_2=x^2-x+1$ 是方程

$$(2x-x^2)y''+2(x-1)y'-2y=0$$

的基本解组,并写出通解.

3. 证明齐次线性微分方程

$$a(x)y''+b(x)y'+c(x)y=0$$

(i) 当 $b(x)+xc(x)=0$ 时,有解 $y=x$;

(ii) 当 $a(x)+b(x)+c(x)=0$ 时,有解 $y=e^x$;

(iii) 当 $a(x)-b(x)+c(x)=0$ 时,有解 $y=e^{-x}$.

利用这三个结果求解下列方程:

(1) $(1-x)y''+xy'-y=0$;

(2) $y''-y=0$;

(3) $y''+\dfrac{x}{1+x}y'-\dfrac{1}{1+x}y=0$.

7.5

1. 解下列常系数齐次线性微分方程或初值问题:

(1) $y''-2y'=0$;

(2) $y''+2y'+10y=0$;

(3) $y'' = -4y$；

(4) $y'' - 4y' + 4y = 0$；

(5) $y''' - y'' - y' + y = 0$；

(6) $y''' - 4y'' + y' + 6y = 0$；

(7) $\begin{cases} y'' - 4y' + 3y = 0, \\ y|_{x=0} = 6, y'|_{x=0} = 10; \end{cases}$

(8) $\begin{cases} y'' - 2y' + y = 0, \\ y|_{x=2} = 1, y'|_{x=2} = 2; \end{cases}$

(9) $\begin{cases} y'' + 4y' + 29y = 0, \\ y|_{x=0} = 0, y'|_{x=0} = 15. \end{cases}$

2. 设 $y = y(x) \in C^2[-1, 1]$，且满足方程
$$(1-x^2)y'' - xy' + ay = 0 \quad (a = 1 \text{ 或 } -1),$$
作自变量变换，令 $x = \sin t$，求 y 作为 t 的函数应满足的方程，并求 $y(x)$.

3. 一单摆摆长为 l，质量为 m，作简谐运动，假定其摆动的偏角 θ 很小（从而 $\sin\theta \approx \theta$），试求其运动方程，并确定摆动的周期.

4. 一弹簧的上端固定，下端挂质量为 10 g 的物体时弹簧伸长 4.9 cm. 现把质量为 500 g 的物体挂于弹簧下端，并由平衡位置往下拉 4 cm 后放手. 假设物体在运动过程中所受阻力与速度成正比，比例系数是 $\sqrt{3}$ N·s/m，求物体的运动规律.

5. 设 $f(x)$ 与 $g(x)$ 在 $(-\infty, +\infty)$ 内可导，$g(x) \neq 0$，且有 $f'(x) = g(x)$，$g'(x) = f(x)$，$f^2(x) \neq g^2(x)$. 试证方程 $f(x)/g(x) = 0$ 有且仅有一个实根.

6. 解下列方程：

(1) $2y'' + 5y' = 5x^2 - 2x - 1$；

(2) $y'' - 6y' + 9y = e^{3x}(x+1)$；

(3) $y'' - 2y' + 5y = e^x \sin 2x$；

(4) $y'' - 4y' + 4y = 8x^2 + e^{2x} + \sin 2x$；

(5) $y''' - 2y'' - 4y' + 8y = 16(e^{-2x} + e^{2x})$.

7. 解下列初值问题：

(1) $y'' + 2y' + 2y = xe^{-x}, y(0) = y'(0) = 0$；

(2) $y^{(4)} + y'' = 2\cos x, y(0) = -2, y'(0) = 1, y''(0) = y'''(0) = 0$；

(3) $y' = 1 + \int_0^x [6\sin^2 t - y(t)] \mathrm{d}t, y(0) = 0$.

8. 设二阶常系数线性微分方程 $y'' + \alpha y' + \beta y = \gamma e^x$ 的一个特解为 $y = e^{2x} + (1+x)e^x$，试确定常数 α, β, γ，并求出该方程的通解.

9. 已知 $y_1 = xe^x + e^{2x}$，$y_2 = xe^x + e^{-x}$，$y_3 = xe^x + e^{2x} - e^{-x}$ 是某二阶非齐次线性微分方程的三个解，求此微分方程.

10. 已知一质点运动的加速度 $a = 5\cos 2t - 9x$，其中 t, x 分别表示运动的时间和位移.

(1) 若开始质点静止于原点，求质点的运动方程，并求质点离原点的最大距离；

(2) 若开始质点以速度 $v_0 = 6$ 从原点出发，求其运动方程.

11. 长 20 m、质量均匀的链条悬挂在钉子上，开始挂上时有一端为 8 m，问不计钉子对链条的摩擦力时，链条自然滑下所需的时间.

12. 对方程 $y'' + a_1 y' + a_2 y = f(x)$，由公式 (7) 具体写出：

(1) $f(x)$ 为 n 次多项式 $P_n(x)$ 时，特解 $y_* = $ _____；

(2) $f(x) = P_n(x)e^{\alpha x}$ 时，特解 $y_* = $ _____；

(3) $f(x) = e^{\alpha x}\sin\beta x$ 时，特解 $y_* = $ _____.

13. 指出下列方程的特解形式：

(1) $y'' + y = 2\sin x \sin 2x$；

(2) $y'' + y' = (x^2 + 1)\sin^2 \dfrac{x}{2}$.

14. 求解如下的欧拉方程：

(1) $x^2 y'' + 3xy' + y = 0$；

(2) $x^2 y'' + xy' + y = x$；

(3) $x^2 y'' + xy' - y = 2\ln x$.

7.6

1. 将下列微分方程(组)化为等价的标准线性微分方程组：

(1) $\dfrac{\mathrm{d}^2 x}{\mathrm{d}t^2} + a_1(t)\dfrac{\mathrm{d}x}{\mathrm{d}t} + a_2(t)x = 0$；

(2) $\dfrac{\mathrm{d}^2 x}{\mathrm{d}t^2} - y = 0, t^3 \dfrac{\mathrm{d}y}{\mathrm{d}t} - 2x = 0$.

2. 验证向量函数组
$$\mathbf{y}^{[1]} = \begin{pmatrix} -\sin x \\ \cos x \end{pmatrix}, \quad \mathbf{y}^{[2]} = \begin{pmatrix} e^x \cos x \\ e^x \sin x \end{pmatrix}$$

是方程组
$$\mathbf{y}' = \begin{pmatrix} \cos^2 x & \sin x \cos x - 1 \\ 1 + \sin x \cos x & \sin^2 x \end{pmatrix} \mathbf{y}$$

的基本解组, 并求出方程组的通解及满足条件 $y(0) = (1,2)^T$ 的特解.

3. 第二次世界大战中,美日硫磺岛战役之初,美军 $x = 54\,000$ 人, 日军 $y = 21\,500$ 人,战斗开始后各方伤亡减员速度与对方军人数成正比, 即 $\begin{cases} \dfrac{dx}{dt} = -ay, \\ \dfrac{dy}{dt} = -bx, \end{cases}$ 其中 $a = 0.05, b = 0.01$ (由攻守双方战斗力确定),求两军各时刻人数, 并说明最终日军失败.

4. 解下列常系数齐次线性微分方程组或初值问题:

(1) $\begin{cases} x' = -7x + y, \\ y' = -2x - 5y; \end{cases}$

(2) $\begin{cases} x' = x - y, \\ y' = x + 3y; \end{cases}$

(3) $\dfrac{d\mathbf{y}}{dx} = \begin{pmatrix} 3 & -1 & 1 \\ -1 & 5 & -1 \\ 1 & -1 & 3 \end{pmatrix} \mathbf{y}, \mathbf{y}(0) = \begin{pmatrix} 1 \\ 2 \\ 3 \end{pmatrix}$.

5. 解下列方程组:

(1) $\begin{cases} x' = 2x - 5y - \sin t, \\ y' = x - 2y + t; \end{cases}$

(2) $\mathbf{y}' = \begin{pmatrix} -1 & -2 \\ 3 & 4 \end{pmatrix} \mathbf{y} + \begin{pmatrix} 2 \\ 1 \end{pmatrix} e^{-x}$;

(3) $\begin{cases} \dfrac{dx}{dt} + \dfrac{dy}{dt} = -x + y + 3, \\ \dfrac{dx}{dt} - \dfrac{dy}{dt} = x + y - 3; \end{cases}$

(4) $\begin{cases} \dfrac{dx}{dt} = p(t)x + q(t)y, \\ \dfrac{dy}{dt} = q(t)x + p(t)y \end{cases}$ (p, q 连续).

6. 质量为 m_1 和 m_2 的两个小球,穿在一光滑水平杆上,由一轻质弹簧连接,且可沿杆移动. 当弹簧不受力时,两小球中心距离为 l. 若用 x_1, x_2 分别表示两球的位移,当 $t = 0$ 时, $x_1 = 0, x_1' = v_0, x_2 = l, x_2' = 0$, 试求两球的运动规律.

7. 图 7.6 所示的电路中, 若开始时电流为零, 且电动势 E 为常数, 试求电流 $i_1(t), i_2(t)$.

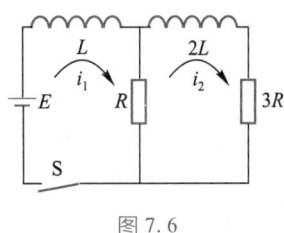

图 7.6

7.7

1. 选择题.

(1) 设 $y = y(x)$ 是二阶常系数线性方程 $y'' + py' + qy = e^{3x}$ 满足 $y(0) = y'(0) = 0$ 的特解, 则 $\lim\limits_{x \to 0} \dfrac{\ln(1+x^2)}{y(x)} = $ _____.

(A) 不存在 (B) 1
(C) 2   (D) 3

(2) 设 y_1, y_2 是一阶线性非齐次方程 $y' + p(x)y = q(x)$ 的两个特解, 若有常数 λ, μ 使 $\lambda y_1 + \mu y_2$ 是该方程的解, 而 $\lambda y_1 - \mu y_2$ 是该方程对应的齐次方程的解, 则 _____.

(A) $\lambda = \dfrac{1}{2}, \mu = \dfrac{1}{2}$ (B) $\lambda = -\dfrac{1}{2}, \mu = -\dfrac{1}{2}$

(C) $\lambda = \dfrac{2}{3}, \mu = \dfrac{1}{3}$ (D) $\lambda = \dfrac{2}{3}, \mu = \dfrac{2}{3}$

(3) 若 $f(x) = \int_0^{2x} f\left(\dfrac{t}{2}\right) dt + \ln 2$, 则 $f(x) = $ _____.

(A) $e^x \ln 2$ (B) $e^{2x} \ln 2$
(C) $e^x + \ln 2$ (D) $e^{2x} + \ln 2$

(4) 已知 $y = y(x)$ 在任意点 x 处的增量 $\Delta y = \dfrac{y \Delta x}{1 + x^2} + \alpha$, 且当 $\Delta x \to 0$ 时 α 是 Δx 的高阶无穷小量, $y(0) = $

π,则 $y(1)=$ _____.

(A) 2π　(B) π　(C) $e^{\frac{\pi}{4}}$　(D) $\pi e^{\frac{\pi}{4}}$

(5) 已知 $y=\dfrac{x}{\ln x}$ 是微分方程 $y'=\dfrac{y}{x}+\varphi\left(\dfrac{x}{y}\right)$ 的解,则 $\varphi\left(\dfrac{x}{y}\right)$ 的表达式为 _____.

(A) $-\dfrac{y^2}{x^2}$　(B) $\dfrac{y^2}{x^2}$

(C) $-\dfrac{x^2}{y^2}$　(D) $\dfrac{x^2}{y^2}$

2. 已知函数 $f(x)$ 满足方程 $f''(x)+f'(x)-2f(x)=0$ 及 $f''(x)+f(x)=2e^x$,求(1) $f(x)$ 的表达式;(2)曲线 $y=f(x^2)\int_0^x f(-t^2)\,dt$ 的拐点.

3. 求微分方程 $y\,dx+(x-3y^2)\,dy=0$ 满足条件 $y\big|_{x=1}=1$ 的解.

4. 用变量代换 $x=\cos t\,(0<t<\pi)$ 化简微分方程 $(1-x^2)y''-xy'+y=0$,并求其满足 $y\big|_{x=0}=1,y'\big|_{x=0}=2$ 的特解.

附录Ⅴ　差 分 方 程

在企业管理和经济分析中,许多经济数据是以均匀时间间隔记录的,可以按年、季、月等进行统计,如银行中的定期存款按所设定的时间等间隔计息、国家财政预算按年制定,等等,通常称这类变量为**离散型变量**.刻画离散变量之间的变化关系就是差分方程的任务.差分方程就是针对要解决的目标,引入系统或过程中的离散变量.根据实际背景的规律、性质、平衡关系,建立离散变量所满足的平衡关系等式,从而建立差分方程.通过求出和分析方程的解,或者分析得到方程解的特别性质(平衡性、稳定性、渐近性、振动性、周期性等),从而把握这个离散变量的变换过程的规律,下面对差分方程作一简单介绍.

一、差分的概念与运算性质

定义 1　设函数 $y_t=y(t)$,称改变量 $y_{t+1}-y_t$ 为函数 y_t 的**差分**,也称为函数 y_t 的**一阶差分**,记为 Δy_t,即

$$\Delta y_t=y_{t+1}-y_t \text{ 或 } \Delta y(t)=y(t+1)-y(t).$$

一阶差分的差分称为**二阶差分** $\Delta^2 y_t$,即

$$\begin{aligned}\Delta^2 y_t &=\Delta(\Delta y_t)=\Delta y_{t+1}-\Delta y_t\\&=(y_{t+2}-y_{t+1})-(y_{t+1}-y_t)\\&=y_{t+2}-2y_{t+1}+y_t.\end{aligned}$$

类似可定义三阶差分,四阶差分……

$$\Delta^3 y_t=\Delta(\Delta^2 y_t),\ \Delta^4 y_t=\Delta(\Delta^3 y_t),\cdots.$$

一般地，函数 y_t 的 $n-1$ 阶差分的差分称为 **n 阶差分**，记为 $\Delta^n y_t$，即

$$\Delta^n y_t = \Delta^{n-1} y_{t+1} - \Delta^{n-1} y_t = \sum_{i=0}^{n}(-1)^i C_n^i y_{t+n-i}.$$

二阶及二阶以上的差分统称为**高阶差分**.

例1 设 $y_n = n^2 + 2n - 3, n \in \mathbf{N}$，求 $\Delta y_n, \Delta^2 y_n, \Delta^3 y_n$.

解 $\Delta y_n = y_{n+1} - y_n = [(n+1)^2 + 2(n+1) - 3] - (n^2 + 2n - 3) = 2n + 3$,

$\Delta^2 y_n = \Delta(\Delta y_n) = y_{n+2} - 2y_{n+1} + y_n$
$= [(n+2)^2 + 2(n+2) - 3] - 2[(n+1)^2 + 2(n+1) - 3] +$
$(n^2 + 2n - 3) = 2$,

$\Delta^3 y_n = \Delta(\Delta^2 y_n) = 2 - 2 = 0.$

例2 设 $y_n = 2^n, n \in \mathbf{N}$，求 $\Delta^m y_n \;\; (m \in \mathbf{N})$.

解 $\Delta y_n = y_{n+1} - y_n = 2^{n+1} - 2^n = 2^n(2-1) = 2^n = y_n$,

$$\Delta^2 y_n = \Delta(\Delta y_n) = \Delta y_n = y_n,$$

由此可得对所有的正整数 m，有 $\Delta^m y_n = 2^n$.

差分的性质：

(1) $\Delta(C) = 0$；

(2) $\Delta(Cy_t) = C\Delta y_t$ （C 为常数）；

(3) $\Delta(y_t \pm z_t) = \Delta y_t \pm \Delta z_t$；

(4) $\Delta(y_t \cdot z_t) = z_t \Delta y_t + y_{t+1} \Delta z_t$；

(5) $\Delta\left(\dfrac{y_t}{z_t}\right) = \dfrac{z_t \Delta y_t - y_t \Delta z_t}{z_{t+1} \cdot z_t}$ （$z_t \neq 0$）.

证明 这里仅给出(4)的证明，其他证明类似.

$\Delta(y_t \cdot z_t) = y_{t+1} z_{t+1} - y_t z_t$
$= (y_{t+1} z_{t+1} - y_{t+1} z_t) + (y_{t+1} z_t - y_t z_t)$
$= z_t \Delta y_t + y_{t+1} \Delta z_t.$ □

二、差分方程的概念

定义2 含有未知函数 y_t 及其差分的方程

$$F(t, y_t, \Delta y_t, \Delta^2 y_t, \cdots, \Delta^n y_t) = 0$$

称为**差分方程**.

此方程也可以写成

$$G(t, y_t, y_{t+1}, y_{t+2}, \cdots, y_{t+n}) = 0.$$

差分方程中所含未知函数差分的最高阶数称为该**差分方程的阶**. 差分方程的不同形式可以互相转化.

例如,$y_{t+2}-2y_{t+1}+y_t=3^t$ 是一个二阶差分方程,可以化为 $y_t-2y_{t-1}+y_{t-2}=3^{t-2}$. 如果将原方程左边写成 $(y_{t+2}-y_{t+1})-(y_{t+1}-y_t)=\Delta y_{t+1}-\Delta y_t$,则原方程还可以化为 $\Delta^2 y_t=3^t$.

定义 3 满足差分方程的函数称为该**差分方程的解**.

如果差分方程的解中含有相互独立的任意常数的个数恰好等于方程的阶数,则称这个解为该差分方程的**通解**.

我们往往要根据系统在初始时刻所处的状态对差分方程附加一定的条件,这种附加条件称为**初始条件**,满足初始条件的解称为**特解**.

例如,$y_t^*=2t$,$y_t=C_1t+C_2$ 都是差分方程 $\Delta^2 y_t=0$ 的解,$y_t=C_1t+C_2$ 含有两个独立的任意常数,所以是该方程的通解,而 $y_t^*=2t$ 是它的一个特解. 另外,$y_t^*=2t$ 还是二阶差分方程初值问题

$$\begin{cases} \Delta^2 y_t=0, \\ \Delta y_0=2, \\ y_0=0 \end{cases}$$

的解.

三、常系数线性差分方程及解的性质

定义 4 形如

$$y_{t+n}+a_1 y_{t+n-1}+\cdots+a_{n-1}y_{t+1}+a_n y_t=f(t) \tag{1}$$

的差分方程称为 n **阶常系数线性差分方程**,其中 $a_1,a_2,\cdots,a_n$ 为常数,且 $a_n\neq 0$,$f(t)$ 为已知函数. 当 $f(t)\equiv 0$ 时,差分方程 (1) 称为**齐次的**,否则称为**非齐次的**. 与差分方程 (1) 对应的齐次差分方程为

$$y_{t+n}+a_1 y_{t+n-1}+\cdots+a_{n-1}y_{t+1}+a_n y_t=0. \tag{2}$$

定理 1 设 $y_1(t),y_2(t),\cdots,y_k(t)$ 是 n 阶常系数齐次线性差分方程

$$y_{t+n}+a_1 y_{t+n-1}+\cdots+a_{n-1}y_{t+1}+a_n y_t=0$$

的 k 个特解,则线性组合

$$y(t)=C_1 y_1(t)+C_2 y_2(t)+\cdots+C_k y_k(t)$$

也是该差分方程的解,其中 $C_1,C_2,\cdots,C_k$ 为任意常数.

定理 2 n 阶常系数齐次线性差分方程一定存在 n 个线性无关的特解,若 $y_1(t),y_2(t),\cdots,y_n(t)$ 是方程

$$y_{t+n}+a_1y_{t+n-1}+\cdots+a_{n-1}y_{t+1}+a_ny_t=0$$

的 n 个线性无关的解,则方程的通解为

$$Y=C_1y_1(t)+C_2y_2(t)+\cdots+C_ny_n(t),$$

其中 $C_1,C_2,\cdots,C_n$ 为任意常数.

定理 3 若 $y_1(t),y_2(t),\cdots,y_n(t)$ 是 n 阶常系数齐次线性差分方程

$$y_{t+n}+a_1y_{t+n-1}+\cdots+a_{n-1}y_{t+1}+a_ny_t=0$$

的 n 个线性无关的解. $y^*(t)$ 是 n 阶常系数非齐次线性差分方程

$$y_{t+n}+a_1y_{t+n-1}+\cdots+a_{n-1}y_{t+1}+a_ny_t=f(t)$$

的一个特解,则该非齐次方程的通解为

$$Y=C_1y_1(t)+C_2y_2(t)+\cdots+C_ny_n(t)+y^*(t).$$

其中 $C_1,C_2,\cdots,C_n$ 为任意常数.

定理 4 设 $y_1^*(t)$ 与 $y_2^*(t)$ 分别是 n 阶常系数非齐次线性差分方程

$$y_{t+n}+a_1y_{t+n-1}+\cdots+a_{n-1}y_{t+1}+a_ny_t=f_1(t)$$

与

$$y_{t+n}+a_1y_{t+n-1}+\cdots+a_{n-1}y_{t+1}+a_ny_t=f_2(t)$$

的特解,则 $y^*(t)=y_1^*(t)+y_2^*(t)$ 是差分方程

$$y_{t+n}+a_1y_{t+n-1}+\cdots+a_{n-1}y_{t+1}+a_ny_t=f_1(t)+f_2(t)$$

的特解.

定理证明略.以上几个定理揭示了 n 阶齐次及非齐次线性差分方程的通解结构,它们是求解线性差分方程非常重要的基础知识.下面只探讨一阶常系数线性差分方程的解法.

四、一阶常系数线性差分方程

一阶常系数线性差分方程的一般形式为

$$y_{t+1}+ay_t=f(t), \tag{3}$$

其中常数 $a\neq 0, f(t)$ 为 t 的已知函数,当 $f(t)$ 不恒为零时,(3)式称为一阶常系数非齐次线性差分方程;当 $f(t)\equiv 0$ 时,差分方程

$$y_{t+1}+ay_t=0 \tag{4}$$

称为**一阶常系数齐次线性差分方程**.

下面先给出齐次差分方程的通解.

1. 求齐次差分方程的通解

把方程(4)写作 $y_{t+1}=(-a)y_t$,假设在初始时刻,即 $t=0$ 时,函数 y_t 取任意常数 C. 分别以 $t=0,1,2,\cdots$ 代入上式,得

$$y_1=(-a)y_0=C(-a),y_2=(-a)y_1=C(-a)^2,\cdots,$$

$$y_t=(-a)^t y_0=C(-a)^t, \quad t=0,1,2,\cdots.$$

所以齐次差分方程(4)的通解为

$$y_t=C(-a)^t, \tag{5}$$

其中,C 为任意常数.

特别地,当 $a=-1$ 时,齐次差分方程(4)的通解为 $y_t=C,t=0,1,2,\cdots$.

例3 解差分方程 $\begin{cases} \Delta y_n=2y_n, \\ y_0=1. \end{cases}$

解 由差分的定义,原方程化为 $y_{n+1}-3y_n=0$,由公式(5)得,原方程的通解为

$$y_n=C3^n.$$

又因为 $y_0=1$,故 $C=1$,从而原方程的解为

$$y_n=3^n.$$

2. 求非齐次线性差分方程的通解

类型 I $f(t)=b$ 为常数.

若 $a\neq-1$,可设方程(3)有特解形如

$$y_t^*=A, \tag{6}$$

其中 A 为特定常数,将 y_t^* 代入(3)式得

$$A+aA=b,$$

即

$$A=\frac{b}{1+a}.$$

从而得到方程(3)的一个特解为

$$y_t^*=\frac{b}{1+a}. \tag{7}$$

若 $a=-1$,可设方程(3)有特解形如

$$y_t^*=At, \tag{8}$$

其中 A 为特定常数,将 y_t^* 代入(3)式得

$$A(t+1)-At=b,$$

即
$$A = b,$$
从而得到方程(3)的一个特解为
$$y_t^* = bt. \tag{9}$$

例 4 求解差分方程 $y_{t+1} - \dfrac{2}{3} y_t = \dfrac{1}{5}$.

解 由于 $a = -\dfrac{2}{3} \neq -1, b = \dfrac{1}{5}$,故方程有特解
$$y_t^* = \frac{b}{1+a} = \frac{3}{5}.$$
又由(5)式知对应的齐次线性差分方程的通解为
$$y_t = C\left(\frac{2}{3}\right)^t \quad (C \text{ 为任意常数}),$$
从而所求方程的通解为
$$Y = C\left(\frac{2}{3}\right)^t + \frac{3}{5}.$$

类型 II $f(t) = P_k(t)$,这里 $P_k(t)$ 是关于 t 的 k 次多项式.

若 $a \neq -1$,可设方程(3)有特解形如
$$y_t^* = Q_k(t) = a_0 t^k + a_1 t^{k-1} + \cdots + a_{k-1} t + a_k, \tag{10}$$
其中 $a_0, a_1, \cdots, a_k$ 为待定常数,将 y_t^* 代入(3)式,比较等式两端 t 同次幂的系数,即可确定这些待定常数. 从而得到方程(3)的一个特解 $y_t^* = Q_k(t)$.

若 $a = -1$,可设方程(3)有特解形如
$$y_t^* = t Q_k(t), \tag{11}$$
并用同样的方法来确定 $Q_k(t)$ 中的系数,从而求得方程(3)的特解.

例 5 求差分方程 $y_{t+1} - y_t = 3 + 2t$ 的通解.

解 由于 $a = -1$,故齐次差分方程的通解为 $y_t = C.$

设非齐次差分方程的特解为
$$y^*(t) = t(B_0 + B_1 t),$$
将其代入已知差分方程得
$$B_0 + B_1 + 2 B_1 t = 3 + 2t,$$
比较该方程的两端关于 t 的同次幂的系数,可解得 $B_0 = 2, B_1 = 1.$ 故
$$y^*(t) = 2t + t^2.$$
于是,所求通解为

$$Y = y_t + y^* = C + 2t + t^2 \quad (C \text{ 为任意常数}).$$

类型Ⅲ $f(t) = bc^t$,其中 $c \neq 0, 1, b, c$ 均为常数.

若 $c \neq -a$,可设方程(3)有特解形如
$$y_t^* = Ac^t.$$

其中 A 为特定常数,将 y_t^* 代入(3)式,得
$$Ac^{t+1} + aAc^t = bc^t,$$

消去因子 $c^t \neq 0$,得 $A = \dfrac{b}{a+c}$,从而特解为
$$y_t^* = \frac{b}{a+c}c^t. \tag{12}$$

若 $c = -a$,可设方程(3)有特解形如
$$y_t^* = Atc^t,$$

将 y_t^* 代入(3)式,得
$$A(t+1)c^{t+1} + aAtc^t = bc^t,$$

消去因子 $c^t \neq 0$,得 $A = \dfrac{b}{c}$,从而特解为
$$y_t^* = btc^{t-1}. \tag{13}$$

例6 求差分方程 $\Delta y(n) + 3y(n) = 2^n$ 的通解.

解 将方程改写成
$$y(n+1) + 2y(n) = 2^n,$$

则 $a = 2, f(n) = 2^n$,故可设特解为 $y^*(n) = A \cdot 2^n$. 代入方程中,得
$$A \cdot 2^{n+1} + 2A \cdot 2^n = 2^n,$$

即 $A = \dfrac{1}{4}$,从而特解为
$$y^*(n) = \frac{1}{4} \cdot 2^n.$$

又对应的齐次线性差分方程 $y(n+1) + 2y(n) = 0$ 的通解为
$$y(n) = C \cdot (-2)^n,$$

故所求通解为
$$Y = \frac{1}{4} \cdot 2^n + C \cdot (-2)^n.$$

类型Ⅳ $f(t) = b_1 \cos \omega t + b_2 \sin \omega t$,其中 b_1, b_2 及 ω 均为常数.

此时可设方程(3)有特解形如
$$y_t^* = A\cos \omega t + B\sin \omega t, \tag{14}$$

其中 A,B 为待定常数. 代入(3)式比较两边关于 $\cos \omega t$ 与 $\sin \omega t$ 的系数来确定 A,B.

例 7 求差分方程 $y(n+1)=3y(n)+\sin\dfrac{\pi n}{2}$ 的通解.

解 $a=-3$,故对应的齐次线性差分方程的通解为
$$y(n)=C\cdot 3^n.$$

设方程有特解为 $y^*(n)=A\cos\dfrac{\pi n}{2}+B\sin\dfrac{\pi n}{2}$. 代入方程中,得
$$A\cos\dfrac{\pi(n+1)}{2}+B\sin\dfrac{\pi(n+1)}{2}=3\left(A\cos\dfrac{\pi n}{2}+B\sin\dfrac{\pi n}{2}\right)+\sin\dfrac{\pi n}{2},$$

即
$$(B-3A)\cos\dfrac{\pi n}{2}-(A+3B)\sin\dfrac{\pi n}{2}=\sin\dfrac{\pi n}{2}.$$

比较系数,得
$$\begin{cases} B-3A=0, \\ -(A+3B)=1, \end{cases}$$

解之得 $A=-\dfrac{1}{10}, B=-\dfrac{3}{10}$. 从而特解为
$$y^*(n)=-\dfrac{1}{10}\cos\dfrac{\pi n}{2}-\dfrac{3}{10}\sin\dfrac{\pi n}{2},$$

故原方程通解为
$$Y=-\dfrac{1}{10}\cos\dfrac{\pi n}{2}-\dfrac{3}{10}\sin\dfrac{\pi n}{2}+C\cdot 3^n.$$

例 8 求差分方程 $\Delta y(t)=3t+t\cdot 2^t$ 的通解.

解 方程对应的齐次线性差分方程的通解为
$$y(t)=C,$$

由于 $a=-1$,由定理 4,设方程有特解
$$y^*(t)=t(a_0+a_1 t)+(b_0+b_1 t)\cdot 2^t,$$

代入方程,得
$$a_0+a_1+2a_1 t+(b_0+2b_1)2^t+b_1 t 2^t=3t+t\cdot 2^t,$$

比较两边同类项的系数得
$$\begin{cases} a_0+a_1=0, \\ 2a_1=3, \\ b_0+2b_1=0, \\ b_1=1, \end{cases}$$

解得 $a_0 = -\dfrac{3}{2}, a_1 = \dfrac{3}{2}, b_0 = -2, b_1 = 1$，从而原方程的特解为

$$y^*(t) = \frac{3}{2}t(t-1) + (t-2) \cdot 2^t,$$

故所求通解为

$$Y = C + \frac{3}{2}t(t-1) + (t-2) \cdot 2^t.$$

五、差分方程在经济学中的应用——筹措教育经费模型

某家庭从现在着手从每月工资中拿出一部分资金存入银行，用于投资子女的教育，并计划 20 年后开始从投资账户中每月支取 1 000 元，直到 10 年后子女大学毕业用完全部资金。要实现这个投资目标，20 年内共要筹措多少资金？每月要向银行存入多少钱？假设投资的月利率为 0.5%。

解 设第 n 个月投资账户资金为 S_n 元，每月存入资金为 a 元。于是，20 年后关于 S_n 的差分方程模型为 $S_{n+1} = 1.005 S_n - 1\,000$，并且 $S_{120} = 0, S_0 = x$。

解上式得通解

$$S_n = 1.005^n C - \frac{1\,000}{1 - 1.005} = 1.005^n C + 200\,000,$$

以及

$$S_{120} = 1.005^{120} C + 200\,000 = 0,$$
$$S_0 = C + 200\,000 = x,$$

从而有

$$x = 200\,000 - \frac{200\,000}{1.005^{120}} = 90\,073.45 \text{ 元}.$$

从现在到 20 年内，S_n 满足的差分方程为 $S_{n+1} = 1.005 S_n + a$，且 $S_0 = 0, S_{240} = 90\,073.45$，解之得通解，$S_n = 1.005^n C + \dfrac{a}{1 - 1.005} = 1.005^n C - 200a$，以及

$$S_{240} = 1.005^{240} C - 200a = 90\,073.45,$$
$$S_0 = C - 200a = 0,$$

从而有

$$a = 194.95 \text{ 元}.$$

即要达到投资目标,20 年内要筹措资金 90 073.45 元,平均每月要存入银行 194.95 元.

网上更多······　　教学 PPT　　拓展练习

自测题

附 图

这里收集了一些常见的曲线并给出其图形和方程,供读者参考.

(1) 抛物线

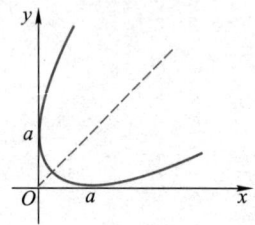

$$x^{\frac{1}{2}}+y^{\frac{1}{2}}=a^{\frac{1}{2}}$$

或 $\begin{cases} x=a\cos^4 t, \\ y=a\sin^4 t. \end{cases}$

(2) 半立方抛物线

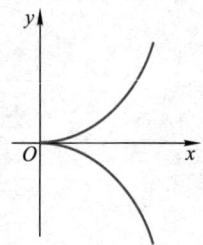

$$y^2=ax^3.$$

(3) 摆线

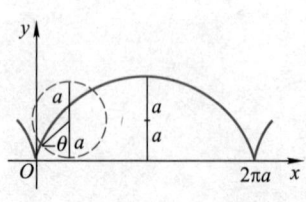

$$\begin{cases} x=a(\theta-\sin\theta), \\ y=a(1-\cos\theta). \end{cases}$$

(4) 心形线(外摆线的一种)

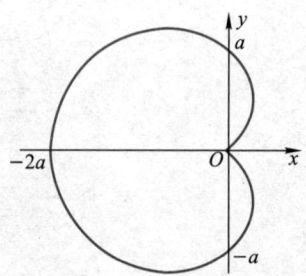

$$x^2+y^2+ax=a\sqrt{x^2+y^2}$$

或 $r=a(1-\cos\theta).$

(5) 星形线(内摆线的一种)

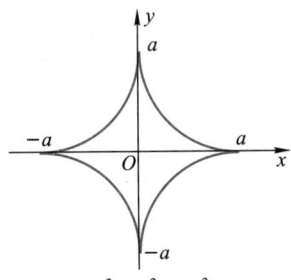

$$x^{\frac{2}{3}} + y^{\frac{2}{3}} = a^{\frac{2}{3}}$$

或 $\begin{cases} x = a\cos^3\theta, \\ y = a\sin^3\theta. \end{cases}$

(6) 阿基米德螺线

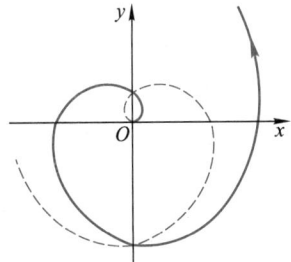

$$r = a\theta.$$

(7) 双曲螺线

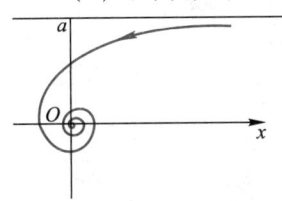

$$r\theta = a.$$

(8) 对数螺线

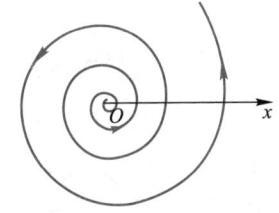

$$r = e^{a\theta}.$$

(9) 概率曲线

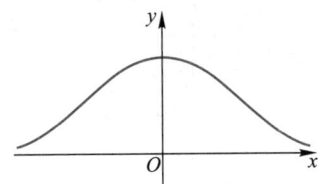

$$y = e^{-x^2}.$$

(10) 箕舌线

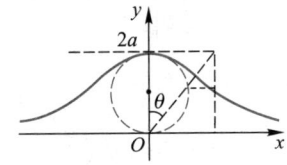

$$y = \frac{8a^3}{x^2 + 4a^2}$$

或 $\begin{cases} x = 2a\tan\theta, \\ y = 2a\cos^2\theta. \end{cases}$

(11) 伯努利双纽线

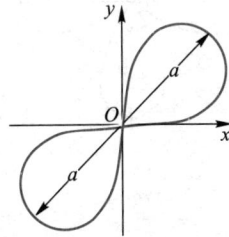

$$(x^2 + y^2)^2 = 2a^2 xy$$

或 $r^2 = a^2 \sin 2\theta.$

(12) 伯努利双纽线

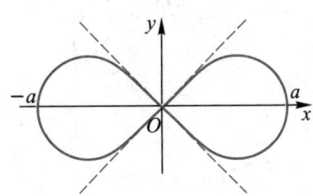

$$(x^2 + y^2)^2 = a^2(x^2 - y^2)$$

或 $r^2 = a^2 \cos 2\theta.$

（13）蔓叶线

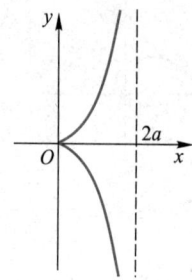

$y^2(2a-x) = x^3.$

（14）笛卡儿叶形线

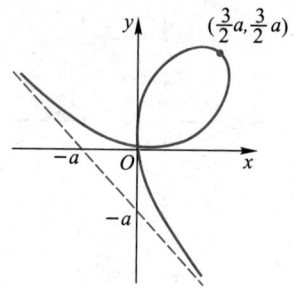

$x^3 + y^3 - 3axy = 0$

或 $x = \dfrac{3at}{1+t^3}, y = \dfrac{3at^2}{1+t^3}.$

（15）三叶玫瑰线

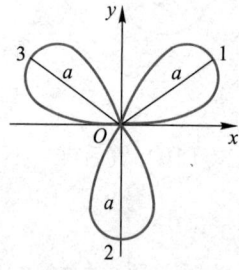

$r = a\sin 3\theta.$

（16）三叶玫瑰线

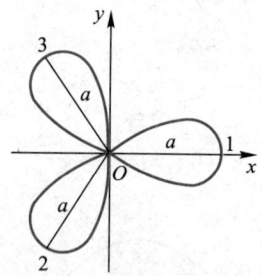

$r = a\cos 3\theta.$

（17）四叶玫瑰线

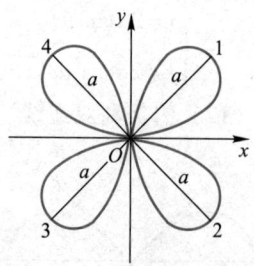

$r = a\sin 2\theta.$

（18）四叶玫瑰线

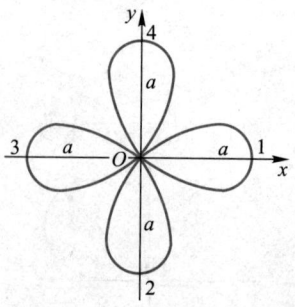

$r = a\cos 2\theta.$

符号和索引

一、符号

$\in$	属于	$\notin$	不属于
$\Leftrightarrow$	等价,充要条件	$\subseteq$	包含于
$\uparrow$	单调上升	$\forall$	对任意一个
$\downarrow$	单调下降	$\exists$	存在、有
$\sum$	和号		

二、索引

三 画

上确界	supremum	1.1
下确界	infimum	1.1
上凸	convex upward	4.5
下凸	convex downward	4.5

四 画

区间	interval	1.1
开区间	open interval	1.1
无穷小	infinitesimal	2.3
无穷大	infinity, infinitely great	2.3
不定积分	indefinite integral	5.1
分离变量法	method of separation of variables	7.2

分段函数	piecewise-defined function	1.1
反常积分	improper integral	6.4
介值定理	intermediate value theorem	2.7
中值定理	mean value theorem	4.1
双曲函数	hyperbolic function	1.3
水平渐近线	horizontal asymptote	4.5

五　画

凹凸	concave and convex	4.5
左极限	left limit	2.2
右极限	right limit	2.2
左连续	left continuous	2.7
右连续	right continuous	2.7
左导数	left derivative	3.1
右导数	right derivative	3.1
半开区间	half-open interval	1.1
可去间断点	removable discontinuity	2.7
平均变化率	average rate of change	3.1
未定式	indeterminate form	2.4

六　画

闭区间	closed interval	1.1
自变量	independent variable	1.1
自然对数	natural logarithm	1.3
有界	bounded	1.2
有理函数	rational function	2.4
导数	derivative	3.1
曲率	curvature	4.6
齐次方程	homogeneous equation	7.2

七　画

| 邻域 | neighborhood | 1.1 |
| 极限 | limit | 2.1 |

连续	continuous	2.7
间断点	point of discontinuity	2.7
极值	extremum	4.4
极大值	maximum	4.4
极小值	minimum	4.4
极值点	extreme point	4.4
初值条件	initial value condition	7.1
初值问题	initial value problem	7.1
余项	remainder	4.3
麦克劳林公式	Maclaurin formula	4.3
两边夹挤准则	ham-sandwich theorem	2.5

八　画

变量	variable	1.1
函数	function	1.1
定义域	domain	1.1
单调	monotone	1.2
奇偶性	odevity	1.2
周期性	periodicity	1.2
定积分	definite integral	6.1
拐点	inflection point	4.5
弧长	arc length	6.6
弧微分	differential of arc length	4.6

九　画

相关变化率	related rates	3.6

十　画

值域	range	1.1
高阶导数	derivative of higher order	3.3
原函数	primitive function	5.1
特征方程	characteristic equation	7.5
特解	particular solution	7.1

通解	general solution	7.1
泰勒公式	Taylor formula	4.3
铅直渐近线	vertical asymptote	4.5

十 一 画

渐近线	asymptote	4.5
常微分方程	ordinary differential equation	7.1
常数变易法	method of variation of Constant	7.6
斜渐近线	oblique asymptote	4.5

十 二 画

最大值	maximum	2.7
最小值	minimum	2.7
链导法则	chain rule	3.2

十三画以上

微分	differential	3.5
微分方程	dirrerential equation	7.1
微分方程的阶	order of a differential equation	7.1
微积分学基本定理	fundamental theorem of calculus	6.2
跳跃间断点	jump discontinuity	2.7
增量	increment	3.5
瞬时变化率	instantaneous rate change	3.1

希腊字母表

大写	小写	名称
A	α	alpha
B	β	bata
Γ	γ	gamma
Δ	δ	delta
E	ε	epsilon
Z	ζ	zeta
H	η	eta
Θ	θ	theta
I	ι	iota
K	κ	kappa
Λ	λ	lambda
M	μ	mu
N	ν	nu
Ξ	ξ	xi
O	ο	omicron
Π	π	pi
P	ρ	rho
Σ	σ	sigma
T	τ	tau
Υ	υ	upsilon
Φ	φ	phi
X	χ	chi
Ψ	ψ	psi
Ω	ω	omega

学习参考书

[1] 扈志明,韩云瑞.微积分教程.北京:清华大学出版社,2000.

[2] 同济大学应用数学系.微积分.2版.北京:高等教育出版社,2003.

[3] 李心灿.高等数学应用205例.北京:高等教育出版社,1997.

[4] 高等学校工科数学课程教学指导委员会本科组.高等数学释疑解难.北京:高等教育出版社,1992.

[5] 张宗达,白红,王洪滨.高等数学(工科数学分析)学习同步辅导.哈尔滨:哈尔滨工业大学出版社,2007.

[6] 菲赫金哥尔茨.微积分学教程(第一卷).杨弢亮,叶彦谦,译.8版.北京:高等教育出版社,2006.

[7] 菲赫金哥尔茨.微积分学教程(第二卷).徐献瑜,冷生明,梁文骐,译.8版.北京:高等教育出版社,2006.

[8] 菲赫金哥尔茨.微积分学教程(第三卷).路见可,余家荣,吴亲仁,译.8版.北京:高等教育出版社,2007.

[9] 张筑生.数学分析新讲(第一、二、三册).北京:北京大学出版社,1990.

郑重声明

高等教育出版社依法对本书享有专有出版权。任何未经许可的复制、销售行为均违反《中华人民共和国著作权法》，其行为人将承担相应的民事责任和行政责任；构成犯罪的，将被依法追究刑事责任。为了维护市场秩序，保护读者的合法权益，避免读者误用盗版书造成不良后果，我社将配合行政执法部门和司法机关对违法犯罪的单位和个人进行严厉打击。社会各界人士如发现上述侵权行为，希望及时举报，我社将奖励举报有功人员。

反盗版举报电话　　（010）58581999　58582371
反盗版举报邮箱　　dd@hep.com.cn
通信地址　　北京市西城区德外大街4号　高等教育出版社法律事务部
邮政编码　　100120

读者意见反馈

为收集对教材的意见建议，进一步完善教材编写并做好服务工作，读者可将对本教材的意见建议通过如下渠道反馈至我社。

咨询电话　　400-810-0598
反馈邮箱　　hepsci@pub.hep.cn
通信地址　　北京市朝阳区惠新东街4号富盛大厦1座
　　　　　　高等教育出版社理科事业部
邮政编码　　100029

防伪查询说明

用户购书后刮开封底防伪涂层，使用手机微信等软件扫描二维码，会跳转至防伪查询网页，获得所购图书详细信息。

防伪客服电话　　（010）58582300